향신 허브 & 아로마테라피학

대표저자 박권우 · 김수경

월드사이언스
worldscience.co.kr

집필진

박권우 고려대학교 명예교수
김수경 수원대학교 교수
김일섭 강원대학교 교수
박윤점 원광대학교 교수
백준필 가톨릭상지대학교 교수
최은영 한국방송통신대학 교수
박재성 고려대학교 연구원

주의 사항: 개인적인 허브 이용이나 오일 사용 시에 여기에 제시한 방법이나 용량을 초과해서 발생하는 안전상의 문제는 사용자에게 귀속되며, 저자와 출판사에서 책임지지 않습니다.

향신 허브 & 아로마테라피학

인　　쇄 | 2021년 1월 10일
발　　행 | 2021년 1월 20일

저　　자 | 박권우 · 김수경 · 김일섭 · 박윤점 · 백준필 · 최은영 · 박재성
발 행 인 | 신정숙
발 행 처 | (주)도서출판 월드사이언스

주　　소 | 서울특별시 서초구 도구로 115(방배동, 월드빌딩 1층)
등록일자 | 1988년 2월 12일
등록번호 | 제 16-1601호
대표전화 | (02) 581-5811~3
팩　　스 | (02) 521-6418

E-mail | worldscience@hanmail.net
U R L | http://www.worldscience.co.kr

정　　가 | **30,000원**
I S B N | 978-89-5881-298-2

머리말

삶의 질의 중요성을 강조한 웰빙 붐이 현재에도 계속 이어지고 있다. 이에 사람의 건강과 생활 개선을 돕는 기능성 허브가 많은 이들의 사랑을 받고 있다.

허브가 인기를 얻게 된 배경에는 일반 화학 합성 약제와 달리 수천 년 전부터 인류 문명 전반에서 폭넓게 사용되었을 만큼, 효과가 탁월하고 부작용이 적기 때문이다. 이에 따라 학계와 관련 산업 전반에 허브의 적용을 인간뿐만 아니라 반려동물에게도 적용하는 연구가 활발히 진행되고 있다.

필자는 1977년 독일에서 국제원예학회(ISHS)가 주관하는 '제1회 국제 허브 심포지움'의 참석이 계기가 되어 뮌헨대학교에서의 박사과정 중에 서양채소와 허브를 집중적으로 학습한 후에, 1981년 귀국하여 국내 대학에서는 처음으로 고려대학교에서 허브 재배를 시작하였다. 1986년 국내에서는 최초로 '서양채소론'을 집필하면서 18가지 허브의 재배 및 이용에 대해 소개하였고, 1996년 '향신채 및 이용론', 2003년 '허브 및 아로마테라피'를 저술하였으며, 많은 허브학 석·박사를 배출하여 이 분야의 학문적 발전에 크게 기여하였다.

국내 허브산업은 대학교와 관심 있는 사람들의 적극적인 노력으로 발전의 초석을 다지는 것과 동시에, 허브에서 추출한 에센셜 오일(Essential oil)이 한국 아로마테라피 연구회가 중심이 되어 처음으로 소개하였다. 아로마테라피는 원예치료와 함께 21세기 자연치료요법으로 자리매김할 수 있는 새로운 분야이다. 허브산업과 아로마테라피 산업은 독자적이 아니며, 밀접한 관계를 가진 상호보완적 발전을 필요로 하였기에, 관심 있는 학계, 소비자, 농가를 위한 다양한 지식과 정보가 담긴 서적의 필요성이 대두되었다. 이러한 이유로 인해서, 허브와 아로마테라피를 공부하는 학생뿐만 아니라 흥미 있는 일반인도 쉽게 이해할 수 있게끔, 주로 향신채로 이용되는 허브와 아로마테라피를 심도 있게 다루고자 본서를 집필하였다.

향신 허브 책의 총론편에서는 식용 허브에 관련하여 총론적으로 다루면서, 어린이 및 장애인 허브 정원, 반려동물 적용에 대하여 언급하였다. 각론에서는 식용 허브 40여 종을 선택해서 식물적 특징, 품종, 재배, 이용, 치유 적용에 대하여 다루었다.

아로마테라피 편에서는 총론에서 오일의 구성 성분, 하이드로졸, 캐리어 오일 등을 다루었고, 각론에서는 다양한 오일의 특성, 구성성분, 적용에 대해서 자세히 언급하였으며, 마지막 적용에서는 실제 생활 속에서 에센셜 오일의 사용방법에 관해 다양한 형태로 이해가 쉽도록 집필하였다.

본서는 일반 독자에게는 허브에서 추출한 오일일 이용한 정보를 제공할 뿐만 아니라, 대학교에서는 허브 또는 아로마 분야를 각각 선택해서 한 학기에 강의할 수 있도록 고려하였다.

하지만 한 번에 수 많은 허브와 에센셜 오일에 대한 방대한 지식을 다루기에는 시간적, 물리적으로 힘이 닿지 못하는 부분이 있을 수 밖에 없다. 향후, 새로운 내용을 보완해서 국내 최고의 향신 허브와 아로마테라피 관련 입문 서적으로 발돋움하기 위해, 동료 연구자와 독자 여러분의 많은 조언과 협조를 바란다.

본서를 집필하는 데 사진과 자료를 제공해 주신 베르린 훔볼트대학교의 Prof. Dr. Geyer, 고려대학교 채소실 문형수 박사, 박성옥 박사, 조강희 허브다섯메 사장, 이종노 원평허브농장 대표와 제자 문영현 풀나무농장 대표, 권민형 박사, 임지안 교수, 안재경 교장, 표지 도안을 맡아준 이석환 사장, 그리고 공저자로 집필에 참여해 주신 모든 분들에게 진심으로 감사를 표한다.

끝으로 전공 서적의 출판이 매우 어려움에도 불구하고 본서의 출간을 맡아 주신 월드사이언스 출판사 대표님께도 고마움을 전한다.

이 저서를 1977년부터 1981년까지 5년간 뮌헨대학교 유학 시 아버님처럼 이끌어주시고 허브를 공부하게 해준 필자의 지도교수 (故) Dr. D. Fritz님께 감사의 말과 함께 바칩니다.

박권우 · 김수경

목차

머리말 / iii

제1부 향신 허브학

제1장 향신 허브학 총론 ··· 3

1.1 허브의 정의와 학문 분야 ··· 3
1.2 국내외에서 다루는 식용 허브의 종류 ··· 5
1.3 허브의 재배 역사 ··· 6
1.4 허브의 분류 ··· 12
1.5 허브의 구성성분 ··· 15
1.6 허브의 기능 ··· 21
1.7 허브의 선택 ··· 22
1.8 허브 재배지 조건과 관리 ··· 24
1.9 허브의 번식법 ··· 32
1.10 허브의 수확, 건조, 포장 및 저장 ··· 36
1.11 허브의 치료적 이용 ··· 42
1.12 허브의 식용적 이용 ··· 46
1.13 허브의 공업적 이용 ··· 49
1.14 허브 데코레이션 ··· 50
1.15 허브가든 ··· 54
1.16 허브를 이용한 반려동물 치료 ··· 62

1.17 허브의 안전성 ··· 66
1.18 허브산업의 현황과 전망 ··· 67

제2장 향신 허브학 각론 ··· 73

2.1 고수(코리앤더) ··· 73
2.2 금잔화 ··· 77
2.3 딜 ··· 79
2.4 라벤더 ··· 81
2.5 러비지 ··· 88
2.6 레몬그래스 ··· 90
2.7 레몬밤 ··· 92
2.8 레몬 버베나 ··· 95
2.9 로즈메리 ··· 97
2.10 로켓 샐러드 ··· 101
2.11 루 ··· 103
2.12 마조람 ··· 106
2.13 바질 ··· 109
2.14 박하 ··· 113
2.15 방애잎(배초향) ··· 118
2.16 백리향(타임) ··· 120
2.17 밸러리안 ··· 124
2.18 버가못 ··· 126
2.19 보리지 ··· 128
2.20 세이보리 ··· 131
2.21 사프란 ··· 134
2.22 샐러드 버닛 ··· 136
2.23 서던우드 ··· 138
2.24 서양고추냉이와 와사비 ··· 140
2.25 서양쐐기풀 ··· 145

2.26 세이지 ··· 147
2.27 수영(소렐) ··· 151
2.28 스위트 바이올렛 ··· 153
2.29 아니스 ··· 155
2.30 안젤리카 ··· 158
2.31 알로에 ··· 160
2.32 오레가노 ··· 162
2.33 울금 ··· 165
2.34 월계수 ··· 167
2.35 제라늄 ··· 170
2.36 차이브 ··· 173
2.37 처빌 ··· 176
2.38 카라웨이 ··· 179
2.39 캐모마일 ··· 182
2.40 캐트닙 ··· 185
2.41 타라곤 ··· 188
2.42 톱풀 ··· 191
2.43 파슬리 ··· 193
2.44 펜넬 ··· 197
2.45 히솝 ··· 200

제2부 아로마테라피학

제1장 아로마테라피학 총론 ··· 207

1.1 아로마테라피학의 정의와 역사 ··· 207
1.2 에센셜 오일의 특성, 분류와 구성 성분 ··· 210
1.3 에센셜 오일의 작용 ··· 217
1.4 에센셜 오일의 추출법 ··· 221
1.5 에센셜 오일의 순도와 품질 ··· 223

1.6 에센셜 오일의 저장과 안정성 ··· 224
1.7 캐리어 오일 ··· 226
1.8 하이드로랫 ··· 234
1.9 에센셜 오일 사용법 ··· 237
1.10 에센셜 오일의 독성과 대처법 ··· 244
1.11 에센셜 오일의 생산, 이용 현황과 전망 ··· 247

제2장 아로마테라피학 각론 ··· 251

2.1 바질 ··· 251
2.2 버가못 ··· 252
2.3 벤조인 ··· 254
2.4 블랙페퍼(후추) ··· 256
2.5 카다멈 ··· 257
2.6 카주풋 ··· 259
2.7 시더우드 ··· 260
2.8 캐모마일 ··· 262
2.9 시나몬 ··· 263
2.10 클라리 세이지 ··· 265
2.11 코리엔더(고수) ··· 266
2.12 사이프러스 ··· 267
2.13 유칼립투스 ··· 268
2.14 펜넬 ··· 270
2.15 퍼 ··· 272
2.16 프랑킨센스 ··· 273
2.17 제라늄(향제라늄) ··· 275
2.18 진저(생강) ··· 276
2.19 그레이프프룻(자몽) ··· 277
2.20 쟈스민 ··· 279
2.21 쥬니퍼 ··· 280

2.22 라벤더 ······ 282
2.23 레몬 ······ 283
2.24 레몬그래스 ······ 284
2.25 마누카 ······ 285
2.26 마조람 ······ 287
2.27 멜리사 ······ 288
2.28 멀(몰약) ······ 289
2.29 머틀 ······ 291
2.30 네롤리 ······ 292
2.31 니아울리 ······ 294
2.32 오렌지 ······ 295
2.33 팔마로사 ······ 296
2.34 패출리 ······ 298
2.35 페퍼민트 ······ 299
2.36 페티그레인 ······ 301
2.37 파인 ······ 302
2.38 로즈 ······ 303
2.39 로즈메리 ······ 304
2.40 로즈우드 ······ 306
2.41 샌달우드 ······ 307
2.42 티트리 ······ 309
2.43 타임(백리향) ······ 311
2.44 베티버 ······ 312
2.45 일랑일랑 ······ 313
2.46 기타 주요 오일 ······ 315

제3장 아로마테라피 활용 ······ 317

3.1 아로마 생활용품 ······ 317
3.2 아로마 건강 요법 ······ 321

3.3 아로마 힐링 …… 324
3.4 가정에서의 이용법 …… 326
3.5 직장 스트레스 해소법 …… 329
3.6 운동 전후 이용법 …… 331
3.5 개인적 괴로움 해소법 …… 332
3.8 향수 제조법 …… 334
3.9 파티 준비 시 이용법 …… 335
3.10 증상에 따른 적용법 …… 335

참고문헌 …… 341
찾아보기 …… 345

제1부

향신 허브학

제 1 장

향신 허브학 총론

1.1 허브의 정의와 학문 분야

허브(herb)라는 단어는 우리에게 즐거움과 행복을 선물하며, 남프로방스의 보랏빛 라벤더 벌판을 연상하게 한다. Herb(영어 발음은 어브)는 라틴어 Erbe 또는 Herba에서 유래되었는데 '천연향과 맛을 제공하고, 인간의 정신적, 육체적 건강을 증진하는 유익한 well-being 식물'을 뜻하며, 인류의 발생과 함께 의식주에 널리 활용되어 왔다.

허브라는 용어는 기원전 4세기경에 그리스 학자 Aristotle과 그의 제자 Theophrastus가 식물을 교목(tree), 관목(shrubs) 그리고 초본(herbs)으로 나누면서 처음 사용하였다. 본래 허브란 자연에서 자라는 나무가 아닌 모든 풀을 지칭했다. 그러나 인간에게 유용한 식물과 그렇지 않은 식물로 분류하는 과정에서 허브는 인간에게 유익한 약용적인 기능을 제공하는 식물을 지칭하는 단어로 변화하게 되었다. 18세기부터 음식의 맛과 향을 내는 향신채(香辛菜)로서 식용 허브(culinary herb)와 특수한 약리 작용 성분을 함유하여 치료 효과를 발휘하는 약용 허브(medicianl herb)로 분류가 이루어졌다. 그러나 향신채인 식용 허브도 약리적인 효과가 많아 식용 허브와 약용 허브의 경계가 불분명한 경우가 많다. 앞으로 허브를 단순히 먹는 의미가 많이 내포된 식용 허브 대신에 향기와 맛을 내므로 향신(香辛) 허브로 명명하는 것이 바람직하다고 생각한다.

허브의 정의는, Funk and Wagnalls Dictionary에 의하면 '목질부를 가지지 않고 개화 후에 죽는 식물'이라고 표기하고 있다. 반면에, Von Nostrand Chemist's Dictionary에서는 '생약 또는 요리에서 이용을 목적으로 어떤 에센셜 오일을 추출하기 위한 전체 식물 또는 식물의 일부분'이라고 기술하고 있다.

이 외에 많은 정의가 있으나, 일반적으로 '**허브는 인간에게 유용한 모든 식물**'이라고 넓게 해석될 여지가 있다고 본다.

이번엔 허브와 스파이스(향신료)의 차이를 살펴보자. 스파이스라는 말은 라틴어의 'species aromatacea'에서 유래했는데, 이는 '땅의 과실'이라는 의미이다. 이것을 간단히 'spieces'라고 했으며, 후에 'spice'로 변화됐다. 미국 향신료무역협회(Ame-rican Spice Trade Association)에서는 '부엌의 조미료 선반에서 다루는 모든 식용 가능한 물질을 스파이스라 하고, 역사적으로 조미료라고 부르는 향신 종자, 조미혼합물 그리고 건조 채소를 포함한다'라고 정의한다. 이는 스파이스가 허브보다 조미식품으로 더 포괄적인 범위를 다룬다는 것을 의미하며, 국어에서는 스파이스(spice)를 향신료(香辛料), 허브(herb)는 향신채(香辛菜)로 표현한다. 향신 허브는 약용과 구분하면서 식용 허브보다 향과 맛 의미를 부여하려고 명명하였다.

정리하자면, **허브** 또는 **향신채**는 **'음식의 맛과 향을 내는 데 사용하는 방향성 식물'**을 의미하며, 주로 온대 원산으로 녹색 잎을 주로 이용하고 일부 종자와 뿌리를 생체 또는 건조하여 이용한다. 허브는 음식 부재료나 차로 이용하며, 파슬리, 세이지, 바질, 백리향, 로즈메리, 오레가노 등이 있다.

스파이스 또는 **향신료**는 **'음식의 맛, 향, 색깔을 내기 위해 건조한 채 음식의 부재료로 이용되는 모든 식물성 재료'**라고 할 수 있는데, 대부분 열대와 아열대 원산으로 종자, 종피, 꽃봉오리, 열매로 구성이 되며 다양한 색깔을 내는 데 사용되고 주로 건조분말로 소량만 식품에 첨가하여 맛과 색을 내는 데 사용한다. 대표적인 것은 고추, 후추, 참깨, 고수, 겨자, 펜넬 종자, 정향, 계피, 산초, 강황 등이다(**그림 1.1**).

FAO 통계 등에서는 허브를 따로 분류하지 않으며, 스파이스와 식용(향신) 허브를 항상 같이 취급한다. 이는 스파이스는 주로 건조 향신료로 유통되기에 정확한 수출입 양의 파악이 가능하지만, 식용 허브는 신선하게 유통되고 수량도 많지 않아 신선 허브를 분리하여 생산량과 수출입 통계자료를 따로 작성하기 어렵기 때문이다.

향신채만을 다루는 한국의 향신 허브학의 학문 분야는 향신채용 허브 식물의 분류, 재배

(a) (b)

그림 1.1 향신 식용 허브(culinary herb)와 스파이스(spice).

역사, 식물학적 특성, 보건적 특성, 재배, 수확, 저장, 가공, 이용 및 허브정원 조성 등을 다루는 학문이다. 식용 허브는 독일과 한국은 채소 원예학에서 일부 다루는 작은 분야이지만, 향신 허브학은 특용 작물학, 약용 식물학, 아로마테라피학, 원예 치료학, 식품 가공학, 조원학 등의 다양한 학문 분야와 관련되어 있는 새로운 분야라고 할 수가 있겠다.

1.2 국내외에서 다루는 식용 허브의 종류

허브는 음식의 맛과 향을 내는 향신용 식용 허브(culinary herb, 또는 향신 허브)와 인간의 각종 질병을 치료하는 약용 허브(medicinal herb)로 나뉜다. 약용 식물은 넓은 의미의 허브에 해당되나 우리가 통상적으로 언급하는 허브의 범주엔 속하지 않는다. 유럽을 원산지로 하는 허브는 향을 풍기며 음식의 맛을 내는 데 비해 한국의 약용 식물은 향이 매우 옅고, 순수하게 한약의 재료로만 사용되는 점에서 차이가 있다.

국내에서 자생하는 총 4,200여 종 식물 중에 약성이 강한 1,000여 종의 약용 식물이 포함되어 있다. 이들 중, 소비량이 많은 것은 인삼, 감초, 복분자, 양유(더덕), 길경(도라지), 산약(마), 당귀, 천궁 등 15종이다.

국내 식용 허브에 대해서는 박(1986)이 18종을 조미료 식물로 제시한 것이 효시였다. 그 후 박(1996)은 향신채류 62종을 소개하였으며, 다시 2003년, 43종 허브를 재정리하여 제시한 바 있나(박, 2003). 반면 윤(2006)은 약용 식물까지 포함해서 315종을 허브로서 분류하였는데, 이는 다소 범위를 과하게 넓힌 부분이 있다. 국내에서 일반 취미용 허브 책은 여러 곳에서 발행되었으나 대학 교재로는 채소 각론(향문사)에서 처음으로 이 등(2013)에 의해 19종류를 제시하였다. 본서에서는 국내에서 재배하는 식용 허브 40여 종을 제시하였다.

서양의 약용 허브는 그리스-로마시대부터 많이 언급되었으나 John Gerard가 'Gerard's Herbal(1597)에 1,000종을 제시한 것이 효시이다. 현재 유럽에서 향기를 내는 통상적인 허브는 200여 종이다(Bremness, 1988). Seitz(1994)는 약 500종의 허브가 있는데 그 가운데 295종만 정유가 추출되어 약리적인 효과가 있다고 주장함으로써 약용과 식용의 한계를 분명히 했다. Müller(1999)는 유럽의 대표적 약용 식물로 100종류를 제시했다.

유럽에서는 국가별로 다루는 식용 허브에 차이가 있다. 국민의 50%가 허브를 상용하는 독일의 경우는 Becker-Dillingen(1956)이 '채소재배 핸드북'에서 16종의 식용 허브를 다루었다. 독일 최고의 향신채 전문가인 Melchior과 Kastner(1974)는 향신채로 58가지를 제시했는데, 여기는 유럽에서 생산되지 않은 후추, 바닐라, 강황, 계피 등을 포함시켰다. 독일 뮌헨 대학의 Fritz 등(1989)은 향신 허브류로서 16종류를 제시하였다. Wonneberger와 Keller(2004)는 23종류를 제시했고, Laber와 Lattauschke(2014)는 22종을 다루고 있다. 대학 교재와는 달리 Seitz(2001)는 78가지 향신 허브를 제시했는데, 우리가 사용하는 마늘, 양파, 고추, 산마늘을 포함시켰으며, 한국에서는 허브로 다루지 않는 달맞이꽃, 쇠비름, 돈나물,

컴프리, 야생 아욱, 접시꽃을 포함시키고 있다. 이상의 문헌을 정리해 보면, 독일은 정식 대학 교육과정에서 식용 허브로서 약 20여 종을 교육한다.

영국에서는 Morris와 Mackley(2003)가 식용 허브로서 48종류를 제시하였다. 그러나 미국의 Swiader 등(1980), Peirce(1987)는 파슬리, leek, chive, fennel 이외는 다루지 않고 있다. 다만 미국에서 40만 부가 팔린 Smith(2009)의 "The vegetable gardener's bible"에서는 13종류의 식용 허브를 다루었다. 이처럼 미국 대학 채소 교재에서는 허브가 중요하게 다뤄지고 있지 않다.

일본의 경우는 "야채원예(野菜園藝) 핸드북"(西. 1983)에서 와사비, 서양겨자무, 지소, 산초, 파슬리, 워터크레스 등을 언급하였다. 伊東(1987)는 지소, 묘가, 와사비, 파슬리만 다루었다.

중국은 소채재배학(蔬菜栽培學)에서 고수, 딜, 파슬리, 리크 정도만 다루고 있다(中農科院, 1987). 일본, 중국에서도 일반인들이 저술한 허브책은 다양한 허브 종류를 제시하지만, 대학 교육과정에서 다루는 식용 허브의 종류는 많지 않다.

이처럼 국내외에서 허브는 교육, 연구나 식문화 등 다양한 요인에 따라 다루게 되는 약용과 식용 허브의 종류에 따라 상당한 차이가 있는 것을 알 수 있다.

1.3 허브의 재배 역사

향신 허브식물은 약용 허브에서 18세기부터 분리되어서 약용 허브 연구사를 통해 허브 재배 역사를 가늠할 수 있다. 그러므로 약용 식물 이용 역사가 깊은 중국, 인도 그리고 이집트 3개국의 재배사를 간단히 살펴본 후에 유럽의 허브 발전 과정을 설명하기로 한다.

(1) 중국

중국의 고대 약용 허브는 역사가 매우 길다. 중국에서는 지금으로부터 5,000년 전에 신농씨 염제(BC 3737~2697)가 수많은 약용 허브 연구를 하였다. 당시 그 실제를 연구한 사람은 편작이었는데, 그는 365가지 식물의 의학적 처방을 제시했으며 그 가운데 51가지가 허브 종류이다. 이 의학적 처방은 구전되어 오다가 도홍경(AD 452~536)에 의해 <신농본초경>으로 집대성되었다. 이 서적은 16세기까지 이용되다가 이시진에 의해 1596년 <본초강목>으로 수정 출판되었다. 여기에는 11,096종의 처방이 기록되어 있는데, 1,074종이 식물, 443종이 동물질, 354종이 무기염의 이용에 대해 언급되어 있다. <본초강목>은 현재도 한국의 <동의보감>처럼 중국의 전통의학서로 이용되고 있다.

(2) 인도

인도의 의학 체계는 "생명의 과학"이라고 알려진 Ayurveda에서 시작되었다.

Ayurveda는 힌두 문화와 종교에 기본을 둔 고대 성서인 Vedas의 대부분 교재와 관련이 있다고 추측된다. 이것은 기원전 10,000년경부터 존재했다고 한다. 기원전 1,000년까지는 상당히 발전했을 것으로 생각되나 남겨진 기록은 없다.

<Rigveda>는 힌두교의 오래된 성서 가운데 하나로, 기원전 10세기에 쓰였고, 많은 약용식물의 이름이 기재되어 있는데, 이는 식물의 비밀을 알고 있는 현자들에 의해 묘사된 것이다. <Charaka Samhita>는 인도의 유명한 의학서 중의 하나로, 기원전부터 구전되어 이용되다가 1세기경에 정리하여 출판되었는데, 이 책에는 500종의 허브 약제가 체계적으로 수록되어 있으며, 오늘날에도 책으로 발간되어 이용되고 있다. 인도의 체계는 건강 유지와 질병 예방을 위해서 육체적인 에너지와 마음의 균형이 이루어진 식사, 운동, 사색, 환경을 강조한다. 인도의 많은 문헌과 허브 처방은 유럽으로 전파되어 그리스 대학자 Dioscorides에 의해 1세기경에 응용됐다. 이는 인도 의학이 서양 의학에 크게 영향을 미쳤음을 뜻한다. 인도의 의술은 다시 지중해를 통해 전 로마제국에 널리 전파되었다.

(3) 이집트

중국이나 인도와 같이 고대 이집트에서도 허브 이용 역사는 길다. 이집트에서는 기원전 4,000년에 허브정원이 있었으며, 다양한 허브 식물을 수집하여 사원이 중심이 되어서 길렀다.

이집트 벽면 그림에 그린 식물을 보면, 연못을 중심으로 가종 열대 과수류와 연못 속의 연꽃을 볼 수 있다.

Hatshepsut 여왕(BC 1373~1458)은 유향(乳香, frankincense)과 몰약(沒藥, myrrh)을 사용했다. 고대의 신앙적인 모임에서 각종 향료가 사용되었으며, 마술이나 종교인들과 결합이 된 의술도 상당한 수준에 있었다. 의술은 파피루스에 기록되어 전해졌는데, 기원전 1,000~2,000년경에 이미 전통의술이 있었다. 당시 정원에 센토레아(수레국화), 양귀비, 연, 무화과 등 다양한 식물을 심고서 가꾸는 그림과 제사장이 포도주를 뿌리는 파피루스 종이에 그려진 그림(**그림 1.2**)을 통해 다양한 식물재배와 가공기술을 알 수가 있다. 특히 이집트의 여인들은 각종 향료와 오일을 즐겨 사용했으며, 라벤더를 이용한 목욕법 등도 개발했는데, 크레오파트라는 라벤더를 이용한 목욕을 즐긴 것으로 전해진다.

고대 이집트인은 죽음 의식을 달래기 위해 왕이나 고관들의 시체를 미라의 형태로 보존하기 위한 고도의 방부기술을 발전시켰다. 사후에 시체의 내장을 제거하고 향기나는 각종 허브, 즉 쿠민, 아니스, 마조람, 카시아 그리고 계피 등의 향과 식물체를 이용하여 미라를 만들었다. 이에 따라 고대 이집트의 미라와 함께 아니스, 마조람, 쿠민 등 여러 허브의 꽃, 씨앗, 잎 등이 고분에서 출토되었다. Rameses II(BC 1224)의 미이라 제조에 캐모마일 오일이 사용된 것이 분석을 통하여 판명되었다. 미라를 만들기 위한 방부 방법에는 외국의 허브를 많이 필요하였기에, 이집트와 주변 국가, 멀리는 인도까지 향료 무역이 이루어졌다.

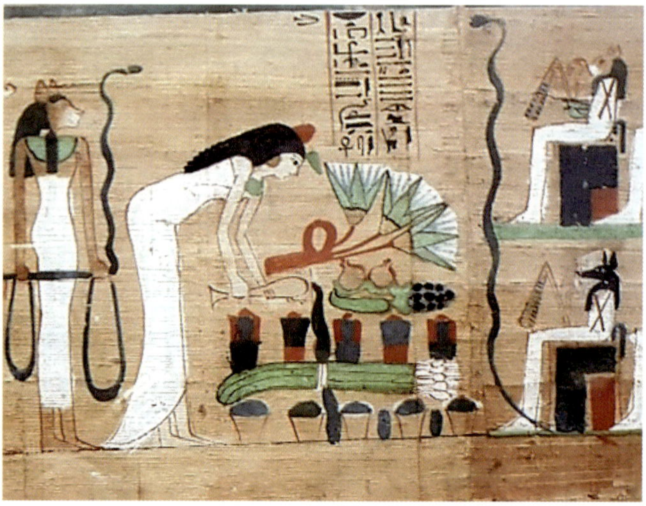

그림 1.2 신에게 연꽃, 과일, 포도주를 바치는 제사장(저자 원도, 카이로박물관).

(4) 유럽 허브의 발달사

이집트, 인도 등에서 수천 년 전부터 발달했던 허브는 알렉산더 대왕(BC 356~323)의 지중해와 서아시아 평정에 따라 그리스에 전파되었다. 알렉산더가 침입하기 5세기 전에 Babyronia의 Merodach-Baladan II세(BC 721~710)는 고수, 마늘, 백리향 등 250여 종 허브를 다룬 책을 썼는데, 이를 세계 최초의 원예 관련 문헌으로 본다. 아울러 당시 여러 허브가 널리 재배되었음을 알 수 있다. 이후 로마제국의 아시아와 아프리카 정벌을 통해 많은 향료와 허브 식물이 유럽에 소개되었다. 그 과정에서 허브 식물은 고대 이집트인들에게 큰 사랑을 받았고 부귀를 제공했다. 또한 장례에서 방부제로 사용되었는데, 이는 많은 허브의 원산지가 지중해 연안이어서 수급이 용이했던 것도 크게 작용했다.

로마의 점령기 시대에 이스라엘에서 기록되었던 신약성서에도 예수의 시신을 몰약 등 각종 오일을 이용하여 수습했던 기록이 나온다. 그 기록에는 오렌지향을 내는 스위트 레몬 밤(balm)을 위시한 여러 향신료를 동양으로부터 낙타에 싣고 이집트로 가져 왔다는 기록이 나오는데, 이것은 시간을 역산해서 계산해 보면 기원전 1729년경의 일이다. 이는 3,700년 전에 대상들이 실크로드를 통하여 낙타를 이용해서 수천 km나 되는 동양의 먼 곳으로부터 향신료를 가져와 이집트에 판매하는 거래가 이루어졌다는 것을 알려준다. 성서에는 176여 종의 식물과 허브가 언급되고 있다(Duke, 2008).

많은 향신료가 동양으로부터 그리스에 소개되면서 최초의 식물학자인 Theophrastus (BC 371~287)가 분류과학적 기초를 다진 후, Dioscorides(1세기경, **그림 1.3**a)가 De Materia Medica 책을 발간하면서 600여 가지 식물, 35가지 동물질, 90가지 광물질의 의학적 이용을 언급하였다. 이 책은 그 후 1,500년 간 유럽 여러 나라에서 번역되어 왔다(**그림 1.3**b, Lyon에서 1554년 발간된 표지). Dioscorides 이후, 식물학의 아버지 Pliny 등에 의해서, 이 분야는 발

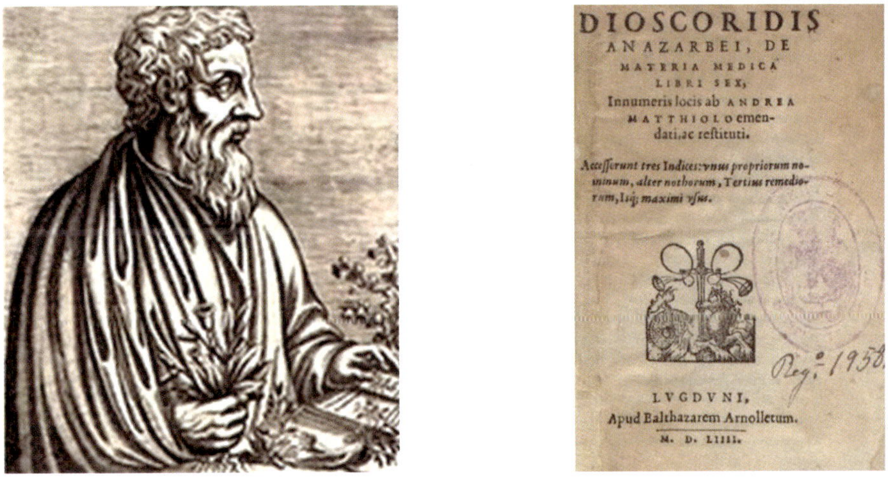
DIOSCORIDIS
ANAZARBEI, DE
MATERIA MEDICA
LIBRI SEX,
Innumeris locis ab ANDREA
MATTHIOLO emen-
dati, ac restituti.
Accesserunt tres Indices: vnus propriorum no-
minum, alter nothorum, Tertius remedio-
rum, Iisq; maximi vsus.
LVGDVNI,
Apud Balthazarem Arnolletum.
M. D. LIIII.

(a) (b)

그림 1.3 (a) Dioscorides와 De materia medica. (출처: Wikipedia)

전적으로 기록되이 향신료의 가치가 보다 많이 알려졌고, 이 서직은 중세 때까지 동양의 본초강목처럼 허브의 성서로 이용되어왔다.

기원전 6세기경에 이르러 아라비아의 상인들은 중국, 인도네시아, 스리랑카, 인도 등지에서 향신료를 배나 낙타를 이용하여 이집트, 그리스, 이탈리아로 판매하는 데 깊이 관여했다.

모하마드와 그 후계자들은 7세기경에 향료 상권에 관심이 많아 그들이 침공한 나라에서 향신료를 가져와 거래했다. 그가 죽은 후 기회를 노리던 베니스의 상인들이 재빨리 향신료 시장에 뛰어들어 많은 수익을 올렸다. 모하마드의 후계자들은 8세기경에 스페인을 침공한 후 사프란을 가져가 공급했으며, 그 이후로 사프란은 스페인 요리에서 필수적인 향신료가 되었다.

9세기경에는 향신료의 가치가 유럽에서 폭등하였다. 그래서 육두구(肉荳蔻, mace) 1파운드(약 450g)는 양 3마리의 가치가 있었고, 카르더멈(cardamom) 1온스(약 18g)는 가난한 사람의 1년치 생활비와 같았으며, 한 컵의 후추는 노예 한 명 정도의 가치가 있었다(**그림 1.4**).

(a) (b)

그림 1.4 (a) 육두구, (b) 카르더멈. (출처: Wikipedia)

(a) (b)

그림 1.5 (a) Hildegard 허브 재배와 (b) Gerard의 초본 식물지 표지.

이 당시까지도 아랍 상인들의 향신료 출처를 유럽인들은 전혀 몰랐다. 왜냐하면, 아랍 상인들은 독점권을 갖기 위해 향신료의 원산지를 극비에 부쳤기 때문이며, 이는 극동이나 근동에서 실크로드를 통하여 향신료를 가져오기 위해서는 수개월의 목숨을 거는 긴 여행을 감행해야 했기 때문이었다. 동양의 중국, 인도로부터 향신료를 접한 아랍인들의 허브 관련 지식은 유럽으로 전해졌고, 라틴어로 번역되어 이용되었다. 독일 라인 강변의 Bingen수도원의 Hildegard(1098~1179)가 Physica라는 서적을 통해서, 허브 재배, 증류, 치료에 사용 지식을 정리하였는데, 이는 중세기에 처음 발간된 허브책이다(**그림 1.5**a).

13세기 실크로드를 통해 중국에 들어간 마르코폴로가 그의 명철한 기억력에 기초해서 중국 여행기 <동방견문록>을 썼고, 그것이 15세기 들어 독일어로 번역되는 것을 계기로 해서 유럽사람들도 그때부터 좋은 향신료가 현재의 동남아, 인도에서 가져 온다는 것을 알게 되었다. 폴로의 <동방견문록>이 늦게 번역된 것은, 베니스 상인들이 인도, 스리랑카 등의 동양에서 가져오는 향신료 무역의 독점권을 오래 유지하기 위해 다른 나라에서 책의 번역 출간을 막았기 때문으로 추측이 된다. 여러 연유로 마르코폴로 사후 200년이 되어서야 출간된 스페인어판 <동방견문록>은 스페인 왕실과 탐험가들에게 많은 정보를 제공했고, 그들 모두에게 위험이 따르는 육지를 통해 값비싼 향신료를 옮기는 것보다 배편으로 수송하는 것이 편리하고 위험성이 낮다는 생각을 가지게 하였다. 이에 따라, 당시 항해술을 기초로 해서 인도 뱃길을 찾게 되었고, 결국 콜럼버스가 1492년 신대륙을 발견하게 되었다. 그러나 발견된 신대륙에서는 옥수수, 감자, 고추, 담배, 토마토 등은 발견됐으나 유럽인들이 고대하던 값비싼 향신료는 별로 많지 않았다. 신대륙에서 가져 온 식물들은 수도원 등에서 재배되면서 감자, 고추, 토마토 등에 관한 연구가 시작되었고, 이후 유럽의 식문화에 크게 영향을 끼쳤다.

16세기 들어, 희망봉을 돌아 인도의 뱃길을 확보한 네델란드인들은 동남아지역의 향신료 시장을 석권하기 위해 무력을 동원하여 마라카, 말레이시아, 수마트라 북부를 점령하였다. 이 시기에 유럽에서도 몇몇 학자들에 의해 허브의 연구가 심도가 있게 시작되어 체계적인 허브 목록도 나타났다. 1539년 독일의 Hieronymus Tragus가 Kreutterbuch(허브책)을 출간했는데, 이것이 최초의 허브 상세도를 작성하여 설명한 책이다. 그 후 1554년 네델란드 학자 Rembert Dodoens가 다양한 동서양 허브류를 알파벳 순서로 설명한 책을 발간했다. 1597년 16세기 말 영국의 초본가로 유명한 John Gerard가 초본 및 식물지(Generall Historie of Plantes)에 1,880여 개 식물을 기재하여 발표했다(**그림 1.5**b). 17세기 영국도 동인도회사를 통하여 향신료 무역을 했는데, 전반기에는 아시아로부터 수입품의 70~75%, 후반기에는 20%가 향신료였다. 다양한 식물이 동양으로부터 수입되어 이용함에 따라 1629년 영국의 약제사 John Parkinson이 Paradise in Sole, Paradisus Terrestris(태양의 낙원, 지상의 낙원)에서 외래종 허브를 포함한 3,800여 종의 식물을 1,800쪽에 걸쳐 재배, 요리, 약효 등을 상세히 기술하였다.

Nicholas Culpeper(1616~1654)는 1651년 본초백과, The Complete Herbal in The English Physitian을 저술하여 식물의 특징과 의학적인 효능을 설명하였다.

18세기에 들어서, 미국의 독립과 함께 많은 유럽인이 미국으로 이주했다. 그중 Shaker 교도들은 180종 이상의 약용 허브를 생산하여 연고, 정제, 분말을 약제로 판매함으로써 허브산업을 획기적으로 발전시켰고, 미국 허브산업의 기초를 세웠다. 당시 주로 재배된 허브는 바질, 마조람, 백리향, 세이지, 박하 등이었다. 유럽에서는 18세기에 스웨덴의 식물학자 Carl von Linne에 의해 오늘날 식물 분류학이 정립되어 본격적인 식물 연구를 하게 되었다.

19세기와 20세기에 들어서면서 미국이 세계적인 향신료 시장에 서서히 큰 역할을 하게 됐는데, 이는 흑인들의 값싼 노예 노동력과 천혜의 기후 조건을 이용하여 유럽보다 저렴하게 생산한 따른 결과로 본다. 그 결과 유럽의 향신료 상권은 미국으로 옮겨졌으며, 오늘날에는 모든 향신료 거래의 중심을 뉴욕의 월스트리트가 관장하게 되었다.

이처럼 향신료가 중세기 이래로, 중요한 무역 상품으로 발전되어 온 것에 비해 허브의 학술적 연구는 17세기까지 큰 진전이 없이 자연산을 채취하는 수준에 머물렀다. 그러나 18세기 들어 식물학의 발달로 분류학의 체계가 확고해지면서 일반식물과 약용 식물이 분리되어 연구가 이루어졌다. 특히 독일이 중심이 된 분석화학의 발달로 인해 향신료로부터 유효성분을 추출하여 식품, 의약품으로 이용하면서 약용 식물과 향신료 산업은 더욱 발전하게 되었고, 이들 간에도 대상이 명확히 구별되어 거래되었다.

그러나 20세기 초에 합성의학의 발달을 통한 화학적 방향제 및 화학조미료의 대량생산은 일시적으로 천연향과 천연 향신료의 생산에 큰 타격을 주었다. 그러나 2차 대전 이후에 인간의 삶의 질이 높아지면서 화학약품보다는 생약 제품에 대한 관심이 증가하게 되었다. 특히 20세기 후반에 건강 기능성 식품의 관심이 높아지면서 생태적인 유기농업의 발전과 함께 천연 향신료의 소비가 늘었고, 아울러 유럽의 가정원예에서도 허브가 아주 중요한 역할을 담당하게 되었다. 유럽 식품 가공업체도 천연 향신료를 각종 고기, 유제품 등에 과감하게 사용하였으며, 이것이 소비자에게 인기가 얻어, 지금까지 주방을 지키던 화학조미료의 입지는 매우 좁아지게 되었다.

한편, 허브로부터 추출된 에센셜 오일(essential oil, 精油)이 식품뿐만 아니라 거대한 시장을 가진 화장품 업계, 의약품 업계, 반려동물 치료 제품생산을 하면서 이용자의 인기가 높아져서 이 분야의 연구 또한 착실하게 진행되어 왔다.

인간은 자연의 일부이고, 자연 훼손은 곧 인류의 파괴라는 생각과 인간에게 가장 알맞은 물질은 화학적인 것보다 자연에서 생산된 물질이라는 생각이 유럽을 비롯한 선진국 소비자에게 확고해짐에 따라, 앞으로 21세기는 천연 허브의 생산과 이용은 보다 다방면에서 적용되어 인간의 정신적, 육체적인 건강 증진에 크게 공헌할 것으로 본다.

1.4 허브의 분류

허브의 분류 방법에는 크게 식물학적인 분류, 실용적인 분류, 주요 맛 성분에 따른 분류, 생육 습성에 따른 분류, 원산지에 따른 분류, 이용 목적에 따른 분류 등이 있다.

식물학적인 분류 식물 상호 간의 유연관계에 따라서 계통적으로 분류하는 것이다. 분류군의 기본 단위는 종(種, Species)이며, 차례로, 속(屬, Genus), 과(科, Familia), 목(目, Ordo) 강(綱, Classis), 문(門, Division), 계(界, Regnum) 등으로 집단화한다. 기본 단위의 종 아래는 아종(亞種, Subspecies: 종에서 명확한 형질상 차이가 나타나지 않지만 지리적 분포에서 차이가 나타남), 변종(變種, Variety: 아종 중에서 형질상 차이는 없으나 유전적으로 형태적인 특성이 명확하게 구별되는 집단, 다른 변종과 공통으로 분포함). 품종(品種, Form: 개체군 내에서 우발적으로 볼 수 있는 작은 변이를 가진 개체군 또는 개체), 계통(系統, Race: 품종보다 작은 군으로 조상이 같은 유전자형의 동일한 집단으로 지방 품종이 해당), 영양계(營養系, Clone: 삽목과 같은 영양번식에 의해 부모와 똑같은 유전적인 조상을 가진 식물)가 있다. 아종, 변종, 품종은 학명을 사용할 때에 표시된다.

학명은 스웨덴 식물학자 린네(Carl von Linne)가 제시한 방법으로 전 세계 식물명에 통용된다. 학명을 붙이는 명명법으로는 이명법과 삼명법이 있다. 이명법(二名法)은 린네가 창안한 학명 명명법으로 생물의 속명과 종소명을 나란히 쓰고, 그 다음에 그 학명을 처음 지은 사람의 이름(성)을 붙이는 방법으로 명명자의 이름은 생략하기도 하며, 머리글자 하나만 쓰기도 한다. 예를 들어, 라벤더는 종자식물문(種子植物門), 쌍자엽식물강(雙子葉植物綱), 합판화식물아종(合瓣花 植物亞種), 꿀풀목. Labiatae(꿀풀과), Lavandula(속)에 속한다. 유럽에는 21개 라벤더 종(species)이 있는데, 대표적인 일반 라벤더 학명을 속명, 종명, 명명자 순서로 쓰면 *Lavandula angustifolia* **Mill.**(**Mill.**을 **M.**으로도 표기)이다. 학명은 반드시 이태릭체를 쓰고 명명자는 정자를 쓴다. 삼명법(三名法)은 종에 따라 아종(ssp.)이나 변종(var.)이 있을 때는 그 종의 이름 다음에 아종이나 변종을 표기하는 법이다. 변종은 *Lavandula angustifolia* **var.** *delphinensis*로 쓴다. 품종은 끝에 ' '로 표시한다. 가장 보편적인 히드코트 품종은 *Lavandula angustifolia* 'Hidcote'라고 쓰는데, 품종명은 반드시 정자로 쓴다. 학명을 사용하지 않을 때는 히드코트라벤더라고 부른다.

(a) (b)

그림 1.6 동일한 영명 Bergamot. (a) *Citrus bergamia*, (b) *Monarda fistulosa*.

우리가 재배할 때 단순히 라벤더 학명만 일치한다고 구입하면 안 된다. 예를 들어, *Lavandula angustifolia* 'Nana Alba'의 꽃은 백색이기 때문에 품종도 확인이 필요하다.

따라서 종자나 식물의 오일을 구입할 때는 학명과 품종명 확인이 필수적이다. 예를 들어, 영명의 bergamot 오일에는 *Citrus bergamia*에서 추출한 레몬 버가못 오일과 *Monarda fistulosa* 영년생 초본 허브 오일이 있는데, 목본과 초본의 차이와 함께 오일 사용상에도 차이가 있기 때문이다(그림 1.6). 레몬 버가못 오일을 피부에 바르고서 햇빛에 노출되면 피부가 손상된다. 따라서 오일을 고를 때는 반드시 학명을 확인해야 한다.

생육 습성 1년생 허브, 2년생 허브 그리고 다(영)년생 허브로 나눌 수 있다. 1년생 허브에는 고수, 딜, 바질, 세이보리, 아니스, 캐모마일 등이 있다. 2년생 허브에는 카라웨이, 파슬리가 있다. 다년생에는 라벤더, 로즈메리, 마조람, 백리향, 오레가노가 있다.

번식법 번식 수단이 종자냐 영양체냐에 따라 종자번식성 허브와 영양번식성 허브로 구분할 수 있다(표 1.1). 영양번식 허브도 대부분 종자번식이 되지만 묘 육성 기간이 다소 길다.

표 1.1 생육 습성과 번식법에 따른 분류(*: 종자번식도 가능함)

습성	식물명	번식법
1년생	아니스, 바질, 보리지, 캐모마일, 처빌, 고수, 딜, 겨자, 로켓 샐러드, 세이보리	종자번식
2년생	카라웨이, 파슬리, 처빌(월동재배)	종자번식
다년생	캐트닙*, 차이브*, 펜넬*, 히솝*, 러비지*, 마조람(프랑스)*, 오레가노*, 루*, 세이지*, 수영*, 백리향*, 겨울 세이보리*, 라벤더*, 로즈메리*	영양번식

실용적인 분류 학문적인 근거는 부족하지만, 이용자가 쉽게 찾도록 하기 위해 허브를 알파벳 순서에 따라 열거하는 방법이다. 주로 사전식 허브 재배서가 주종을 이룬다. 학생이나 일반인의 이용 편의를 고려하여 국내에서는 한글의 가나다순으로 분류하기도 한다.

오일 성분에 따른 분류 Heath(1978)가 분류한 방법으로 맛과 향의 차이를 유발시키는 특수한 에센셜 오일 성분의 구성에 따라 5개 그룹으로 나누는 방법이다.

① 제1그룹: Cineole 함유 허브–월계수, 로즈메리, 스페인 세이지
② 제2그룹: Thymol과 carvacrol 함유 허브–백리향, 야생 백리향, 오레가노, 야생 마조람(wild marjoram), 세이보리, 멕시칸 세이지
③ 제3그룹: Sweet alcohol 함유 허브–스위트 바질, 스위트 마조람, 타라곤
④ 제4그룹: Thujone 함유 허브–달마티안 세이지, 그리스 세이지, 잉그리쉬 세이지
⑤ 제5그룹: Menthol 함유 허브–페퍼민트, 스피어민트, 가든민트, 콘민트(corn mint)

원산지 분류법 허브 재배지역의 생육 환경에 따라 품질이 전혀 다를 수 있다. 따라서 생산지역의 이름을 붙여서 분류하는데, 같은 허브 종이라도 생산된 원산지에 따라 에센셜 오일 성분에 차이가 있기 때문이다. 박하, 라벤더는 산지에 따라 품질에 큰 차이가 있다.

용도에 따른 분류 용도에 따라 요리용, 향신용, 염료용, 약용 등으로 나눈다.

이용 형태에 따른 분류 가공용과 비가공용품으로 나눈다. 비가공용품은 신선 또는 건조해서 이용한다. 가공용품에는 건조잎 캡슐, 허브비누, 허브 식초 및 화장품이 있다.

이용 목적에 따른 분류 치유나 요리 적용 방법에 따라 다음과 같이 나누기도 한다.

① 신경을 안정시키는 허브: 박하(mint), 캐모마일(camomile), 라벤더(lavender)
② 불면을 치료하는 허브: 서양 야생박하, 마조람(marjoram), 호프(hop), 아니스(anise)
③ 긴장 완화를 시켜주는 허브: 박하, 버가못(bergamot), 라벤더
④ 진정작용에 사용하는 허브: 캐모마일, 백리향, 아니스, 바질(basil), 버가못
⑤ 차로 사용하는 허브: 캐모마일, 레몬밤(lemon balm), 세이지(sage), 박하, 백리향(thyme), 로즈메리(rosemary), 펜넬(fennel)
⑥ 목욕용 허브: 라벤더, 백리향, 장미, 박하, 로즈메리, 오렌지 꽃, 레몬밤, 마조람
⑦ 소스용 허브: 차이브(chive), 러비지(lovage), 고수(coriander), 처빌(chervil), 백리향, 타라곤(tarragon), 레몬그래스(lemon-grass)
⑧ 커리 원료: 카라웨이(caraway), 고수
⑨ 피자용 허브: 마조람, 오레가노, 바질
⑩ 콩요리에 사용하는 허브: 세이보리(savory)
⑪ 에센셜 오일 성분 이용 허브: 바질, 펜넬, 박하, 로즈메리, 라벤더 등

⑫ 샐러드용 허브: 고수, 딜(dill), 바질, 파슬리, 처빌, 워터크레스(watercress), 크레스(cress), 로켓(rocket), 수영(sorrel)

1.5 허브의 구성성분

허브의 기능성을 이해하려면 구성성분을 알아야 한다. 허브는 광합성 과정을 통하여 탄수화물이 수가 되는 1차 산물을 만들어 낸다. 이를 기초로 다양한 생화학적인 과정을 거쳐서 2차 산물을 만들어 식물을 지탱하고, 보호하며, 특수한 성분을 저장하게 된다. 2차 산물을 일반식물보다 많이 함유한 허브의 구성성분은 크게 테르페노이드계(정유, 사포닌, 카디악 글리코시드), 페놀 화합물(탄닌, 쿠마린, 안트라퀴논), 알카로이드계, 기타 성분(쓴 물질, 점액 물질, 신미 물질, 비타민 & 무기염류)으로 나뉜다(陽川, 1992). 또는 특수한 작용보다는 화학적인 구조로 나누기도 하는데, 알카로이드, 안토시안, 안트라퀴논, 카디악 글리코시드, 쿠마린, 시아노게닉 글리코시드, 플라보노이드, 글루코시놀네이트, 페놀, 사포닌, 탄닌으로 분류한다(Buckle, 2003: Patel & Patel, 2016). 이와 같은 다양한 성분 때문에 허브는 식용적, 치료적, 공업적으로 이용된다.

여기서는 허브의 구성성분에 대한 화학적 구조를 기초로 특성을 설명하기로 한다.

(1) 테르페노이드

테르페노이드(terpenoids) 화합물은 이소프렌(C_5H_8)을 기초로 연쇄적으로 결합된 탄소와 수소 분자로 이루어진 방향 성분으로 식물에 가장 많은 물질이다. 탄소 10개로 이루어진 모노테르펜과 15개로 이루어진 세스퀴테르펜이 주를 이룬다. 모노테르펜은 약 1,000개, 세스퀴테르펜은 약 3,000개의 화합물이 있다. 모노테르펜은 공기정화와 기분을 좋게 하며, 주로 감귤 계통(성분: limonene, 담석분해, 종양억제)과 레몬그래스(성분: myrcene, 진통제)에 많다. 세스퀴테르펜은 항염, 진통, 방부 효과가 뛰어나며, 샌달우드(산달나무), 생강, 저먼 캐모마일(성분: chamazulene), 톱풀(yarrow), 일랑일랑(성분: β-caryophyllene)에 들어있다.

테르페노이드의 주요 구성 물질은 정유, 사포닌, 카디악 글리코시드이다.

정유(精油) 정유는 휘발성 물질을 가진 성분으로, 각종 식물의 잎, 꽃, 뿌리, 종자에 분포한다. 식물체에는 유선(乳腺), 선모(腺毛), 유관(乳管) 같은 특수 조직에 저장된다(**그림 1.7**). 유선(정유샘)의 위치는 열매(오렌지), 꽃잎(향장미, 스위트 바이올렛), 잎과 꽃(라벤더, 박하, 금잔화, 캐모마일), 잎과 뿌리(루), 꽃, 잎, 뿌리(톱풀, 메리골드) 등 식물의 종류에 따라 다르다. 지구 상의 약 60개 과 식물에서 정유가 발견된다. 허브가 합성하는 방향 성분은 이소프렌(isoprene) 혹은 이소펜탄(isopentane) 같은 단순한 분자에 기초를 두는데, 여러 형태의 과정을 통해 테르펜(terpene)을 형성한다. 박하나 백리향에서 추출한 휘발성 에센셜 오일은 같은 종에서

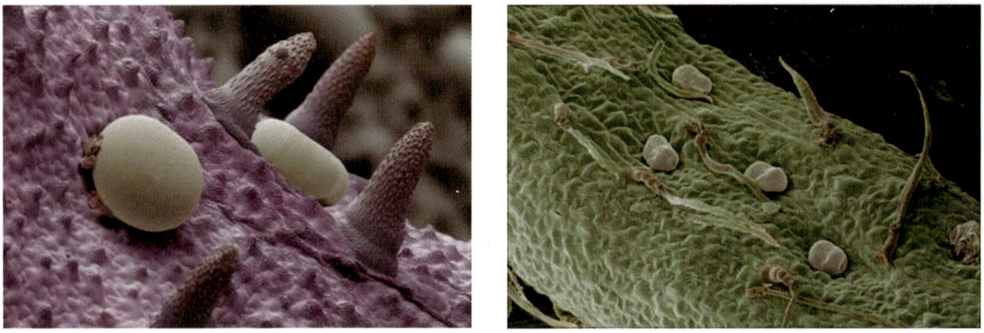

(a) (b)

그림 1.7 (a) 박하, (b) 캐모마일 정유 샘(둥근 것, Svoboda and Svoboda. 2000).

도 다를 수 있으며, 생산지나 품종에 따라 함량에 영향을 받는다. 에션셜 오일(essential oil)은 치료제로 사용되기도 하나 대부분은 향수의 원료가 된다. 고수(코리앤더)의 종자에는 0.2~1.0%(구성성분, 약 60종류), 신선한 생체와 건조한 잎에는 각각 로즈메리 0.4~2.6%(약 100종), 세이지 0.4~2.5%(약 80종), 백리향 0.7~2.5%(약 140종)의 정유가 들어있다. 에센셜 오일은 체내에 쉽게 흡수, 이동되어 치료나 면역작용을 하게 된다. 멘톨과 장뇌는 마취작용을 하고, 겨자유는 자극을 주어 소화 촉진과 위액의 흐름을 증가시키며, 장 하부의 연동운동을 진정시켜서 산통을 완화한다. 휘발성 오일은 신경 체계에도 영향을 준다. 캐모마일은 진정시켜 주고, 박하는 기분을 고무시킨다.

사포닌 사포닌(saponin)은 식물의 종자, 뿌리, 줄기에 존재하며, 세포막의 투과성을 증가시켜 용혈작용을 하고, 진해 거담의 효과가 있다. 생약으로 사용하면 항염증, 항궤양, 항알러지, 혈압강하, 진정작용에 효과가 있으며, 항소염제인 코티존(부신피질 호르몬)과 성호르몬의 합성에도 관여한다. 야생마(wild yam 또는 산마)에 들어 있는 diosgenin은 코티존과 유사한 천연 사포닌이다. 인삼, 도라지 등에 사포닌이 많이 함유되어 있다.

카디악 글리코시드 카디악 글리코시드(cardiac glycoside)는 강심배당체(强心配糖體)로, 사포닌과 매우 유사한 물질이다. 이 물질은 1785년 디기탈리스(digitalis)에서 발견된 이래 과거에는 심장 강화, 이뇨, 토제(吐劑), 암살 등에 사용되었으며, 현재는 생약으로 심부전과 부정맥 치료제로 사용되고 최근에는 항암제로도 이용된다(Patel & Patel, 2016). 이 배당체는 심장 근육에 필요한 산소의 공급 없이도 심장박동을 강하게 증가시킨다. 따라서 심장의 효율을 높이고 산소가 부족하여도 무리한 심장을 안정되게 한다. 자연 생약으로 은방울꽃이 독을 지닌 디기탈리스보다 좋은데, 이는 몸속에서 유독한 구조를 만들지 않기 때문이다.

(2) 페놀화합물

페놀화합물(phenolric compounds)은 식물에 2번째로 많은 2차 산물이다. 벤젠핵에 수산

(—OH)기가 붙은 화합물로 많은 물질이 존재하나 주요 화합물은 탄닌, 쿠마린, 안트라퀴논, 플라보노이드 등이다. 간단한 페놀 화합물 중의 하나는 salicylic acid으로, glycoside 형태와 당류와 조합을 이루어 발견되며 수양버들에 함유되어 있다. 이 화합물을 기초로 합성한 아스피린(acetylsalicylic acid)은 인간이 만든 최고의 명약이다. 이 물질은 방부성과 진통제 및 소염의 효과를 가진다. 중국에서 요리에 많이 사용하는 정향(clove)의 꽃봉오리에서 추출한 진통제인 eugenol과 백리향(thyme)에서 추출한 thymol은 salicylic acid와 비슷한 효능을 가진다. 페놀이 함유된 에센셜 오일 성분은 thymol(백리향 성분, 항균), carvacrol(오레가노 향, 진정, 항균), eugenol(정향의 향, 진정제, 혈관이완제), chavicol(방부, 살균효과)이 있다.

탄닌 탄닌(tannin)은 식물에 기원하는 폴리페놀인데, 식물의 잎, 껍질, 과일, 목질부, 뿌리에서 발견된다. 오크나무의 두꺼운 표피조직은 식물 감염과 동물의 공격으로부터 식물을 보호한다. 탄닌은 수렴제 역할을 한다. 고분자 탄닌을 제외하고 물(20~35°C)에서 녹는다. 단백질이나 염기성 물질과 강한 친화력이 있어서 다른 화학물질에 작용하며, 피부와 점액 분비막에서 보호층을 이룬다. 따라서 장에서 설사나 내출혈을 감소시키므로 정장약으로 사용된다. 외상용으로는 화상(火傷) 치료에 쓰이며 상처에 바르면 염증을 막아준다. 탄닌은 눈, 입, 질, 자궁, 직장이 감염되었을 경우에도 이용된다. 로즈메리와 레몬밤에 함유되어 있는 탄닌은 꿀풀과 탄닌(Labitae tannin)으로 주성분은 로즈메릭산(rosemaric acid)이다. 레몬밤의 탄닌은 항바이러스 작용을 하며, 침출액은 땀을 내는 발한작용(發汗作用)을 한다.

쿠마린 쿠마린(coumarin)은 잔디를 깎을 때 생성되는 향기로 식물체에 쿠마린 배당체로 들어 있다. 식물이 상처가 나거나 풀을 건조할 때에 식물체 내에 존재하는 글루코시다제의 작용으로 쿠마린이 형성되며, 상처 부위로 병균의 침입을 막는 물질인 파이토아렉신(phytoalexin)을 생성하는 역할과 식물을 먹는 딱정벌레 등의 기피제 역할을 한다.

쿠마린은 근육을 이완하고, 피를 묽게 하는 항응고제이며 뛰어난 혈압 강하 효과가 있다. Sweet woodruff(8개 잎이 마디에서 돌려난다. **그림 1.8**a), 셀러리, 톱풀(yarrow), 캐모마일,

(a)

(b)

그림 1.8 (a) Sweet woodruff, (b) 소리쟁이.

시나몬(계피), 러비지에 들어 있다. Khellin은 강력한 혈관 또는 기관지 확장제로 사용된다. 안젤리카에 함유된 쿠마린은 항진균 작용이 있다. 그러나 장기적인 다량복용은 독성을 나타낸다. Furanocoumarin(약 2%)은 식물 뿌리 끝 생장이나 발아 억제 효과가 있다. 이 물질은 감귤류 껍질에서 추출한 오일에 많은데, 광독성이 있어서 이를 피부에 바르고서 햇빛에 나가면 화상이나 홍반을 동반하며, 피부가 착색되면 평생토록 가므로 사용 시 주의가 필요하다.

안트라퀴논 안트라퀴논(anthraquinones)은 천연 퀴논 중에 가장 많은 그룹이다. 알로에에 함유되어 있는 emodin은 대장을 자극하여 배변을 촉진한다. Gallic acid의 화학적 처리로 얻어지는 rufigallol은 안티말라리아 작용이 있다. 소리쟁이(*Rumex crispus*)의 안크라퀴논 배당체는 담즙 생산을 통하여 완하작용(緩下作用)을 한다(**그림 1.8**b). *Cassia occidentalis*에서 추출한 안트라퀴논은 독성이 있으며, 어린이에서 간 뇌병증을 유발하는 것으로 알려져 있다. 중국의 약용대황(藥用大黃, *Rheum officinale*)에도 sennoside 형태의 안트라퀴논이 5% 이하로 함유되어 있으며 변비를 개선하는 하제(下劑) 역할을 한다.

플라보노이드 플라보노이드(flavonoids)는 약 2,000종 이상이 존재하며, 식물체와 균류의 2차 산물이다. 플라보노이드는 분리되면, flavones, flavonols, flavanols, flavanones, isoflavones, anthocyanins 등 6가지 물질을 형성한다. 플라보노이드는 꽃가루에 가장 중요한 식물 색소로 곤충을 유인하기 위하여 꽃잎에 노랑, 빨강, 파랑 색소를 생성하며, 식물의 각종 환경 스트레스 완화, 자외선 피해를 감소시킨다. 플라보놀(flavonol)과 플라본은 식품에 들어 있는 가장 흔한 폴리페놀 화합물이며, 플라바논은 감귤 껍질 내부의 하얀색 펄프와 초코렛의 원료인 코코아에 많이 들어있다. 대부분의 플라보노이드는 퀴세틴(quercetin)을 함유하고 있으며, 신선한 로켓 샐러드(66.2mg/100g), 적양파(39.3mg), watercress(30mg)에 많다. 플라보노이드는 인체에서 흡수되기 어렵고(5% 미만), 흡수되는 물질의 대부분은 신속히 대사되어 배설된다. 플라보노이드의 항산화 작용으로 항염증, 항암, 동맥 확장으로 심혈관계로 인한 사망 감소, 치매 예방의 효과가 있다. 플라본의 apigenin 형태는 파슬리(215.5mg)와 셀러리(19.1mg)에서 발견되고, luteolin 형태로는 백리향(45.2mg)과 페퍼민트(12.7mg)에 많다. 플라바놀은 적양파(4~100mg), 플라바논은 신선 레몬이나 오렌지에 많이 있지만, 주스로 만들면 함량이 절반 이하로 줄어든다(Crozier, 2016). 플라보놀의 일종인 카테킨(catechin)은 차와 과일에 많다. 각종 붉은 잎에 존재하는 안토시안은 플라보노이드 일종으로, blackberry 같은 나무딸기류에서 많이 발견된다.

(3) 알카로이드 화합물

알칼로이드(alkaloid)는 자연 상태에 존재하는 강한 생리작용을 가진 염기성(鹽基性) 질소를 함유하는 유기화합물이다. 대부분의 알카로이드는 독성이 있으며, 일부는 치료제로 이용

(a)

(b)

그림 1.9 (a) 코카 잎과 열매, (b) 양귀비. (출처: Wikipedia)

이 된다. 지금까지 10,000여 개의 알카로이드가 알려져 있다. 첫 번째로 발견된 것은 나르코틴(narcotine)으로, Derosne이 1803년에 양귀비에서 분리하였다. 알카로이드는 식물체의 세포액에 들어있으며, 식물이 알카린(alkaline)을 만들 때에 산성화된 물, 알콜, 유기용매제 등을 이용해서 추출한다. 식물체의 알카로이드 함량은 계절적, 주간별, 생육 단계, 영양 상태에 따라 크게 변한다.

현재 사용하는 대표적인 알칼로이드는 국소 마취제이자 흥분제인 *Coca*(*Erythroxylum coca*, 생잎을 씹으면 환각 효과가 있음, **그림 1.9**a)로부터 추출한 코카인, 흥분제 카페인(커피 추출)과 니코틴(담배 추출물), 진통제 모르핀(양귀비 열매의 상처에서 나오는 백색 수액 물질로 제조, **그림 1.9**b), 식물의 배수체를 만들고, 통풍의 발작성 진통을 잠재우는 콜키신(colchicine, *Colchicum* 추출물), 항암 작용이 있는 indicine n-oxide(*Heliotropium* 추출물), 치매 예방 효과가 있는 galanthamine(*Galanthus* 추출물), 고추 추출물로 매운맛을 내는 capsaicin, 주목의 추출물로 항암 작용이 있는 paclitaxel, 가지과 식물의 추출물로 독성이 있는 solanin, 말라리아 약으로 사용되는 quinine 등이 있다.

(4) 기타 성분

허브 식물은 앞서 설명한 테르페노이드, 페놀성 화합물, 알카로이드 이외에 쓴 물질(苦味物質), 점질물질, 매운 물질(辛味物質), 비타민과 무기염류를 함유한다.

쓴 물질 쓴 물질(bitter substance)은 알카로이드, 테르페노이드, 페놀성 화합물을 복합적으로 함유한다. 고미 방향성(苦味芳香性)의 sesquiterpene 성분을 함유하는 씀바귀, 민들레, 고들빼기 등의 식물과 고미의 잔류성이 강한 용담, 겐티아나(*Gentiana lutea*, 호프가 알려지기 전까지 겐티아나 뿌리에 함유된 쓴맛을 맥주에 첨가했음. 알프스에 자생하는 다년생 약초로, 인삼처럼 재식 후 3~4년 뒤에 수확, **그림 1.10**a), 우엉처럼, iridoid 배당체를 함유하는 채소나 약용 허브가

(a)

(b)

그림 1.10 (a) 겐티아나, (b) 아티초크 꽃. (출처: Wikipedia)

있다. 서양 쑥, wormwood(*Artemisia absinthium*)의 쓴 성분도 식욕 촉진, 소화액 분비 촉진, 구충 효과가 있으며, 개똥쑥(*A. annua*)과 더불어 암 예방에 좋다고 알려져 있다. 서양채소인 아티초크(artichoke) 잎에서 추출된 쓴맛 성분은 간을 보호하고, 담즙 분비를 촉진하며, LDL 콜레스테롤을 낮추고, HDL을 증가시킨다(꽃봉오리 속을 채소로 이용, 이탈리아, 스페인, 프랑스의 별미 꽃채소, **그림 1.10**a: 박, 2018 참조).

그 외 쓴 물질은 호프(*Humulus lupulus* L), 루(rue), 금잔화 등에 많이 들어있다. 같은 식물이라도 햇빛이 많고 건조한 곳에 자란 개체일수록 쓴맛이 강하다. 호프의 쓴맛은 맥주 제조에 이용되는데, 호프는 키가 4m 정도 되는 덩굴식물로서, 지주를 세워 가꾸고 가을에 꽃을 수확하며, 건조시켜서 사용한다. 대부분의 쓴 물질은 약효를 가진다. 반사 작용을 통해 미뢰(taste bud)에 이르고, 소화액을 분비 자극하며, 입맛을 돋우고, 건위 작용을 하며, 간의 활동을 자극한다. 수면, 강심, 신경 흥분 등의 효과가 있으며, 최근에는 항암 작용도 발견되고 있다.

점액물질 허브의 종자와 뿌리에는 점액물질(粘液物質, mucilaginous substances)을 함유한다. 이들은 다당류의 일종으로 수분을 흡수하여 젤리 상태가 되어서 소화관의 점막의 손상을 치료해 주며, 폐나 비뇨기기계에 진통 효과가 있다. 채소의 아욱, 허브의 마시멜로(marshmallow)가 함유한다. 마시멜로 잎에는 점액물질이 최대 10%, 겨울철의 뿌리에는 35%가 들어있으며, 위와 작은창자의 염증, 궤양과 여기에 수반된 진통 치료에 좋다. 질경이 종자는 점질물이 많다. 시중에 변비 및 경증 설사의 증상 완화에 쓰이는 식이섬유인 psyllium gum 또는 ispaghula는 질경이 속(Plantago)의 *Plantago pyllium*에서 추출한 것이다. 미끄러운 느릅나무(*Ulmus fulva*)의 안쪽 껍질은 기침, 설사, 위장관 염증, 변비, 생리 및 신장 기능 장애 및 인후염 치료에 완화제로 쓰인다. 허브류의 컴프리, 보리지, 세이보리, meadowsweet 등은 점유물을 함유한다.

매운맛 매운맛(辛味)을 내는 허브는 신미물질(acrid substances)을 함유한다. 이 물질은 미뢰를 자극하여 식욕을 촉진하고, 땀을 나게 하므로 다이어트에 효과가 있다. 주로 불포화지방산 아미드(amide)의 구조화합물이 많고, 배추과 식물의 매운맛 성분인 글루코시노레이트(glucosinolate: 와사비, 서양고추냉이, 무)와 페놀성 화합물(생강)도 있다. 추어탕에 첨가해 먹는 산초(sancho, *Zanthoxylum schinifolium* S.et Z.) 정유의 매운맛은 β-phellandrene(22.54%), citronellal(16.48%)과 geranyl acetate(11.39%)로 구성되어 있다. 후추는 피페린(piperine)이, 고추는 캡사이신(capsaicin)이 매운맛의 주성분이다. 한국인이 즐겨 먹는 고추에 함유된 캡사이신은 피부에 직접 닿으면 충혈시키지만, 소량을 섭취한 경우에는 침샘을 자극해서 타액과 위액 분비를 촉진시켜 소화작용을 돕는다. 반대로 너무 많이 섭취하면 위점막을 자극하고, 소화를 억제하는 작용을 한다. 매운맛은 일시적으로 혈압을 상승시키고, 살균과 방부 효과가 있다. 이러한 살균 방부 효과로 인해 고춧가루를 많이 넣은 김치는 쉬 물러지지 않는다.

비타민, 무기염류, 기타 효과 일반적으로 몇 가지 허브는 채소보다 비타민과 무기염류 함량이 높아서 사람의 건강유지에 도움을 준다. 이들은 향과 맛이 있고, 건강 기능성 성분을 함유하여 섭취하는 사람에게 정신적 안정과 건강증진의 보건적인 효과를 부여한다.

주요 허브와 채소의 비타민 무기염류, 기능성 물질, 보선적 효능은 박과 심(2012), 박(2018)의 문헌을 참고하기 바란다.

1.6 허브의 기능

허브의 기능은 학자에 따라 강조하는 점이 다른데, Hoffmann(2013)과 陽川(1998)이 제시한 내용을 요약하면 다음과 같다.

(1) 허브의 생리 및 약용 기능

허브의 전체론적(全體論的, holistic) 기능 현대의 정통의학에서 사용하는 약품은 특정한 증상을 대상으로 하지만, 허브는 성분이 매우 다양하여 신체의 심적, 육체적, 정신적인 불균형을 전체적으로 치료하는 효과가 있다. 이 개념은 의사가 허브를 처방해 주지만, 치료와 건강에 대한 책임은 그것을 사용하는 사람에 달려 있으며, 자신의 원초적인 힘과 협력해야 영(靈), 육(肉), 감정(感情)의 전체 균형을 통해 치유가 완성된다는 개념이다.

허브의 약리적 기능 허브는 호흡기계, 소화기계, 순환기계, 기타 배뇨, 관절염에 대한 약리적인 효과가 있는데, 뒷 부분의 허브 각론편에서 식물마다 약리적인 기능을 다루기로 한다.

허브의 심리적 효과 허브가 발산하는 향기는 사람에게 심리적으로 즐거움을 주는 것이 있다. 고대로 부터 라벤더, 로즈메리, 딜, 캐모마일 등의 향은 사람에게 심리적인 안정이나 흥분 등을 유발했다. 근래에는 외적 자극(인지, 운동, 작업 등)에 대해 인체에서 발생하는 전위인 CNV(contingent negative variation, 수반성 음성 변동)을 측정하여 향이 미치는 진정과 흥분 효과에 대한 분석이 가능하다. 향기를 취해서 CNV 값이 100 이상일 때는 흥분 작용이, 이하일 때는 진정 작용이 나타난다. 흥분되는 향에는 로즈메리, 향제라늄, 바질, 이랑이랑, 페퍼민트, 장미가 있고, 진정되는 향에는 샌달우드(산달나무), 레몬, 캐모마일, 라벤더가 있다.

향기요법(aromatherapy) 허브에 함유된 정유를 추출하여 스트레스와 질병을 치료함으로써 건강을 증진시키는 향기 치료법이다. 자세한 내용은 아로마테라피 편을 참조하기 바란다.

(2) 허브의 항산화, 항균, 항바이러스 작용

허브는 비타민, 특수 성분, 정유 등 다양한 성분을 함유하여 항산화 능력이 채소보다 3~10배 높으며, 항암 작용 등의 효과가 크다. 또한 각종 식중독 균이나 감기 등을 일으키는 세균과 바이러스에 대한 억제 작용과 치유 효과가 있다.

(3) 허브의 맛, 착색, 냄새 제거, 살선충 기능 및 기타 작용

허브는 음식이나 음료의 맛과 향을 좋게 하고, 함유한 안토시안 색소는 착색 기능이 있으며, 오일 성분은 옷이나 침구류에서 냄새를 제거한다. 이는 문제가 되는 화학적인 탈취제와 달리 무해한 점이 특징이다. 메리골드(French marigold, *Tagetes patula*, 멕시코 원산 화훼식물 겸 허브, 꽃잎 차로 이용) 등을 심으면 토양 선충류(線蟲類) 발생을 억제해 주므로, 텃밭의 주변에 심기도 한다. 쑥 종류의 허브는 몸속의 기생충을 제거해 주며, 향제라늄은 모기를 퇴치하기도 한다. 기타 정유 성분은 곤충을 유인하거나 기피 물질을 발생시켜서 피해를 줄인다. 앞으로는 모기 방제용 약제에 천연 허브 추출물의 이용이 확대되리라 본다.

1.7 허브의 선택

허브에 관심이 있을 경우에, 어떻게 수집하고 선택할 것인가가 중요하다. 허브의 수집과 선택은 자연 상태에서 수집, 취미 재배 시 선택, 판매용 허브 선택, 재배 장소에 따른 선택, 육성된 종류를 선택하는 법, 이용 목적에 따른 선택 등으로 나눠서 접근할 수 있다.

자연 상태 수집은 자료 등을 통해서 성분과 이용법을 숙지하고서, 건강증진에 필요한 허브를 선발한 다음에 자연에서 자란 식물을 채집하여 번식시키거나 이용하는 방법이다. 국내에 자생하는 대표적인 자생 허브는 쑥, 민들레, 쇠비름, 산마늘, 산부추, 더덕, 도라지, 취나물 등이다. 이들 식물을 자연에서 채집하여 번식할 수도 있지만, 산채 종자 전문점에서 구매하여 재배하면 편리하다. 만약 산에서 종자를 가을에 채취하였다면, 비닐봉지에 넣어서 냉장고에 2개월 이상 저온처리를 한 다음에 파종해야 발아가 된다. 산채 종자를 상온에서 건조하게 저장했다가 뿌리면 발아가 안되거나 발아율이 매우 낮다. 쑥이나 민들레처럼 자연에서 채취하여 이용하고자 한다면, 채집 장소의 토양이 오염됐는지를 고려해야 한다. 그래서 제초제 등 농약을 많이 사용하는 농토, 도로로부터 30m 이내, 공장 지역 등 오염이 예상되는 지역의 식물을 채취해서 이용하면 않된다. 오염된 물이 흐르는 강둑 등도 피하는 것도 원칙이다. 가능하면 길에서 먼 산에서 채취하여 이용하는 것이 좋다. 그러나 최근에 유전자원 보존 차원에서 자연 채취가 국내뿐만 아니라 세계적으로 금지된 종류가 많다. 특히 외국은 자연 채취가 불가능한 식물을 법적으로 보호하고 있으므로, 알프스나 미국 국립공원 등을 여행할 때 함부로 야생 허브를 채취하면 처벌을 받으므로 주의해야 한다.

취미 재배 시 선택은 개인의 기호도, 재배 장소를 고려하여 선택한다. 한국인의 허브 선호도 조사(신, 2000)에 의하면, 로즈메리를 가장 선호하며 박하, 라벤더, 백리향, 쟈스민, 레몬밤의 순서였다. 그 후 이(2012)의 선호도 조사에 의하면, 라벤더, 로즈메리, 박하, 캐모마일, 세이지, 백리향 순서였다. 그러나 집에서 실제 기르는 허브는 로즈메리가 가장 많았고, 라벤더, 박하, 캐모마일, 세이지 순서였다. 일반인들은 소나무향과 유사한 향을 내며 기억력을 증진시키는 로즈메리 재배를 선호하고, 안정을 주는 라벤더를 두 번째로 많이 재배하는 점이 식물의 선호도와 달랐다. 또한, 생활 속에서 익숙한 향인 박하를 세 번째로 좋아하는 것 같다.

최근에는 허브의 치유와 이용 효과를 고려하여 허브 분화를 온라인 판매하는데, 로즈메리, 애플민트, 레몬밤, 페퍼민트, 바질 순서로 많이 판매된다고 한다.

판매 목적 허브 선택은 현재 유통되면서 소비자의 기호도가 높은 종류를 고려해서 선택해야 한다. 국내 특급호텔에서는 꿀풀과(바질, 민트, 백리향, 로즈메리 순서), 산형화과(파슬리, 처빌), 백합과(차이브), 국화과(타라곤) 순서로 소비량이 많았다고 보고된 바 있다(김과 박, 2001). 재배 능력, 재배 지역과 판매지 거리, 유통 유무를 고려한다.

재배 장소 고려한 선택에서 가장 중요한 점은 노지재배의 경우에는 내한성(耐寒性)이 강한지 여부이다. 노지에서 겨울에 얼어 죽는다면 허브가든이나 일반 정원에서 가꿀 수가 없기 때문이다. 그러므로 허브 종류별 생육이 가능한 최저온도를 알아두어야 한다. 허브의 월동 가능 최저온도를 **표 1.2**에 제시했는데, 이 자료를 참고하여 허브를 선택한다. 허브가든에서는 온실 내에 심고 최저온도를 5°C 이상 유지해 주면 월동성에 관계없이 허브 재배가 가능하다. 실내 재배를 하는 경우는 그늘에 견디는 내음성(耐陰性)을 고려한다.

판매용 허브 선택은 허브를 포트에 재배하여 판매할 수 있는 종류를 고려하는데, 종자번식을 하는 바질, 로켓 샐러드, 고수, 딜, 워터크레스, 차이브 등이 좋고, 삽목은 로즈메리, 라벤더, 민트류가 좋다. 유통되는 화분의 직경는 10cm가 주를 이룬다(조, 2008).

허브 분화나 허브 관련 제품이 외국에서는 작은 도시의 슈퍼마켓에서도 유통되지만, 국내에서는 아직까지 일부 백화점과 대형 유통점 이외는 제한적이다. 그러나 건조 허브는 국내에서 일부 생산되며 스페인, 이탈리아, 프랑스 등지에서 다양한 종류가 수입되어 대형마트에서 판매가 이루어지고 있으므로, 좋아하는 허브를 골라서 이용하면 된다.

1.8 허브 재배지 조건과 관리

여러 조건을 고려하여 선택한 허브는 재배관리법을 노지와 포트재배로 나눠서 접근할 수가 있다. 노지나 포트재배에서 가장 중요한 것이 광조건, 토양 조건, 월동관리 등이다.

(1) 광조건

대부분 인기가 있는 허브는 여름에 비가 오지 않고, 햇빛이 많으며, 겨울 날씨가 온화한 지중해가 원산이므로 재배할 때 가장 고려해야 할 점이 광조건이다.

재배지는 종일 햇빛을 받는 곳이 좋고, 허브 정원도 남향으로 주변에 큰 나무가 없는 곳을 선택한다. 도시 텃밭에서도 최소한 8~10시간 이상 강한 햇빛을 직접 받는 곳이 좋다.

가정재배에서 로즈메리를 아파트의 창가에서 기를 때, 남향인 곳에서는 생육이 어느 정도 이루어지지만, 동향이나 서향인 곳에서는 햇빛을 반나절만 받게 되므로 줄기가 가늘어지고 웃자라면서 잎이 연록색이 되고 향기는 엷게 된다.

실내재배는 12시간 정도 인공광을 제공하고, 처리시간이 길수록 좋다. 인공광을 조사할 때는 광원과 식물 간의 거리가 적당해야 하는데, 백열등은 식물의 75cm 위에, 형광등은 30cm 위에, 발광다이오드(light-emitting diode, LED, 적색광)는 15cm 위에 설치한다(**그림 1.11** a). Sweet basil(일반종)과 bush basil은 수은등(200W)에서, 자주색 opal basil은 백열등과 형광등에서 실내재배하면 향이 짙어진다(백 등, 2006). 형광등을 10시간 이상 조사하면 고수, 바질, 박하, 백리향, 차이브 등을 실내에서 기를 수가 있다. 따라서 종일 전등이 켜져 있는 사무실 같은 저광도 조건에서는 아니스, 처빌, 파슬리, 한련화, 싹 채소용 인삼 같은 허브식

(a)

(b)

그림 1.11 (a) LED 이용 허브 재배상(Herb Examiner), (b) 온실에서 바질 생산. (출처: Philips Hort)

물을 기를 수가 있다. 저광도에서 허브는 생육은 되지만 향이 옅다. 일반인들은 벤자민, 고무나무 같은 허브를 실내 식물로 착각하여 저광도 조건에서 재배하기도 하는데, 생육이 나빠지고 맛과 향이 떨어지므로 반드시 인공광을 10시간 이상 제공해야 한다.

바질이나 깻잎 같은 1년생 꿀풀과 허브는 봄에 일찍 파종하면 6월이 되어 개화한다. 따라서 봄철 육묘 시에도 12시간 일장이 필요하고, 8월 이후 3월까지는 일장조건이 12시간 이상 되도록 일몰 후에도 조사해야만 겨우내 잎 생산이 가능하다. 전문농가에서는 가을 들깨 재배처럼, 일몰 후에 30분 조명, 30분 암처리로 자정까지 4~6회 반복 처리하기도 한다.

식물공장에서 허브 재배는 수경재배법을 적용하는데, 고품질 허브를 생산하기 위해서는 고압방전등(high intensity discharge lamp), 메탈할라이드(metal halide lamp), LED 등(**그림 1.11**b)을 사용한다. 상업적 육묘와 잎 생산 농가는 보광을 16~19시간 실시한다.

(2) 토양조건

허브를 재배할 때에 토양조건은 번식토, 포트용 상토, 재배지의 토양조건을 고려한다.

번식토는 파종과 삽목이 다른데, 파종용은 피트모스나 코코넛 코이어를 단용 또는 펄라이트와 7:3 정도 혼용한다. 육묘용 상토를 구입하여 사용하면 편하다. 삽목은 물 빠짐이 좋아야 하는데, 대량 증식에서는 모래, 코이어, 펄라이트 혼합상토를 사용하며 삽목하는 허브의 종류에 따라 다르다(이, 1999). 취미 재배가는 꽃가게에서 육묘용 상토를 구입하여 삽목한다. 블루베리 재배용 상토는 산도가 매우 낮으므로 번식용 상토로 사용하면 안 된다.

일반 재배지의 토양조건 가운데 먼저 고려할 사항은 토양의 산도이다. 대부분의 허브는 유럽이 원산지로 석회암이 발달된 곳에서 오랜 기간 자랐기 때문에 pH 6.0~7.0의 약산성이나 중성에서 잘 자란다. 도심의 땅에서 시금치가 자라지 못하는 경우, 산성토양이므로 석회를 뿌려서 산도를 교정해 준다. 보통 10a당 90~100kg의 석회 시비가 표준이다. 이는 3.3m^2(1평)에 약 30g 내외의 석회를 제공하는 셈이다. 재배지는 도로로부터 30m 이상 떨어진 곳에서 재배해야 중금속 오염이 없는 허브를 재배할 수가 있다(박 등, 2016).

로즈메리, 라벤더 같은 허브는 지중해의 암반에서 소나무처럼 자라고, 세이지는 자갈밭에서 잘 자라므로 물 빠짐이 좋은 밭이나 산지를 골라 재배한다(**그림 1.12**).

이처럼 자갈밭에도 적응을 잘하므로 토양은 배수와 토양 통기성이 양호하면서 어느 정도 비옥해야 한다. 그래서 점토질 토양은 모래, 마사 등을 섞어서 토양을 개량해야 하며, 모래땅은 유기질의 함량이 낮아서 양수분의 용탈이 많으므로 점토를 다소 보충시키거나 충분한 퇴비를 투여해서 토성을 개량해야 한다. 많은 퇴비를 주면 양분의 보유력이 상승되고, 토양 통기성도 향상되어 식물의 뿌리가 잘 발달하여 생육이 잘 될 뿐만 아니라, 유기물로 인해 허브의 맛과 향기가 증진된다.

가정에서 용기재배를 하려면 알맞은 크기의 화분이나 플라스틱 용기, 코이어로 만든 행잉 바스켓(coir hanging basket)을 구하여 사용하면 된다. 용기에 넣는 흙은 시중에서 판매하

(a)

(b)

그림 1.12 (a) 암반에 자라는 로즈메리(나폴리), (b) 자갈밭에서 잘 자라는 세이지(프로방스).

는 육묘용 또는 수입상토(허브 전용)를 사용하는 것이 편리하다. 식물의 분갈이는 뿌리가 화분 밑으로 자라나오면 해야 한다. 화분에 넣을 인공토양은 재배자가 직접 만들 수도 있으며, 몇 가지 혼합 비율을 소개하면 다음과 같다. 오염되지 않은 밭흙은 퇴비와 7:3의 비율로 섞어서 사용한다. 도시에서는 퇴비를 구하기가 어려우므로, 피트모스(peatmoss) 또는 코이어(coir)를 구입하여 혼합해서 사용한다. 강모래를 구하기 용이하면 모래:피트모스를 1:1로 혼합한다. 시중의 피트모스는 산도를 조절하지 않은 pH가 4.8(주로 블루베리 재배용)인 것도 유통되는데 이것을 사용하면 절대 안 되며, pH 6으로 조절된 상토나 허브 전용 상토를 구입해서 사용해야 한다.

허브는 건조한 토양을 선호하므로 물빠짐이 좋은 곳을 선택하고, 노지재배를 할 때는 이랑을 높게 하고 배수가 잘되게 해야 한다. 대형 허브정원을 구축할 때에 배수가 불량하다면 땅속 45~60cm 정도 깊이에 직경이 1cm인 구멍이 뚫린 플라스틱 관을 묻어서 물이 잘 빠지게끔 지중 배수시설(암거배수)을 설치해야 한다. 남프랑스의 라벤더 밭은 포도도 재배하기 어려울 만큼 작은 자갈이 많은 토양을 사용한다. 따라서 여름철 비가 많은 국내 노지재배에서는 높은 이랑을 만들고 비닐 멀칭을 하여서 뿌리 부분이 과습되지 않게 관리해야 한다.

(3) 시비

허브는 척박한 조건에서 잘 적응해서 별도로 시비를 하지 않아도 정원에서는 잘 자란다. 취미 재배가들이 텃밭에서 허브를 재배하면서 화학비료를 주는 경우에는 허브의 키만 크게 하고 방향 성분의 농도를 낮게 하므로 좋지 않다. 그러나 가정재배에서 자주 수확하거나 대규모 허브재배 농장에서는 화학비료를 덧거름(추비)으로 사용한다.

비료를 사용하는 경우, 엽록소 생성에 필요한 마그네슘과 수정(授精)을 원활하게 하는 붕소가 혼합된 원예용 복합비료가 좋다. 요소비료나 질소 함량이 높은 복합비료는 피하는 것이 좋다. 질소 시비가 과다하면 허브가 웃자라 향이 떨어지고 생리장해가 발생하며 연약한 생장으로 인하여 병 발생이 증가하기 때문이다.

복합비료에 표시되어 있는 N:P:K:Mg:B(11:7:9:1:0.2)의 의미는 %를 표시한 것이다. 예를 들어, 10a당 질소 10kg 수준의 비료를 허브용 텃밭에 시비하려면 복합비료는 11%가 질소 성분이므로 약 100kg 비료가 필요하다. 그러면 1m^{2}에 100g을 시비하므로 3.3 m^2(1평)에 복합비료 약 330g을 주면 된다. 실제 시비할 때는 준비한 비료의 70%를 허브를 심기 전에 밑거름(基肥)으로 주고, 첫 번째 수확 후에 나머지 30%를 덧거름(追肥)으로 시비한다. 박하나 백리향은 노지에서 지상부 잎을 예취기(刈取機)로 연간 2~3회 수확하는데, 절단 후 2~3일 지나 절단부 상처가 아물면 입제 비료를 주거나 물비료를 뿌려준다.

퇴비는 생육기간이 짧은 식물은 10a당 1,000kg을 심기 전에 뿌려준다. 그러나 생육기가 길고 여러 번 수확할 경우는 2,000~3,000kg의 퇴비를 밑거름으로 시비하는 것이 좋다. 가정원예의 경우에는 퇴비 만들기가 어려우므로 원예자재센터 등에서 구입하여 사용한다. 퇴비 선택 시 가능한 믿을 수 있는 공급업체의 것을 선택하는 것이 가격적인 측면이나 안정성에서 유리하다. 15m^2(5평) 텃밭에는 구입한 퇴비 20kg을 정식 전에 뿌려주면 충분하다. 토양이 비옥한 곳에서 유기질 비료를 충분히 주면 화학비료를 사용하지 않아도 된다. 최근 친환경 재배에서는 화학비료를 첨가하지 않고 퇴비와 같은 천연비료의 사용을 권장하고 있다. 또한 전국의 지역 농업기술센터에서 보급하고 있는 EM(effective micro-organisms, 유용한 미생물) 자재를 퇴비와 함께 사용하는 것도 좋은 방법이다.

유럽의 가정원예에서는 토양 유기물 보급을 위해 정지한 가지, 수확 후 남는 식물체 그리고 캐낸 잡초를 일정한 크기의 퇴비 만드는 용기에 담고 썩혀서 유기물로 사용한다(**그림 1.13**a). 이때 집에서 나오는 생선이나 고기뼈, 음식 찌꺼기 등에 포함된 소금 성분은 물로 씻어서 혼합 전에 제거한 다음 퇴비장에 같이 넣고 썩히면 퇴비로 사용할 수도 있다.

여름철에는 50~100L 크기의 플라스틱 물통을 준비한 다음 여기에 물을 절반 가량 채우고서 썩기 쉬운 잎이 넓은 잡초를 넣어서 1~2주일 동안 발효시킨 다음, 이 잡초차(weed tea)를 바가지로 조심스럽게 퍼서 체로 거른 후에 썩힌 물과 자하수를 1:10으로 희석하여 허브

(a) (b)

그림 1.13 (a) 유기질비료 제조 용기(뮌헨대학교 채소연구소), (b) 잡초차 조제(Ashwanden, 2013).

식물의 사이에 뿌려주면 훌륭한 유기질 비료가 된다. 냄새가 심하게 나므로, 허브 잎, 손, 옷에 닿지 않게 시비한다. 초기부터 수확기 1주일 전까지 만 뿌려준다(**그림 1.13**b).

식물공장에서 포트 허브를 생산할 때는 양분이 충분히 함유한 상토를 사용하면 시비를 따로 하지 않아도 된다. 그러나 가정에서 분화재배를 장기간 할 때는 완효성 비료를 구입하여 시비하거나 복합비료를 10L 물에 20g 정도 잘 녹여서 관수한다.

(4) 토양 및 수경재배에서 수분 관리

노지에서 허브를 기를 때는 원칙적으로 관수를 하지 않아도 된다. 허브는 포트나 노지에서 상추나 오이처럼 매일 관수를 하면 죽는다. 왜냐하면, 주요 허브는 여름철이 고온 건조한 지중해 지역이 원산지이기 때문이다. 로즈메리, 라벤더, 백리향은 장마 때에 과습이 되면 검게 잎이 타는 생리 병해를 받게 되므로, 이랑을 높게 하고 비닐 멀칭을 한 다음에 재식하여 가꾼다(**그림 1.14**a). 로즈메리와 라벤더는 배수가 안 좋은 곳에서 장마기에 매우 습하게 되면, 죽기도 하지만, 줄기 하단에서 옥수수 줄기에서 나오는 공기뿌리(aerial roots) 같이 작은 뿌리가 발생하여 산소를 흡수하면서 자란다.

실내에서 기를 때도 일반식물과 다르게, 허브는 화분의 토양이 마르지 않을 정도로 3~4일에 한 번씩 화분 밑으로 물이 흘러나올 정도로만 관수한다. 로즈메리나 라벤더에 관수를 자주 하면 잎이 검게 변하면서 죽기 때문에 다소 건조하게 기른다.

허브 종류별 관수 요령을 보면 라벤더, 월계수, 오레가노, 세이지, 백리향은 토양이 건조된 후 관수하고, 바질, 박하, 레몬밤, 제라늄 같은 초본 허브는 자주 관수하는 것이 좋다. 관수할 때 물의 온도는 18°C 이상이 원칙이다. 겨울철에 얼음 같이 찬물을 주면 모든 허브식물은 쉽게 죽게 된다. 물에 손을 담갔을 때 약간 시원한 느낌이 들 정도면 관수해도 된다. 수돗물을 관수할 경우에, 물받이에 받아두었다가 하루가 지난 후에 관수하게 되면 여름철에는 염소가 휘발돼서 좋고, 겨울철에는 물의 온도가 상승해서 좋다.

대규모 재배에서는 지하수를 이용하는데, 물속에 철분이 많지 않은 곳을 선택하여 관정

(a) (b)

그림 1.14 (a) 라벤더 멀칭 재배(고려대학교 농장), (b) 담배수용 베드에서 바질 수경재배(뮌헨대학교 채소연구소).

을 파야 한다. 철분이 많으면 관수 장치가 쉽게 망가지고, 두상관수(스프링쿨러로 지상부에서 관수하는 방법)는 잎에 얼룩을 발생시켜 상품 가치와 생육이 떨어진다.

유럽에서 바질, 고수, 백리향, 파슬리, 오레가노 등의 허브류를 피트나 코코피트를 충진한 직경 10~15cm의 포트에 심고서, NFT(nutrient film technique) 방법이나 담배수(ebb and flow) 관개로 수경재배한다. NFT는 양액이 흐르는 구배가 있는 재배조에 포트를 올려놓고 포트 하단에서 양액을 시간당 15분 간격으로 공급한다. 담배수 방법은 폭 2m, 길이 4~10m, 높이 10cm 가량되는 담배수용 베드에 포트를 올리고 5분간 포트 하단의 베드에 물을 공급한 다음, 10~15분간 배수하여 단수하는 방법을 반복하는데, 생육 단계, 허브 종류에 따라 포트 내의 수분 상태를 고려하여 관수 회수를 조절한다. 담배수 베드는 공급과 배수가 잘되도록 바닥에 홈이 있는 특수 베드를 사용한다(**그림 1.14**b). 제공하는 양액의 EC는 1.2~1.5ds·m^{-1}로 공급한다. 허브를 재배할 때, 집에서는 간이 담액수경법을 적용할 수가 있는데 다양한 수경 방법에 대해서는 박과 김(2017)의 수경재배의 이론과 실제를 참고하고, 배지 특성과 관수 방법은 박(2019) 원예번식학을 참조하기 바란다.

(5) 월동 관리

허브는 대부분 지중해가 원산지이므로, 최고의 허브인 로즈메리, 라벤더(잉그리쉬 라벤더는 예외), 백리향은 중부지역에서 노지 월동이 어렵다. 하지만 쑥, 차이브, 치커리, 톱풀처럼 뿌리가 땅속에서 월동하는 식물은 최저기온이 −34°C까지 내려가도 월동이 잘 된다. 중부지방에서는 **표 1.2**에 제시한 −18°C까지 견디는 허브는 월동이 가능하다. 내한성이 약해 −1°C까지만 견딜 수 있는 식물은 고수, 유카립투스, 생강, 레몬 버베나, 마조람, 파슬리 등이다.

표 1.2 허브의 겨울철 월동 가능한 최저온도

최저온도(°C)	허브식물 종류
−34	쑥(*Artmesia* spp), 에키나시아, 차이브, 치커리, 컴프리, 톱풀(yarrow), 히솝
−29	레몬밤, 로만 캐모마일, 밸러리안(valerian), 버가못(*Monarda fistulosa*), 서던우드, 안제리카, 웜우드, 카라웨이, 캐트닢, 카스트메리, 타라곤, 탄지(tansy), 홀하운드
−23	박하, 백리향(carpet thyme), 라벤더(English lavender), 레몬밤, 러비지, 루(rue), 안젤리카, 오레가노, 윈터 세이보리, 사프란, 피버퓨(feverfew)
−18	딜, 배초향, 오레가노, 페니로얄, 펜넬,
−12	겐티안(gentian), 라벤더(French)
−7	로즈메리, 멕시칸 세이지, 백리향(common thyme), 세이지, 월계수
−1	고수, 레몬 버베나, 마조람, 생강, 월계수, 유카립투스, 파슬리
4	바질, 고추, 레몬그래스, 몰약, 세이트존스 워트, 알로에, 제라늄
10	카더몬(cardamon), 코스트메리(costmary)

내한성이 약한 허브는 중부 지역에서는 월동이 불가능하기 때문에 온실에서 재배해야 하지만, 제주도나 남부해안에서는 비닐 터널을 만들어서 보온하면 노지에서도 겨울을 넘길 수가 있다. 그러므로 영년생(永年生) 허브의 경우에는 월동 최저온도를 반드시 고려해서 해당지역 재배 가능 여부를 확인 후에 노지에서 재배해야 한다.

월동이 다소 어려운 허브는 늦가을에 식물체 전체를 부직포로 감싼 후에 비닐과 볏짚 등으로 잘 덮어주어야 한다. 만약 이와 같은 작업이 어려울 경우는 식물 줄기를 20cm만 남기고 자른 후에 볏짚을 덮고 식물체가 얼지 않게 그 위에 흙으로 30~40cm 정도 덮어두었다가 이른 봄 해동이 되면 흙을 걷어내야 한다. 그러나 월동력이 약한 라벤더, 로즈메리, 체리 세이지 등은 줄기를 20~30cm 남긴채 자르고 화분에 옮겨 심은 다음, 온실이나 얼지 않은 실내에서 월동시킨 후에 봄에 다시 심는다. 또는 화분을 비닐로 싸서 햇빛이 잘드는 장소에 두고 가끔 뿌리가 마르지 않게 관수하면서 겨울을 넘긴다. 겨울에 실내에서 즐기고 싶은 내한성이 약한 허브는 캐서 화분에 옮겨 심고서 햇빛이 잘 드는 창가에 두었다가 겨울을 넘기고서 봄철이 되면 정원에 다시 옮겨 심는다.

(6) 잡초 방지

여름철에 잡초가 많이 자라므로, 이들의 방제를 위해 식물 사이에 검정 비닐을 덮는 멀칭을 하는 경우가 많다. 그러나 허브식물원은 형태가 매우 다양하고, 비닐 멀칭이 외관상 보기가 좋지 않아 실시하지 않는다. 그러므로 알맞은 시기에 풀을 제거하는 것이 필요하다. 캐나다와 독일 같이 우드칩(wood chip)이 많이 생산되는 나라에서는 식물원의 잡초 발생 억제를 위해서, 우드칩을 봄 일찍 허브 사이에 5~10cm 두께로 깔아서 잡초를 방제한다. 국내에서는 수입 바크나 코이어를 사용한다.

유럽에서는 환경친화적 허브를 생산하기 위하여 제초제를 사용하지 않으며, 잡초를 인위적으로 제거하거나 제초기를 이용한다. 여름철이 매우 건조한 프로방스에서는 소형 3각형 쟁기가 여러 개 부착된 제초기를 부착하여 라벤더 밭 고랑 사이를 여러 차례 오가며 휘저어주면 잡초가 발생하지 않는다(**그림 1.15**). 이처럼, 제초제를 이용하지 않고 유기질만을 이용하여 생산된 허브를 organic herb라 하며, 가격이 차별화된다.

대단위 허브 재배 시에 제초제를 사용하면 효과적일 수 있으나 향기 성분의 변화를 초래해 품질을 떨어뜨릴 수가 있어 절대 사용하지 말아야 한다.

(7) 병충해 방제

허브는 일반적으로 병해충이 생기지 않지만, 재배할 때 가장 문제가 되는 것은 1년생 허브에 발생하는 진딧물과 응애 같은 충해이다. 작은 면적에서 기를 때는 매일 아침 벌레를 손으로 잡거나, 허브 위에 망사를 덮어서 진딧물을 방지하기도 한다(**그림 1.16**a).

허브는 건조하게 재배하므로, 가끔 응애나 온실가루이(white fly)가 나타난다. 이들을 방

(a)

(b)

그림 1.15 (a) 흙을 긁어주는 제초기, (b) 적용 후 깨끗한 라벤더 밭(세나퀘어 성당, 프로방스).

제하기 위해서는 허브 주변에 프렌치 메리골드를 둥글게 돌려 심어준다. 허브의 종류에 따라 해충이 싫어하는 것이 있으므로 이들을 같이 심으면 해충을 방지할 수 있다. 진딧물은 고수, 바질, 마늘, 금잔화, 박하, 유카립투스, 차이브, 캐트닢, 펜넬, 한련화 등을 싫어한다. 배추흰나비는 서던우드, 들쥐는 웜우드(wormwood), 응애류는 고수를 기피한다. 메리골드를 심으면 토양 선충 발생을 예방할 수 있다. 가지의 사이에 기피 식물인 바질을 심어주면 해충의 피해를 경감시킬 수가 있다(**그림 1.16**b). 이런 식물을 동반관계 또는 동반식물(companion plant)이라 한다.

환경친화적인 방제법으로 난황유법, 비누액, 림 오일, 끈끈이 필름 이용법이 있다.

난황유법이란 계란 노른자(1개)와 식용유(60ml)를 믹서로 갈아서 20L 물(0.3%)에 희석하여 뿌리는 방법으로, 응애, 흰가루병, 노균병 퇴치에 효과적이다. 그러나 최저온도가 5°C 이하 또는 최고온도 35°C 이상인 저온기와 고온기에는 사용하지 않는 것이 안전하다.

비누액 제조는 아주 온화한 비누(예: Ivory)를 칼로 긁어서 가루처럼 만든 후에, 한 숟가

(a)

(b)

그림 1.16 (a) 망사를 이용한 해충 방제, (b) 바질을 가지 사이에 심어 해충 방제.

락 정도 비누를 따뜻한 물 1L에 넣어서 녹인다. 해충이 손으로 잡아도 안 될 정도로 많아지면 1주일에 1회 정도 뿌려준다.

천연식물성 림 오일(reem oil, 주성분 azadirachtin) 2스푼 반을 물 4L에 혼합 후에 살포해 주면, 흰가루병, 노균병을 예방하고 해충도 방제한다. 소규모 면적이나 실내재배 시에는 곤충을 유인하여 죽이는 노란색의 끈끈이 테이프를 사서 막대에 걸어 두는 것이 가장 편리한 방법이다.

가정재배에서 허브 화분에 진딧물이 생기면 잡아주거나 목욕탕 또는 베란다로 식물을 가져가 물을 잎에 뿌려 진딧물을 씻어 준다. 그래도 안 없어지면 자연농약을 만들어 살포한다. 우리가 쉽게 만들 수 있는 마늘액은 깐 마늘 두 쪽을 잘 갈아서 물 500ml에 넣고서 성분이 물에 잘 스며 나오도록 서너 시간 기다린 다음 마늘을 걸러내고 이 물을 잎에 뿌려주면 진딧물을 방제할 수 있다. 이 방법은 식물에 따라 민감하므로 잎의 일부에만 뿌려 봐서 진딧물만 죽고 식물에 이상이 없으면 전체적으로 뿌려준다.

허브에 나타나는 병해는 삽목기간 동안이나 장마기의 부패병, 저온기의 흰가루병 등이 주로 발생한다. 삽목 시에는 무병 상토를 사용하고, 수분관리를 잘해 주면 부패병을 예방할 수 있다. 가끔 질산칼리(KNO_3) 1% 용액을 엽면 살포해 주면, 흰가루병, 반점병 등 예방을 하고 잎 수량과 품질도 증가된다(Narayanasamy, 2013).

허브잎은 주로 차나 샐러드에 첨가해서 먹기 때문에 가능하면 농약 살포를 피해야 하고, 불가피하게 사용하는 경우 1주일 후에 수확해야 농약이 분해되어 안전하다. 그러나 농약을 뿌리면 이취(異臭)가 생겨 허브 향을 나쁘게 한다. 특히 침투성 살충제는 절대 사용하면 안 된다.

(8) 기타 관리

허브 식물로 생울타리를 만드는 경우 알맞게 전정을 해주는 것이 필요하다. 예컨대 지중해 연안 국가에서는 월계수는 생울타리로 인기가 있으며, 로즈메리, 라벤더는 키가 작아도 좋은 조경용 식물이 된다. 이들 식물이 일정한 크기가 되면 정지를 하여 울타리 모양을 유지하도록 관리한다.

1.9 허브의 번식법

허브의 번식법으로는 종자번식, 영양번식, 조직배양법이 있다.

(1) 종자번식

허브는 초본(고수, 바질)이나 목본(로즈메리, 라벤더) 모두 종자번식이 잘 된다. 종자를 구입할 때는 영년생의 경우에 재배지역에서의 월동 가능성을 고려한다. 남부지역에서는 내한성이 문제가 되지 않으나 중부에서는 표 1.2에서 제시한 월동 최저온도를 고려해서 월동이 가능한 허브를 선택한다. 재배할 허브가 결정되면 전문 종묘상에서 생산연도가 최근인 종자를 구입해야 한다. 오래된 종자는 발아율이 낮기 때문이다. 인터넷으로 해외 종자를 구입하는 경우에는 식물검역증명서가 첨부되어야 국내 반입이 가능하므로, 이를 반드시 확인해야 한다.

종자번식 방법에는 노지 파종법과 실내 용기 파종법이 있다.

노지 파종은 봄철에 해동이 돼서 들판에 잡초 종자가 나기 시작하는 시기가 되면 내한성이 다소 강한 허브를 파종하여도 된다. 파종 시기는 캐모마일, 파슬리는 4월 초에, 마조람과 세이보리는 4월 중하순에 뿌린다. 바질, 한련화 같이 내한성이 약한 것은 5월 초순이 지나서 노지에 파종한다. 이처럼 온도의 요구도에 따라 파종하는 시기가 다르지만, 대부분 5월 초에 파종하면 무난하다. 노지 파종은 주로 줄뿌림을 하는데, 1.2m 폭의 이랑을 만들고 식물의 크기에 따라 20~30cm(4~5줄) 간격으로 골을 판 후 씨를 뿌린다. 파종 깊이는 작은 종자는 약 0.5cm, 큰 종자는 1~1.5cm로 하는데, 심는 깊이는 종자 크기의 3배를 표준으로 한다. 외국에서는 고수, 딜, 마조람, 캐모마일, 잎 파슬리, 펜넬 등은 노지에 기계 파종을 하며, 작물마다 파종 간격이 다르다. 파종 작업이 끝나면 식물명과 파종 일자가 적힌 라벨을 꽂아 놓는다. 봄철에 텃밭에서는 파종 후 흑색 비닐을 덮어주고, 싹이 나기 시작하면 제거한다. 싹이나 식물이 5~10cm 정도 크면 허브 식물의 크기에 따라 알맞게 솎아 주고, 어린 식물은 베이비 허브로 먹는다. 소형 터널을 정원에 만들 수 있다면 다소 일찍 파종해도 되며, 온실 내에서는 연중 파종하면서 재배할 수 있다.

용기 파종은 플러그 트레이(그림 1.17a)나 각종 소형용기에 파종했다가 육묘 후에 밭에 정식을 한다. 허브 판매 회사에서는 직경 10cm 포트에 어느 정도 자란 플러그 묘를 옮겨심은 후 2~3주 길러서 판매한다. 트레이에 파종하면 노지 직파보다 종자 소모량이 적고 관리가 편리한 장점이 있다.

피트블록 육묘법은 유럽에서 선호하는 방법이다(그림 1.17b). 재료는 피트모스를 이용하

(a)

(b)

그림 1.17 (a) 바질 플러그 트레이 육묘, (b) 파슬리 피트블록 육묘.

여 기계로 압착하고 5×5cm 크기로 두부처럼 만들어 중앙에 종자를 파종한 다음 가는 모래로 위를 덮어주는 방식이다. 피트블록은 온실 내에서는 하나씩 분리해서 이랑에 일정 간격으로 올려만 놓으면 뿌리가 내려서 고정되는 장점이 있다. 유럽에서는 파슬리, 차이브, 바질 등은 피트블록 육묘법을 많이 사용한다.

허브를 육묘할 때는 허브 전용 바이오 상토를 사용하는 것이 좋은데, 상토가 오염되면 고품질의 묘를 생산할 수가 없기 때문이다(**그림 1.18**a).

허브 재배 키트(herb grow kit)는 특수용기에, 허브 종자, 상토, 간단한 재배 설명서가 들어있고, 포트 표면 포장지에 발아 일수, 발아 온도, 재배 적온을 표시해서 판매된다. 고수, 바질, 파슬리, 백리향, 딜, 레몬밤 같은 허브는 실내재배용 허브 키트가 여러 형태로 판매된다(**그림 1.18**b).

가정재배에서 허브 종자를 용기에 파종하고 난 다음에, 5cm 정도 깊이로 물을 채운 대야에 용기를 담가서 10여 분 정도 저면관수한다. 충분히 물에 젖으면 조심히 꺼내서 수반에 올려놓았다가 발아가 되면 창가에 둬서 충분한 햇빛을 받게 해준다. 이때 과다한 관수는 키만 크게 하므로, 다소 건조하게 길러야 튼실한 묘가 된다. 발아 후에 3~4주가 지나 적당한 크기가 되면 큰 포트에 옮겨심어 창가에서 기르거나 텃밭에 심고 관리한다.

허브 종자의 발아 기간은 토양 온도와 허브의 종류에 따라 다른데, 발아 온도는 20~30°C를 유지하는 것이 좋다. 발아 기간은 고수, 겨자, 바질, 보리지, 톱풀, 차이브 등은 1~2주면 발아가 완료되지만, 세이지, 로즈메리, 라벤더, 스위트 바이올렛, 쑥류는 파종 후에 3주일이 걸린다. 종자를 파종하고 남은 것은 비닐백에 담아서 냉장고에 저장하는데, 보통 2~3년간 저장이 가능한 허브는 보리지, 파슬리, 러비지, 백리향, 딜, 펜넬 등이다. 그러나 실온에 두고서 1~2년 지나면 발아력이 없어지므로, 파종하고서 남은 종자는 반드시 냉장 보관한다.

(a)

(b)

그림 1.18 (a) 허브 전용 Bio-상토(조이가든 제공), (b) 허브 재배 키트.

(2) 영양번식

허브의 영양번식법에 삽목, 휘묻이(取木), 포기나누기(分株)법이 있다.

목본류 허브의 삽목에는 줄기가 굳지 않은 상태에서 늦봄에 실시하는 녹지삽(綠枝揷), 줄기 일부가 굳어질 때인 여름에서 초가을에 실시하는 반숙지삽(半熟枝揷) 그리고 가을의 중간이나 늦가을에 완전히 굳어진 줄기를 삽목하는 숙지삽(熟枝揷) 방법이 있다. 백리향은 녹지삽, 세이지나 로즈메리는 반숙지삽을 실시할 때 발근(發根)이 잘 된다(**그림 1.19**a). 삽수의 길이는 녹지삽은 5~10cm, 반숙지삽은 10~15cm 그리고 숙지삽은 15~30cm으로 절단하여 삽목하는 것이 원칙이다. 그러나 녹지삽이나 반숙지삽에서 삽수가 부족할 때는 5~8cm로 잘라서 플러그 트레이에 삽목한다. 발근을 촉진시키려면 시중에서 판매하는 발근제(예: 루톤)를 사용하면 좋다. 허브 묘 대량생산 농가에서는 아래 잎을 제거하지 않고 적당한 길이로 절단하여 플러그 트레이에 삽목한다. 삽목 후에는 소형 비닐 터널에 차광막을 설치하고 공중습도를 높여서 1주일 쯤 유지한 다음, 발근이 되면 피복물을 제거하고서 일반관리를 한다. 화분에 삽목을 할 경우에는 삽목 후에 투명비닐로 덮은 후, 수일 간 반그늘에 두면 발근 활착이 잘 된다.

삽목이 잘되는 초본 허브로는 박하, 마조람, 오레가노, 캐트닙, 루 등이 있다. 삽목할 때는 땅속에 꽂을 부분에 해당되는 줄기의 잎을 제거하여 삽목한 후 며칠 동안 그늘을 만들어 주고, 그 후에는 반그늘을 유지시켜 준다. 발근이 잘 안되는 허브는 발근제를 사용하면 좋다. 임(2015)은 페퍼민트, 스피어민트, 캐트닙의 발근에 미치는 루톤 처리 시험에서 뿌리의 수가 획기적으로 증가하였다고 했다(**그림 1.19**b). 박하는 물속에서도 발근이 잘 되어 용기에 물을 채우고 어린 줄기를 잘라서 꽂아 놓았다가 발근이 되면 텃밭에 옮겨 심는다.

대형 허브 농장에서는 직경 10cm 포트에 상토를 채우고서 민트나 캐트닙 등을 6개 정도 삽목하여 발근하면 일정기간 길러서 바로 상품화하는 방법을 이용한다. 삽목용토는 모래, 버미큘라이트, 오아시스, 입상 암면, 코이어, 펄라이트 등을 사용해도 되지만, 피트나 코

(a)

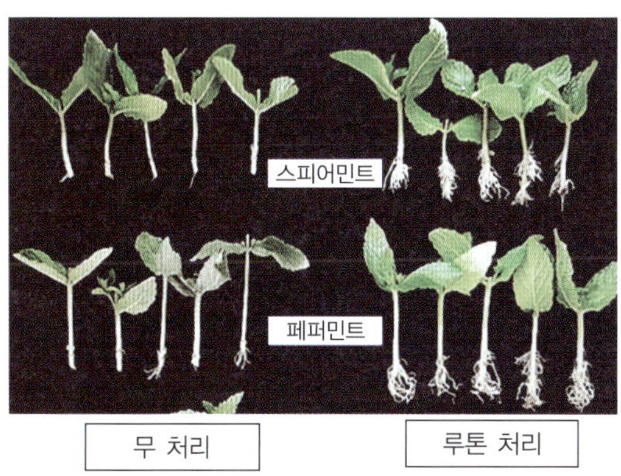

(b)

그림 1.19 (a) 삽수 다듬기(로즈메리, 라벤더, 레몬 버베나), (b) 민트류 루톤 처리(임, 2015).

이어에 펄라이트를 약간 혼합한 허브 전용 육묘용 상토를 구입하여 사용하도록 한다. 텃밭 정원에서는 오염되지 않은 밭흙과 잘 썩은 퇴비를 1:1로 혼합해서 용기에 담고 삽목한다. 휘묻이(layering)는 아래 가지를 U자로 구부려 생장점은 나오게 하고 중간 부분을 땅에 묻어 주는 방법으로 세이지, 마조람, 히솝, 백리향, 로즈메리에 적용할 수 있다. 뿌리가 나면 모주(母株)로부터 절단하여 포트나 본 밭에 심어서 가꾸는 용이한 방법이다.

포기나누기(分株)는 늦가을이나 봄 일찍이 식물체를 캐서 뿌리를 붙여 적당히 포기를 나누어 심는 방법으로, 박하, 레몬밤, 차이브, 러비지, 오레가노, 수영, 타라곤, 백리향 등의 식물에 적용될 수 있는 방법이다.

근절단 번식법은 서양고추냉이(밭와시비)에 적용되는데, 연필 굵기의 뿌리를 20cm 내외로 절단하여 번식시키는 방법이다.

자세한 종자 및 영양번식법은 박 등(2019)의 원예번식학을 참조하기 바란다.

(3) 조직배양

허브의 조직배양을 통한 대량번식은 다른 작물에 비하여 많이 이루어지지 않지만, 인삼은 기내 뿌리증식을 통한 사포닌 생산, 화장품 재료의 생산, 뿌리 분말제품을 생산하여 제품화하고 있다. 자세한 내용은 조직 배양 문헌을 참고하기 바란다(백 등, 2001).

1.10 허브의 수확, 건조, 포장 및 저장

(1) 허브의 수확과 출하

가정재배는 필요할 때마다 식물체로부터 잎, 꽃 또는 뿌리를 채취하여 이용한다. 그러나 가장 좋은 시기는 꽃이 피기 직전이며, 알맞은 수확 시각은 아침 이슬이 마른 직후이며 오전의 중간 정도가 좋다. 한낮에 수확하는 것은 바람직하지 않다. 텃밭에서는 수확 전날 호스 등을 이용해서 잎에 묻은 먼지를 깨끗이 씻어 준 다음 수확하는 것이 좋다.

수확하는 방법은 재배 방법에 따라 다르다. 포트에 심겨진 어린 허브는 칼로 절단하거나 솎아서 이용한다. 노지에 심은 허브는 잎이나 꽃은 손으로 수확하여 샐러드나 차로 만들어 먹는다. 잔가지는 잘 드는 칼과 가위 등을 이용해서 조심스럽게 잘라서 건조 후에 이용한다.

기계 수확은 대단위 재배에서 이루어지는데, 잎줄기를 절단용, 뿌리채취용, 꽃 수확용 등으로 구분된다. 잎을 기계로 절단할 때는 허브 종류에 따라 수확 기계의 속도를 조절하며, 절단된 박하, 파슬리, 딜, 차이브 등의 잎과 줄기를 물탱크에 넣고 휘저어 흙과 먼지를 닦은 후, 컨베어 시스템으로 이동하면서 바람으로 수분을 제거한다(**그림 1.20**a).

이 과정에서 노랗게 변한 잎, 벌레가 먹거나 병든 잎을 제거한 후, 건조시켜 포장 과정으로 보낸다. 서양고추냉이, 밸러리안처럼 뿌리를 이용하는 허브는 깊이 박힌 뿌리를 수확

(a) (b)

그림 1.20 (a) 딜 수확기(출처: v.d. Beucken Machin), (b) 캐모마일 수확기(출처: Yves Rocker).

해야 하기에, 기계가 크고 높은 마력을 갖는다. 캐모마일, 금잔화, 리벤더 같은 꽃 허브는 꽃만 잘라서 건조시키며, 여러 종류의 기계가 있다. 노지 허브의 수확은 6월 초에 한번 실시한 후, 다시 자라나서 2~3히 더 수확을 할 경우에는 식물이 약하면 수일 내루 액비를 준다. 수확 직후에 액비를 주면 줄기 썩음병이 발생하기 때문에 2~3일 지나 상처 부위의 줄기가 굳은 다음 시비한다.

꽃은 완전히 개화가 되면, 건조한 날 한낮에 수확한다. 수확한 꽃은 상하지 않도록 조심해서 겹치지 않은 상태로 건조한다. 라벤더는 꽃대가 긴 경우에는 가위로 자르지만 그 외에는 손으로 꽃을 딴다. 건조된 꽃잎은 습기가 차단되는 비닐봉지에 보관했다가 차나 요리에 사용한다. 유럽에서는 캐모마일 꽃봉오리를 기계를 이용해서 수확한다(**그림 1.20**b).

종자를 수확하는 카라웨이, 고수, 쿠민, 딜, 펜넬의 경우는 종자가 달린 꽃대가 갈색이 되자마자 가위로 잘라서 말린다. 그렇지 않으면 익은 종자가 바람에 날려 떨어지게 된다. 만약 수확한 줄기 다발을 건조시켜 거꾸로 매달아 두고 싶으면 망사로 꽃봉오리 전체를 싸주어야 종자가 땅에 떨어지는 손실을 막을 수 있다.

뿌리를 이용하는 허브는 가을이 되어 지상부의 잎이 시들기 시작하면 캐는데, 이맘때 향이 최고조에 달한다. 캘 때는 뿌리가 상하지 않게 수확한다. 보통 뿌리를 이용할 때는 3년째 되는 식물부터 수확이 가능하다. 당년에는 뿌리에 저장성분이 적어서 수확하지 않는 것이 원칙이다. 서양고추냉이는 어느 때라도 수확할 수 있으나 가을철에 뿌리를 수확하여 큰 뿌리는 이용하고, 연필 굵기 정도 이하의 약 20cm 정도되는 가는 뿌리를 단으로 묶은 후, 젖은 모래에 저온 상태로 저장했다가 봄철에 번식용으로 사용한다. 밸러리안, 러비지 등도 동일한 방법으로 가을에 수확한다.

이와 같이, 다양한 상태로 신선 허브를 수확하고 분류하여 출하할 때까지 모든 수확자나, 수확 관련된 기구는 위생적으로 관리해야만 수출입이 가능하고 시장에 내다 팔아도 안전하다(FDA, 2013).

허브를 신선한 상태로 시장에 출하할 때는 식물에 따라 작은 다발로 묶어서 출하하거나

(a) (b)

그림 1.21 (a) 수확한 허브의 시장 출하(미국), (b) 소형 포장(일본).

잎만을 채취하여 나무상자에 넣어서 판매하는데, 하루만 지나도 금방 시듦으로 당일 판매할 것만 농가에서 출하한다(**그림 1.21**a). 건조되는 것을 방지하기 위해, 신선한 허브는 100g 단위로 플라스틱 상자나 비닐백(PE-bag)에 담아서 출하한다(**그림 1.21**b). 수영은 잎이 연약하고 넓지만, 세라믹 필름 40μm로 포장해서 5°C에 저장하면 약 30일 이상 저장이 가능하다. 국내에서는 특별한 규격이 아직 결정되지 않아서 생산자 나름대로 비닐백에 포장하여 판매한다. 그러나 유럽에서는 허브 명, 상업적 분류(등급, 숫자, 무게), 생산자 주소와 이름, 생산지와 국가, 이력 추적 코드를 붙이게 한다(CBI, 2016).

우리나라에도 산부추, 산마늘, 수영, 쑥, 울릉도 백리향 등을 재배하는 농가가 많고, 산채를 PE-bag에 포장하여 저온 유통시키며, 최대 1주일 저장이 가능하다. 그러나 야산에서 채취할 때는 독초를 고를 수 있으므로 각별히 조심한다.

자연보호 지역에서는 국내외를 불문하고 자생 허브를 채취해서는 안 되며, 자연상태에서도 수확 후에 복원될 수 있도록 어느 정도만 채취해야 한다. 쑥과 울릉도 백리향은 건조하여 이용하고, 다른 야생 허브는 신선한 상태에서 쌈이나 나물로 많이 이용한다.

(2) 허브의 건조

허브는 수확 시에 약 60~90% 수분을 함유하는데, 이를 10~14% 정도로 낮추어 저장성을 증진하려면 건조를 해야 한다. 건조 방법에는 자연상태에서 건조하는 자연건조, 탈수건조, 열풍건조, 마이크로웨이브건조, 냉동건조 등이 있다.

자연건조는 풍건법(風乾法)과 음건법이 있다. 풍건법은 양지나 공기가 잘 통하는 장소에서 말리는 방법으로 소규모 재배에서 사용하는 방법이다. 건조기간은 광조건, 공기 중의 온도와 습도에 달려 있다. 일반적으로 1m^2 당 꽃은 0.5kg, 잎과 줄기는 1~2kg, 뿌리는 2~2.5kg을 말릴 수가 있고, 수일 또는 수주일이 필요하다. 음건법(陰乾法)은 바람이 잘 통하는 그늘에서 말리는 방법으로 과거에 초가집 처마 아래에 쑥, 인진쑥을 걸어 놓았던 방법이다. 로즈메리, 백리향, 오레가노, 마조람, 러비지, 월계수, 레몬밤, 세이보리, 박하 줄기를 묶어서 거꾸로 매달아 말린다. 말리는 중에 먼지가 쌓이지 않도록 식물체 위에 종이로 고깔을 만들어 씌워 주는 것이 좋다. 세이지도 잘 마르지만 가끔 곰팡이가 생긴다. 딜, 차이브, 파슬리, 처빌, 펜넬, 바질은 잘 마르지만 천연향이 없어진다. 잘 건조된 잎을 손가락으로 만지면 잘 부스러지고 고유의 색을 간직한다. 뿌리를 건조할 경우에는 깨끗한 솔을 이용해서 표피에 묻은 흙을 제거하고 손이나 기계로 절단한 후에 건조한다. 말리는 기간은 식물에 따라 차이는 있으나 10일~수주일이 필요하다. 풍건한 종자나 잎에는 해충알이나 해충이 잔류할 수가 있지만, 70°C에서 30분간 처리 또는 −18°C에서 48시간 처리하면 사멸시킬 수가 있다.

탈수건조는 35~40°C 이하 조건에서 탈수기(또는 데시케이터)를 이용하여 건조하는 방법으로 적은 양만 가능하다. 여름철 장마기에는 습도가 높아 잘 마르지 않으므로, 작은 공간에서 수확물을 비금속판에 올려놓고서 제습기로 말린다. 매일 2~3회 허브를 위아래로 휘저어서 고르게 마르도록 하는데, 건조 기간은 허브의 종류에 따라 다르다.

열풍건조는 오븐이나 온풍건조기에 넣고 65°C 정도에서 48시간 말리거나, 80°C에서 3~4시간 건조하는 방법이다. 스테인레스판에 수확한 허브를 올려놓고 건조하는데 과다하게 건조하면 잎의 색이 변색되므로, 잘 관찰하여 종류별로 완전히 마르면 바로 꺼낸다. 건조 시간은 잎, 꽃, 뿌리의 크기나 줄기의 수분 함량에 따라서 다소 차이난다. 다양한 건조기계가 있는데, 농가에서는 고추열풍건조기의 온도를 40~60°C로 낮추어 건조할 수가 있다.

마이크로웨이브(micowave, 전자렌지) 건조법은 전자렌지 안의 판에 전용 종이 2장을 깔고 그 위에 허브 잎 또는 가지를 올리고 2~3분 건조하거나, 연한 것은 30초 처리한다. 그러나 너무 오래 두면 잎이 검게 변하고 종이에 불이 붙을 수가 있으므로 주의한다. 대단위 외국의 농장에서는 대형 마이크로웨이브 자동 연속형 건조기를 이용한다.

냉동건조(freez-drying)는 허브를 −30~−40°C로 급속냉동시킨 후, 4.6mmHg의 저기압에서 건조하여 색, 맛, 향기, 물리적 성질, 원형 등이 손상되지 않게 하는 건조법이다. 대용량건조법으로 설비가 많이 필요하므로 농가에서는 적용이 어렵다.

다양한 방법에 따라 건조된 허브의 잎이나 종자를 분리하여 유리병, 항아리 등에 보관한다. 이때 용기는 잘 밀폐시킬 수 있는 것으로 공기 이동이 없는 것이 좋다. 저장 후 1주일쯤 지나 병 내부에 이슬이 생기는지 살펴봐야 한다. 만약 이상 징후가 나타나면 꺼내서 재차 말린다. 상품으로 판매할 경우는 10, 50, 100, 1,000g 등으로 크기가 디자인된 비닐 백이나 병에 허브를 채우고 라벨을 붙여서 출하한다. 건조 허브는 유통 중에도 시원하고 직사광선이 쪼이지 않게 하면 약 1년간 저장이 가능하다.

미국에서는 건조 허브 종류마다 반드시 일정 수준의 성분과 에센셜 오일을 포함해야 하고, 종자는 정해진 규격의 체를 통과해야 하는 엄격한 규정이 있다(Farrell, 1985). 예를 들어, 딜 종자는 총회분이 10%를 넘지 않아야 하고, 산에 불용인 회분은 2.0%, 종자 수분 8.0%, 100g 종자가 정유를 최소한 0.5ml 함유하고 있어야 하며, US Standard No.30 체에 100%

통과해야 하는 까다로운 조건이 있다. 그러므로 해외에 수출하려면 수입국가의 규정을 지켜야 한다.

(3) 허브의 냉동저장

허브의 냉동저장은 −32°C 정도로 냉동시키면 색과 맛이 신선한 것 같이 유지된다. 냉동 중에 소스, 수프, 스튜 그리고 샐러드드레싱에 이용할 수 있다. 방법은 수확해서 깨끗한 것은 그대로 냉동시키고 그렇지 않은 것은 씻은 후 변색된 잎은 제거한 다음 플라스틱 백(plastic bag)에 넣고서 잘 봉합한다. 잎이나 줄기가 냉동고 내에서 노출되면 수분과 향이 빠져나가 신선감이 없어진다. 바질, 백리향, 딜은 냉동 전에 물에 살짝 데치면 색깔과 향이 좋아진다. 데친 후에는 꺼내서 물을 타월로 제거한 후, 플라스틱 필름에 넣고서 식물명, 채취시기를 라벨에 기록해 붙여 준다. 냉동된 허브는 6개월 동안 저장이 가능하며, 필요시 녹여서 요리에 사용하거나 티로 만들어 먹는다. 허브꽃, 잎을 이이스 큐브(ice cube)를 만드는 용기에 넣은 후 얼려서 얼음 큐브로 만들어 비닐 팩에 담아서 냉동하면 아무 때나 꺼내서 신선한 허브 아이스티를 만들어 쉽게 즐길 수가 있다.

(4) 허브의 기름내 보존법

식물성 기름에 저장할 수 있는 허브는 바질, 타라곤, 로즈메리 그리고 수영(sorrel)이 있으며, 이렇게 하면 9개월 이상 저장이 가능하다. 사용하는 기름은 올리브유가 좋으며, 그 외 해바라기, 유채, 콩기름도 이용할 수 있다. 최근에 GMO 작물에 대한 우려가 많으므로 GMO 산물 기름인지 여부를 판별하고 사용하는 것이 좋다. 엑스트라 버전 올리브유와 다른 기름을 혼합하여 저장용 기름으로 사용할 수도 있다.

보존 방법은 허브를 수확하여 깨끗이 씻은 다음에, 말린 잎을 유리병 속에 넣고서, 기름을 알맞게 붓는다. 이때 몇 가지 허브를 차곡차곡 겹겹이 넣은 경우에는 유리그릇에 한층 넣고 그 높이로 기름을 부은 후 다시 다른 허브를 그 위에 놓고 기름을 붓는 순서로 진행한다. 잎을 꺼낼 때는 기름을 따라 낸 다음에 잎은 샐러드 등에 첨가해서 이용할 수 있고, 여기서 나온 기름은 바베큐, 마리네이드(marinades) 그리고 샐러드 드레싱으로 사용할 수 있다.

(5) 허브 가공품 저장

각종 신선한 허브를 식초, 젤리, 버터, 설탕 등의 가공품 상태로 저장했다가 이용하면 여름의 태양 아래서 자란 허브의 향을 4계절 즐길 수가 있다.

허브 식초(herb vinegar)를 만들려면, 자기가 좋아하는 허브를 준비한 예쁜 병에 넣은 후 식초를 채워서 만든다. 병이 예쁘면 부엌에 진열할 경우 아주 멋있다. 병에 식초와 허브를 넣은 후에 매일 한 번씩 흔들어 주는데 3주일이 지나면 이용할 수 있다. 속성 식초를 만들려면 식초를 병에 넣기 전에 끓여서 허브가 담긴 병에 붓는다. 이 경우에 유리병은 열에 잘

(a)

(b)

그림 1.22 (a) 허브 식초(로즈메리, 민트), (b) 허브 버터(차이브를 잘라서 만듦).

견디는 것이어야 한다. 이렇게 만들어진 식초는 식은 후에 이용할 수 있다. 허브 식초를 만드는 데 사용할 수 있는 좋은 재료로는 바질, 처빌, 딜, 펜넬, 레몬밤, 박하, 마조람, 로즈메리, 세이보리, 타라곤, 월계수 잎, 백리향 등이 있다. 로즈메리 또는 박하로 만든 허브 식초는 과일 샐러드에 적격이다. 적색 고추, 자주색 바질잎, 적색 후추, 비트 조각을 식초에 첨가하면 식초의 색깔이 자주색으로 변해 정말 예쁘다(**그림 1.22**a). 딜, 고수, 펜넬 종자를 요리에 조금씩 넣으면 맛과 향이 더욱 좋아진다.

허브 오일(herbal oil)은 준비한 병에 허브를 담고 여기에 올리브, 해바라기 기름 등을 넣고서 햇빛 아래에 3주간 방치했다가 이용하는 방법이다. 특히, 기름의 산폐(酸癈)를 막을 수가 있으므로 장기간 보관하면서 샐러드용 허브 오일로 이용이 가능하다.

서양에서는 허브 젤리(herb jelly)를 만들어서 즐겨 먹는다. 사과젤리에 허브를 혼합하여 만든다. 작게 절단한 로즈메리, 세이지, 백리향 잎 1/4컵, 혹은 스피어민트, 바질, 레몬 버베나 잎 1/2컵을 2컵 정도의 사과젤리에 넣고 끓인 후 병에 넣어 냉장고에 저장했다가 먹거나 요리에 첨가하면 좋다. 시중에서 판매하는 젤리를 구입하여 프라이팬에 녹이고 좋아하는 허브가루를 넣어 끓인 후 병에 담으면 훌륭한 허브 젤리가 된다.

또한, 많은 사람들이 허브 버터(herbal butter)를 즐겨 먹는다. 약 120g(1/4파운드) 정도의 버터를 뚜껑이 있는 유리나 플라스틱 용기에 넣고 실내에 놓아둔다. 그러면 버터가 물컹거리게 되는데, 여기에 티스푼 3개 정도의 차이브 등 선호하는 허브를 넣어서 저은 후 뚜껑을 닫고 냉장고에 3시간 이상 방치하여 굳힌 다음에 일정한 모양을 만들어 이용한다(**그림 1.22**a). 바질 허브 버터는 버터 1컵에 잘게 자른 신선한 바질 잎을 1컵 넣고 잘게 자른 파슬리를 4스푼 넣어서 만든 후에 보관한다. 이것을 채소요리나 고기요리에 이용한다. 랩을 사용할 때는 그릇을 이용해 버터와 허브를 잘 혼합한 다음, 길게 자른 랩 위에 혼합 버터를 올려놓고 김밥처럼 둥글게 만들어 냉장고에 넣어 성형이 되면, 김밥 자르듯이 잘라서 버터로 사용하면 된다. 허브 버터는 냉장고에서 6주일, 냉동상태에서는 6개월 보관할 수 있다.

허브를 가루로 만들어서 캡슐(capsule)에 넣어 먹거나 사탕 등을 만들어 보관하기도 한다. 최근에 국내에서도 다양한 허브사탕이 보급되고 있는데, 강엿을 사서 냄비에 녹인 후 허브 가루를 첨가하여 휘젓고 난 뒤에 다소 굳어지면 적당한 크기로 잘라서 보관하였다가 이용한다. 이 외에도 과자, 빵 등 다양한 가공품에 첨가하여 이용한다.

1.11 허브의 치료적 이용

허브의 이용은 크게 식용을 통한 내적 치료(internal remedies)와 피부에 바르는 외적 치료(external remedies)로 나누어 다룰 수 있다.

(1) 내적 치료

허브를 이용하는 가장 적절한 방법은 이들을 복용하는 것인데, 이는 치료하고자 하는 목적에 맞추어 허브를 섭취하면 약효가 있기 때문이다. 복용하는 방법은 다음과 같이 매우 다양하며, 약효나 이용자의 선호도에 따라 결정해야 한다.

물을 기초로 한 처방 물을 이용한 추출 방법은 우려내기(infusion)와 달임(decoction)으로 나눌 수 있다. 허브를 이용할 때 견고하고 목질의 물질을 함유하고 있을 때는 달임법을 이용하고 그렇지 않으면 우려내기를 한다.

우려내기는 허브차처럼 뜨거운 물로 허브의 성분을 우려내서 이용하는 방법이다. 신선한 허브를 사용할 때는 항상 건조 처방량의 3배를 사용하는데, 이는 신선 허브에 수분이 많기 때문이다. 잎, 꽃, 녹색의 줄기는 우려내기 쉽지만, 수피, 뿌리, 종자, 나무진(resin)을 이용할 때는 건조 후 가루로 만들어 이용한다. 방향성이 강한 허브는 증발 과정에서 오일의 손실을 막기 위해 밀폐시킨 병에서 우려내야 한다. 다량의 향이 함유된 것은 열에 접촉되면 구성성분이 파괴될 수 있으므로, 질그릇에 물과 허브를 같은 양으로 넣고 6~12시간 방치한 후 걸러서 이용할 수 있다. 물 대신에 우유를 이용하면 우유 속의 지방과 오일이 식물의 오일을 잘 분해시키기 때문에 좋다. 그러나 우유에 과민성인 사람은 이용이 어렵다.

우려내기 중의 한 방법인 차 만들기를 설명하기로 한다. 허브 차(herbal teas)는 허브의 잎, 꽃 그리고 뿌리 등을 끓인 물(80°C 정도)에 넣고 우려내서 마시는 법이다. 만드는 방법은 주전자에 원하는 허브의 잎이나 꽃 등을 담고서 끓인 물을 부어 3~5분 정도 우려낸 후에 마시면 된다. 마른 것은 1티스푼(5ml), 신선한 허브는 3티스푼(15ml)을 끓인 물에 넣었다가 역시 3~5분 후에 마신다. 신선한 잎은 크기에 따라 다르나 3~4 잎을 사용하면 된다. 잎이 두꺼운 것은 5~7분 추출해서 마신다.

달임법은 종자나 연한 뿌리 등을 마시기 전에 달이는데, 물 2컵(450ml)에 한 스푼(15g)의 뿌리를 넣고 물이 절반(225ml)이 될 때까지 달인다. 달이는 시간은 허브 뿌리의 종류에 달려 있다. 충분히 추출되면 뿌리나 종자를 꺼낸 후 꿀 등을 타서 마시면 된다. 많이 이용하는 식물은 아니스, 카라웨이, 펜넬 등의 종자와 밸러리안, 러비지, 울금 등의 뿌리이다. 나무 줄기, 수피, 견과 등은 견고하므로 물 500ml(유리, 세라믹, 질그릇)에 약 30g의 허브를 넣고 10~15분간 끓여준다. 휘발성 오일을 함유한 것은 뚜껑을 덮어서 끓여야 한다. 국내에서 개발된 각종 우려내는 기구를 사용하면 편리하다.

알코올을 기초로 한 처방 알코올은 물보다 좋은 용해 추출제이다. 물과 알코올의 혼합제는 허브에 함유된 모든 성분을 거의 녹여내고 동시에 방부 작용을 한다. 이런 알코올 추출 제품을 팅크제(tincture)라 하며 글리세린이나 식초를 기초로 한 제품도 포함이 된다.

팅크제를 가정에서 제조하려면 30%의 알코올을 구해 원하는 허브를 넣고서 2주간 추출하며, 매일 2회 정도 흔들어 준다. 이것을 거즈로 걸러서 병에 담아 놓았다가 처방에 따라 이용한다. 보드카로도 좋은 장기 보존성 팅크제를 만들 수 있다. 높은 알코올로 추출한 팅크제를 몇 방울 첨가해서 목욕, 족욕(足浴)을 하면 좋다.

가장 좋은 팅크제는 와인에 허브를 넣은 것이다. 와인에 허브를 넣어 만든 aperitifs(아페리티프: 식욕 촉진을 위해 식전에 마시는 술)나 liqueurs(리큐어: 식후 마시는 알코올 음료)들은 원래는 소화 과정을 돕는 허브 치료제였다. 그러므로 자기가 선호하는 허브를 재배하거나 구입하여 소주나 와인 등에 넣어서 마셔도 아주 좋다.

식초를 기초로 한 처방 식초에 각종 허브를 넣어 3주간 추출해서 팅크제로 쓸 수 있다. 일반 식초보다 사과식초나 포도식초가 좋다. 선호하거나 치유 효과가 있는 허브류를 선택해서 제조한다. 물에 3배 정도 희석해서 매일 소주잔으로 1~2잔씩 마신다.

글리세린을 기초로 한 처방 글리세린 팅크제는 알코올보다 소화기관을 부드럽게 해주는 장점이 있다. 그러나 이것은 알코올보다 진액이나 유지성분을 잘 녹이지 못하는 단점이 있다. 만드는 방법은 500ml 글리세린과 물을 1:1로 섞어서 여기에 치료를 목적으로 준비한 건조된 허브 120g을 넣고 2주간 둔다. 이때 매일 1~2회 흔들어 준다. 2주 후에 걸러서 찌꺼기를 짜낸 것은 알코올 팅크제와 같다. 신선 허브를 사용할 때는 글리세린:물을 3:1로 희석하고 여기에 신선한 잎이나 줄기를 240g 넣는다. 매일 소주잔으로 1~2잔씩 식후에 마신다.

시럽 허브를 우려내면 아무래도 우리 입맛에 맞지 않은 경우가 많다. 그래서 여기에 물엿이나 꿀을 알맞게 넣어 시럽을 만들어 먹으면 좋다. 설탕을 이용해서 제조할 때는 설탕 2.2kg을 끓는 물 1L에 붓고 휘저으면서 잘 녹인다. 이 시럽을 팅크제:설탕 시럽을 1:3으로 희석해서 저장했다가 사용한다. 그러나 너무 많은 설탕은 건강에 나쁘므로 사용자가 적당한 양을 넣어서 사용하는 것이 좋다. 현재 다양한 허브 시럽이 유통되고 있으므로 증상에 맞게 골라서 이용한다(그림 1.23a).

옥시멜 옥시멜(oxymel)은 꿀과 식초를 알맞은 비율로 섞은 것을 말한다. Oxymel 베이스(base)를 만들려면, 1kg의 꿀에 500ml 식초를 넣고 시럽이 될 때까지 끓인다. 여기에 분말

(a) (b)

그림 1.23 (a) 허브 시럽, (b) 허브사탕.

허브잎, 다진 종자, 슬라이스한 근경 등을 적당히 혼합하여 착즙한 액을 첨가해서 이용할 수 있다.

건조한 허브를 기초로 한 처방 허브를 음지에서 말린 후에 이를 가루로 갈아서 먹기 좋은 상태로 만들어 이용할 수 있다. 많은 허브 가루는 쓴맛을 내기 때문에 캡슐(capsule)이나 알약으로 만들면 먹기에 좋다. 제라틴으로 만든 캡슐을 약국에서 구입하여 여기에 허브가루를 약 0.5g 넣고 봉한 다음 먹는다. 그 외 알약(pills)을 만들 수 있는데, 가정에서 만들려면 막 구어 낸 식빵 속의 말랑거리는 부분을 꺼내서 작게 잘라 허브가루를 묻혀 손으로 환(丸)을 건조시킨 후에 사용한다.

허브사탕 만들기 엿이나 조청을 녹인 후에 허브가루를 넣고 휘저어서 잘 섞이면 식힌 후에 밀가루 위에 올려놓고 알맞게 잘라서 허브사탕이나 엿으로 먹을 수 있다. 박하(peppermint) 오일을 떨어뜨려 박하사탕을 만드는 방법은 100g 설탕 녹인 것에 박하 오일을 20방울 떨어뜨려 휘저은 후 식혀서 마름모꼴로 알맞게 잘라서 먹는다. 또한, 다양한 허브 추출물을 이용하여 허브사탕을 만든 제품이 유통되는데, 만드는 법은 허브 추출물을 적당한 배합으로 만든 액을 허브사탕 만드는 방법처럼 만들어서 이용하면 된다. 최근 시판되는 허브사탕은 설탕을 사용하지 않고 단맛을 내는 스테비아 가루를 사용하여 제조하며, 이런 사탕은 당뇨 환자도 즐겨 먹을 수 있다(그림 1.23b).

(2) 외적 치료

허브의 외적인 치료는 아로마테라피에서 에센셜 오일을 이용한 치료와 유사하지만, 신선 또는 건조 허브를 이용한다는 점에서 다소 차이가 있다.

수요법(水療法: water therapy) 수요법은 크게 목욕법과 세척법(douches)이 있다. 목욕법은 라벤더, 레몬밤, 로즈메리를 욕조에 넣고 우려낸 물에서 목욕을 하는 것으로, 이집트의 크레오파트라는 라벤더를 이용한 목욕을 많이 했다고 전해진다. 목욕법은 다양한 허브를 이용할 수 있으므로, 각각의 허브의 약리작용을 알고 사용하면 좋다. 다만 각질을 때수건으로 심하게 벗기고서 사용하면 피부 발진이 생기므로 민감 피부에서는 조심히 사용해야 한다. 작은 대야에 허브를 담고 우려내서 손발을 담그는 것도 한 가지 방법이다. 세척법은 질 등을 허브 추출액을 이용해서 씻어 주는 방법이다. 세척법은 1일 3~7히 정도 실시하면 좋다.

표면 테라피(surface therapy) 고약(ointments) 또는 연고는 반고형 형태로 제조한 것으로 피부에 사용할 수 있다. 재료는 바세린을 이용하는 것이 좋다. 방법은 바세린 200g에 허브가루를 테이블스푼으로 가득히 넣고 10분간 끓인다. 물론 신선한 뿌리, 잎, 꽃을 이용해도 된다. 금잔화(calendula)를 이용한 연고 만드는 법을 소개하면, 60g의 신선한 금잔화 꽃에 200g의 바세린을 넣고 혼합하여 끓인다. 10분 정도 지나 거즈로 걸러서 용기에 넣고 식은 후에 봉한 다음 타박상, 통증 치료 등 외용으로 사용한다. 그 외 허브 오일을 올리브 오일 같은 캐리어 오일(carrier oil: 아로마테라피편 참조)에 희석해서 사용할 수 있다.

좌약(suppositories)은 코, 귀, 항문 등에 넣어 이용할 수 있다. 좌약을 만들 때 이용하는 기본 물질은 글리세린이다. 여기에 자기가 원하는 치료 허브가루를 넣어서 만들어 사용할 수 있다. 이집트에서는 파라오 시대부터 허브 좌약을 이용했고, 페르시아에서는 설사, 변비, 대장염, 복수, 이질, 장 기생충, 좌골 신경통, 요통 및 관절통, 열, 신장 질환 및 최음제로 임상적으로 투여했다고 한다(Ebrahimi et al, 2019). 그러나 이것은 기술과 부작용 등을 고려해 가정에서는 사용하지 않는 것이 좋다.

습포법(compress)은 허브를 넣고서 뜨겁게 달여내거나 뜨거운 물에 신선 허브잎을 넣은 후 충분히 추출한 액에 거즈를 담가서 적신 후에 피부에 올려놓고 통증 등을 치료하는 방법이다. 통증 완화에 박하, 라벤더 등을 이용할 수 있다.

찜질(poultices, cataplasm)은 습포법과 유사하다. 고형물인 식물을 직접 이용하는 점에서 다르다. 말리지 않은 잎을 갈거나 뿌리를 얇게 절단하여 거즈 사이에 넣어서 피부에 붙이거나 통증 피부에 직접 붙인다. 거기에 비닐을 덮고 전기 패드 등을 이용해서 30분 정도 따뜻하게 유지하는데, 찜질을 1일 수차례한다. 따뜻한 찜질은 아픈 부위로의 혈류 흐름을 촉진한다. 쑥, 강황, 생강, 마늘, 양파, 민들레 등이 전통적으로 사용되었고, 호주에서는 유카립투스를 사용하는데 사람에 따라 피부의 민감도를 반드시 고려해야 한다.

도고제(塗膏劑, liniments)는 balms 또는 heat rubs라고 불리는데, 로션보다 더 단단하다. 일반적으로 근육통 또는 관절염과 같은 통증과 근육의 뻣뻣함을 완화하기 위하여 이용된다. 이들은 알코올, 아세톤 또는 이와 유사한 빠르게 증발하는 용매를 이용하여 허브의 유용성분을 추출해서 만드는데, 메틸 살리실레이트, 벤조인 수지, 멘톨 또는 캡사이신과 같은 반 자극성 방향족 화합물을 함유한다. 이들은 반드시 외적으로 피부에만 이용해야 한다. 국내외서 판매되는 호랑이 연고(tiger balm)가 대표적인 허브 도고제이다.

에센셜 오일(essential oil)을 이용한 치료법이 있는데, 이는 2부의 아로마테라피편에서 언급하므로 참고하기 바란다.

1.12 허브의 식용적 이용

(1) 허브 요리

허브를 이용한 요리법은 종류가 매우 다양하다. 국내에서는 허브 분말이나 건조된 잎 또는 종자 상태로 수입되어 거래되며(**그림 1.24**), 고수나 바질을 제외하고 신선한 허브가 많이 유통되지 않아서 제한적으로 사용되고 있다. 그러나 최근 외국인 근로자가 급증하면서 베트남 식당의 고수, 태국 식당의 바질, 인도 식당의 강황 등이 많이 사용된다. 또한 서양 패스트푸드 산업의 발달과 함께 외국의 대형 식품업체가 국내에서 음식점을 개설하고 있어 허브의 사용은 과거보다 많이 늘어나고 있다. 여기에서는 요리 종류에 따라 음식 궁합에 맞은 허브를 소개하기로 한다.

수프(soup)에 이용할 수 있는 허브는 처빌, 마늘, 레몬밤, 러비지 잎과 종자, 마조람, 박하, 파슬리 잎과 뿌리, 로즈메리, 세이보리, 수영, 타라곤, 백리향 등이다. 콩 수프에는 세이보리, 바질, 보리지, 딜, 마조람, 박하, 파슬리, 로즈메리, 박하가 좋다. 감자국에는 월계수 잎, 카라웨이, 파슬리가 잘 어울린다. 조리한 월계수 잎은 먹지 않는다.

수프와 관련된 많은 메뉴가 있으나, 서양인들의 입맛과 우리의 입맛이 다르므로 각자가 좋아하는 허브를 골라서 만든다. 보통 4~6인분 수프를 만들 때, 우리가 먹는 마늘, 양파, 후추 등을 넣고서, 1~2개의 허브를 약 1~2스푼 정도 첨가해서 맛과 향을 내게 하는 것이 기본 원리이다. 예를 들어, 4인분 꽃양배추(cauliflower) 수프를 만들려면, 중간 크기 꽃양배추 1개, 셀러리 줄기 1개, 마늘구 1개(6~8쪽), 처빌 1스푼, 백리향 1스푼, 월계수 잎 약간, 후추

그림 1.24 건조 허브 향신료 제품. (출처: Peacock)

(a)

(b)

그림 1.25 (a) 허브 비빔밥(상수 허브농장, 청원), (b) 양귀비 종자 빵.

1/4티스푼, 닭고기 우린 물 2컵을 냄비에 넣고서 약 30분간 충분히 끓인 후에, 농도가 옅은 크림 1컵을 넣고 소금으로 간을 본다. 토마토 샐러드나 수프에는 바질, 딜, 마조람, 오레가노, 타라곤, 백리향이 궁합이 맞고 토마토 냄새를 줄인다.

채소요리(vegetable side dish)는 샐러드로서 큰 의미를 갖는다. 샐러드를 만들 때 가장 중요한 것은 채소가 갖는 고유의 색깔을 잘 조화시키는 것이다. 보통 녹색 엽채류(葉菜類), 적황색의 과채류(果菜類), 다양한 색의 화채류(花菜類)가 잘 조합이 되도록 하고, 그 위에 드레싱을 뿌려서 먹는다. 샐러드에 뿌리는 드레싱의 4대 기본은 올리브유, 소금, 식초, 후추이다. 국내 대표적인 허브 샐러드로서 인기 있는 한련화 꽃, 차이브, 처빌, 세이지 꽃 등에 싹채소를 넣고서 다진 양파 등 다양한 양념을 첨가하여 먹는다. 국내에서는 상수 허브농장에서 처음으로 허브 비빔밥을 개발하였는데 인기가 좋다(**그림 1.25**a).

프랑스의 고기요리(meat dish), 이탈리아의 피자와 스파게티, 생선요리에는 많은 향신료가 사용된다. 프랑스인은 모든 고기요리에서 냄새를 없애기 위해 남프랑스의 프로방스에서 생산되는 로즈메리, 백리향 등의 허브를 사용한다. 허브를 사용하는 기본은 냄새가 강한 고기는 향이 강한 허브를 사용하는 것이 원칙이다. 각종 고기나 요리에 사용하는 알맞은 허브를 예를 들면 다음 **표 1.3**과 같다. 그러나 서양인과 한국인의 선호도가 다르므로, 여기에 제시한 허브를 참고로 해서 한국인의 입맛에 맞는 허브 요리법을 개발할 필요가 있다. 서양에서 채소 종류별로 음식 궁합이 맞는 허브를 추천하고 있는데, 일반적으로 사용하는 것과 주요 채소별 적합한 허브를 제시하면 **표 1.4**와 같다.

(2) 기타 식용적 이용

허브의 식품적 이용은 제빵, 허브차 그리고 보건적 민간약 등이 있다.

먼저 제빵 분야에서는 빵, 케이크 그리고 비스켓 등을 만드는 데 향과 색깔을 내기 위해서 이용한다. 여기에 많이 이용하는 종류는 러비지, 로즈메리, 백리향, 세이지, 차이브 등이

표 1.3 비빔밥 및 각종 고기류 요리 시 알맞은 허브의 종류

요리 종류	알맞은 허브
허브비빔밥	한련화, 봉선화, 제라늄 꽃, 세이지 꽃, 처빌, 차이브, 보리지 잎과 꽃, 수영
쇠고기	바질, 로즈메리, 세이지, 백리향, 마조람, 오레가노, 월계수, 파슬리, 마늘, 후추
돼지고기	마조람, 오레가노, 세이지, 로즈메리, 백리향, 바질, 마늘, 겨자
닭고기	마조람, 고수(코리안더), 백리향(타임), 펜넬, 러비지 종자, 세이지, 세이보리, 처빌
오리고기	월계수(베이), 로즈메리, 세이지, 마조람, 타라곤
토끼고기	로즈메리, 세이지, 바질, 월계수(베이), 고수, 마조람, 파슬리
생선류	바질, 차이브, 딜, 레몬밤, 마조람, 민트, 파슬리, 타라곤, 세이지, 백리향, 로즈메리
햄요리	마조람, 오레가노, 러비지, 파슬리, 백리향, 박하, 세이지
달걀요리	바질, 처빌, 차이브, 파슬리, 백리향, 오레가노, 딜
폰듀(fondue)	바질, 마늘, 박하, 차이브, 후추

표 1.4 채소 종류별 조화가 잘되는 허브

채소류	알맞은 허브
브로콜리	바질, 차이브, 딜, 육두구, 양파, 오레가노, 후추
양배추	딜 종자, 펜넬 종자, 아니스, 차이브, 마조람, 오레가노, 파슬리, 세이지, 세이보리, 백리향
오이	딜, 카라웨이 종자, 차이브, 딜 종자, 펜넬 잎, 겨자, 후추
호박	바질, 딜, 마조람, 로즈메리, 타라곤
토마토	바질, 처빌, 차이브, 마조람, 박하, 오레가노, 파슬리, 세이지, 세이보리
감자	바질, 딜, 파슬리, 월계수잎, 차이브, 러비지, 마조람, 오레가노, 로즈메리, 백리향

며, 종자는 양귀비, 카라웨이, 펜넬, 딜 등이다. 건조된 잎은 아주 잘게 비벼서 사용하거나 허브가루로 만들어 첨가한다. 건조 허브는 처음 밀가루 반죽을 만들 때 넣으며, 때때로 허브에서 추출한 에센셜 오일을 소량 첨가하기도 한다. 종자는 주로 빵을 만들 때 그 위에 뿌려서 이용한다. 서양에서는 양귀비 씨를 표면에 올려서 만든 빵(**그림 1.25**b), 국내에서는 허브 종자를 섞어서 만든 식빵을 발견할 수 있다.

혼합 조미료(seasonings)는 소금을 기초로 해서 작게는 2~3가지, 많게는 9~10가지 향신료와 향을 혼합하여 만든 것이다. 이는 주로 식품 가공회사들이 생산하는데, 국가마다 또는 조미료 종류에 따라 일정한 혼합비율이 있다. 괴테와 훔볼트가 즐겨 먹었다는 Frankfurt green sauce는 처빌, 크레스, 파슬리, 샐러드 버넷, 수영(소렐), 차이브 등 7가지가 혼합된 상품이다. 3가지 혼합 예가 있는 보로냐 조미료, 이탈리안 포크 소시지 조미료, 폴란드 고기 소시지인 Kielbasa에 첨가하는 허브(카라웨이 종자, 마조람, 겨자, 고추 등) 그리고 훈제 간 소시

지(smoked liver sausage) 조미료 등이 있다.

국내에 각 종류별로 건조 허브 또는 복합 허브 믹스가 수입되어 판매되므로, 소비자는 선호하는 허브 제품을 골라서 이용하면 편리하다. 아울러 허브 농가에서는 수입제품의 조합 예를 참고해서 한국인이 좋아하는 허브 조미료를 개발하여 보급할 필요가 있다.

1.13 허브의 공업적 이용

허브는 허브 염료(herbal dyes), 향기 나는 허브 종이(herbal papers) 제조, 허브 화장품(herbal cosmetics), 향수, 치약, 세제(洗劑) 등에 널리 이용되고 있다. 그 외 약제의 향기를 내는 원료, 허브 그림이 들어간 도자기와 찻잔 등 다양한 상품이 개발 보급되어 국내외에서 인기리에 판매되고 있다(**그림 1.26**a).

허브 염료를 사용해서, 양모, 비단, 면 등을 염색하면 천연의 색을 낼 수 있으며, 이는 이미 고대로부터 알려져 왔다. 그러나 이와 같은 과정은 복잡하므로 여기서는 생략하기로 한다.

허브를 이용해서 천연향이 나는 종이를 만드는 것은 유럽에서는 취미가들에 의해 이용하고 있다. 주로 재생 종이를 만들 때 사용한다. 인조 향기가 나는 것보다 천연향을 내는 것이 가격이 비싼 이유는 제조 과정에서 많은 노력이 요구되기 때문이다. 편지지에 상대방이 좋아하는 허브향을 한두 방울 떨어뜨린 다음 글을 써서 보내는 것도 좋은 방법이다.

허브 잉크 만드는 법은 잉크에 2~3티스푼의 가루로 만든 허브를 넣어서 우려낸 후 걸러서 생일 축하 카드나 크리스마스 카드에 글을 쓰면 향기가 난다. 크리스마스 카드에는 로즈메리향이 좋고, 발렌타인데이에는 장미향을 주로 사용한다.

허브 화장품에는 크림, 로션, 목욕용 샴푸, 비누, 향수 등이 있는데, 화장품 산업체에서 큰 비중을 차지하고 있다(**그림 1.26**b). 프랑스의 회사들은 피부 친화적인 허브 화장품을 개

(a)

(b)

그림 1.26 (a) 허브 그림이 들어간 차 포트, (b) 향제비꽃 향수.

발하여 세계 시장을 석권하고 있다. 우리나라에서도 몇몇 회사가 허브 화장품을 보급하고 있다. 대체로 아주 민감한 피부는 허브에 들어있는 성분에 따라 화장품을 사용하면 알레르기가 생길 수가 있으므로 주의한다. 크림, 로션, 삼푸에 첨가하는 정유는 알로에, 보리지, 캐모마일, 펜넬, 라벤더, 파슬리, 박하, 로즈메리, 세이지, 백리향 등이 있는데, 제조법은 2부의 아로마테라피에서 다루므로 참고하기 바란다.

그 외 허브를 목욕용 허브(herbal baths)로 전용할 수 있다. 그 대표적인 것이 라벤더인데, 라벤더라는 말은 목욕하다라는 말 '라바'에서 유래된 명칭으로, 정유를 목욕용 세제에 혼합하여 만든다. 시중에서 목욕용 허브 제품을 구해서 이용할 수도 있으나 가정에서도 목욕용 허브 주머니를 만들어 이용할 수 있다. 만드는 방법은 자기가 좋아하는 여러 가지 말린 허브를 면이나 거즈 주머니(10×8cm)에 넣어 뜨거운 물이 담긴 욕조에서 우러나도록 둔 후에, 목욕을 하면 피부를 부드럽게 하면서 긴장을 완화시켜 준다. 목욕용 허브를 이용하여 치유할 수 있는 허브 종류를 보면 이완용(relaxing)으로는 캐모마일, 쟈스민, 호프 등이 좋고, 자극용으로는 바질, 월계수잎, 펜넬, 라벤더, 레몬밤, 박하, 로즈메리, 세이지, 백리향 등이 좋다. 그러므로 식용을 목적으로 채취하고 남은 열악한 식물체를 절단하여 음지에서 건조한 다음 비닐 등으로 잘 포장하여 저장했다가 겨울에 목욕용으로 사용하면 좋다. 욕조의 물의 온도는 최저 30°C 이상이 되어야 에센셜 오일이 추출돼서 미용 효과와 근육 이완 및 수축을 촉진시켜 준다. 30~40°C 물에 10~15분 정도 추출시키면 에센셜 오일이 많이 녹아 나온다.

허브 양초는 왁스를 구입해서 미지근한 냄비에 녹인 후에, 건조한 잎을 몰탈(mortar)로 갈아서 만든 미세한 허브가루를 알맞게 넣거나 또는 자기가 좋아하는 적당량의 오일(왁스 무게의 약 3~5%)을 넣고 휘저은 다음 양초 모양의 그릇에 부어 양초를 만든다. 많이 쓰이는 오일은 박하오일, 장미오일, 세이지오일, 라벤더오일, 레몬오일 등이다.

열거한 것 이 외에도 허브는 향수, 허브 비누(herbal soaps), 모발용 허브 제품, 눈 치유제(eye care), 피부 크림(캐모마일, 백리향), 치약(박하류) 등처럼, 우리 생활 주변에서 광범위하게 사용되고 있다.

1.14 허브 데코레이션

허브는 신선한 상태로 사용하거나 또는 건조하여 꽃꽂이, 꽃다발, 장식용 레이스, 화환 등을 만들 수 있다는 장점이 있다. 특히 화훼류를 이용한 데코레이션보다 화색은 다소 떨어지지만, 은은한 향기가 발생한다는 점에서 아주 훌륭한 데코레이션 재료라 할 수 있다. 허브 데코레이션 만들기 실제는 다음과 같다.

(1) 허브 꽃꽂이

허브 꽃꽂이(herbal arrangement)용으로 사용하는 것은 거의 모든 허브의 꽃과 잎을 이용

표 1.5 데코레이션용 허브

이용 부위	해당 식물
꽃	알리움, 안젤리카*, 버가못*, 보리지*, 캐모마일, 라벤더*, 금잔화, 마조람, 박하, 양귀비, 로즈메리, 차이브
잎	타라곤*, 바질, 월계수*, 펜넬, 마조람, 박하, 파슬리, 로즈메리, 세이지, 백리향, 유칼립투스
꽃봉오리	알리움*, 안젤리카*, 펜넬*, 러비지, 양귀비*, 수영*, 딜

(*는 건조화로 이용 가능) (Bremness, 1988, 일부 수정)

할 수 있으나, 대체로 잎이 예쁘고 줄기가 단단한 것이 좋다(표 1.5). 지금까지의 꽃꽂이는 꽃의 예술성 강조했으나, 식물에 따라 역한 냄새를 가져다 주어 감상자를 불편하게 하는 꽃꽂이도 있었다. 그러나 일반 꽃과 허브를 혼합해서 꽃꽂이한다면 식물에서 풍기는 향기로 인해 관람하는 이에게 황홀감을 주게 될 것이다.

로즈메리, 유칼립투스의 잎과 줄기는 향을 제공하고 머리카락처럼 가는 잎을 가진 펜넬은 나름대로 우아함을 주며, 라벤더의 꽃과 줄기, 박하류의 이용도 참신한 꽃꽂이가 되리라 본다. 따라서 표 1.5에 제시한 것을 기초로 이용 부위를 감안하여 때와 장소에 맞는 허브 꽃꽂이 법을 개발하는 것이 중요하다고 본다.

이와 같은 특징에도 불구하고, 허브 절화는 국내에서는 극히 제한적으로 판매되며 아는 사람이 많지 않다. 안(2015)의 조사에 의하면, 꽃꽂이 전문가는 약 82%가 허브 절화를 알고 있지만, 일반 소비자는 72%가 모른다고 한다. 이는 일반 소비자의 대부분이 허브 절화가 유통되는 사실을 모르고 있음을 의미한다.

안(2015)이 10년간 국내에 유통되는 허브 절화를 조사했는데, 유칼립투스, 라벤더, 톱풀(yarrow) 등이 많이 유통되었고, 세이지(멕시칸, 파인애플), 박하(스피어민트, 애플민트), 딜, 헬리오트로프 등도 일부 유통되었다고 한다. 따라서 허브 데코레이션 사용을 증대하려면 절화 허브를 다양화하여 연중생산을 통해 보급하면서, 한편으로 화려함은 화훼류보다 떨어지나 허브의 건강 기능성을 홍보하여 관심을 증대시켜야 데코레인션용 허브의 유통과 소비가 동시에 늘어나리라고 예상된다.

(2) 향낭 만들기

향낭(potpourri)은 프랑스어이며, 원래 뜻은 '발효된 포트(rotten pot)'이다. 만드는 방법에 따라 습한 재료와 건조한 재료를 이용하는 두 가지 방법이 있다.

습한 향낭(moist potpourris)은 꽃잎이나 다른 식물에 소금을 첨가하여 혼합한 후에 즙액이 나오면 이것을 발효시켜서 이용한 향낭으로, 이를 병에 넣고서 마개를 막아 공기와의 접촉을 차단하면 향이 오래간다. 그러나 이것은 우리가 사용하기에 다소 불편하다. 왜냐하면,

(a) (b)

그림 1.27 (a) 건조 향낭(dry potpourris), (b) 허브 제품 무인 판매대(프로방스).

보통의 향낭은 향기가 계속 유출되어야 하기 때문이다. 습한 향낭을 만들기 위해 먼저 입구가 넓은 항아리(예: 작은 고추장 단지) 또는 유리병을 준비한다. 그리고 자기가 원하는 여러 종류의 꽃잎을 깔고 거기에 가는 소금을 뿌린다. 이렇게 차곡차곡 올린 후, 맨 위에는 금속이 아닌 플라스틱이나 유리 등으로 꽃잎을 눌러준다. 여기에 다른 꽃잎을 추가로 첨가하려면 그때마다 나무 숟가락으로 저어준다. 만일 검은색의 액체가 나와 발효되면 계속해서 저어준다. 이렇게 2주일이 지나면 케이크(cake)처럼 굳어진다. 이것을 작은 조각으로 만든 다음 다시 담고서 자기가 원하는 향신료(spice), 향기 나는 잎, 레몬 껍질 그리고 에센셜 오일을 첨가시킨 후에, 휘젓고 다시 2주일을 밀봉하여 후숙시킨다. 이렇게 오래 두면 둘수록 장기간 향기 나는 향낭 재료를 만들 수 있다. 이것을 꺼내서 향낭을 만들거나 포도주잔이나 기타 예쁜 용기에 넣어서 집안에 놓아 두면 향기가 오래 지속된다.

건조 향낭(dry potpourris)은 주로 건조시킨 다양한 허브 재료만을 사용하여 만드는 방법으로 현재 우리나라에서 가장 인기 높은 향낭이다. 간단한 방법은 건조 허브를 서너 종류 혼합해서 준비한 주머니에 넣기만 하면 된다(**그림 1.27**a). 오래되면 향기가 줄어드는데, 이때 향을 향낭 안에 첨가하여 오래 사용할 수가 있다. 향낭의 주요 재료는 장미꽃잎이다. 장미 중에는 향이 강한 품종이 있는데, 이들 꽃잎을 말리면 향이 오래간다. 대체로 적색이나 핑크계 품종에서 향이 높다. 주요 종은 *Rosa gallica*이다. 장미 이외에 라벤더나 장미향이 나는 제라늄도 좋은 재료이다. 이들도 장미향이 나는 향낭의 첨가 재료로 좋다. 그 이외에 향이 강한 꽃잎을 사용해도 좋다. 물론 제비꽃(violet), 향기가 강한 흰 붓꽃(white iris) 뿌리나 기타 향이 강한 재료를 허브 가게에서 구입해 혼합할 수 있다. 레몬 껍질, 정향(clove), 계피(cinnamon bark), 월계수잎(bay leaves), 바닐라 열매(vanilla bean), 로즈메리(rosemary), 올스파이스(allspice) 등이 좋다. 꽃잎은 아침에 이슬이 마른 후 채취해서 음지에서 말린다. 꽃잎이 완전히 마르면, 병에 보관했다가 향낭을 만들 때 사용한다. 프랑스 프로방스의 시골길에는 허브 향낭과 베개도 많이 만들어 무인 판매하는 곳을 볼 수가 있다(**그림 1.27**b).

장기 보존용 건조 향낭을 만들기 위해서는 먼저 충분히 큰 유리병(예: 꿀병)을 준비한다. 여기에 0.5L 말린 장미꽃잎, 건조한 각종 허브 꽃잎 2~4컵, 흰 붓꽃 뿌리(iris root) 2~3스푼, 으깬 향신료(예: 정향, 계피) 2~3스푼, 으깬 허브잎(예: 로즈메리, 월계수) 2~3스푼, 말린 레몬껍질 1~2스푼, 에센셜 오일(예: 장미, 패출리, 쟈스민, 네러리, 로즈메리 등) 6~10방울을 차례로 넣는다. 이것을 밀봉한 후 6주일간 둔다. 이때 3~4일에 한번 씩 조심스럽게 흔들어 준다. 6주 후에 꺼내서 향낭을 만들고 남은 것은 봉해 두었다가 필요시에 사용한다.

향낭의 모양, 색깔, 크기는 이용 목적이나 사람의 취향에 따라 다양하게 만들 수 있다.

(3) 기타 데코레이션

허브의 이용은 매우 다양하기에, 여기에서는 몇 가지만 예로써 설명하기로 한다.

서양에서는 부케(bouquet)용으로도 많이 사용하고 있다. 우리나라에서는 신부용으로 서양란 같은 것을 많이 사용하지만 향기가 없는 것이 단점이다. 이때 핑크빛 장미를 중앙에 두고 맨 가장자리를 안젤리카잎으로 장식하고 그 안쪽에 로즈메리를 넣고, 안젤리카나 펜넬 꽃송이, 백리향, 골든바소람, 로스메리, 반엽 박하잎, 적색 세이지를 알맞게 조화를 시킨다면 훌륭한 신부용 부케가 될 것이다(그림 1.28a). 어버이날 부케는 중앙에 붉은 카네이션을 두고 로즈메리 잎을 둥글게 배치한 후, 안젤리카 잎으로 뒤를 바치면 예쁜 부케가 될 것이다. 강한 색깔과 향기, 꽃 모양을 가진 허브는 부케용으로도 적합하다.

둥근 수형화환(wreath)이나 벽걸이 장식용(hanging) 화환도 각종 허브를 이용해서 만들 수 있다. 월계수 잎을 바탕으로 해서 각종 꽃을 꽂으면 동그란 예쁜 소형화환을 만들 수 있다. 소형화환은 화장실 또는 자동차 뒤에 두면 자연 향기를 맡을 수가 있고 인체에 해롭지 않아 좋다. 부엌의 벽걸이 장식용 화환도 바탕을 볏짚으로 엮은 다음 각종 허브를 꽂아서 예쁘게 걸 수 있다. 다소 아름답게 만들기 위해서는 계피, 마늘, 붉은 고추 등을 통째로 엮

(a)

(b)

그림 1.28 (a) 허브 부케(안재경 제공), (b) 디쉬 허브 꽃꽂이(라벤더와 캐모마일 꽃, 로즈메리와 보리지 잎).

어주는 것이 좋으며, 그 사이사이에 로즈메리, 백리향, 세이지, 마조람, 박하, 파슬리, 타라곤 등을 알맞게 배열한다. 색을 맞추기 위해 세이지는 자색계통을 그리고 박하는 반엽 품종을 택한다.

화관(garlands)은 집에 특별한 일이 있을 때 길게 엮어서 방의 가장자리나 응접실의 벽면에 장식할 수 있다. 화관을 만들 때에 각종 열매, 잎과 건조화를 사용하는 것이 좋다.

허브 바스켓(herbal baskets)은 꽃꽂이용 대나무 또는 등나무로 만든 소형 바스켓에 각종 허브를 일반 화훼용 건조화와 함께 장식한다. 이때 중요한 것은 각각 허브의 색깔, 모양, 단단한 정도 등을 고려해야 하는데, 잎이 달린 것보다 건조화를 위주로 한다. 건조화는 채취한 다음 묶음을 만들어 음지에 거꾸로 매달아 건조시키거나 전자레인지를 이용해서 만들 수 있다. 전자레인지를 이용하여 건조할 때는 허브에 함유된 수분을 고려하여 처리시간을 조절한다.

테이블 장식(table decorations)은 식탁 위의 접시, 컵, 맥주잔 등에 허브로 장식하거나 촛대 받침대에 월계수 잎, 말린 라벤더 꽃 등의 건조 허브를 실 등을 이용해 알맞게 묶어서 전체를 아름답게 하는 것이다(**그림 1.28**b). 특히, 뷔페식 테이블의 그릇과 그릇 사이에 허브를 낮게 깔거나 사이사이에 꽂아주면 멋을 내 줄뿐 아니라 다양한 음식 냄새를 제거할 수 있다. 이때 박하나 세이지처럼 강한 향을 내는 허브를 이용하면 좋다.

예쁜 컵이나 그릇에 물을 담고서 허브 잎과 꽃을 띄워도 예쁘다.

(4) 공예

허브를 가공 및 그대로 보존하여 시들지 않는 꽃 프리저브드(preserved)를 활용하여 직접 DIY(do it yourself)함으로써, 힐링과 실내 장식의 효과를 가져오게 한다. 분야별로 관심을 갖고서 스스로 만든 공예품은 자기 주변에 두면 장기간 향기를 제공해 준다.

① **허브 공예 종류:** 번들, 리스, 꽃다발, 프리저브드, 테라리움, 가란드, 허브 액자, 허브 염색, 허브 자수, 허브 포푸리 등

② **공예에 사용되는 허브:** 유칼립투스, 로즈메리, 라벤더, 멕시칸 세이지, 레몬그래스, 레몬 버베나, 에키네시아, 램즈이어(lamb's-ear), 제라늄, 백리향(타임) 등

1.15 허브가든

허브의 월동성을 고려한 식물들을 모아서 체계적으로 구분하여 심거나 조경학적 안목으로 배열하여 만든 정원을 서양에서는 허브가든(herb garden)이라고 부른다. 허브가든의 역사는 매우 긴데, 중세기에 수도원에서 약용 식물과 과수류 등을 혼식해서 가꾸었던 때부터 시작되었다.

(a)

(b)

그림 1.29 (a) 허브천문공원(강동구, 국내 최대 허브공원), (b) 독일 나선형 소형 허브원(베를린).

독일에서는 허브가든을 분류함에 있어 수도원 정원을 가장 중요하게 다루고 있다(Kreuter, 1979). 그러나 최근에 와서는 허브를 가꾸는 범위가 실내에서까지 이루어진다. 그 규모에 따라 대규모 허브가든, 소규모 허브가든, 대학 등의 교육용 허브가든 그리고 허브 용기가든 등으로 나누고 있다. 국내에는 강동구의 허브정원이 대표적인 대규모 가든이다(**그림 1.29**a). 소규모 허브가든은 나선형 가든 등이 그 예이다(**그림 1.29**b).

(1) 허브가든의 설계

허브가든을 조성하려면, 설계와 재식계획 등을 식물의 특성을 고려해서 다음과 같이 진행해야 한다.

허브가든 설계는 일반적으로 다음 4가지 단계를 거쳐야 한다.

첫째, 조성하는 목적, 규모와 식물의 종류를 고려하여야 한다. 설계는 이용 목적에 따라서는 대단위 관람용 공공정원, 수도원 정원인지에 따라 달라지고, 식물분류법에 따라서는 학교 연구용 허브가든, 약국가든, 소형 가정 허브가든, 옥상 허브정원 등이 있다. 재식 방법에 따라 군집 재식, 분산 재식, 개별 재식(주로 학교 교육용 정원)법을 고려한다. 식물의 생태 습성에 따라 습지, 반습지, 배수가 좋은 일반 토지, 자갈이 많은 산지 토양 등에 알맞은 식물을 배치한다. 공공 정원에서는 2년생 월동 허브(캐모마일, 고수, 카라웨이, 파슬리 등)가 봄에 꽃을 피운 후 고사하여 6월 이후에 공터가 되는 점을 고려하여 여름꽃 허브인 금잔화, 메리골드 같은 것을 보식할 계획도 세워서 설계한다.

둘째, 장소를 선택한 후, 기본 설계를 해야 한다. 이때 건물의 위치에 따라 장소 선택이 제한적이지만 반드시 충분한 햇빛이 들고 배수가 잘되는 곳이 허브 생육에 적합하다는 점을 고려한다. 이와 같은 기본 계획을 갖고서, 부속 건물, 울타리, 담의 위치, 통로를 조화롭게 배치한다. 소규모 가정의 허브밭의 경우는 방향성, 가족의 이용 편이성, 위치에 따른 조

표 1.6 허브가든 설계 시 참고해야 할 특성별 허브의 분류

특성	식물 종류
레몬 향 식물	레몬 버베나, 레몬밤, 레몬타임(백리향), 향제라늄, 레몬그래스, 레몬박하
회색 잎 식물	애그리모우니, 웜우드, 캐트닢, 커리프랜트, 프렌치 라벤더, 루, 세이지
황금빛 잎 식물	반엽 애플민트, 골든 마조람, 황금색 월계수, 골든 세이지, 황금반엽 백리향
자주색 잎 식물	바질(퍼플), 펜넬(퍼플), 세이지(퍼플), 자소
백색 꽃 식물	백색오레가노, 캐모마일, 톱풀, 고수, 화이트 바이올렛, 히솝
황색, 크림색 꽃 식물	안젤리카, 애그리모우니, 딜, 펜넬, 러비지, 겨자
자주색 꽃 식물	차이브, 히솝, 라벤더, 박하, 세이지, 향 제비꽃
핑크색 꽃 식물	쿠민, 오레가노, 핑크 히솝, 핑크 라벤더, 마조람, 백리향
청색 꽃 식물	보리지, 치커리, 히솝, 로즈메리
적색 꽃 식물	버가못, 양귀비, 샐러드 버닛
다소 습한 지역 가능	안젤리카, 버가못, 러비지, 박하류, 파슬리, 제비꽃
지피식물	캐모마일, 페니로얄 민트, 골든 마조람, 박하, 향 제라늄, 로즈메리(prostrate type), 세이보리(지피용), 백리향, 스위트 바이올렛
내음식물	안젤리카, 캐트닙, 차이브, 처빌, 골든 마조람, 박하, 파슬리, 수영

망을 고려해야 한다. 만일 지적도 등이 없다면, 실제로 정원이 들어설 장소를 실측하여 기록한 후, 약 1:100의 설계도를 작성한다. 이렇게 하면, 도면 상의 1cm는 실제로는 1m이므로 설계하기 쉽다.

셋째, 주요 구성물을 배치한다. 기본 건물 설계도를 여러 장 복사하고 나서 그 위에 영구구조물인 집이나 온실, 주차장, 정원 전용 소형창고, 물탱크 등을 포함한 각종 통로, 재식 장소 및 크기, 담장, 울타리, 잔디 등을 대략으로 설계한다. 이때는 세부적인 것보다 대체적인 윤곽을 다양한 형태로 설계자의 생각에 따라 도면에 스케치한다.

넷째, 실제 각종 식물을 연필을 가지고 여러 장소에 그려 넣는다. 이때는 정원수나 생울타리, 통로 등을 그려 넣은 후 그 사이에 허브를 안배하는데, 지피식물로 가능한 식물, 약간 그늘진 곳에서 자랄 수 있는 식물, 양지가 필요한 식물, 키가 커서 뒷 쪽에 배치해야 할 식물, 꽃의 색깔과 피는 시기가 다른 식물에 따라 장소를 배치한다. 식물과 식물 간의 간격은 키가 크고 번식력이 왕성한 것들은 충분한 간격을 띄어 심도록 설계한다. 너무 왕성한 식물 곁에 연약하고 키 작은 식물의 배치는 피해야 한다(**표 1.6**).

이상과 같은 4단계 설계가 끝나면, 허브를 실제로 심는 식재계획을 세운다.

(2) 허브가든의 식재계획

대체적인 설계가 끝나면, 수많은 허브와 화훼식물 개개의 특성을 고려해서 명확한 세부 재식계획을 세운다. 이때는 먼저 자기가 가꾸고자 선택한 식물의 광조건, 월동성인지를 알아야 한다. 그리고 모든 식물이 설계의 목적, 즉 허브로의 이용, 약용 식물로의 이용, 또는 미용이나 방향성 허브로서의 이용처럼, 이용 목적에 부합한 식물인가를 확인한 후 목적에 맞게 집단으로 심을 것을 고려한다. 식물도 자라는 데 상호간의 궁합이 있으므로 알맞게 조회를 이루면 좋다. 허브의 방향 성분으로 인하여 곁에 심은 잎채소에 해충이 들러붙지 않는 경우도 있다. 예를 들어, 토마토와 백리향 또는 박하를 조화롭게 심으면 좀가루이(white fly)가 발생하지 않는다. 상추와 처빌을 같이 심으면 진딧물의 발생이 적다. 향 장미와 차이브 또는 마늘을 같이 심어도 진딧물의 발생이 줄어든다. 이처럼 식물 상호 간의 도움을 주어 자라는 식물을 동반식물이라 한다. 가정 내 허브재배에서는 이점을 고려하여 식재한다. 생육의 왕성한 정도와 약한 정도, 개화 시기의 차이, 겨울 정원의 모습을 고려한 사철식물의 안배, 여름철 식물 엽색의 앙상블, 식물 키의 조화 등도 고려한다. 그리고 자주 수확해서 잎, 줄기를 사용하는 것은 다른 허브식물에 피해가 없도록 통로로부터 벌지 않은 곳에 배치한다. 이와 같은 점을 고려하여 암석정원 같은 것을 계획해 볼 만하다. 또한 향기가 많이 나는 식물은 통로의 주변에 배치하여 관람객의 흥미를 끄는 것도 한 방법이다. 그리고 관상적 가치는 낮지만 요리에 자주 사용되는 1년생인 고수, 딜, 바질, 로켓트, 아니스, 2년생인 파슬리, 영년생인 차이브 같은 허브는 정원의 한쪽에 채소포처럼 심는 것도 한 가지 고려할 점이다. 왜냐하면, 1년생 허브는 매우 중요하여 재식이 필수적이지만 수확기가 지나면 재배한 자리가 나대지가 되기에, 1년생 다른 채소나 초화류와의 작부 체계를 알맞게 유지해야 하기 때문이다.

일반 정원수는 한번 심으면 다시 심을 필요가 없지만, 허브는 다양한 생육 습성을 지니고 있으므로 식물 개개의 특성과 이용 목적을 모르면 식재 설계가 어렵다.

(3) 허브가든의 형태

허브가든은 디자인 형태, 이용 목적, 크기에 따라 분류한다.

디자인 형태에 따라서, 허브가든을 보통 어떤 규격에 맞는 모양의 연속을 갖는 정형 디자인(formal designs)과 설치하는 지역의 구조에 따라 적당하게 꾸미는 비정형 디자인(informal designs)으로 구분하고 있다(Bown, 1996). 정형 디자인은 비교적 기하학적인 형태를 이루지만, 비정형 디자인은 이용자의 편의성을 고려하여 설계한다. 정형 가든으로는 기하학적인 정원(좌우대칭형), knot garden(회양목 같은 상록관목으로 가장자리를 만들고 대칭형 만들기), colour wheel raised beds(나무상자 또는 벽돌로 가장자리를 만든 작은 화단을 원형으로 배치한 베드), vegetable potager(라벤더, 매리골드, 오레가노 같은 허브를 사각형의 가장자리에 심고 내부에는 채소를 심는 정형 화단, 텃밭에서는 가장자리에 허브를 심고 중앙에 채소를 심으면 해충의 피해 경감)

등이 있다.

비정형 가든에는 개별 가든(individual garden, 식용 허브, 유색 허브, 향기 허브 등을 개인의 기호에 맞게 배치), 지중해 허브가든(비교적 건조하고 따뜻한 지중해 원산의 허브만 심는 정원), 삼림 허브가든(woodland herb garden, 수목이 우거진 나무 아래에 허브를 재식하는 방법으로 음지와 습지에 잘 견디면서 스스로 개화, 결실하여 종자가 떨어져 월동하고 다음 해에 다시 발아하는 허브 이용)이 있다. 기타 꽃밭 내의 허브(herbs among the flower, 다양한 꽃과 함께 혼용하여 심는 방식으로 장미원의 허브, 허브를 경계식물로 사용하고 중앙에는 꽃을 심는 방식), 컨테이너에서 기르는 허브(herbs in container, container culture, 식용 허브 전용용기 재배, 약용 식물 용기 재배, 측면 식재 구멍을 가진 항아리 재배) 등이 있다.

Bremness(1988)는 정형 화단을 형태에 따라 **그림 1.30**과 같이 제시하였다. 그리고 사용 목적에 따라 소형 다목적 허브가든(small all purpose herb garden), 대형 다목적 허브가든(large all purpose herb garden), 안뜰과 발코니가든(patio and balconies), 실내 허브가든(indoor herb garden), 테마가든(theme garden, 각종 테마를 가진 정원으로 맹인정원, 약국정원, 성서 허브가든, 로마 요리 허브가든, 수도원 허브정원, 마녀 허브가든), 아로마 허브가든(aromatic herb garden), 어린이 허브가든(children's herb garden), 달빛정원(moonlight garden, 잎이 달빛을 반사하는 수목과 꽃

(a) brick circle
(b) brick diamond
(c) square within square
(d) diagonal paths
(e) interlocking diamonds
(f) oblongs and right angles
(g) diamonds and square
(h) wheel beds

그림 1.30 다양한 허브 정원 디자인 형태(modified, Bremness, 1988).

과 잎이 희거나 노란 계통의 허브 식재 가든), 식용 허브가든(culinary herb gardens), 중국 허브가든(Chinese herb garden), 파라다이스 가든(paradise garden, 4,000년 전 이집트인들이 만든 정형 화단으로, 중앙에 물이 흐르고 향이 나는 수목, 과실, 허브, 화려한 꽃을 이용하여 환상적으로 만든 정원) 등을 제안하였다. 그 이외 많은 허브 전문가(Seitz, 2001 등)가 허브정원을 제안했지만, Bremness(1988)이 제시한 가든의 범주를 벗어나지 못한다.

규모에 따라 대규모 허브가든과 소규모 허브가든으로 분류한다. 대규모 허브가든은 대학의 부속 농장이나 식물원의 전시용 허브가든, 관광농원의 허브가든, 또는 수도원의 허브가든 등이 여기에 속하는데, 그 규모가 대단히 크기 마련이다. 따라서 대학이나 연구기관의 전시용 허브가든은 대체로 설계하는 방법이 식물의 생육년한에 따라 1년생, 2년생, 다년생 식물포로 나누거나 이용 목적에 따라 잎, 꽃, 줄기, 구근 등의 식물로 나누거나 식물이 가진 성분에 따라 분류한다. 또는 식물의 속에 따라 배추과, 꿀풀과, 가지과 등 과별로 나누어 식재하기도 한다. 관광농원에서는 대체로 식재된 생울타리와 기타 관상수와 알맞은 조화를 이루도록 설계하여 만든다. 관람하는 사람이 보기 쉽게 중앙에는 키 큰 식물을, 통로와 가장자리는 키 작은 식물을 배치한다.

Bremness(1988)이 테마 정원에서 언급한 약국 정원은 사람의 건강증진을 하는 허브를 모아 전시하는데, 각 소정원마다, 폐, 위와 장, 심장과 순환계, 신장과 비뇨기, 신경 안정에 좋은 허브를 심어 방문자에게 건강증진을 위한 허브 정보를 쉽게 제공한다(**그림 1.31**a). 수도원의 정원은 재배상을 정사각형 또는 직사각형으로 구분되어 설계되므로, 각각의 재배구역(크기 1.5~2.0m^2 정도)에 들어갈 식물을 구상해서 한 장소에는 같은 식물을 심도록 한다. 이와 같은 대단위 허브가든의 통로는 침목, 벽돌, 포장석, 둥근 작은 자갈, 시멘트 블럭 등을 이용해서 예쁘게 조성하는데, 대체로 이용객의 숫자나 설계 시의 경비를 고려해서 재료를 선택한다. 소규모 허브가든은 주로 가정의 정원에 국한되거나 주말농장의 범주에 속한다. 소규모 가든에서는 신선한 허브를 매번 수확할 수 있다는 기쁨이 충족되기 때문에 서양에서 가장 인기 있는 허브가든이다. 이 경우는 부엌에서 가장 가까운 동선(動線)에 위치하며,

(a) (b)

그림 1.31 (a) 약국 허브원(함부르크 식물원), (b) 맹인용 입식 허브원(네덜란드).

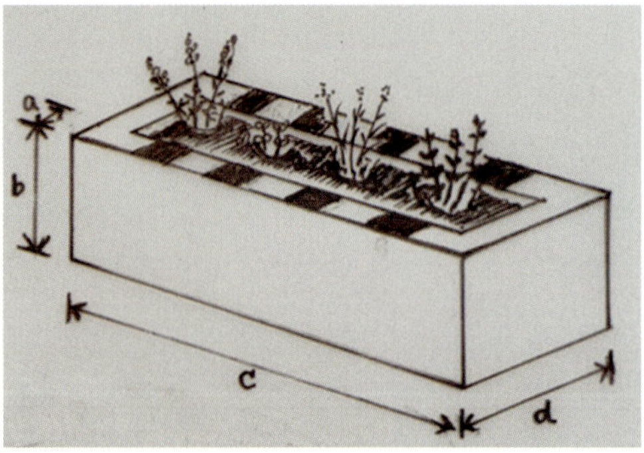

(a: 20, b: 70, c: 300, d: 120cm)

(a)

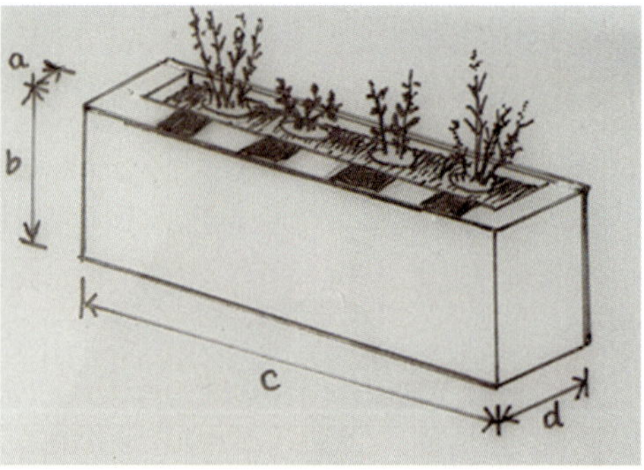

(a: 20, b: 70, c: 300, d: 70cm)

(b)

그림 1.32 (a) 맹인용 양면 이용 베드(MB I), (b) 단면 이용 베드(MB II)(박 등, 2019).

대체로 1.2×1.8m 또는 1.8×1.8m(1평) 정도면 충분한 경우도 있다. 여기에 바질, 차이브, 파슬리, 로즈메리, 백리향, 박하 등 6개의 기본 허브를 심는다. 다소 여유 있는 면적을 가진 경우에는 여기에 딜, 세이보리, 오레가노, 월계수, 타라곤 그리고 향기나는 제라늄을 첨가시켜서 심는다. 우리나라의 중부지방에서 월계수와 제라늄은 겨울에 실내에 옮겼다가 봄에 정원에 다시 내다 심어야 한다. 이들 소규모 정원은 북쪽이 벽이나 생울타리로 가려져서 바람막이가 되고 햇빛이 잘 드는 남향이 좋다. 통로에는 자연석을 듬성듬성 두어 사이로 다닐 수 있게 하거나 시멘트 블럭을 사용할 수 있다. 그러나 시멘트 블럭은 독성분 또는 중금속이 용출되므로 가정원예에서는 가장자리용으로 사용하면 안 된다.

외국에는 장애인이나 맹인을 위한 소규모 정원이 구성되어 있다. 장애인용은 휠체어를 이용하여 볼 수 있게 다소 높이 만들고, 맹인용은 점자판을 붙여서 허브를 알 수가 있게 한다(**그림 1.31**b). 일반적으로 장애인용 정원은 허브의 종류가 일반 정원과 같지만, 맹인용은 향기가 좋은 라벤더, 로즈메리, 박하 등으로 꾸민다. 박 등(2019)은 한국형 맹인용 2종류 베드 유형을 제시했는데, 일정한 높이를 가져야 하고 반드시 허브 이름과 특징이 써진 점자판을 붙여야 한다(**그림 1.32**).

어린이 허브정원도 앞으로 인기가 있으리라 보며, 정원을 구성하기 전에 어린이들에게 허브를 설명할 스토리텔링을 염두에 두고 설계해야 한다. 어린이 정원에 심을 허브는 식물 전체가 독성이 없는 허브로 구성해야 하며, 이에 박 등(2019)은 어린이용 26종과 맹인용 22종을 제시하였다(**표 1.7**). 여기서 어린이 정원의 설계와 식재계획을 간단하게 설명하고자 한다. 먼저 어린이 정원 설계에서 고려할 사항은 다음과 같다.

① 어린이가 만지거나 잎이나 꽃을 먹어도 탈이 없어야 한다.
② 가능하면 향기가 많이 나는 식물을 심어서 어린이가 맡을 수 있게 한다.
③ 이야기를 꾸밀 수 있는 식물을 열거하여 어린이들이 관심을 갖게 한다.
④ 월동이 어려운 식물은 가장자리에 심어서 터널 등 월동시설을 만들기 쉽게 해야 한다.

표 1.7 어린이용 허브정원과 맹인용 허브정원 식재 가능 허브(박 등, 2019)

이용자	추천 허브 식물
어린이 정원	바질, 버가못, 보리지, 금잔화, 케트닙, 캐모마일, 차이브, 고수, 딜, 펜넬, 향 제라늄, 서양고추냉이, 히솝, 방애잎, 라벤더, 레몬밤, 러비지, 메리골드, 마조람, 박하, 한련화, 오레가노, 파슬리, 로즈메리, 세이지(체리), 스테비아(26종)
맹인용 정원	바질, 버가못, 보리지, 케트닙, 캐모마일, 고수, 딜, 펜넬, 향 제라늄, 히솝, 방애잎, 라벤더, 레몬밤, 러비지, 마조람, 박하, 오레가노, 파슬리, 로즈메리, 세이지(체리)(22종)

⑤ 가든의 가장자리는 블록을 사용하지 않고 충분한 통로를 만든다.

한국의 어린이를 위한 허브가든은 모양과 구성을 다양하게 할 수가 있으나 박 등(2019)은 한국의 어린이는 활동적이고 견학의 신속성을 고려해서 원형이나 비정형은 피하고 6개의 직사각형(square type)을 제시했다. 하나의 블록은 2×3m(약 2평) 크기와 통로 약 2m로 구성되어 있다. 총면적은 약 80m^2(약 25평)가 된다. 구상은 연중 허브체험이 가능하고, 어린이 안전성, 스토리텔링(story telling), 유치원 학생수(5세 16명, 6세 22명, 7세 24명, 각각 8명씩을 한 그룹으로 설명)를 고려하여야 한다. 면적이 되면 4 × 6m 블록을 만들어도 좋다.

각 블록에 심는 허브는 **그림 1.33**과 같으며 설명은 시계방향으로 한다.

① 1번 블록 가장자리에 2줄 바질을 심고, 중앙에 오레가노를 심는다.
② 2번 블록에는 보리지, 딜, 펜넬, 서양겨자무(호스레디쉬)를 심는다. 보리지를 양쪽 가장자리에 심고, 반쪽은 호스레디쉬를 그리고 다른 반쪽은 딜과 펜넬을 교호로 심는다.
③ 3번 블록은 좁은 쪽 가장자리에 2줄로 차이브를 심고, 중앙을 2분하여 한쪽에 러비지, 다른 쪽에 방애잎(배초향)을 심는다.
④ 4번은 좁은 가장자리에 캐모마일을 심고, 중앙에 박하(스피어민트, 애플민트, 페퍼민트)를 약 60cm 간격으로 줄지어 심는다.
⑤ 5번 블록은 가장자리에 금잔화를 한 줄로 심고, 중앙은 로즈메리, 레몬밤, 라벤더를 3 등분하여 적당하게 심는다.
⑥ 6번 블록에는 체리, 파인애플 세이지를 절반씩 나누어서 심고, 좁은 쪽 양쪽 가장자리에 스테비아를 심는다.

보통 유아원 어린이들이 한 반에 10여 명이므로, 블록마다 양쪽에 서서 식물을 만지면서 관찰하면 된다. 모든 블록의 가장자리는 안전을 위해서 벽돌이나 나무를 이용하지 말고 약간만 높여서 빗물이 잘 빠지게 한다. 벽돌이나 나무판자를 사용할 때는 어린이가 넘어지면 얼굴 등을 다치므로 매우 주의한다. 통로는 부직포를 깔아서 아이들의 발에 흙이 묻지 않게 한다. 모든 어린이 정원은 어린이의 흥미와 간단한 체험을 포함하여 어린이의 수준에

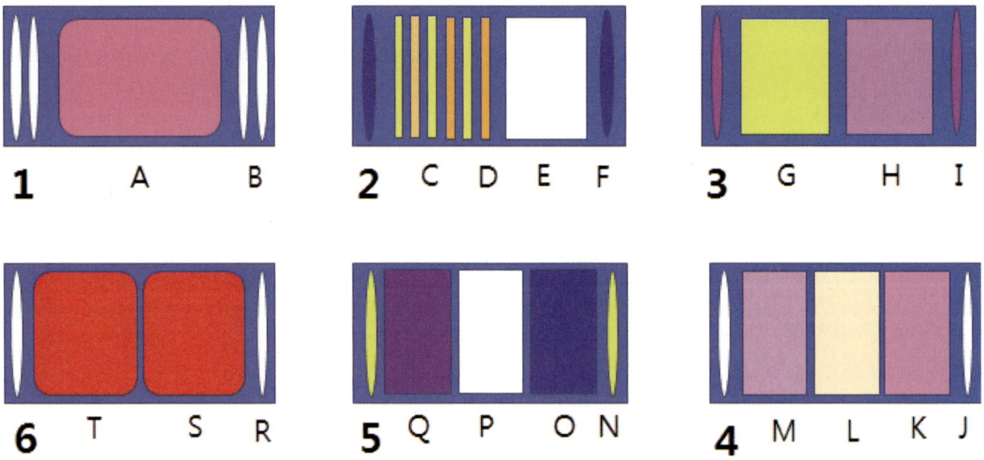

그림 1.33 어린이용 허브정원(색깔은 제시한 허브의 꽃 색). (A: 바질, B: 오레가노, C: 딜, D: 펜넬, E: 호스레디쉬, F: 보리지, G: 러비지, H: 배초향, I: 차이브, J: 캐모마일, K: 스피어민트, L: 애플민트, M: 페퍼민트, N: 금잔화, O: 로즈메리, P: 레몬밤, Q: 라벤더, R: 스테비아, S: 파인애플 세이지, T: 체리 세이지).

맞게 스토리텔링을 구성해야 한다(박 등, 2019). 여기에 제시된 정원은 어른들도 이용이 가능하다.

국내에도 허브가든이 있지만 아직도 많이 부족하다. 특히 현재 인구를 감안할 때, 서울과 경기도 일원에 20개 정도의 대형 허브가든(100만 명당 1개)을 만들어 어린이, 장애인, 맹인이 이용할 수가 있도록 설계해야 한다. Kwon(2016)는 어린이 정원이 식물원의 수익 증대에 중요하다고 언급했으며, 또한 어린이 허브정원을 포함한 식물원이 많이 건설되어야 시민과 어린이의 정서함양과 건강증진에 좋다고 본다.

1.16 허브를 이용한 반려동물 치료

약용 허브를 이용한 동물 치료는 지금으로부터 4,000년 전 중국의 상나라(BC 1766~1027)때부터 사용한 기록이 있으며 동물에도 침술을 사용하여 왔다. 허브 치료는 중세를 거치면서 근세까지 이용되다가 19세기 말부터 화학약품을 이용한 치료로 전환되었다. 그러다 1970년부터 허브를 이용한 치료가 다시 시작되었고, 1990년대에는 동물 아로테라피가 등장했다. 2000년 들어서 동물식물의학협회(Veternary Botanical Medicine Association)가 설립되면서 각국이 연구와 수의 분야 적용에 노력하면서 많은 발전을 하고 있다. 그 결과 동물 허브치료(Veterinary Herbal Therapy)가 하나의 학문 분야로 발전하여 미국과 유럽에서는 전공 수의사가 많이 생겨났고, 허브를 이용한 반려동물용 치유 제품, 다양한 허브 동물치료책이 출판되었다(Shojai, 2017: Wynn and Fougère. 2007).

우리나라에서는 반려동물 수가 약 1,500만 시대에 이르러 국민 3명당 반려동물 한 마리를 기르는 정도이다. 따라서 반려동물 시장에 다양한 animal wellness 제품이 놀이기구, 사료와 착용하는 의류까지 제공되고 있다. 국내에서는 반려동물 허브제품이 판매되기 시작하는 단계이다. 모든 동물을 다룰 수가 없기에, 여기에서는 반려묘(伴侶猫)와 반려견(伴侶犬)의 치료만을 다루기로 한다.

(1) 치료의 기본원리

모든 치료는 동물 복지 차원에서 다음 사항을 유의하여 수행해야 한다.

첫째, 허브 치료에 경험이 있는 수의사만이 치료에 임해야 한다. 반려동물의 허브 적용은 인간과 다른데, 이는 종류와 크기가 매우 다양하고, 생리현상이 서로 다르므로 아주 정확한 치료 경험이 쌓인 수의사 이외는 접근이 어렵다. The American Veterinary Medical Association(미국수의의료협회, AVMA, 1863년 창설)에 따르면, 수의사 자격증을 가졌거나 충분한 교육을 받은 치료전문가만 동물 허브치료를 하도록 권장한다.

둘째, 치료에 임하기 전에 동물의 종류, 나이, 허브치료 이전의 치료 경력, 임신 여부 등 면밀한 진찰이 필요하며, 과학적으로 훈련된 치료 경험과 전통적인 허브 지식을 갖고서 동물의 치료에 임해야 한다.

셋째, 허브 치료를 하면서 일반 약제 복용 또는 침술 등 여러 치료를 복합적으로 수행하는 것은 금한다. 중증인 동물에서는 허브 치료 효과를 볼 수 없을 수도 있다.

넷째, 허브는 재배 과정, 재배지역, 수확 후 가공 과정에 따라 품질이 열악해질 수가 있으므로 아무 허브나 사용하지 말고 재배 이력이 확실한 유기농 허브를 선택해서 사용한다. 건조된 허브는 생산 후 6개월, 환약은 3년, 알콜 추출액(tincture)은 5년 이내에 사용해야 한다.

다섯째, 동물도 사람처럼 알레르기가 있을 수가 있으며, 피부에 소량 묻혀서 반응을 보는 것은 기본이다. 이상 반응이 없으면 차로 섭취하게 하거나 주사기로 입에 주입하거나 사료에 살짝 뿌려서 주는 등 적절한 방법을 통해서 제공한다. 또는 글리세린 추출물(glycerite)을 이용한다. 알콜 냄새가 심한 추출물은 따뜻한 물컵에 1회 제공 분량을 넣고서 휘저어 알콜이 휘발되고 난 다음에 상처 부위에 분무하거나 구강에 정해진 양을 주입한다.

여섯째, 제공량은 동물의 몸무게를 고려하는데 큰 개는 사람의 사용량에 비례해서 제공한다. 고양이와 작은 반려견은 성인 사용량의 1/8~1/4을 제공한다. 양과 염소는 몸무게를 고려하여 사람 사용량의 1~2배를 제공한다. 소와 말은 사람 복용량의 5~15배를 제공한다. 사용량을 10% 증가할 경우에는 부작용이 없는지 잘 관찰하며 증가에 따른 이상 현상이 나타나면 원래 제공했던 분량만을 제공한다.

(2) 허브치료 적용 실제

허브의 동물 적용은 허브 각론에서 사람에 사용하는 방법과 동일하게 진행하면 된다. 왜냐하면, 고대로부터 사람이 먹는 허브를 동물의 치료에도 적용했기 때문이다. 몇 가지 허브의 동물치료법은 다음과 같다(Tilfod & Wulff, 2009: Schmid, et al. 2012).

캐모마일 마일드한 안정제로 소화를 돕고 기분을 좋게 한다. 글리세린 추출물이나 팅크제 1~2방울을 물 1L에 희석하여 1일 2회 적당량을 동물의 입에 주입하거나 음료로 제공한다. 또는 건조한 캐모마일 꽃 2티스푼을 끓인 물 1컵에 넣어 5~8분 동안 추출한 후, 거즈에 걸러서 식힌 후에 물그릇에 제공하거나 사료에 혼합해서 준다. 시중에 구입하는 캐모마일 티백 하나를 물컵에 넣고 추출해서 사람의 몸무게에 1컵을 먹는 것을 고려하여 적당량 먹이는 것이 가장 편리하다. 필자의 경험으로 집에서 기르던 15살 된 강아지가 소화를 못 시켰을 때 캐모마일 티를 만들어 제공했더니, 거부감 없이 잘 먹었고 소화도 잘 시켜 안정되는 사례를 경험하였다. 고양이 피부발진에 캐모마일 차를 식혀서 스프레이하면 좋다. 스위스 축산농가(Schmid, et al. 2012)에서는 1일 송아지(75kg)에게 0.12~0.63g/kg$^{0.75}$, 큰 소(650kg)는 0.03g/kg$^{0.75}$ 비율로 소화기관 병, 피부 문제, 감기, 구강염 치료에 사용한다. 동물 폐렴에는 목에 약간 투입하거나 증기를 흡입시킨다.

캐트닙(캐트민트) 전 세계 60% 가량의 고양이가 좋아하는 허브이다. 고양이의 공포상태 치료에 최고이다. 또한 입맛촉진, 소화촉진, 신경질적인 동물의 안정, 충분한 수면유도를 한다. 정유 1~2방울을 물 1L에 희석하여 하루 2~3회 정도, 스트레스가 최고점에 달하기 15~20분 전에 입에 넣어주거나 음료수에 첨가해서 먹인다. 신선한 잎 4개를 225ml 끓인 물에 넣고 5~10분간 추출한 후에 5~10일간 매일 2~3회 제공한다. 고양이에게 건조한 잎을 이용하여 포푸리, 인형, 공을 만들어서 주면 아주 좋아한다.

밸러리안 동물의 진정제로 많이 사용되며 신경질과 두려움을 완화한다. 긴장과 고통을 줄이고 과잉 흥분이나 공황상태의 치료에 도움이 된다. 5방울의 글리세린 추출물이나 낮은 알콜 추출물을 물 1L에 타서 스트레스 발생 3일 전에 1일 3~4회 입에 주입하거나 물에 희석해서 공급한다. 건조한 뿌리 한 티스푼을 컵에 넣고 끓는 물을 부어서 10~15분간 추출하여 물에 4배 정도 희석해서 하루 서너 번 먹인다.

라벤더 진통과 안정을 주고 피부 트러블을 치료하며 벼룩과 빈대를 퇴치한다. 작은 접시에 라벤더 오일 3방울을 떨어뜨리고 물 한 스푼을 첨가해서 잘 혼합한 후에 개 목거리나 스카프에 문질러주면 해충의 공격을 막을 수가 있다. 오일을 개집이나 고양이 둥지에 뿌려주면 벼룩과 진드기를 퇴치할 수 있다. 또한 향기는 동물을 안정시키고 기분을 좋게 한다.

알로에 잎에 무늬가 없는 알로에 품종의 잎을 잘라서 겔 상태 즙액을 꺼내어 상처 부위에 발라준다. 큰 상처는 병원에 가야 한다. 반려동물이 변비로 고생하는 경우, 알로에 겔을 체중 1kg에 1ml 비율로 사료에 혼합해서 먹인다.

백리향 스위스에서는 동물의 호흡기 질환, 소화기 장애, 대사기능 장애 치료에 사용한다. 1일 제공량은 농가에 따라 최대 20배 차이가 나는데, 송아지(75kg)에게 작게는 0.39g/kg$^{0.75}$, 많게는 11.77g/kg$^{0.75}$을 하루 2~3회 구강에 주입한다. 차는 송아지 설사를 멈추게 한다.

카라웨이 소화기와 대사장애에 적용한다. 송아지에는 0.24~3.77g/kg$^{0.75}$, 큰 소에는 0.05~0.14g/kg$^{0.75}$의 종자를 먹인다. 만일 개의 체중이 10kg이라면 0.24g × 10kg$^{0.75}$ = 1.8g 종자를 갈아서 사료에 혼합하거나 물에 타서 먹인다. 특히 가스가 차는 고창증에 좋다.

서양쐐기풀(Nettle) 주로 강장제와 항염증제로 사용한다. 그 외 비뇨기계통의 병이 있을 때에 이뇨 촉진, 염증치료, 고혈압 치료, 류마티즈를 완화시킨다. 보통 돼지와 소에서는 사용량이 많고 가금류에는 적다. 말에는 사람과 동량을 사용해도 된다. 1일 제공량은 큰 소 기준 4.66g/kg$^{0.75}$, 말은 0.16g/kg$^{0.75}$ 정도로 투여한다.

펜넬 주로 종자를 이용하며, 통증 완화, 장내 가스 제거 등의 효과가 있다. 송아지에는 0.11~0.50, 큰 소는 0.1g/kg$^{0.75}$을 투여한다.

금잔화 금잔화 꽃잎 추출물이나 침출액을 상처나 찢긴 상처치료에 사용한다. 또한 꽃 추출물은 소화를 촉진한다. 항진균, 항세균, 면역력 증진, 상처 치료 효과가 커서 유두가 갈라질 때, 혼란, 완만한 상처 치료제로도 이용된다.

커피 스위스 농가에서는 소화기 장애, 대사장애, 불임, 암컷 말의 비뇨기 질환 치료에 사용한다. 커피를 소주로 추출한 액을 사용하기도 한다. 커피는 동물의 정신적, 육체적 피로를 회복시킨다. 새로 태어난 어린 송아지의 설사에 커피를 10ml 먹이면 효과가 있었다고 한다. 커피 1일 제공량은 큰 소 0.005~1.11g/kg$^{0.75}$, 망아지(75kg) 0.67g/kg$^{0.75}$, 말(650kg) 0.13g/kg$^{0.75}$을 제공한다.

그 외에 해충을 방제하려면 페퍼민트, 캐트닙, 라벤더의 혼합 다발을 만들어 닭집이나 개집에 걸어 놓으면 해충 퇴치를 할 수가 있다. 또한 벼룩이나 해충을 개로부터 퇴치하려면 향제라늄을 목줄에 발라주거나 개집에 뿌려주면 좋지만, 고양이에게는 사용하면 안 된다. 레몬이나 오렌지향을 고양이 털에 문질러 주면 벼룩이 접근하지 못한다. 기타 해외에서는 허브를 동물의 사료에 혼합하여 배설물의 악취를 낮추거나, 가축에게 허브를 먹여서 육질을 개선하기도 한다(Turyk 등, 2014). 인도에서는 아니스 등 16가지 허브가 동물 치료에 사용된다(Singh 등, 2019)

유럽의 경우에 허브를 이용한 사람의 건강 개선 이상으로 동물의 치유에 적용하는 연구가 많다(Wynn and Fougère, 2007). 앞으로 국내에서도 허브를 이용한 반려동물의 치유에 많은 연구력을 집중하여 허브가 보다 폭넓게 응용되기를 바란다.

1.17 허브의 안전성

허브는 수천 년 전부터 인간이 이용해 왔기에 일반적으로 안전하다. 그러나 자연에서 지식 없이 모양이 유사한 유독식물을 허브로 착각하여 채취하여 이용하는 문제에서부터 과용 등으로 인해 지난 수천 년 동안 안전사고는 많았다. 근래에는 허브의 대량생산 과정에서 일어나는 오염, 수확, 유통 과정에서 다양한 불순물의 혼입 등이 문제시되고 있다. 특히 생산 과정에서 농약 사용 등의 문제, 수확과 유통 과정에서 청결하지 않아 나타나는 각종 미생물의 부착, 훈증제처리에 따른 잔유 독성물질, 지역에 따라 토양이나 물의 오염에 따른 중금속이나 방사성물질의 오염, 기계 수확에 따른 이물질의 혼입, 합성의약품이나 동물약품이 혼입될 수도 있어서 생산, 가공, 유통에서 품질관리가 매우 중요하다(陽川, 1998). 따라서 생산자는 소비자의 건강을 고려해 안전생산을 하며, 소비자는 품질관리가 잘 된 제품을 구입하여 사용해야 한다. 그러나 국내에서는 아직도 차도 주변에서 약초를 건조하는 경우가 많은데, 이는 안전성의 이해가 부족하기 때문이며, 반드시 개선되어야 한다.

허브에서 추출하는 에센셜 오일은 일반 식물체보다 70배의 농축 농도이므로, 사용량의 희석배율 준수, 독성, 자극성, 알레르기 등의 안전성을 잘 이해해야 한다. 이들 중에 쑥류와 세이지(성분: thujone) 오일, 페퍼민트와 페니로얄민트(성분: pulegone) 오일, 은행잎 추출액이 암유발에서 의심된다는 보고(Moreira, et al, 2014)가 있으나 소량의 식물체의 이용은 문제가 없다. 그러나 오일을 음용하는 경우 독성이 있을 수 있으므로, 안전성에 대해서는 아로마테라피에서 오일의 안전성 편에서 반드시 참고하기 바란다.

국가에서는 약용 허브 생산물에 대한 안전성 모니터링(safety monitoring)을 철저히 해야 하고, 위험성에 대한 공동의 대화(risk communication)를 정부, 허브 품질 규제기관, 제조사, 건강전문가가 수시로 가지면서 정보를 공유하며, 문제가 발생하면 인터넷, 매스컴 등을 통해 알려서 환자와 소비자 단체가 알고 대처하도록 해야 한다(WHO, 2004).

Nasri와 Shirzad(2013)은 허브의 자가치료에서 주의할 점을 제시하였다.

① 허브사용은 신뢰가 있는 허브 서적을 참고해야 한다.
② 새롭고 증명되지 않은 처방은 사용해서는 않된다.
③ 일정 기간 허브를 사용한 후에 장점이나 치료결과가 없거나 역효과가 나오면 즉시 치료를 중단해야 한다.
④ 환자나 의사 모두 지식이 없으면 복잡한 조건에서 허브를 사용하면 안 된다.
⑤ 약물의 상호작용과 금기사항을 개인적으로 반드시 고려해야 한다.
⑥ 임신 동안에는 허브를 사용하지 않는 것이 좋다.

본서에서도 허브식물이나 에센셜 오일의 이용편에서 임산부나 어린이에게 사용금지를 제시해 놓았으므로 원칙을 준수해야 하며, 항상 허브전문가와 상담을 해야 안전하다.

반려동물의 적용도 임신한 동물에는 사용을 금지하고 장기 복용은 수의사와 상의해서 치료하는 것이 원칙이다. 어떠한 경우에도 알려진 방법 이외에 임의로 동물에게 적용하는 것은 피해야 한다.

앞으로 반려동물의 숫자는 증가가 예상되어서 허브를 이용한 반려동물의 치료는 새로운 분야로 발전이 예상되어 허브산업의 새로운 도약의 계기가 되리라 본다.

1.18 허브산업의 현황과 전망

(1) 국내 현황과 발전 방향

국내 현황 우리나라의 허브산업은 초보단계이며, 면적과 생산량 자체가 농림부의 통계 연보에 잡혀 있지 않다. 다만 약용 식물은 농촌진흥청 원예특작과학원이 중심이 되어 연구와 발전이 되고 있으나 허브는 분화식물로서 몇몇 관심 있는 허브농가가 중심이 되어 생산, 가공되고 있는 실정이다.

약용식물로서 국내에서 유통되는 한약재는 「대한약전」에 기록된 181종과 「대한약전외 생약규격집」의 381종으로 총 562종이 있다. 그러나 농식품부의 통계에는 56개 약용작물만 나와 있고, 2015년에 약 15,000ha에서 8만톤 정도 생산되었다. 주요 56개 약용작물은 감초, 강활, 고본, 도라지(길경), 단삼, 참당귀, 일당귀, 만삼(당삼), 독활(땅두릅), 식방풍(갯기름나물), 구릿대(백지), 잔대(사삼), 시호, 더덕(양유), 우슬(쇠무릎), 작약, 현삼, 황금(속썩은풀), 황기, 대황(금문대황, 장군풀), 맥문동(소엽맥문동), 백출(삽주, 큰꽃삽주), 백수오(은조롱), 하수오, 산약(마), 석창포, 위유(둥굴레, 옥죽), 황정(층층갈고리둥굴레, 진황정), 강황, 지모, 지황, 천궁(일천궁, 토천궁), 천마, 택사(질경이택사), 향부자, 두충(두충나무), 오가피(오갈피나무), 목단피(목단, 모란), 형개, 홍화(잇꽃), 삼백초, 어성초(약모밀), 자소엽(차조기), 익모초, 한인진(더위지기), 결명자, 구기자, 복분자(복분자딸기), 산수유, 오미자, 의이인(율무), 치자, 애엽(쑥, 황해쑥), 건강(생강), 갈근(칡), 그리고 기타 등이다. 따라서 원예특작원에서 다루는 약용 식물에는 허브로 분류된 강황, 쑥, 생강(건강)이 포함되어 있지만, 유럽 지중해 원산의 서양 허브는 전혀 다루지 않고 있다.

약용작물은 매년 재배면적 통계를 제시하나 지금까지 국내 공공기관에서 허브식물의 재배 면적과 주요 생산물에 대한 자료는 없다. 다만 2006년에 고려대학교 채소 및 허브연구실에서 처음 조사하였다. 조사한 바에 따르면, 전국에 107곳의 허브정원이 있었고, 이는 관광농원형(50곳)과 재배 농가형(57곳)으로 분류되었다. 경기도가 44곳으로서, 재배 농가형이 27곳, 관광농원형 17곳이 조사되어 전국에서 가장 많은 허브농원이 분포되어 있는 것으로 나타났다. 조사된 우리나라 허브농원의 총면적은 약 500ha인데, 그 가운데 산림(약 330ha)과 전시실 등을 빼면 실제 재배면적은 약 40ha 정도로 조사되었다(박 등, 2019). 재배 농가형(57곳)의 전체 면적은 252.31ha이며, 온실 전시포 6.76ha, 노지 전시포 30.30ha, 재배포 24.93ha, 산림 180.08ha, 건물 10.24ha로 조사되었다. 관광농원형(50곳) 허브정원은 전체 면적이 236.40ha이며, 온실 전시포 5.27ha, 노지 전시포 29.21ha, 재배포 12.70ha, 산림 148.93ha, 건물 9.99ha로 조사되었다. 관광농원형에서 온실 전시포가 적은 이유는 겨울철 방문객의 수가 적고 온실 난방비의 부담이 크기 때문이다. 난방비로 인해 온실 전시보다 노지 전시포가 6배 정도로 많다. 재배포 12.70ha에서는 허브차, 요리, 에센스 오일 추출 등의 재료를 생산하기 위함이고, 그 외 건물은 향낭, 비누, 향초 만들기 등 교육에 사용하려는 목적이라고 분석할 수가 있었다. 관광농원형 허브정원은 1987년 이후 급속하게 증가하는 경향을 보였다. 2007년 이후의 조사한 자료가 없어서 추측할 수밖에 없는데, 관광 허브정원도 큰 증가가 없이 2010년대로 접어든 것으로 추측된다.

최근 국내에 힐링을 주제로 하는 체험형 농가의 증가 추세와 치유형 농업, 치유 농장이 보급되는 시점이며, 이러한 농업 환경의 변화는 기존 단순 서양 허브의 향기만을 추구하는 체험형 또는 관광형 농장에서 치유 효과를 기대하는 종합적인 산업으로의 발판을 가지고 있다고 볼 수 있다. 특히 허브는 약용 식물로 분류되는 종류와 아로마테라피 등과 같은 다양한 치유 효과를 기대할 수 있는 다종의 식물을 포함하고 있기 때문에 새로운 농업의 형태로 발전할 가능성을 내포하고 있다고 볼 수 있다.

국내에 재배되는 허브 종류는 허브정원을 직접 방문하여 조사했는데, 30종 이하 보유가 29%, 30~50종이 21%, 50~70종이 13%, 70~100종이 21%, 그리고 100종 이상이 17%였다(Park, 2006). 전체 농장의 60% 정도가 70종 이하의 허브를 보유하고 있어 대체로 허브 종류의 다양성은 다소 부족한 편인데, 이는 허브가 월동력이 약해서 허브농장마다 충분한 보존 온실을 갖추지 못했기 때문으로 파악되었다. 관광농원에서는 방문자를 위해서 다양한 허브를 재배하므로 보유 품종이 많은 경향을 나타내었다. 반면에, 허브 전문 생산형 농원의 경우는 판매가 잘되는 특정 허브만 집중적으로 보유하고 있어 종 보존 차원에서 차이를 나타내었다. 허브농장이 보유한 허브 유전자원을 수집 분석한 결과(박 등, 2019)를 보면, 총 37과 206종으로 꿀풀과가 전체의 32%로 가장 많았으며, 국화과의 경우 19.4%를 차지하였고, 2개 과가 전체 허브의 약 50%를 점유하였다.

관광농원의 경우에, 허브 샵의 용품 판매가 주 수입원이어서 대부분 농원이 갖추고 있었다. 하지만 허브 용품의 인터넷 판매의 확대와 백화점 및 대형마트에서도 허브 용품의 구입이 가능하게 됨에 따라 일부 관광농원을 제외하고는 경영상 어려움이 많았으나 최근에는 호전된 것으로 나타났다. 식당과 숙박시설은 농원의 30% 정도가 갖추어져 1박 관광 여건을 충족하고 있었다. 허브 빵집은 대규모의 관광농원들만 갖추고 있었으며, 마사지실의 경우 아로마 마사지로 다른 농원과 차별화를 추구하고 있었다. 그리고 기타 허브 연구실, 공방, 전시관, 공연장 등도 있었다.

최근에는 수십 명이 동시에 이용이 가능한 아로마 족욕 시설, 아로마 목욕탕을 완비한 허브원이 신설되어 인기가 높다. 허브정원의 체험교육 프로그램을 조사했을 때, 허브기르기, 허브 비누공예, 허브 향초 만들기, 허브 방향제(향랑, 석고 방향제, 스프레이 방향제), 허브

화장품(스킨, 노션, 풋노션, 향수, 립밤), 허브 입욕제, 허브 음식(아동 요리), 허브 베게 만들기 체험, 잔디 인형, 천연이끼 방향제, 그림 봉투, 등의 체험학습을 운영했다(박 등 2019).

발전 방향 한국의 허브산업 발전을 위해서는, 한국인에게 맞는 자생 및 외래 허브의 선발 보급, 어린이 및 장애인용 허브 정원을 갖추고 다양한 허브 유전자원을 확보한 볼거리 허브 식물원의 확대, 너무 가격이 높게 책정된 허브 관련 제품의 가격의 현실화 그리고 지속적인 허브 관련 강의 및 교육 등을 통한 농가생산 증대 및 매스컴을 이용한 허브 관련 제품의 소비촉진이 병행되어야 한다고 본다. 특히 방송 매체를 통한 다양한 허브 생산품 소비 증대는 허브 농가뿐만 아니라 산업체의 발전을 가져올 수 있다고 생각되어 관련 연구자 및 산업체의 지속적인 홍보가 현시점에서는 가장 중요하다고 생각된다.

또한 다양한 소셜미디어에 의해 허브 관련 용품의 DIY(do it yourself, 본인이 직접만들기) 방법 등이 상세하게 공개되고, 특히 소셜미디어 방송을 통해 다양한 제조 기법이 공유되고 있다. 이러한 소비자 환경 변화 방향과 증가하고 있는 소비자들의 제품 안전에 대한 인식이 급격하게 높아지고 있는 시점에서, 관광, 체험형 농원과 병행하여 허브용품 제조 가공을 위한 안전한 원재료의 공급처 등으로 특화할 수 있는 가능성은 높다고 볼 수 있다.

국내에 수입되는 스파이스와 허브는 약 11만 톤 정도 되는데, 마늘(전체 수입의 72%), 고추(15%), 생강(7%), 후추(4%)가 주종을 이루고, 나머지는 강황, 고수종자, 계피, 펜넬과 쥬니퍼 종자, cumin 종자, 민트 순서였다. 그 외 수량은 많지 않으나 백리향, 정향, 육두구, 펜넬 종자, 카더몬, 아니스, 사프란, 카라웨이 종자 등도 수입되고 있다(이, 2012).

앞으로 고추, 마늘, 생강의 수입은 김치산업으로 인해 그리고 다른 향신료는 식품산업의 발전에 따라 수입이 증대되고, 국내 생산은 생산비 때문에 경쟁력이 갈수록 저하되리라 예상이 된다. 따라서 허브생산자나 허브농장 경영자는 소비자와 시장 동향 분석, 경영분석을 충분히 하여 경제적인 타당성이 있을 때만 착수해야 한다. 다양한 분석 없이 시작한 일본의 허브산업은 2000년대 초까지 발전했으나 2010년대 이후 고전을 하고 있다.

이상의 상황을 바탕으로 현 상태에 허브산업의 SWOT 분석을 약용 식물을 사용하는 한방의 분석(이 등, 2012: 한, 2013)을 참고로 다음과 같이 분석하였다. 이를 바탕으로 21세기 한국의 허브산업의 미래를 예측해 보기로 한다(**표 1.8**).

강점은 허브가 전인적인 치료로 인간친화적 요법이며, 한국의 한방치료가 세계적인 수준이라 허브 치료적용은 적응성이 높다는 것이다. 반면에 약점은 안전성과 표준화가 부재하며, 중요 허브식물은 월동성이 낮아 재배지역의 제한성, 특히 허브농원은 정부의 보조를 전혀 받을 수가 없는 점이다. 기회는 세계적으로 허브산업은 기능성 허브 제품과 허브 화장품 산업에서 소비가 급증하고, 반려동물에의 허브 제품 사용의 증가는 세계적인 추세이며, 지역에서 한방 축제가 발전해 서양 허브를 포함시키면 보다 큰 가능성이 있다고 본다. 위기는 허브생산 농가가 영세하고, 해외 저가 제품의 난무, 약용 허브 대비 향신 허브의 연구기관과 학회가 전무한 점이다. 그러나 허브기능성 식품의 소비와 산업의 발전은 세계적인 추

표 1.8 한국 허브산업의 SWOT 분석

강점(Strength)	기회(Opportunity)
• 허브의 전인적인 치료 인식 증진 • 자연적, 친환경적, 인간친화적 요법 • 한국의 한방치료는 세계 수준 • 반려동물 치료 적응성 높음 • 허브 재배의 상대적 용이성	• 해외 허브 생산 및 관련 산업의 발전 • 허브 기능성 제품과 화장품 국내외 소비 급증 • 지역 한방 축제 지속적인 발전 • 반려동물에 대한 허브 제품 적용 증대 • 약용 허브의 건강 관련 연구 증가
약점(Weakness)	**위기(Threat)**
• 허브 관련 제품의 안전성 및 표준화 부재 • 허브의 월동력에 따른 재배 지역의 제한성 • 대단위 재배 농가와 가공업체 부재 • 국내시장의 협소 및 홍보 부족 • 정부의 허브 생산 및 보조 정책의 전무	• 국내 소규모 생산농가의 국제경쟁력 취약 • 해외 저가 허브 제품의 시장 점유율 증대 • 유행성 질병 등으로 허브원 방문자 감소로 경영 악화 • 인삼 이외 허브 수출 실적 저조 • 약용 허브 대비 향신 허브 관련 연구와 학회 부재

세이므로 기회를 살리면 허브산업은 자기의 영역을 구축해 갈 수가 있다고 본다.

국내의 기능성 식품시장에서도 홍삼을 포함한 다양한 허브의 점유율이 지속적으로 증가하는 것은 매우 고무적인 현실이다(김 등, 2016). 따라서 21세기의 국내 허브산업 발전 방향은 기존의 소비가 잘되는 기능성 허브 제품을 친환경 유기제품으로 전환하여 생산을 확대하고, 단지화를 통한 허브 생산 가공의 경제성을 제고시키며, 소비자 선호도 중심의 고기능성 식품과 화장품 개발, 누구나 즐길 수 있는 다양한 테마 허브정원 구성과 함께 과감한 매스컴을 통한 홍보 등 목표 설정과 실행 방안의 구축을 완벽해야 국내 허브산업이 국내외 경쟁력을 가지면서 자생력도 증대되리라고 본다.

(2) 국외 허브생산 현황과 발전방향

국외 현황 허브의 세계적인 생산량은 스파이스와 함께 조사되어 통계자료를 정확히 조사하기는 어렵다. 일반적으로 생산액이 가장 많은 것이 박하류이고, 다음이 감귤류이다. 박하는 식용과 가공에 이용되고, 감귤은 식용과 에센셜 오일 추출이 많기 때문이라고 추측된다. 그 외 장미나 라벤더도 널리 이용된다(陽川, 1998).

전 세계의 스파이스 및 허브시장에서, 허브는 파슬리, 마조람, 오레가노, 백리향, 월계수잎, 로즈메리, 바질, 박하, 세이보리, 타라곤, 세이지, 딜 등 건조 허브 12가지와 스파이스는 후추, 칠리고추, 파프리카, 올스파이스, 고추, 계피, 생강, 육두구, 카라웨이, 강황, 쿠민, 정향, 카더몬, 아니스, 호로파, 사프란, 바닐라, 펜넬 종자, 쥬니퍼 종자 등 19가지를 통계 자료에 포함한다. 이들 31종류의 2017년 세계 생산량 총량은 약 280만 톤이다.

인도가 190만 톤(약 70%)으로 가장 많이 생산하고, 터키 약 20만 톤, 방글라데시 18만 톤, 중국과 인도네시아가 각각 약 11만 톤을 생산한다(FAO, 2019).

표 1.9 주요 국가의 스파이스와 허브 생산량(톤)

국가	생산량(톤)	국가	생산량(톤)
인도	1,939,000	파키스탄	73,472
터키	199,018	에티오피아	36,754
방글라데시	180,993	콜롬비아	23,277
중국	113,359	네팔	21,889
인도네시아	110,387	미얀마	8,852
총생산량 2,807,229톤(기타 국가 생산량 포함)			

(FAO, 2019)

이들 5개국이 전체 스파이스 생산의 90%를 차지하는데, 대부분 아열대나 열대지역에 있거나 일부 국토가 이 지역에 위치한다(표 1.9).

FAO의 통계는 페퍼민트를 따로 분리했는데, 연간 약 10만 톤의 생산량 중 90%가 모로코, 9%를 알젠틴이 점유한다(FAO, 2019).

유럽에서는 스파이스와 허브를 루마니아 5만 톤, 불가리아 4만 톤, 헝가리 2만 5천 톤, 스페인이 약 1만 톤 생산하여 전체 동남아 생산량에 비해서 매우 낮다(CBI, 2015).

유럽 국가별 스파이스와 허브 소비량을 보면, 2007년 총 약 32만 톤이었다. 소비가 많은 국가 순을 보면 독일(약 6만 2천 톤), 영국(5만 천톤), 루마니아(4만 4천톤), 헝거리(3만 8천 톤), 프랑스(1만 7천톤), 네덜란드(1만 5천톤), 기타 스페인, 벨기에, 불가리아가 각각 1만톤 정도 소비한다(CBI, 2009). 유럽에서 주로 수입하여 소비하는 스파이스와 허브는 고춧가루(파프리카 가루 포함), 후추, 생강, 계피, 쿠민 종자, 고수 종자, 육두구 순서이다. EU국가가 2013년 수입하는 스파이스와 허브는 약 30만 톤인데, 중국이 20%를 점유하고, 인도(8.7%), 베트남(7.7%), 인도네시아(4%), 브라질(3.1%), 페루(2.4%)가 그 다음을 차지한다. 중국은 생강과 고추를 베트남은 후추를 주로 수출한다(CBI, 2015).

앞으로 세계 허브생산과 유통은 인도와 중국에 달려 있다. 인도는 많이 생산하나 자국 소비량이 많고, 중국은 생산량이 적은 대신에 수출을 많이 하여 유럽의 시장 점유율이 높다.

이와 함께 고려할 사항은 유럽에서 주로 많이 소비되는 허브를 참고할 필요가 있다. 유럽 소비 10대 약용 허브는 은행, 세인트존슨 워트(St John's wort), 인삼, 사고 팜(sago palm), 에키나시아, 마늘, 칠엽수, 흰무늬엉겅퀴, 서양산사나무이다. 따라서 국내에서 생산할 수 있는 은행, 인삼, 마늘 등의 제품을 개발하여 수출하는 것도 중요하다고 본다.

발전 방향 21세기 세계 허브산업은 앞으로 인간의 정신적, 육체적 건강을 증진시키는 데 중요한 역할을 담당하게 될 것이므로, 소비량의 증가에 따라 식품산업에서 괄목할 만한 역할을 담당하리라 본다. 따라서 생산량 증가와 함께 기능성 허브 식품, 화장품과 근래 세계적으로 증가하는 반려동물에 관련된 제품의 다각화가 필요하다. 아울러 주요 생산지인 저

개발국의 고임금 추세에 따른 가격의 상승, 기상이변에 따른 세계적인 허브 생산량의 감소에 대비해서 기계적인 대량생산이 가능한 허브만이 세계시장에서 명맥을 유지할 것으로 예상된다. 그 이외 허브는 소량 고품질 체계를 유지하면서 신상품의 개발을 도전해야 한다고 본다.

앞으로 가장 중요한 것은 소비자들이 환경친화적인 농법에 의해 생산된 무농약 재배 허브 또는 유기재배 허브 생산품을 선호하게 될 것이 분명하므로, 어느 국가에서나 허브 생산자는 이 점을 고려하여 생산하여야 하고, 가공산업체도 신상품 개발에 환경친화적이면서 인간 친화적인 유기농 허브 재료를 가장 우선적으로 사용해서 제품을 만들어야 소비 촉진을 기할수가 있다고 본다.

제 2 장

향신 허브학 각론

2.1 고수(Coriander, 코리앤더)

학 명:	*Coriandrum sativum*	영 명:	Coriander, Cilantro(미국), Chinese parsley
과 명:	Umbelliferae(산형화과)	기타명:	고수나물, 고수풀

(1) 재배 역사

고수의 속명 *Coriandrum*은 그리스어로 '빈대'를 뜻하는 코리스(koris)와 '아니스 향'을 뜻하는 아논(annon)이 합쳐진 단어로, 잎이나 미숙과(未熟果)에서 빈대 냄새가 난다고 하여 붙여진 이름이다. 고수 종자는 향신용(香辛用) 그리고 잎은 채소용으로 사용되는데, 남유럽, 북아프리카, 남서 아시아에서도 자생하지만, 원산지는 지중해 연안으로 추측된다.

지금까지 알려진 향신료 식물 가운데 가장 역사가 오래된 작물 중의 하나로서, B.C. 5,000년경부터 재배되어 온 것으로 알려져 있는데, 성서의 출애굽기에도 기록되어 있는 것으로 미루어 당시 이스라엘 지역에서도 재배되었다고 본다. 이집트의 파피루스(papyrus)에도 기록되어 전해 오며, 고대 이집트 투탕카멘(Tutankhamen)의 묘에서도 종자 0.5L가 발견되었기 때문에 기원전 2,000년경에는 이집트에서도 재배되었다고 본다. 이들이 인도와 중국으로 전파되어 재배되었다. 중국에는 전한(前漢)시대(B.C. 100년경)에 중앙아시아를 통해 들어왔고, 향초(香草, 중국어 향차이)라고 부르며, 고기 요리에 많이 쓰인다. 동남아 지역에서도 많이 이용한다.

우리나라에서도 예로부터 이용되었으나 언제부터 재배했는지는 기록에 없다. 국내에서는 경기도, 황해도 등에서 재배되고, 남부지역의 사찰음식으로 이용된다. 국내에 동남아인

그림 2.1 고수. (a) 광엽종, (b) 세엽종. (출처: Amazon)

의 거주가 늘면서 고수 종자와 신선 고수 재배 및 소비가 증가하고 있다.

(2) 식물학적 특징

고수는 당근과 같은 산형화과에 속하고, 크기는 품종에 따라 50~160cm까지 다양하며 잔가지가 많이 생기는데, 잎 모양은 오그라들지 않은 파슬리 잎과 같이 복엽(複葉)이고, 진한 초록색을 지니며, 털이 있다(**그림 2.1**a). 세엽종은 잎이 당근잎처럼 매우 가늘다(**그림 2.1**b). 6~7월에 가지 끝에 꽃대가 오르는데, 꽃자루의 잎은 보통 잎과는 달리 코스모스의 잎처럼 침상(針狀)이고, 가는 2회 우상복엽(二回羽狀複葉)이며, 꽃눈이 분화되면 세엽종처럼 코스모스잎 모양으로 변하면서 자란다. 그래서 잎의 형태의 변화는 꽃눈이 분화된 것을 의미한다. 꽃은 흰색 또는 장미빛을 띠면서 많이 달린다. 씨는 2개의 반원형으로 이루어졌는데, 보통 씨의 크기는 직경이 3~5 mm이다. 고수잎과 익지 않은 종자는 빈대 냄새 같은 불결한 냄새가 나지만, 익으면 오렌지 껍질에서 나는 것과 같은 좋은 향기가 난다.

고수 열매는 독특한 향과 맛을 내는 에센셜 오일(精油)을 0.2~1.5% 함유하는데, 러시아 계통의 작은 종자에는 0.2~1.5%, 인도 계통의 큰 종자에는 약 0.2%가 포함되어 있다. 에센셜 오일의 주성분은 60~70%가 리나룰(linalool)이며, 그 외에 게라니올(geraniol, 3~6%) 등이 들어 있다. 잎에는 신선 중 100g에 대해 수분 87.9%, 단백질 3.5%, 지방 0.6%, 탄수화물 6.5%, 무기질 1.7%가 들어 있으며, 특히 비타민 A가 10,400~12,600I.U., 비타민 C가 50mg이 들어 있어, 채소로서는 단백질과 비타민 A, C가 많이 함유된 것을 알 수 있다.

(3) 품종

종자의 크기에 따라 큰 대립종(var. *vulgare*)과 작은 소립종(var. *micro carpum*)으로 나뉜다. 종자가 큰 종은 우리나라에서 재배하는 품종으로 현재 유럽종이 많고, 종자 지름은

3~5mm이다. 소립종의 직경은 1.5~3mm인데, 인도, 중국, 멕시코, 러시아에 많다.

잎의 형태에 따라 잎이 넓은 광엽종과 작은 세엽종으로 나눈다. 광엽종은 국내에서 재배하는 품종으로 국가마다 다양한 품종이 재배된다. 세엽종은 싹이 나면서부터 잎이 코스모스잎과 같은 형태를 가진다. 세엽종의 대표적인 품종은 'Contiffe'가 있다.

고수를 coriander, 또는 cilantro라고 부른다. 쿨란트로(culantro, *Eryngium foetidum*)는 전혀 다른 멕시코 고수로, 잎은 통잎으로 결각이 심하고, 강한 향이 나는 다년생 초본으로 고수처럼 꽃눈이 분화되면 세엽하된다(**그림 2.2**a).

Vietnamese coriander(*Persicaria odorata*, Vietnamese mint)는 잎에 자색 문양이 있는 식물로, 향이 강하며 일반 고수와는 다르다(**그림 2.2**b).

(a)

(b)

그림 2.2 (a) 멕시코 고수 쿠란트로, (b) 베트남 고수. (출처: Amazon)

(4) 재배

고수의 작형은 봄재배와 가을재배(월동재배, 남부해안)로 나뉘지만, 연중 파종하여 적당한 크기가 되면 수확하여 이용한다. 재배 적온이 18~20°C인 호냉성 채소이므로 한여름에는 재배가 어렵다. 재배 토양은 가리지 않으나 비옥하면 생육이 더 잘된다. 시비량은 10a 질소 6~7kg, 인산 8~10kg, 칼리 4~5kg을 밑거름으로 시비하고, 덧거름으로 질소 1~2kg, 인산 2kg 정도만 시비해도 된다.

봄재배 파종은 봄에 토양이 다소 열기를 갖는 4월 초에 실시하는데, 줄 간격은 30cm이고 약 1cm 깊이로 파종한다. 대단위 재배에서는 흩어뿌림을 실시하며, 10a당 2~3kg의 종자가 필요하다. 싹이 나는 데 2~3주 걸리며, 채소용은 솎지 않고 어느 정도 자라면 수확하지만, 종자 채종을 위해 포기 간격을 약 10cm로 솎아주면 최대수량을 올릴 수가 있다. 봄에 파종한 후에 30~40일 지나면 줄기가 형성되고, 15~20일 지나면 개화한다.

싹이 난 후, 2~3회 중경제초(中耕除草)를 실시하고, 건조가 계속되면 12~15일 간격으로 관수하여야 한다. 충해는 적으나, 병해로는 흰가루병, 풋마름병 등이 있으므로 예방에 힘써야 한다.

유럽은 고수를 포트에 파종한 후 재배해서 본잎이 나오기 시작하거나 약간 크면 출하하는데, 국내에서도 고수의 포트 상품을 개발하여 유통시키면 좋으리라 본다.

(5) 수확 · 저장

파종 후 30~40일이 되면 잎을 수확할 수 있다. 고수에서 잎의 이용은 일부분이고, 거의 종자를 이용한다. 봄에 파종 후 100일(개화 후 약 40일)이 지나서 동일 줄기에서 개화기가 차이가 많지만 전체 착립된 종자의 60~80%가 황갈색으로 되면 줄기를 잘라서 말린다. 줄기를 벨 때는 이슬이 다소 내린 오전 일찍 실시하는 것이 좋은데, 이는 줄기가 다소 촉촉해서 완숙된 종자가 식물체로부터 떨어져 나가는 것을 막아 주기 때문이다. 잘라낸 줄기는 손에 움켜쥐기 좋을 정도의 단으로 나누어 묶고서 말린 다음에 멍석 위에서 종자를 턴다. 그러나 대단위 농장에서는 기계로 절단하고 동시에 탈립하여 건조한다.

품종이나 생산지역에 따라 차이가 있으나 10a당 종자 수량은 약 80~100kg, 정유는 1~1.5kg, 잎은 90~140kg 정도이다.

(6) 이용

신선한 잎은 수확하여, 샐러드, 월남국수, 생선요리 등에 첨가해 먹는다. 특히 어릴 때 수확하여 이용하면 맛과 향이 좋다. 고수 뿌리는 잎보다 깊고 강렬한 맛을 지니고 있으며, 다양한 아시아 요리, 특히 수프나 카레와 같은 태국 요리에 주로 사용한다. 가열하면 향이 휘발하므로 요리의 마지막에 첨가한다. 중국, 태국, 월남 등지에서 많이 먹는다. 국내에서는 대도시 일원 외국인이 많은 지역에서 고수를 소규모로 가꾸며, 시장이 형성되어 있다.

고수 열매는 갈아서 향신료로 이용한다. 우리가 즐겨 먹는 curry(카레)에는 약 40% 고수 종자 분말을 함유한다. 발칸반도(그리스, 유고, 불가리아 등)와 인도 및 동남아시아에서 고수 열매는 중요한 조미료 식물로서 각종 빵과 쿠키 등에서 다양하게 이용된다.

공업적으로는 종자 오일(약 0.3% 함유)을 식품, 주류, 향수의 향을 내는 데 사용하며, 한방에서는 열매를 '호유자'라 하여 건위제, 이뇨제, 해열제, 해독제, 강장제로 이용한다.

그러나 Moneret-Vautrin(2002) 등에 의하면, 식용할 때에 어린이 32%, 어른 23%에서 알러지가 발생할 수가 있으므로 주의가 필요하다.

(7) 치유 적용

차로는 1/2티스푼의 종자를 한 잔의 뜨거운 물에 우려낸다. 이렇게 만든 차를 식전 30분에 한 잔씩 마시면 위통을 완화시키고, 소화에 도움을 준다. 그리고 으깬 종자를 이용한 찜질은 류머티즘 통증을 경감시킨다.

2.2 금잔화(Calendula)

학 명: *Calendula officinalis*	**영 명**: Calendula
과 명: Compositae(국화과)	**기타명**: Pot marigold

(1) 재배 역사

셰익스피어가 A Winter's Tale에서 태양의 허브(herb of the sun)라고 극찬할 정도로, 이미 잘 알려져 있는 허브이다. 옛날부터 서인도, 아랍, 로마, 그리스에서 수프나 고깃국에 첨가해서 먹었다. 힌두족은 사원의 제단을 꾸밀 때 그리고 페르시아인과 그리스인은 음식의 색과 향을 내기 위해 꽃잎을 사용한다고 한다. 또한, 미국의 남북전쟁 때는 전쟁터에서 이 잎을 상처치료에 이용했다고 한다. 음식에 사프란 대용으로 사용된다.

(a) (b)

그림 2.3 (a) 금잔화(출처: Wikipedia), (b) 건조한 꽃(출처: Amazon).

(2) 식물학적 특징과 품종

원산지는 남유럽이며, 키는 최대 80cm까지 자라고, 꽃의 직경은 5~15cm이다(**그림 2.3**a) 겨울이 따뜻한 지역에서는 다년생 식물이지만, 추운 겨울이 있는 지역에서는 1년생 초화류이다. 학명인 *Calendula*는 매달(라틴어: calends) 첫 번째 날에 꽃이 피므로 붙여진 것이다. 금잔화는 밝은 오렌지색과 노란색 꽃을 관상하기 위해서, 화단의 가장자리를 장식하는 가장 화려한 일년생 화훼작물 중 하나이다. 그 외 향신료로 이용되기도 한다.

카렌듈라 오일(calendula oil)은 꽃잎에서 추출하며, 정유가 0.02~0.09% 정도 되고, 주성분은 α-cadinol(약 25%)과 cadinene이다. 그 외 사포닌, 쓴맛 성분, 플라보노이드, 쿠마린,

카로티노이드, 점액물질, 수지 등으로 구성된다.

세계적으로 꽃색, 초장에 따라 다양한 품종이 보급되며, 주로 황색 계통이 인기가 있다.

(3) 재배

금잔화는 어느 토양에서든 광만 충분하면 잘 자라므로, 태양이 잘 드는 곳의 양토에서 재배하면 좋다. 번식은 종자번식을 하며, 플러그에서 육묘한 묘, 또는 구입한 묘를 30~45cm 간격으로 심어서 가꾼다. 관수만 잘하면 재배하기 매우 쉬운 작물이다.

(4) 수확 · 저장

꽃은 7~8월에 피는데, 1주일에 2회씩 개화할 때 수확하고 잎은 어린것을 채취한다. 대개 봄과 가을의 시원한 조건에서 개화하지만 종자를 얻기 힘들다. 꽃잎은 낮은 온도에서 말려야 색이 잘 보존된다(**그림 2.3**b). 수확량은 100m^{2}에서 꽃잎은 9~15kg, 꽃봉오리는 18~25kg, 개화기의 식물체 전체로는 25~40kg을 얻을 수 있다.

(5) 이용

잎과 꽃은 대개 쓴맛을 나타낸다. 어린 싹은 샐러드용으로도 이용된다. 꽃은 식용꽃으로 사용되며, 음식에 사프란처럼 색을 내기 위해 쓰이는데, 쌀밥을 착색시키고, 닭고기와 고기, 수프, 치즈, 요구르트, 버터, 케이크 등의 색을 내는 데 이용된다. 꽃 추출물은 공업적으로 섬유 염료로 사용된다. 꽃잎과 꽃가루에는 에스텔(triterpenoid ester), 카로티노이드(carotenoids), auroxanthin(산화 방지제, 주황 색소)이 포함되어 있어 항산화제인 이들이 부패를 방지하는 효능을 가지고 있다. 품종에 따라 다르지만, 100g 꽃잎에 카로티로이드가 111~276mg이 들어있다(Al-Snafi, 2015).

항염증, 상처치유, 항미생물제, 통경제, 강장제로 이용한다. 위궤양과 십이지장 궤양, 월경통 경감에도 좋다. 또한 황달에 있어서 담즙 분비를 촉진시킨다. 그 외 상처나 염증이 난 곳에 연고, 입욕 그리고 바르는 약제 원료로도 쓰인다. 피부조합제나 방향치유법에도 사용한다. 특히 모유를 먹일 때 유두가 갈라진다거나 염증이 있을 때 사용하면 완화시켜 준다.

(6) 치유 적용

차로서는 1~2티스푼의 건조화를 1/4L의 끓는 물에 넣고서 10분간 우려낸 다음 매일 2~3회 마신다. 연고로 만들 때는 1/4kg의 돼지기름(라드)에 약 50개 정도의 꽃을 넣고서 뜨겁게 한 다음 하룻밤 동안 차게 둔다. 다음날 다시 뜨겁게 하여 체로 걸러서 사용한다.

2.3 딜(Dill)

학 명:	*Anethum graveolens*	**영 명:**	Dill
과 명:	Umbelliferae(산형화과)	**기타명:**	소회향, 莳蘿, 小茴香(中)

(1) 재배 역사

딜을 한국과 중국에서는 소회향이라 하는데, 원산지는 지중해 연안 또는 북인도이며, 유럽에는 이탈리아 해안에 자생종이 있다. 유럽에서는 밭에서 자라 잡초로 취급받기도 한다.

재배 역사는 오래되어 고대 팔레스타인에서 기록을 볼 수 있으며, 로마 시대에 유럽으로 전파된 것으로 추측되며, 성서(마태복음)에도 기록이 있다. 중국의 기록은 개보본초(開寶本草, 973년 발간)에 처음 기재되어 있어 서역에서 수입된 것으로 추측되며, 광동, 광서 지방에서 많이 가꾸고 있다. 우리나라는 중국명을 따서 한약재로 시라자(莳蘿子)라고 하는데, 종자는 중국으로부터 오래전에 수입되었을 것으로 추정되나 재배에 대한 옛 기록은 없다.

이름은 옛 스칸디나비아어인 '잠잠하다'라는 dilla에서 유래된 것으로, 맛이 강하여 미각 기관을 '잠재운다'라는 의미에서 나온 것으로 보인다. 또한 최면에도 관련이 있다.

(a)

(b)

그림 2.4 (a) 딜 포트재배, (b) 노지재배(풀나무 농장).

식물학적 특징 딜은 산형화과에 속하는 1년생 작물로 잎은 식용 아스파라거스의 잎처럼 생겼으며, 다소 굵은 2~3회 우상복엽(二~三回羽狀複葉)이다. 키는 50~125cm이며, 봄에 뿌리면 7~8월에 개화한다. 화경은 20~50본이고, 길이는 5~10mm, 꽃잎은 황색이다.

종자는 원형으로 크기는 4~5mm, 폭은 2~3mm이며, 굵기는 0.5~1mm, 뒤쪽에 3줄의 간선(肝腺)이 있다. 보통 발아율은 25~47% 정도이며, 발아율 조사 기간은 21일이고, 발아 온도는 15°C 정도이다. 종자 1L의 무게는 300~400g이며, 천립중은 1.8g이고, 1g 종자 수는 800~1,000립 정도 된다. 보통 2~3년 동안 발아력을 가지며, 땅에 떨어진 씨는 우리나라에서도 잡초처럼 다음 해 저절로 발아한다.

잎과 씨앗에는 에센셜 오일을 함유하는데, 과실 중에는 3~4%를 차지하며, 주성분은 carvone (40~60%), 지방유(18%), 그 외 약 20%의 단백질을 함유한다.

(2) 품종

품종에는 2배체 딜과 4배체 딜(tetra dill)이 있다. 2배체는 잎이 녹색 또는 진한 녹색이며, 4배체에는 안토시안 색소가 나타나서 다소 잎이 붉은 품종이 있다. 재배는 보통 딜(common dill)을 가꾼다. 국가마다 다양한 품종이 육성 보급되고 있다.

(3) 재배

재배 방식은 포트재배와 노지재배가 있다. 포트재배는 종자를 포트에 파종하여 본잎이 몇 개 나오면 판매하거나 집에서 창가에 두고 잘라서 이용하는 방법이다(**그림 2.4**a).

노지재배는 노지에 직접 줄뿌림하여 재배하는 방법으로 주로 대단위 재배에서 실시한다. 딜은 토양은 다소 비옥하고, 습하지 않으면 어떤 조건에나 잘 적응한다.

봄재배는 해빙이 되는 3월 말부터 4월에 파종하는데, 잎을 이용할 경우에는 파종 간격을 25cm로 하고, 종자를 이용할 목적인 경우에는 35cm로 줄뿌림을 한다. 보통 줄뿌림할 때 잎을 이용할 경우에는 10a당 약 2kg의 종자가 필요하며, 종자를 채취하는 것을 목적으로 하는 재배에서는 약 1kg이면 충분하다. 파종기가 늦을수록 잎 수량이 적은데, 이는 곧 화아 분화하여 개화되기 때문이다. 잎을 채취하는 품종은 영양생장 기간이 약 8주일이다. 개화 후에 종자가 익을 때까지는 파종 후에 100~120일이 필요하다.

가을 재배는 7월 하순에 파종하여 재배할 수 있다. 연중 잎을 생산하려면 1~2주일 간격으로 파종한다.

시비는 토양이 다소 비옥하면, 10a당 N 8kg, P_2O_5 8kg, K_2O 16kg을 표준으로 하는데, 만약 토질이 낮으면 시비량을 20~30% 정도 증시한다.

딜은 병충해에 매우 강한 편이어서 재배가 용이하지만 호랑나비 애벌레가 가끔 나타나서 잎을 가해한다. 오이 및 브로콜리와는 좋은 동반식물이다.

(5) 수확·저장

포트를 이용하여 가정에서 재배할 경우에는 수시로 잎을 잘라서 이용한다. 노지에서 신선한 잎과 줄기로 이용하려면, 식물의 크기가 20~30cm 달했을 때 낫으로 베거나 수확기를 이용해서 채취하는데, 수량은 10a당 1.5~2ton 정도 된다. 그러나 건조시켜 이용할 때에는 키가 좀 크고 초장은 30~35cm 정도일 때 실시하는데, 이 경우에는 생체로 약 2ton 이상 수확을 올릴 수 있다.

딜은 피클용 오이에 넣어서 많이 이용하는데, 잎에 향이 보다 많이 함유하도록 키가

40~60cm에 달해 꽃이 피기 바로 직전에 수확한다(그림 2.4b). 이때는 10a당 수량이 품종에 따라 2.6~3.3ton에 달한다. 수확할 때는 너무 땅표면 가까이에서 베지 말고 다소 위쪽을 절단하여야 흙 등의 오염물이 적게 부착되어 좋은 품질을 유지할 수 있다.

종자를 채취하기 위해서는 아침 일찍 수확하는데, 시기는 종자가 갈색으로 변하는 때이다. 식물체가 너무 말랐을 때 수확하면 종자가 밭에 많이 떨어지므로 주의한다. 종자 수량은 10a당 80~100kg이며, 좋은 조건에서 2~3년 저장이 가능하다.

에센셜 오일은 10a당 4~8kg을 생산할 수가 있다.

(6) 이용

딜은 유럽의 모든 나라에 사랑받는 허브이다. 국가마다 다양한 요리에 사용한다. 잎은 상추, 오이, 토마토 샐러드와 궁합이 맞고, 고기요리, 요쿠르트 음료, 생선의 비린내를 없애기 위해 혼합하여 이용한다. 익은 햇감자 위에 버터와 같이 첨가하면 맛이 좋다. 딜 버터를 만들어서 많이 이용한다. 피클용 오이의 독특한 향은 딜의 잎에서 온다. 잎이 건조하면 향이 급속하게 휘발되어 맛이 없어지므로 신선하게 이용한다. 잎을 냉동해서 저장하면 향이 오래 유지되므로 비닐백에 넣고서 냉동고에 저장한다.

종자도 각종 피클이나 소스, 치즈 향을 내는 데 사용되며, 증류하여 dill oil이나 dill water를 만들어 소스 등에 이용한다. 미숙한 종자는 수백 동안 유럽에서 맛있는 식초의 맛을 내는 원료로 사용되어 왔다. 방법은 미숙 열매가 달린 줄기를 꺾어서, 후추, 마늘, 고추 등과 함께 병에 담은 다음 식초를 넣어 추출하여 3주 후 먹는다. 종자 오일은 비누 제조에 사용한다.

(7) 치유 적용

딜은 고대에 두통과 혈관 장애 치료에 사용되었다. 그러나 현재는 위 기능을 촉진시켜 입맛을 돋우고, 장 통증과 가스 제거를 목적으로 사용한다. 그 외에 모유를 촉진한다.

차로서는 1티스푼의 으깬 종자(철분, 칼슘, 마그네슘이 많이 함유)를 1잔의 끓는 물에 넣어 우려낸 후, 매일 3번씩 식후 30분에 마시거나 잠자기 전에 마신다.

2.4 라벤더(Lavender)

학 명: *Lavandula* spp	**영 명**: Lavender
과 명: Labiatae(꿀풀과)	**기타명**: 薰衣草(中)

(1) 재배 역사

라벤더는 30여 종이 있는데, 유럽 서쪽 카나리아섬에서부터 지중해를 거쳐 인도까지 자생한다. 정유 재배나 정유 추출에 많이 사용하는 라벤더(common lavender)는 스페인에서 그리스에 걸친 북지중해 연안이 원산지로 추정된다.

라벤더는 그 독특한 향기와 맛 때문에 고대 로마시대부터 약용 및 향신료로 널리 이용되어 온 식물이다. 고대 로마인은 라벤더 잎이나 꽃을 목욕물에 섞어서 즐겨 이용했는데, 그와 같은 이유에서 라벤더라는 식물 이름이 라틴어의 *lava* 또는 *lavare*(목욕하다)에서 연유되었다고 한다.

1920년 이전은 라벤더를 자연에서 채취해서 사용했지만, 그 이후 대단위 농장이 설치되었으며, 현재는 정유 생산을 목적으로 불가리아에 재배면적이 가장 많고, 남프랑스, 이탈리아, 스페인 등에서 재배되며, 호주, 중국도 최근 재배면적을 늘리고 있다.

유럽 지중해 연안에서는 허브식물로서 뿐만 아니라 정원의 조경용이나 분화식물로 인기가 있다. 국내에서는 1980년대부터 재배되고 있으며, 내한성이 약하여 중부 이남에서 주로 소규모 재배되지만 월동성이 강한 잉그리쉬 라벤더는 중부지방에서도 재배된다.

(2) 식물학적 특징

라벤더의 크기는 30~60cm로서 상록성이며, 밑가지는 다소 목화(木化)되어 있다. 정원에서 잘 가꾸면 키가 90cm까지 달하기도 한다. 잎은 엽병이 없는 침(針) 모양을 하고, 잎은 폭보다 길이가 7~10배 정도 되어 가늘다. 완전히 자란 잎은 길이 4cm, 폭은 4~6mm이다. 잎의 앞면은 털이 있고, 뒷면은 편편하며 역시 잔털이 나 있으며 여기에 향을 내는 정유 분비샘(secretory gland)이 붙어 있다. 꽃은 아주 작고, 6~9월에 피며, 색깔은 바이올렛, 핑크, 백색 등 종에 따라 다르며, 꽃대의 모양도 분지하거나(스파이크 라벤더, 라반딘) 하지 않은 종(라벤더, 프랜치 라벤더)의 차이가 있다(**그림 2.5**).

스파이크 라벤더 *Lavandula latifolia* | 라반딘 *L. angustifolia x latifolia* | 라벤더 *Lavandula angustifolia* | 프랜치 라벤더 *Lavandula stoechas*

그림 2.5 종에 따른 화경의 차이.

뿌리는 쉽게 뻗는 성질을 가지며, 여름철에 장마기가 없고 건조한 지중해성 기후 같은 곳에서 잘 자라지만 장기간 장마가 계속되는 지역에서는 뿌리가 쉽게 썩는다.

종자 1g은 약 1,000~1,500립으로 크기가 작다. 채종한 직후에 파종할 때는 3~5°C에서 약 30일간 저온처리를 실시해야 한다. 발아에 알맞은 온도는 20~30°C의 변온이 좋으며, 발아기간은 약 28일 걸린다. 종자발아율을 촉진하기 위해서 0.3mol의 KNO_3액에 1주일간 침지하는 priming 처리하면, 발아율이 무처리보다 약 50% 증가한다(황, 2005).

꽃, 꽃대, 잎에서 추출한 에센셜 오일을 lavender oil(약 3%)이라 하며, 주성분은 1-linalyl acetate(30~40%), linalool(20~30%), geraniol, 1-α-pinene, cineole을 함유한다.

(3) 품종

라벤둘라 속(屬)은 소형(小形) 목본성 식물을 포함하여 종류가 많지 않다. 그 가운데 2종류가 조미료 식물로 이용되며 다른 식물은 향신료용 에센셜 오일을 채취하는 데 이용된다. 대표적인 향신 라벤더 식물은 *Lavandula angustifolia* DC이며, 그 외 많은 변종들이 있다. 각각의 품종군을 사세히 언급하면 다음과 같다.

라벤더(common lavender, *Lavandula angustifolia* DC) 라벤더의 대표종으로 English lavender 또는 narrow-leaved lavender라 불린다. 방향성이 가장 큰 종으로 프랑스에서 유명한 라벤더향(French lavender oil)이라 불리는 제품은 주로 이것에서 채취한다. 키는 1.2~1.5m, 폭은 1.2m 넓이로 덤불을 이룬다. 줄기는 짧은 털로 덮혀 있고, 아랫 부분은 목질화되어 있다. 회록색의 약 5cm 길이의 좁고 가는 잎에 부드러운 결각이 있다. 한여름에는 화경과 줄기가 35~60cm의 길이로 길게 자라 개화한다. 월동성은 품종에 따라 다르지만, English lavender는 찬바람을 직접 받지 않은 남향에서는 −25°C까지 견딘다. 품종마다 특징이 있어 구별되는데, 대표 품종인 'Hidcote'는 키 30~60cm, 잎은 회록색이고, 강한 향을 내며, 꽃색은 진한 자주색으로 많은 품종이 있다(그림 2.6a). 'Rosea'는 핑크빛 라벤더의 대

(a) (b)

그림 2.6 (a) 'Hidcote' 라벤더, (b) 백색 꽃의 'Alba' 계통(BBC).

표종으로 이를 기본으로 해서 핑크종이 개발되었다. 'Alba'계 품종은 흰꽃이 피고, 잎은 회색이며, 'Lady Ann' 같은 품종이 있다(**그림 2.6**b).

프린지드 라벤더(fringed lavender, dentata lavender, *Lavandula dentata*) −10°C까지 견디며, 60~90cm의 높이로 자라고, 2.5~3.8cm 길이의 작은 잎을 갖는다. 잎은 옅은 회녹색을 띠고, 사각형의 톱니나 톱 같은 결각을 갖는다(**그림 2.7**a). 온난 지역에서는 짙은 색의 꽃이 연중 무리를 지어 개화한다.

스파이크 라벤더(spike lavender, *Lavandula latifolia* L.) 월동성이 아주 약해 −5°C까지 생육이 가능하고, 키는 60cm의 높이로 자란다. 넓은 잎 라벤더(broadleaved lavender, Portuguese lavender)라고도 하며, 작고 좁은 꽃은 연한 자색이고, 꽃대는 3갈래로 나누어지면서 각각에 꽃송이가 달린다. 정유는 d-camphor(36%), eucalyptol(33%), d-borneol(4%), α-pinene(4%)로 구성되어 강한 향을 내는데, 뱀을 쫓거나 구충에도 사용한다. *L. latifolia* var. *leucanta* 꽃색은 백색이다.

(a) (b)

그림 2.7 (a) Fringed lavender(톱니형 잎), (b) 프렌치 라벤더.

프렌치 라벤더(French lavender, *Lavandula stoechas*) 남프랑스, 스페인에서 자생하며, 미국에서는 spanish lavender라고 하며, 월동이 −12°C까지 가능하고, 60~90 cm의 높이로 자란다. 회색의 잎은 1.5cm 길이 밖에 안 되며, 좁은 모양을 하고 있어 빽빽한 느낌을 준다. 꽃은 짙은 자주색으로 끝에 나비 모양의 2~3개의 꽃잎이 붙으며, 초봄에 일제히 개화 후 진다(**그림 2.7**b).

브랜치드 라벤더(branched lavender, fern leaf lavender, Egyptian lavender, *Lavandula multifida*) 남지중해가 원산으로, 일반 라벤더와 달리 줄기가 머리칼 같고, 잎은 고사리 잎처럼 갈라져서 깃털 모양이다(**그림 2.8**a). 꽃대는 작은 소화경으로 나뉘어져 있으며 꽃색은 청자색이다. 키는 30~60cm 정도이며, 월동성이 매우 낮아 −5°C 이하에서는 죽는다.

라반딘(lavandin) *Lavandula angustifolia* × *Lavandula latifolia*을 교잡한 잡종에서 선발한 품종으로, 길고 회록색 잎을 갖는다(**그림 2.8**b). 잡종이므로 생육이 왕성하고 키는 다양하며, 화경은 길고, 보통 라벤더와 달리 화경이 중간에서 spike lavender처럼 3개로 갈라지는 특성을 가져 구별하기 쉽다. 고농도의 향을 가지며, English lavender보다 약 3~10배가 많은 정유를 생산하므로 남프랑스에서는 정유 추출용으로 대부분 라반딘을 재배한다. 내한성은 −4°C에서 −20°C까지 견딘다.

더치 라벤더(Dutch lavender(*Lavandula × intermedia*) 1920년내에 육성된 품종으로 키는 40~90cm이다. 잎은 회녹색으로 크며, 담자색의 꽃이 핀다. 내한성이 강해서 −25°C까지 견딘다.

울리 라벤더(woolly lavender, *Lavandula lanata*) 절반은 목질화된 영년생 식물로, 키는 50cm 정도이고, 꽃은 짧은 꽃봉오리에 진한 자주색이며, 잎은 은회색이다.

(a) (b)

그림 2.8 (a) 브랜치드 라벤더, (b) 라반딘. (출처: google)

(4) 재배

종자번식을 하려면 원하는 품종을 구입하여 3월에 온상이나 실내에서 용기에 파종한다. 발아기간은 3주 이상 걸리므로 그 기간에 충분한 수분과 알맞은 온도(밤 20°C, 낮 30°C)를 유지해준다. 싹이 난 후 4월 말부터 터널이나 서리가 내리지 않는 햇빛이 잘 드는 장소에서 모종을 튼튼하게 길러서 4월 말에서 5월 초에 정식을 실시한다. 정식할 때 이랑 폭은 60cm, 주간 거리는 30cm로 한다. 그러나 대규모 재배에는 1.2m 간격으로 심어야 기계로 화경을 채취할 수 있다. 종자번식 묘는 작아서 초기 제초를 잘해야 한다.

삽목번식은 4~5월에 잘 자란 가지를 12~15cm 정도로 자른 후에 루톤(발근제)을 발라서 삽목한다. 꽃대가 발생하면 제거하면서 육묘 후에 가을 9~10월에 정식한다. 봄철은 건조하기에 가을 정식이 좋지만, 관수가 가능한 농가는 월동 후에 봄에 심어도 된다. 큰 농장에서

갱신작업은 10년마다 실시한다. 가정원예에서는 휘묻이나 포기나누기로 번식한다.

정식하기 전에 재배지에는 충분한 유기물과 석회를 시용하고 깊이 갈아주어야 한다. 장기간 라벤더를 생산하려면 시비에 신경을 써야 한다. 100kg의 꽃을 생산하는 데 질소와 칼리를 각각 0.8kg, 인산을 0.2kg 흡수한다. 정식 전에 본포의 표층 30~40cm 사이에 10a 당 퇴비 3~5t, 인산 7~8kg, 칼리 10~12kg, 석회 100kg을 시비한다. 재식 후 다음 해 봄에 새싹이 나기 전에 질소를 7~8kg 시비한다. 매년 꽃을 수확한 후 가을에 질소 2~3kg, 인산 5~6kg, 칼리 8~9kg을 시비하고, 봄에 질소비료 7~8kg을 싹이 나기 전에 시비한다. 왜냐하면, 한번 심으면 6~10년간 수확을 계속하기 때문이다. 정식 후에는 관수를 잘하고 첫해 겨울에는 3~4cm 정도 볏짚이나 낙엽을 덮어 보온을 해야 한다.

재배 시 유의점은 대단위 재배의 경우, 주간 거리가 넓어 잡초의 발생이 많으므로 철저하게 방제한다. 작은 면적에서는 손으로 제초하지만, 큰 면적에서는 잡초가 싹이 나면 조기에 갈고리 같은 제초기로 긁어 잡초 뿌리를 절단시켜 방제한다(그림 1.15 참조). 그렇지 않을 경우 잡초로 인하여 초기생육이 떨어지고, 그 결과 수량이 영향을 받는다.

정식 후 첫해 발생하는 꽃을 제거하여 영양생장을 촉진하고, 겨울에는 어리므로 부직포나 볏짚을 덮어 겨울을 넘기게 하면 한해(寒害)의 피해가 적다. 월동 중에 충분히 보온이 부족했거나, 추운 지역의 경우는 목화가 되지 않은 줄기 부분이 겨울에 고사(枯死)하게 되는데, 봄이 되면 언 잔가지를 제거해 준다. 월동 후 봄에 수액이 이동하기 전에 지상부 15cm 정도에서 절단해서 곁 가지가 많이 나오게 하여 개화 수량을 증가시키는 것이 좋다. 그러나 기계 수확은 전년에 적당한 크기로 절단했으므로 절단을 해주지 않아도 된다.

라벤더를 가꾸기 위해서는 토양 선정을 잘해야 한다. 왜냐하면 배수가 양호하고, 모래땅에 다소 자갈이 혼합되어 있으며, 충분한 유기질이 함유되어 있으나 너무 비옥하지 않은 땅을 좋아하기 때문이다. 햇빛을 잘 받는 남향으로, 습하지 않고 기후는 온화해야 한다.

(a)

(b)

그림 2.9 (a) 자갈밭에서 자란 라벤더 손 수확(출처: Wikimedia), (b) 기계 수확(Tracktorsppoter).

(5) 수확 · 저장

수확 시기는 꽃이 개화하면 실시하며, 시간은 에센셜 오일 함유량이 최고 때인 한낮이 가장 적합하다.

손수확은 낫으로 화경을 절단하는데, 너무 바짝 자르면 다음 해에 새 가지의 출현이 나쁘므로 적당한 높이에서 자른다(**그림 2.9**a). 수확한 것은 주먹 크기로 단을 만들어서 음지에서 건조시킨다. 수확량은 100m^{2}에 2~3kg의 건조화를 얻을 수 있다. 1kg의 건조화를 제조하기 위해서는 약 8~10kg의 생화가 필요하다. 건조 시 온도는 35°C를 넘으면 안 된다.

기계 수확은 정유 추출을 목적으로 하는데, 화경을 절단하는 기계와 운반 차량이 동시에 움직이면서 실시한다(**그림 2.9**b). 절단된 화경은 증류 시스템에서 오일을 추출한다.

3년된 라벤더에서는 정유 2~4kg/10a, 건조화 40~50kg을 얻을 수가 있으며, 라반딘은 정유 5~7kg, 건조화 50~70kg을 수확할 수가 있다.

(6) 이용

가정용은 어린잎을 가진 줄기 끝을 주로 이용하는데, 이것을 생으로 또는 건조하여 고기요리, 찌개, 양고기 요리, 소스 등에 넣어 먹는다. 우리나라의 경우 김치 냄새가 문제인데, 냉장고에 바짝 말린 라벤더를 모퉁이에 두면 냄새를 막을 수 있다. 독특한 향기로 인해 옷장이나 방 안에 걸어 두면 곰팡이가 잘 끼지 않는다.

공업용은 개화기 초기에 전체 식물을 수확하여 라벤더 기름을 짜서 화장품, 향료 또는 약용으로 이용한다. 장식용으로는 드라이 플라워의 훌륭한 재료가 된다.

다른 허브류가 요리용으로 사용된 것과는 다르게, 라벤더는 요리에는 거의 사용되지 않고 주로 꽃과 종자를 건조하여 방향물질을 만드는 데 쓰인다. 향유는 비누나 향수, 목욕제의 재료로 사용되고 방충제를 만들기도 한다. 라벤더를 부엌이나 찬장, 옷장에 걸어 두면 곰팡이가 잘 생기지 않는다.

의학적으로는 혈압 강하, 신경안정, 수면 촉진의 효과가 있으며, 항균력이 강하고 피부보호 효과가 커서 화상(火傷)치료에 좋고 피부의 감염도 억제시킨다. 그 외 류머티즘에도 효과가 있다. 라벤더 꽃으로 작은 베개를 만들어 머리맡에 두면 깊은 잠을 잘 수가 있고, 어린이도 안정적으로 잠재울 수가 있다. 6방울 정도의 오일을 소량의 알콜에 녹여서 대야에 떨어뜨리고서 유아를 목욕시키면 잠을 잘 재울 수 있다. 라벤더 오일은 인기가 있는 피부 친화적인 천연 화장품, 샴푸 등 제품생산에 많이 이용하고 있다.

(7) 치유 적용

차로서는 티스푼 2개 분량의 꽃을 1/4L 끓는 물에 넣고서 10분간 추출해서 꿀을 넣어 마신다. 입욕법은 50~60g의 말린 꽃을 1L의 물에 넣고서 10분간 끓인 후에 우러난 물을 욕조에 넣고 목욕을 한다. 와인은 1/2L의 백포도주에 1 주먹 정도의 꽃을 넣고서 끓인 후에 걸러서 차게 해서 약간씩 마신다. 라벤더 물약을 만들려면 꽃과 소주를 1:4로 섞어서 3주간 그늘에 놓았다 분리시킨 다음, 추출액을 통풍과 류머티즘 부위에 바르고 문지르면 좋다.

2.5 러비지(Lovage)

학 명: *Levisticum officinale*	영 명: Lovage
과 명: Umbelliferae(산형화과)	기타명: 歐當歸(中)

(1) 재배 역사

러비지의 원산지는 남유럽으로 추정되는데, 주로 이탈리아에서 자생식물이 발견되므로 이 지역이 원산지가 아닌가 생각되기도 한다. 고대시대에 러비지를 이탈리아에서는 Panakes 또는 Panax(파낙스)라고 불렀는데, 이는 만병통치라는 의미이다. 우리나라 인삼의 학명이 *Panax ginseng*인데, 서양에서는 인삼이 알려지기 전까지 지난 600년간 러비지가 인삼처럼 '만병통치'라는 별명을 가지고 이용되었던 향신채 식물이다.

재배는 고대 로마시대부터 추정되며, 우리나라에서는 1980년 초 고려대학교에서 처음 연구용으로 재배하였고, 현재는 분화로 유통되고, 엑기스는 외국에서 수입해서 사용한다.

(2) 식물학적 특징

여러해살이 초본성 식물로써 내한성이 강하고, 지상부는 여러 개의 가지가 생기며, 뿌리의 근관(根冠)은 30~40cm 깊이에 달한다. 줄기는 속이 비어 있는데, 그대로 자라게 두면 2m까지 자라며 토양조건이 좋은 곳에서는 3m 정도 자란다.

잎은 아주 반들반들하게 윤기가 흐르는 녹색이며, 셀러리 잎과 유사하다. 일반 재배에서는 6~8월에 걸쳐 연녹색 또는 노란색의 꽃이 핀다. 씨앗은 익으면 땅에 떨어지므로, 알맞은 시기에 채취해야 한다(**그림 2.10**).

번식은 주로 종자번식을 실시하지만, 포기나누기(分株)를 통한 번식도 잘 된다. 발아율은 30~50% 정도로 매우 낮으며 암발아 종자이다. 발아율 조사 마감일은 28일로서 발아기간이 길며, 발아하는 데는 20°C와 30°C의 변온(變溫)이 좋다.

잎은 아주 강한 맛을 내지만 셀러리보다 약간 약하다. 세계적으로 유명한 매기(Maggi; 유럽과 미국에서 유명한 식품회사)사가 주로 이 조미료 식품의 추출물을 이용하여 스테이크나 고기요리용 간장 같은 소스를 만들어 시판하는데 많은 인기가 있다. 그래서 사람들은 매기 플랜트(Maggi plant)라고 부른다.

러비지의 독특한 맛의 주성분은 에센셜 오일이며, 그 외 쓴맛 등을 함유하고 있다. 에센셜 오일은 개화기 식물체가 영양생장기나 종자보다 높으면 많게는 약 3%까지 수율을 올리

(a)

(b)

그림 2.10 리비지. (a) 잎, (b) 꽃. (출처: Wikipedia)

며 β-phellandrene (20.3%), α-terpinyl acetate(20.4%), γ-cadinene(12.1%) 등이 들어 있다.

(3) 품종

러비지는 페르시아 지방 야생종(*L. persicum*)과 일반종으로 나뉘지만, 각 국가 나름대로 품종명이 없이 러비지로 불리는 일반 계통이 재배된다.

(4) 재배

러비지를 재배하기 위해서는 토심이 깊고, 퇴비 등 유기질이 풍부한 곳이라야 한다.

한 번 재식하면 10~15년 같은 장소에서 재배해야 하므로, 처음 정식 전의 토양 선정에 유의한다. 저장된 종자의 파종은 3월에 한다. 노지에서 직파재배는 점뿌림을 하고, 묘상에서는 줄뿌림을 하여 육묘한 후 5월 초에 노지에 정식한다. 보통 10a당 필요한 종자량은 직파의 경우 약 500g이 필요하다. 여름 파종은 7~8월에 종자를 채종 후에 즉시 뿌리는데, 이는 종자의 발아 유효기간이 아주 짧기 때문이다.

심는 거리는 50 × 50cm로 하며, 정식 후에는 제초작업을 잘해야 한다. 첫해 겨울에는 어린 식물체 위에 흙을 10cm 정도 덮어서 월동시킨다. 그러나 3~4년이 지난 식물은 그냥 두어도 월동하며, 잎은 겨울에 죽고 새봄이 되면 다시 싹이 난다.

충해로는 뿌리에 침입하는 작은 딱정벌레가 있으며, 살충제를 조기에 뿌려 방제한다.

(5) 수확 · 저장

수확은 아무 때라도 잎을 이용하고자 할 때 실시하고, 건조는 그늘에서 한다. 뿌리도 캐내어 깨끗이 씻은 후 잘게 잘라서 햇볕에 말린다. 뿌리 수확은 심은지 3년째 가능하다. 100m^{2}당 수확량은 8kg의 잎과 줄기, 6kg의 잎, 약 220kg 신선한 뿌리를 수확하며, 건조할 경우 28~50kg이 된다.

(6) 이용

어린잎은 샐러드로 이용이 가능하다. 잎을 사용할 때는 너무 많은 양을 소스 등에 넣으면 강한 향기 때문에 오히려 맛을 나쁘게 한다. 잎은 샐러드, 수프, 스튜, 고기요리, 닭요리, 소스 등에 첨가하고, 어린줄기는 데쳐서 셀러리처럼 이용하거나 캔디를 만들어 먹는다.

뿌리는 채소로 이용이 가능하다. 볶은 종자는 스파이스로 고기 요리, 캔디 또는 빵 위에 뿌려서 먹을 수 있다. 잎과 줄기에 추출한 에센셜 오일은 각종 조미료에 첨가된다.

(7) 치유 적용

유럽에서는 진경, 구풍, 발한, 거담, 흥분, 이뇨, 소화, 월경 촉진제로 이용된다. 그래서 소화, 변비, 위 점막 염증, 위와 장의 포만감 해소에 좋다. 외적으로 이용 시에는 피부병이나 류머티즘에 이용된다.

종자를 하루에 2~3회씩 1스푼 정도를 많은 물과 함께 먹으면 변비가 멈춘다. 위에 문제가 있을 경우에는 1~2 티스푼의 종자를 1/4L의 찬물에 약 20분간 두었다가 먹기 전에 약간 따뜻하게 해서 먹는다.

류머티즘이나 피부병은 작은 부직포 주머니에 잘게 부순 종자를 넣은 후, 10분간 뜨거운 물로 추출해서 따뜻한 물을 거즈 등에 묻혀서 환부에 올려놓는 습포법을 적용한다. 또는 잎이나 뿌리를 잘라서 물로 추출해서 사용하면 방취제나 류머티즘 치료에 효과적이다.

종자를 눌러 기름을 추출해서 식용 오일, 다이어트 오일 또는 외적 치료제로 사용한다.

2.6 레몬그래스(Lemongrass)

학 명: *Cymbopogon citratus*	**영 명**: Lemongrass
과 명: Gramineae(벼과)	**기타명**: 香茅(中)

(1) 재배 역사

동남아와 인도가 원산지로서, 고대로부터 열대 아시아 지역에서 음식의 맛과 양을 내는 데 사용되어 왔다. 처음 레몬그래스의 에센셜 오일을 추출한 것은 17세기 필리핀에서 이루어졌고, 레몬그래스 오일이 서양에 소개된 것은 1851년 런던의 Crystal Palace에 있었던 World's Fair(세계박람회)에서였다. 국내에는 2000년 초부터 수입 재배된 것으로 추측된다.

(2) 식물학적 특징과 품종

레몬그래스의 잎은 마치 억새풀 같이 생겼으며, 레몬향을 내는 방향성 영년생 식물로서 덤불을 이루면서 최고 1.8m까지 자라지만 보통 60~90cm 높이를 이룬다. 꽃은 쉽게 개화하지 않으며, 잎 길이는 90cm, 폭은 1.2~1.5cm이고, 담록색이며, 엽맥이 고랑진 모양이다 (**그림 2.11**a). 종자번식(발아기간 3주)도 하지만 주로 분주(포기나누기)로 번식한다.

에센셜 오일은 citral(75~80%), geraniol, farnesol, nerol, citronellol, myrcene을 함유한다.

품종 구분은 없고 재배종과 화훼용으로 구분이 되고 있다. 앞으로 선발육종이 기대된다.

(3) 재배

분주하여 육묘한 어린 식물을 서리의 위험이 없는 5월 중순에 노지에 30 × 30~50cm로 심어서 가꾼다. 비료요구도가 낮은 저비성(低肥性) 작물로 마그네슘이 포함된 원예용 복합비료를 10kg/10a 수준으로 밑거름으로 뿌려준다. 자라는 것을 보아서 질소를 3kg/10a 덧거름으로 준다. 가을이 되면 남해안의 노지정원에서는 식물체에 흙을 30cm 정도로 덮고, 그 위에 비닐 터널 등을 만들어 주면 월동이 가능하다. 그러나 생육 최저온도는 13°C로 국내에서는 겨울철에 온실이나 실내에서만 월동이 가능하다. 그래서 서리 위험이 없는 시기는 노지에서, 그 외 기간에는 온실에서 보온재배한다. 저비성 작물이긴 하나, 반그늘의 배수가 좋은 토양이 적합하며, 내건성은 강한 편이지만 적당하게 관수하는 것이 수량을 증진한다.

(a) (b)

그림 2.11 (a) 레몬그래스(고려대학교 농장), (b) 판매용 줄기 상품(방콕시장).

(4) 수확 · 저장

잎이 필요할 때에 가위, 전정 가위 또는 낫 등으로 지상부 10cm 위치를 베어서 음지에 말린 후에 이용한다. 5~10cm 길이로 자르고, 건조, 동결건조 모두 가능하다. 신선 줄기 판매를 위해서는 뿌리 가까이에서 절단하여 3~5개 줄기를 묶어서 출하한다(**그림 2.11**b). 필리핀에서는 건조한 줄기를 서너 개를 묶어서 판매한다. 잎은 차로 마시므로 약 1cm 길이로 잘라서 건조한 것을 저장하거나 포장하여 판매한다.

(5) 이용

줄기 하단의 부드러운 속은 절단하여 샐러드에 혼합하거나 대파처럼 스프에 넣어서 먹는다. 동양요리에 잘 어울리고 레몬향 대용품으로 자주 쓰인다. 10cm 정도 되는 줄기를 서너 개 묶어서 수프 또는 요리에 넣어 향을 내도록 하고 먹기 전에 건져내서 식용하지 않는다. 말린 잎은 포푸리와 데코레이션용으로 사용된다.

레몬그래스를 동물에 먹이면 메탄가스 발생을 33% 감소시키므로, 지구환경 보존에도 좋다.

(6) 치유 적용

건조한 잎을 차로 마신다. 중국에서는 약용으로서 두통, 위통, 관절통에 쓰인다. 인도네시아에서는 월경불순, 식욕부진에 사용한다. 인도에서는 흥분제, 발한제로 쓰인다.

레몬그래스 오일은 10대 에센셜 오일로서 세계에서 연간 1,800톤이 거래된다. 코코넛 오일이나 올리브 오일 등에 혼합하여 마사지하면, 요통, 류머티즘, 구풍제, 우울증, 진통제, 해열, 항균, 항세균 효과가 있다. 오일은 목욕제와 머리 린스 제조에 쓰인다.

2.7 레몬밤(Lemon balm)

학 명: *Melissa officinalis*	**영 명**: Balm, Horsemint
과 명: Labiatae(꿀풀과)	**기타명**: Melissa, 香蜂花(中)

(1) 재배 역사

레몬향이 풍기는 밤(melissa)은 그리스어 꿀벌에서 유래되었으며, 주변에 레몬밤이 있으면 꿀벌이 절대 다른 곳으로 가지 않을 정도로 벌들이 좋아하는 밀원식물이다. 근동지역이 원산이나, 수천 년 전부터 지중해에서 자라고 있어 간혹 지중해 원산이라고 보고되기도 한다. 아랍인, 그리스인 그리고 고대 로마인들은 레몬밤의 향신료로서의 가치를 높이 평가했다. 성서에도 기록되어 있는 식물로 로마인들에 의해 북유럽에 전파되었고, 스페인에서는 아랍인들에 의해 처음 재배되었다고 한다. 그 후 유럽의 교회 정원에서 중요한 약용식물로 취급되었다가 근래에 이르러 세계적으로 재배되게 되었다고 한다.

국내에는 최근에 효능이 알려져서 텃밭에서 기르는 사람들이 많고, 에센셜 오일은 수입해서 사용하고 있다.

(2) 식물학적 특징

레몬밤은 꿀풀과에 속하는 식물로서 여러해살이 식물이다. 줄기는 사각이 지고, 잔털이 많으며, 키는 50~100cm에 달한다. 잎은 달걀형으로 잎 가장자리는 톱날처럼 생겼는데, 여기에 많은 유신(油腺)이 있다(**그림 2.12**a). 꽃은 6~8월에 피고, 색깔은 백색 또는 황색이다. 중부지방에서도 월동이 잘된다.

손으로 잎을 누르거나 비비면 아주 강하고 기분 좋은 오렌지향을 내는데, 그 향 내음은 달콤하다. 중세기인 1600년경부터 잎을 말려서 약용으로 많이 사용했다고 한다.

독특한 오렌지 향기는 에센셜 오일로서 건조 잎에는 0.32%를 함유하며, 1년생보다 2년 이상 식물에서 함량이 높다. 오일의 구성분은 재배시기나 수확기에 따라 성분의 차가 많다. 향기 구성분은 106종류이고, citronellal(8.7~0.4%), geraniol(극소량 −0.6%), geranyl acetate (0.5~3.0%), 그 이외 caryophyllene, germacrene D가 있다. 다른 연구에서는 carvacrocitral과 citronellal이 약 50%, caryophyllene과 germacrene이 20%, methyl heptenone 7%, 1.8 cineol 4% 등으로 구성되며, 고미 성분, 탄닌 등이 들어있다고 했다. 이들 성분은 다소 쏘는 쓴맛을 내는데, 신경안정, 진통제와 수면 효과가 있다.

(3) 품종

재배종은 나라별로 지역 종이 있을 뿐, 재배 역사가 오래되었음에도 품종이 많지 않고 녹색종인 일반종(초장 70cm)이 주로 재배된다. 새로 육성된 품종은 초장이 다소 작고 관상용으로 재배되는 황금색 잎을 가진 'All Gold'(초장 60cm)와 잎에 노란 무늬가 부분적으로 나타나는 반엽종인 'Aurea'(초장 60cm)가 있다(**그림 2.12**b).

(a)

(b)

그림 2.12 레몬밤. (a) 녹색종, (b) 황색종 'All Gold'.

(4) 재배

레몬밤은 비옥하며 남향인 곳에서 잘 자란다. 특히, 토양 유기물이 많고 배수성이 좋은 곳을 좋아하므로 점토질이 너무 많은 곳에는 모래를 섞어서 가꾸는 것이 좋다.

종자번식은 플러그 트레이에 파종하여 육묘 후에 정식하거나 노지에 직파한다. 1,000개의 식물을 얻으려면 3g의 종자가 필요하다. 노지에는 4~5월에 줄뿌림을 하며, 파종 깊이는 1.5cm 쯤 되게 실시하는데, 발아하는데 약 10~14일, 최장 21일 걸린다. 발아율은 25~35°C에서 65% 이상 발아된다. 파종 후 3~4주일 되어 어느 정도 자라면, 30cm 간격으로 정식하거나 솎아준다. 그 밖에 번식법으로는 포기나누기 또는 삽목법이 있는데, 포기나누기는 봄 일찍 그리고 삽목은 한여름을 제외하고 어느 때고 실시한다. 삽목 시에는 잎을 8개 정도 붙여서 모래와 펄라이트 1:1, 펄라이트와 버미큘라이트 1:1 또는 모래 배지에서 발근이 잘된다(박과 박, 2001). 정원에서는 방치하면 종자가 떨어져서 이듬해 봄에 스스로 발아하기도 하므로, 이것을 화분에 옮겨서 기르거나 텃밭에 심어도 된다.

겨울을 넘길 때 지상부가 전부 얼게 되므로, 땅속의 뿌리 부분과 새로운 땅속의 포복지가 얼지 않도록 볏짚이나 부직포 등으로 덮어 보호한다.

포기나누기를 실시한 직후에 봄 일찍 해동과 더불어 충분한 퇴비를 시비한다.

(5) 수확·저장

첫해는 7~8월에 수확이 가능하지만, 수세를 위해 2년째부터는 5~9월에 걸쳐 수확한다. 초여름이 되면 꽃이 피는데, 꽃이 핀 후 잎은 굳어져서 식용이 다소 곤란하다. 꽃이 피기 바로 직전에 식물체 자체가 높은 에센셜 오일 함량을 가지고 있으므로, 건조를 위해서는 이 시기에 베어서 말린다. 그러나 건조할 경우 오렌지향이 급속하게 증발하여 독특한 향이 많이 감소한다. 따라서 냉동을 하거나 허브 식초로 만들어 보관한다. 잎을 말린 후에는 갈색 병에 넣어 어두운 곳에서 보관한다. 잎은 건조용 상자(drying trays)를 이용하고, 줄기는 음지에서 거꾸로 매달아서 건조시킨다.

(6) 이용

이른 봄부터 가을에 걸쳐 어린잎을 포함한 연약한 줄기를 잘라서 이용한다. 왜냐하면, 비교적 오래된 잎은 쓴맛이 강하고 굳어서 이용하기 곤란하기 때문이다.

레몬밤의 잎은 모든 요리에 가늘고 작게 절단한 후 약간씩 넣어서 이용할 수 있다. 특히 토마토나 상추 샐러드, 수프, 소스, 식초 등에 넣어서 먹으면 좋다. 주의할 것은 레몬밤을 넣어 끓이면 맛과 향을 잃어버리므로 뜨거운 요리에는 사용하지 말아야 한다. 차로 마실 경우에는 끓인 물을 다소 식힌 후 잎은 넣고서 5~10분이 지나면 잎을 분리해서 이용한다.

가정 의학적으로는 숙면, 신경안정, 두통, 기억력 회복, 위, 간과 담의 통증 및 스트레스 완화에 효과가 있다. 특히, valerian 뿌리와 같이 이용하면 여성 불면증 치료에 효과가 크다. 또한 치매 치유와 여성의 폐경기 이후 우울증에 신선한 차가 효과가 있다.

(7) 치유 적용

레몬밤 차는 자른 잎 2스푼을 1/4L 끓인 물에 넣고서 10분간 우려낸 다음 이것을 매일 3~4잔씩 마신다.

팅크제(tincture)는 알코올로 에센셜 오일을 우려내서 물에 타 먹는 것을 일컫는데, 밀려서 잘게 자른 잎 20g을 80ml 알코올(70%)에 10일간 우려낸 다음 걸러서 이것을 하루에 2~3번씩 10~20방울을 차에 넣어 먹는다.

입욕법은 50~60g의 건조 잎을 1L 물에 넣고서 10분간 끓인 다음, 이것을 욕조에 넣어 목욕을 한다.

2.8 레몬 버베나(Lemon verbena)

학 명:	*Aloysia citrodora*	**영 명**:	Lemon verbena
과 명:	Verbenaceae	**기타명**:	

(1) 재배 역사

아메리카 인디언들이 이용한 것으로 추정되며, 원산지는 남미의 칠레와 아르헨티나이며, 유럽에는 스페인 군대에 의해 전파되었다. 기록상으로는 스페인의 Charles IV세의 부인인 Maria Louisa에 의해 소개된 것으로 되어 있다. 그래서 Aloysia라는 학명은 그녀의 서훈에서 따온 것이라 한다. 그 이후 유럽과 아시아에 전파되었다.

포르투갈과 스페인에서는 17세기부터 정유를 목적으로 재배했다.

(2) 식물학적 특징과 품종

겨울이 온난한 지역에서는 영년생이지만, 추운 지역에서는 월동이 어려워 온실이나 실내에서 보온재배한다. 낙엽형 목본성이거나 반상록성 덤불로 키가 2~3m이며, 열대에서는 4.5m까지 자란다. 잎은 0°C에서 모두 떨어지며, 큰 줄기는 −10°C까지 견딘다. 영상을 유지하는 남부 해안에서는 월동이 가능하지만, 중부는 가온된 온실에서만 월동한다. 잎은 8~10cm 길이로 좁고, 한 마디에 3잎이 윤상으로 착생하며, 레몬향이 강하다(**그림 2.13**a). 꽃은 작은 하얀색으로 늦여름에 피며, 식용꽃으로 이용한다. 종자는 작고 갈색이다.

잎과 줄기혼합물의 추출 오일에는 46~52가지 성분이 들어있고, geranial, neral, limonene이 주성분인데, 많게는 69~72%, 적게는 53~69%를 함유한다.

버베나속은 250종이 있지만, 향이 나는 허브용 레몬 버베나는 한 종류로 알려져 있다.

(3) 재배

종자번식은 봄에 포트에 파종하여 1년간 기른 후 다음 해 봄에 정식한다. 그러나 종자번식은 생육이 느려서 봄에 분주번식을 하지만, 녹지삽이나 반숙지삽도 잘 된다. 줄기삽은 루톤(Rooton)과 같은 발근제를 삽수 끝에 묻혀서 사용하면 발근이 잘된다.

노지에서 재식거리는 1m 간격으로 한다. 수령이 많아지면 줄기가 직립하지 않고 불규칙한 모양을 하여 관상용으로 좋다.

온대지방에서는 양지바르고 배수가 잘되는 pH 6.5 정도의 토양이 좋다. 물이 부족하면 낙엽지기 쉽다. 국내 중부지방에서는 월동의 문제가 있어 이동이 가능한 용기에 재배하여 실내에서 월동시킨다. 월동 시에는 온도가 너무 내려가지 않게 온실에서 보온한다. 남부해안과 제주도에서 월동이 가능하지만 찬바람이 직접 받지 않게 한다.

(a)

(b)

그림 2.13 (a) 레몬 버베나(풀나무농장), (b) 인카 콜라(출처: Wikipedia).

(4) 수확·저장

꽃을 사용하려면 아침에 수확한다. 시장에는 줄기를 잘라서 작은 다발을 묶어서 판매한다. 줄기 끝쪽 잎의 색이 진해지면, 잎을 채취해서 음지에 말린 다음에 병이나 비닐에 포장하여 판매하거나 저장한다. 잎은 식용기름이나 식초 등에 다른 허브와 같이 넣어 저장한 후 사용한다. 개화 직전이 향이 최고이므로, 이때 줄기를 절단하여 정유를 추출한다.

(5) 이용

꽃은 샐러드에 첨가해서 먹고, 연한 잎은 생체 또는 건조시켜 차로 이용한다. 잎을 생선이나 가금류 요리에 넣지만 잎을 먹지는 않는다. 정원용 허브 중 가장 방향성이 뛰어난 것 중의 하나로 차, 과일 샐러드, 젤리, 잼 등에 훌륭한 첨가물이다. 가루로 만든 건조한 잎은 당근, 바나나, 또는 쥬키니를 이용한 빵을 만들 때 일부 첨가시킨다. 어린잎을 잘게 잘라 그릇에 담고서 물을 부어 향을 추출한 다음, 집에서 만드는 아이스크림에 첨가하면 향이 좋은 디저트가 된다. 멕시코에서는 향을 이용한 담황색의 음료인 Mexico cola(Inca Kola)가 인기가 있다(**그림 2.13**b). 건조된 줄기는 장식용으로도 쓰이며, 잎을 건조하면 2~3년간 레몬향을 가지므로 포푸리 재료에 좋다. 정유는 향수와 화장품의 원료이다.

(6) 치유 적용

레몬 버베나는 수면 중에 형성되는 멜라토닌(melatonin) 합성을 촉진시키므로, 멕시코에서는 수면 유도하는 차로 많이 이용한다. 소화 촉진을 겸한 차(cedron)로 이용하는데, 10~15개 생잎을 2컵 분량 끓여서 식힌 물로 7~10분간 추출하여 꿀을 첨가해서 마신다. 건조잎은 1티스푼을 한 컵에 넣고서 5~7분 추출하여 마시는데, 체중관리자는 스테비아로 단맛을 조절한다. 멕시코에서는 스트레스 해소, 해열 등의 목적으로 차로 많이 마신다.

2.9 로즈메리(Rosemary)

학 명:	*Salvia rosmarinus*	**영 명:**	Rosemary
과 명:	Labiatae(꿀풀과)	**기타명:**	迷迭香(中)

(1) 재배 역사

로즈메리의 원산지는 지중해 연안이며, 남프랑스에서는 무더운 여름에도 바위틈에서 자생할 정도로 내건성이 강한 식물이다. 식물 전체에서 향기를 내며, 고대로부터 유대인, 그리스인, 이집트인과 로마인에게 성스러운 식물로 간주되어 왔다.

북유럽의 전래는 로마인들이 했고, 유럽에서 북미와 아시아로 전해진 것으로 여겨진다. 현재는 미국, 영국, 멕시코에서 주로 재배되며, 국내에서는 90년대부터 재배되고 있다.

영명의 rosemary는 식물명인 라틴어 rosmarinus에서 유래되었는데 'ros marinus'의 합성어로 '바다의 이슬'이라는 뜻이며, 해변에 자라는 아름다운 식물을 칭한 것으로 본다.

(2) 식물학적 특성

로즈메리는 꿀풀과에 속하는 다년생 식물로서, 자생지에서는 식물의 크기가 2m까지 자

(a)

(b)

그림 2.14 (a) 로즈메리 직립종(줄기 곧바름), (b) 포복종('Huntington Carpet', 줄기 처짐).

라는 관목성으로, 일반적인 크기는 50~150cm에 달한다. 줄기는 각이 지고 굉장히 잔가지를 많이 형성하며, 잎은 길이 1.5~3.5cm, 폭 1.5~3.5mm로서 가늘고 길다. 줄기는 곧게 자라는 직립종과 줄기가 땅표면에 붙어 자라는 포복종이 있다(그림 2.14). 잎은 윗면은 번들거리는 암록색이나 품종에 따라서 연한 녹색, 황금빛 반엽인 품종도 있다.

보통 온난지에서는 3월부터, 또는 지역에 따라 5월부터 7월까지 피는데 초가을에 한 번 더 개화하기도 한다. 꽃색은 진한 하늘색, 연한 분홍색, 핑크색, 백색으로 품종에 따라 다른다. 종자는 작고 가을에 형성되는데, 1g에 750~1,350립이며, 발아온도는 20~30°C의 변온이 좋다. 발아는 최장 21일이 걸린다. 식물 전체에서 아주 강한 향기를 내는데, 대체로 소나무나 향나무 향이 섞인 듯하다. 건조한 잎에 칼슘이 많고, 비타민 A 3,128I.U., 비타민 C 61mg, 철분은 동량의 신선 채소에 비해 29배나 많이 들어있다(Farrell, 1985).

재배지역, 분석시기, 식물 부위 등에 따라 오일 수율은 다른데, 보통 1.6~2.5% 정도이다. 성분도 분석자에 따라 다르지만 스페인 로즈메리는 camphor(17.2~34.7%), α-pinene (10.2~21.6%), 1,8-cineole(12.1~14.4%), camphene(5.2~8.6%), borneol(3.2~7.7%), β-pinene (2.3~7.5%), verbenone(2.2~5.8%), β-caryophyllene(1.8~5.1%), limonene (2.0~3.8%), α-terpineol(1.2~2.5%)로 이루어져 있다.

(3) 품종

로즈메리 속(屬)에는 한 가지 종류(*Salvia rosmarinus*) 밖에 없으며, 줄기의 직립 여부에 따라 직립종(upright group: 대부분 종)과 포복종인 프로스타투스 그룹(prostatus group, creeping rosemary)으로 나누고, 엽색에 따라 녹색종, 황색종, 반엽종으로 구분한다.

직립종

① 'Tuscan Blue'는 대표적인 억센 직립형 품종으로 파란색 꽃이 핀다.

② 'Corsican Blue'는 직립종의 관목형으로, 향이 많아 요리용으로 사용된다.

③ 'Miss Jessop's Upright'는 직립종으로, 잎이 아주 넓고, 초장이 긴 품종이다.
④ 'Arp'는 직립종으로, 잎이 연록색이고, 레몬향이 나며, 내한성이 몹시 강하다.
⑤ 'Benenden Blue'는 직립종으로, 진한 청색 꽃이 피고, 잎은 바늘 모양처럼 가늘다.

포복종

① 'Marjorca Pink', 'Severe Sea', 'Huntington Carpet'는 모두 포복종이며, 키는 30cm 정도 되는데, 2.5m 정도 이상 퍼지며, 담벼락이나 둑의 지피식물로 좋다.
② 'Irene'는 포복종으로, 키가 작고, 청색꽃이 핀다.
③ 'Severn Sea'는 포복형으로, 키는 30cm이며, 향기가 높고, 꽃색은 violet blue이다.
④ 'Haifa'는 포복종으로, 초장은 30cm 정도이며, 백색 꽃을 핀다. 잎은 바늘 모양이며, 강한 향을 발휘한다.

황색종과 반엽종

① 'Wilma's Gold'와 'Joyce de Baggio'(Mountain Valley Grower)는 잎이 황색이며, 백색 꽃이 핀다(**그림 2.15**a).
② 'Golden Rain'과 'Gold Dust'는 반엽종으로, 노란색이 얼룩덜룩한 품종인데, 'Gold Dust'(**그림 2.15**b)에서 녹색과 황색 줄무늬가 더 선명하다. 'Aureus'도 반엽종이다.

(a)

(b)

그림 2.15 (a) 황색종 'William Gold', (b) 반엽종 'Golden Dust'. (출처: Davids Garden)

(4) 재배

햇빛이 잘 들고, 배수가 좋은 중성(pH 7~7.8)의 유기물이 많은 사양토에서 좋은 생육을 한다. 우리나라의 남해안과 제주도에서는 노지 월동이 되나 중부지방에서는 내한성이 약해 노지 월동이 어렵기 때문에 화분에 심어서 실내에서 월동을 시켜야 한다. 온실 내 월동은 최저 7~10°C면 가능하며, 겨울에는 선인장처럼 비교적 건조하게 관리한다. 그러나 과도한 건조는 잎의 황화(黃化)를 가져와 낙엽이 되니 적당히 관수한다.

번식은 종자와 삽목번식을 실시한다. 이식을 싫어하므로, 가정재배에서는 화분에 직파하는 것이 좋다. 파종 후 10~14일이면 발아하지만 적온이 아니면 4주 정도 걸리므로 이 기간동안 건조하지 않게 잘 관리한다. 봄에 온실 내에는 3월에 플러그 트레이에 파종하여 육묘 후에 5월 초에 밭에 내다 심는다. 필요 종자량은 100m^{2}당 5~10g이다.

삽목번식은 늦봄이나 초여름에 새로 자란 가지를 약 7.5cm 길이로 잘라서 루톤을 처리한 후에, 직경 9cm되는 화분이나 플러그 트레이에 꽂고 뿌리가 내릴 때까지 잘 관리한다. 또는 노지의 냉상에 삽목하여 터널을 만들어 너무 고온이 되지 않게 차광 관리하면 발근한다(한, 2001). 어느 때이든 최저 온도가 15°C 이하가 되지 않게 관리하는 것이 중요하다.

정식은 소규모로 재배할 경우는 이랑 폭을 30~40cm, 고랑 폭을 60cm로 만들어 흑색 멀칭을 하고, 30~40cm 간격으로 심는다. 심는 거리는 관리를 고려하여 증감한다. 대단위 재배에서는 잎을 기계로 절단하므로, 이랑 폭 1.5m에 40 × 40cm로 4줄로 심는다. 텃밭에는 배수가 잘되도록 이랑을 만들고 멀칭을 한 후에 적당하게 심어서 가꾼다. 관수는 육묘기에는 자주 관수하고, 밭에 심은 후에 뿌리가 내려서 성목이 되면 관수에 신경을 쓰지 않아도 잘 자란다. 노지재배에서 장마기에 배수가 나쁘면 까맣게 썩는다.

시비는 충분한 퇴비를 가을이나 이른 봄에 시비하며, 초여름에 1회 정도 추비를 실시하면 잘 자라게 된다. 보통 8월 이후는 다소 건조하게 관리함으로써 향이 많은 좋은 잎을 수확할 수 있다. 여름철에 과다한 시비는 웃자라서 월동력이 떨어지므로 주의한다.

(5) 수확·저장

1년 중 아무 때나 줄기를 수확한 후, 다발로 묶어서 출하하거나 요리나 차로 이용한다. 건조용 잎은 꽃봉오리가 생기면 수확하고, 정유 채취는 개화가 시작되면 수확하는 것이 좋다. 수확의 강도, 즉 잎줄기를 자르는 정도는 식물의 세력에 따라 조절하는데, 이는 1년생 가지를 너무 과도하게 절단하면 다음 해의 생육에 지장이 있기 때문이다. 잎은 35°C 이상에서 건조하면 향기가 떨어진다. 수확물은 건조, 동결, 식초나 기름에 저장한다.

(6) 이용

로즈메리 꽃은 식용꽃으로 샐러드에 첨가하고, 신선한 잎은 닭과 칠면조, 양고기, 돼지고기 요리, 토마토 수프, 달걀요리, 감자 요리에 이용하고 각종 소스를 만드는 데 중요하다. 특히 이탈리아 요리에서는 필수적이다. 허브버터(herbal butter), 빵, 식초, 잼 만들기, 돼지고기나 송아지 고기의 장기간 보관처리에 사용한다. 오일은 아로마테라피, 화장품, 방향제 원료로 사용한다. 건조잎은 향신료, 차 제조, 향주머니, 향단지 등에 이용된다.

(7) 치유 적용

로즈메리는 민간요법에서 흥분제, 혈액순환 촉진제, 강장제로 많이 사용되고 있다. 로즈메리는 위액 생성, 담즙 생성, 이뇨 작용이 있으며, 특히 신경계와 혈액 순환을 도와 기억력을 좋게 하므로, 혹자는 수험생 허브라 부른다. 그 외에 치유가 곤란한 상처나 류머티즘, 혈액 순환, 신경계 문제, 우울증, 저혈압증에 효과가 있다.

로즈메리 줄기를 단을 묶어서 집구석에 두면 음이온이 발생해 방취 작용을 하므로 새집증후군 예방에 아주 좋다. 또는 오일을 거즈에 묻혀서 구석에 놓아도 좋다.

차로서는 1티스푼의 잘게 자른 잎을 끓는 물에 10분간 우려내어 식사 후에 1일 2~3회씩 마신다. 와인에는 50g의 잘게 자른 건조 잎을 넣고서 10~20일간 추출하거나, 150g의 신선한 잎을 1L와인에 10일간 우려낸 다음 매일 2~3잔 마신다.

목욕할 때는 1 주먹의 마른 잎을 2L의 물에 넣고 끓여서 목욕물에 붓고서 목욕한다. 외적으로 바를 때는 1 주먹의 건조 잎을 1L의 끓는 물에 10분간 우려낸 후 식혀서 사용한다.

2.10 로켓 샐러드(Rocket salad)

학 명: *Eruca sativa*	**영 명**: Arugula, rucola
과 명: Labiatae(꿀풀과)	**기타명**: 아루굴라, 루콜라

(1) 재배 역사

원산지는 지중해 연안이며, 유럽에서는 자생한다. 고대 로마 때부터 허브처럼 이용되었는데, 최음 효과가 있다는 문학적인 서술로 미뤄 중세 때는 수도원에서 재배를 금지하였다. 우리나라는 90년대에 일부 허브농장에서 재배하기 시작했고, 근래 화분에 심어서 허브로 판매되며 샐러드용으로 재배되고 있다.

(2) 식물적 특성

로켓 샐러드는 배추과의 1년생 초본식물로, 10~15°C에서 잘 자라는 호냉성 허브이다. 키는 40cm 정도 자라는데, 줄기에 털이 있다. 잎은 냉이 또는 어린 무 잎과 유사하며, 결각이 있고, 일장이 12시간 넘어가면 꽃눈이 분화하여 피는데 꽃색은 희다(**그림 2.16**a). 종자는 크기가 1.5~2mm이고, 천립중은 2.3g이다. 생육온도는 15~20°C이나 25°C가 적당하다. 얼지 않는 정도 온도에서 월동을 한다. 독특한 매운맛은 글루코시노레이트(glucosinolate)로, 이소티오시아네이트 엘루신(isothiocyanates erucin), 펜틸에틸이소시아네이트(phenylethyl-isothiocyanate), 설포라판(sulforaphane), erysolin이 주성분이다.

유사한 야생식물로서 배추과인 야생 로켓(wild rocket, *Diplotaxis tenuifolia*)이 있는데, 영년생으로 키는 재배종보다 작은 20cm 내외이며, 잎은 결각이 심하고 가늘며, 꽃은 노랗다(**그림 2.16**b). 종자는 작아 0.1~1.2mm이며, 천립중이 0.25g이고, 유럽에서는 야생 식물화 되어 있으나 영년생이므로 정원에서 많이 기른다. 중부지방 온실에서 무가온 월동이 된다. 정원에 재배하면 씨가 늦여름에 떨어져 다음 해 봄에 저절로 난다. 독특한 향은 글루코시노레이트그룹으로, glucosativin과 glucoerucin이 주성분이다.

(3) 품종

국가마다 다양한 품종이 제공되지만, 일반명을 붙이는 경우가 대부분이다. 한국인은 냄새가 강한 것을 싫어하므로 향기가 중간인 품종을 재배하는 것이 좋다. 야생종은 잎이 작고 향기가 강해 선호도가 낮지만, 영년생으로 번식력이 강해서 재배하기도 한다.

유럽에서는 잎의 결각이 매우 심한 야생 로켓을 재배하여 잎이 넓은 백색꽃의 로켓 샐러드와 혼합해서 판매되는 경우가 많다. 야생 로켓은 잎의 결각이 심하고 강한 향이 나며 노란색 꽃이 피는데, 재배종보다 맛이 맵다.

(a)

(b)

그림 2.16 (a) 로켓 샐러드(무잎과 유사, 흰꽃), (b) 야생 로켓(소엽, 노란꽃).

(4) 재배

작형은 노지재배와 시설재배로 분화된다. 한여름에는 노지재배가 곤란하므로 고랭지에서 재배해야 한다.

봄파종은 4월 초·중순에 줄뿌림을 하는데, 줄 간격은 30cm로 하며 파종 깊이는 0.5~1cm 정도가 알맞다. 그러나 흩어뿌린 다음 자라면 솎아 먹어도 좋다. 보통 씨를 뿌린 후 3주가 되면 새싹 채소로서 잎 길이가 10~12cm 되는 것을 수확하고, 40일 쯤에는 18~20cm 또는 그 이상된 것을 수확한다. 이때 지상에서 3cm 정도를 자르면, 다시 자라는 잎을 한 번 더 이용할 수가 있다. 그러나 계속해서 로켓 샐러드를 생산하려면 2주 간격으로 뿌리는 것이 좋다. 비교적 서늘한 기후를 좋아하므로, 기르는 동안 너무 더우면 약간 그늘지게 해주는 것이 필요하고 충분히 관수한다.

가을재배는 한여름에는 재배할 수가 없으므로, 8월 중·하순에 뿌려서 서리가 오기 전까지 수확할 수 있다. 겨울 월동재배는 5°C 이상만 유지하면 되므로 수막온실 재배가 가능한 작물이다. 다만 온도가 너무 내려가면 일부 잎이 황색이 되기도 한다. 흰가루병과 배추흰나비, 진딧물의 피해가 우려되면 초기에 방제한다.

시설재배는 겨울재배나 포트재배가 주로 이루어지며, 얼지만 않게 관리하면 된다.

시비량은 질소, 인산, 칼리, 마그네슘을 10-5-12-1kg/10a 정도 수준으로 원예용 복합비료를 사용하여 밑거름으로 뿌리고 재배하면 된다.

(5) 수확 · 저장

새싹(baby leaf)용은 잎의 길이가 10~12cm, 정상적인 수확은 16~18cm될 때에 실시한다. 새싹은 플라스틱 상자에 담아서 출하하고, 정상 크기의 것은 다발로 묶거나 상자에 넣어서 출하한다. 텃밭에서는 어느 정도 자란 아랫잎을 수확하고 물비료를 주면 상추처럼 여러 번 수확이 가능하다. 실내 포트재배는 수시로 수확하여 이용한다.

상온에서 하루가 지나면 시든다. 따라서 수확한 후 바로 비닐 포장하여 저온 유통을 하는 것이 중요하다. 수확한 후 씻지 않은 채 바로 랩에 싸서 냉장고(약 5°C)에 보관하면 4~8일 저장이 가능하다.

(6) 이용

꽃은 식용꽃, 잎은 주로 샐러드에 혼합한다. 혼합 가능한 샐러드 채소로는 상추, 엔디브, 치커리가 좋다. 피자 톱핑, 페스토, 파스타에도 첨가한다. 그러나 한국인은 사람에 따라 선호도에 차이가 난다.

(7) 치유 적용

주로 생체로 이용한다. 다양한 성분 가운데 루테인(lutein)과 제아잔틴(zeaxanthin)은 특히 눈 건강 유지에 좋으며, 전통적으로 이뇨와 위통 억제에 효과가 있다고 한다. 서양에서는 강장제 그리고 기침에 좋은 민간약으로 알려져 있다. 설포라판, 이소티오시아네이트 같은 성분을 많이 함유하여 폐와 식도암에 억제 효과가 있으며, 위장암 발생을 낮출 수가 있다고 알려져 있다. 뼈 건강(비타민 K)과 면역력 증대(비타민 C, 구리 등)에 좋다.

2.11 루(Rue)

학 명:	*Ruta graveolens*	**영 명:**	Rue, garden rue
과 명:	Rutaceae	**기타명:**	芸香(中)

(1) 재배 역사

레오나르도 다빈치와 미켈란젤로가 그들의 예술세계의 영감을 '루'라는 식물에서 얻었다고 극찬할 정도의 독특한 허브식물이다. 로마 카톨릭 교회의 성직자들은 루 줄기로 성수의 살수기로 이용했다. 학명의 *Ruta*의 라틴어 의미는 '그리스'라는 의미와 더불어서 '많은 질병, 열, 뱀에 물리는 것, 전염병으로부터 인간이 해방된다'라는 뜻을 가진다.

루를 마구간, 가정 내에 매달아 놓으면, 파리, 집 곤충을 쫓아 낸다.

중국에서는 독극물이나 말라리아의 해독제로 이용한다. 그리스에서는 정원에서 잘 자라는 루를 얻는 비밀은 이웃집에서 훔쳐 와야 한다고 믿고 있다.

(a) (b)

그림 2.17 (a) 루(꽃과 열매), (b) 반엽종. (출처: Glasshouse Works)

(2) 식물학적 특징

영년생 작물로 상록성인 루는 지중해 발칸지역이 원산으로 키는 90cm 정도이며, 기부에서 분지나 목질화가 이루어진다. 얇고 은은한 잎은 식물 전체를 드리우며 덤불 같이 된다. 밝은 노란색 꽃은 여름 중반에서 가을까지 피며 꼬투리를 만들어낸다(**그림 2.17**a).

호랑나비는 중부지방에서는 산초나무, 남쪽지방에서는 탱자나무에 알을 낳아 애벌레를 기르는데, 중부지방에서 루에 알을 까는 특성을 고려대학교 연구팀이 국내 처음으로 발견했다.

정유는 2-undecanone(77.18%), 2-decanone(8.96%), 2-dodecanone(2.37%)가 주성분으로 건조된 잎줄기에서 약 5%를 함유한다.

(3) 품종

유럽 국가마다 품종이 있는데, 'Blue Bound'는 회색의 푸른 잎과 일반적인 루와는 달리 치밀하게 자란다. 'Jackman's Blue'는 가장 푸른 잎을 가지고, 'Variegated' 품종은 녹색과 하얀 크림색의 얼룩진 잎을 갖는데, 대표적인 품종에는 'Snowy Rue'가 있다(그림 2.17b). 국내에는 특별한 품종 등록이 없이 일반종과 반엽종이 수입되어서 재배된다.

(4) 재배

루는 햇빛을 좋아하며, 배수가 잘되는 약산성 토양이 적합하다. 종자번식과 영양번식을 한다. 씨를 뿌리면 더디게 발아한다. 종자는 가을에 익어서 땅에 떨어지며 다음 봄에 스스로 발아하는 특성을 가진다. 영양번식은 봄에 분주하거나 늦여름에 삽목번식한다.

육묘한 식물의 재식 거리는 45cm 간격으로 하며, 추운 중부지방에서는 찬바람을 맞지 않게 하면 월동이 된다. 화분에 심어 기르면 실내 분화식물로도 가능하다.

(5) 수확 · 저장

여름 동안 잎을 수확하여 건조하여 저장한다. 종자는 과실이 황색으로 변하면 꽃대를 잘라서 그늘진 곳에 상부가 아래로 향하도록 망을 씌워 매달아 놓는다. 식물 상태에서 종자 꼬투리를 건조시킬 수가 있으나 과숙하면 과실이 자동으로 열려서 종자가 떨어지므로 꼬투리가 터지기 전에 수확해야 한다. 수확 시에 잎자루나 줄기에서 나오는 노란색 즙액이 피부에 묻으면 화상과 같은 물집이 생기므로 매우 주의한다.

(6) 이용

정원에 울타리용으로 이용된다. 종자는 러비지 또는 박하에 첨가시켜 닭 등의 가금류를 요리하기 전에 담그는 마리네이드(marinade)로 사용한다. 아주 적은 분량의 잎을 이용하여 치즈, 달걀, 고기요리를 하면 사향 냄새가 난다. 루는 식용으로 많이 사용하지 말아야 하는데, 이는 많은 양을 섭취 시 독성이 있기 때문이며, 특히 임산부에게는 위험이 따른다.

푸른 잎, 줄기, 노란색 꽃송이는 꽃꽂이 재료로 훌륭하며, 건조한 종자 꼬투리도 장식용 재료로 많이 사용된다. 뿌리로부터는 장미빛의 붉은 염료를 얻을 수 있다.

(7) 치유 적용

의학적으로는 차에 약간 넣으면, 입맛을 돋우며, 월경촉진, 담즙촉진제로 쓰인다.

차로는 개화기에 수확하여 말린 잎줄기 1~2스푼을 1/4L의 물에 넣어서 15분간 우려낸 다음, 매일 1잔씩 마신다. 신선한 줄기를 소주에 넣어서 추출하여 마시기도 한다.

주의할 점은 많이 섭취하면 어지러움이 나타나므로 주의하고, 임산부는 복용하면 안 된다.

2.12 마조람(Marjoram)

학 명: *Origanum majorana*	**영 명**: Marjoram, Sweet majoram
과 명: Labiatae(꿀풀과)	**기타명**: 花薄荷(中)

(1) 재배 역사

마조람의 원산지는 지중해 연안인데, 유럽, 북아프리카 그리고 서아시아 지역에 분포되어 있다. 속명인 *Origanum*은 Hippocrates(B.C. 460~377)가 사용하던 옛날 이름에서 유래한 것이며, 어원은 origanon으로 그리스어인 ros(山)와 ganos(즐거움)라는 뜻의 복합어이다. 영명 marjoram은 중세 라틴어인 majorana, 프랑스 고어인 majorane에서 유래되었다.

1차 대전 후에 에센셜 오일을 채취할 목적으로 인도에서 많이 재배하였으며, 미국도 2차대전 후에 이탈리아에서 귀국하는 병사들이 가져와 재배할 정도로 유럽 이 외에는 많이 알려지지 않은 허브였다. 국내에서는 80년대 고려대학교에서 필자가 처음 시험재배했으며, 90년대부터 허브 전문 농가와 허브 취미가들이 수입하여 일부 재배되고 있다.

(2) 식물학적 특징

따뜻한 지역에서는 다년생이지만, 우리나라에서는 1년생으로 식물의 크기는 30~40cm로, 잎은 달걀 모양으로 작고, 회색의 작은 털이 난다(**그림 2.18**). 대체로 식물체에서 잎이 차지하는 부분은 46~52%인데, 60% 이상 상승시키려는 것이 육종적 목적이다. 꽃은 매우 작고 6월에서 8월에 걸쳐 피는데, 색깔은 흰색 또는 옅은 장미 빛을 띤다. 꽃은 작고 둥근 꽃봉오리 3~5개가 군생한다. 종자는 작고 둥글며 담갈색을 띠는데, 길이는 0.75~1.0mm이며, 폭 0.75mm, 두께 0.5mm이다. 종자 1L의 무게는 560~610g이며, 1g의 종자수는 4,500~6,000립이다. 천립중은 0.14~0.4g이며, 발아기간은 21~28일 걸리므로 발아기간에 관리를 잘 해야 한다. 발아 시의 온도는 20°C~30°C로 변온을 제공하거나 20°C를 유지시킨다. 종자의 발아력은 2~3년간 유지된다.

개화 중의 생초 또는 건조한 것을 수증기로 증류하여 에센셜 오일을 얻는데, 생초에서는 0.3~0.4%, 건초에서는 0.7~3.5%의 에센셜 오일을 얻는다. 에센셜 오일 성분은 개화 후 4일째 최고에 달한다. 주성분은 품종에 따라 다른데, cis-sabinene hydrate(18.47%)와 terpinene-4-ol (24.24%)가 주를 이룬다. 또는 α-phyllandrene(8.87%), α-terpinene(7.37%), γ-terpinene(7.25%). terpinene 4-ol(6.33%), trans-sabinene hydrate(4.00%). carvacrol(2.25%)로 구성되며 재배 지역 간에 차이가 있다.

야생종(*Origanum vulgare*)은 오레가노라고 부르며, 재배종과 함께 약용, 방향유 채취, 향신료 또는 관상용으로 사용된다.

(3) 품종

마조람에 속하는 식물은 현재 9개 종이 보고되어 있는데, 우리가 주로 재배하는 종은 sweet marjoram으로 온대지역에서는 1년생이며, 대표종은 'Margeron Gentle'이 있다. 마조람은 garden marjoram, annual marjoram, knotted marjoram 등으로 불리며, 초장은 60cm 정도이고, 줄기는 약간 붉은색을 띤다. 잎은 2~4cm 정도이며, 꽃은 작고 백색이다. 달콤한 소나무나 귤향이 나며 향신료로 사용된다. 종자번식과 영양번식이 가능하다.

유럽에서 많이 기르는 품종에는 잎이 담록 또는 회녹색으로 줄기의 1/3이 목화(木化)하는 'Marcelka'(체코), 아래 줄기의 목화가 적은 'Miraz'(폴란드) 그리고 'Francia'(헝가리) 등이 있다.

(a) (b)

그림 2.18 마조람. (a) 마조람, (b) 꽃. (출처: Wikipedia)

(4) 재배

마조람은 토양의 양분이 많고, 통기성이 좋으며, 유기물이 많은 땅을 좋아하는데, 알맞은 토양산도는 pH 5.6~6.4이다. 아울러 비교적 따뜻한 기온을 좋아한다. 재배종 마조람은 서리에 민감하므로 파종할 때에는 서리의 피해를 입지 않게 온상에 파종한다. 가정에서는 실내에서 3월 말쯤 작은 플라스틱 상자에 10cm 깊이의 고운 흙을 준비해서 종자를 뿌린다.

광발아 종자이므로 얕게 흙을 덮어주며, 발아기간이 21일로 길기 때문에 종자를 뿌린 후 적당한 수분을 유지한다. 발아 적온은 20~30°C, 또는 20°C이다. 종자 파종량은 100m^2(30평) 면적에 재배할 경우는 온상조건에서 약 2~4g, 노지에 직파할 때는 60g이 필요하다. 씨는 매우 작기 때문에 직파할 때는 모래 6L에 종자를 1kg의 비율로 혼합하여 뿌려야 한다. 소규모 정원에서는 화분에 씨를 뿌려서 발아시켜도 된다.

씨뿌린 후에 싹이 많이 난 곳은 솎아주며, 잘 관리하다가 5월이 되어 서리 걱정이 없으면 정식한다. 정식할 때의 거리는 가정원예에서는 15 × 10cm로 하지만, 대단위 재배에서는 관리상의 문제로 25~30 × 15cm 간격으로 실시한다. 심을 때에는 한 개씩 심지 않고 2~3개씩 한꺼번에 심는다. 만일 3월 중에 씨를 뿌리지 못했을 경우는 5월에 뿌리는데, 이때는 7월쯤 정식을 하게 된다.

시비는 N-P-K를 10-10-12kg/10a 정도로 상추를 기르는 수준이면 충분하다. 전량 밑거름으로 주고 여름이 되면 1차 수확을 하는데, 수확을 한 후에 질소질 물비료를 적당히 주는 것이 좋다. 관리에서 중요한 것은 중경제초 작업이다. 관수는 노지의 경우, 과습하지 않게 관리해야 하므로 너무 자주 실시할 필요는 없다. 병해는 거의 볼 수 없으며, 해충도 거의 피해가 없다.

(5) 수확 · 저장

노지에서 첫 수확은 식물의 가지 끝에 작은 봉오리가 보이자마자 식물체 하단 10cm 정도를 남기고 절단하여 수확한다. 7~8월에 수확하면 10월경에 다시 한 번 수확할 수 있어, 연 2회 수확이 가능하다. 수확한 것은 작은 다발을 묶어서 신선하게 출하하거나 소규모 비닐 포장을 하여 판매한다. 가정에서 포트재배 시는 수시로 수확해서 이용한다.

가을에 서리가 오기 전의 수확은 식물체를 뿌리째 뽑아야 한다. 뿌리째 뽑은 마조람은 뿌리 방향의 줄기를 묶어서 말리는데, $100m^2$에 녹식물로는 100kg 정도, 건조한 식물로는 30kg 정도 얻을 수 있다. 대체로 대단위 재배에서 잎 수량은 ha당 2.2~2.6t이다. 이때 식물체에서 잎의 비율은 61~66%에 해당된다.

(6) 이용

식용은 어느 때나 가능한데, 잎과 연한 줄기를 함께 잘라서, 샐러드, 콩요리, 생선요리, 수프 등에 넣어 이용한다. 잎에는 많은 철분, 칼슘, 비타민 A와 C가 들어있다.

서양에서는 소시지에 건조한 마조람을 혼합하여 돼지고기 특유의 냄새를 없애는 데 많이 이용한다고 해서 '소시지 조미료식물'이라고도 부른다.

최근에는 우리나라에서 피자 등에 건조한 분말을 많이 이용한다. 일본의 경우, 에센셜 오일을 사용 시 음료에는 300ppm, 빵에는 400ppm, 소스에는 1,000ppm까지 사용한다.

공업적으로 비누향, 구취 제거제 등에 이용된다. 의학적으로 보면, 통증 완화, 기침 완화, 이뇨 작용, 소화 촉진의 효과가 있고, 외적으로는 통풍과 류머티즘에 사용된다.

(7) 치유 적용

차를 만들기 위해서는 1~2티스푼의 영양가 높은 건조한 잎(철 83mg, Mg 346mg, 비타민

A 8,068I.U., 비타민 C 51mg/100g: Farrell, 1985)을 1/4L 끓인 물에 넣고 5분간 추출시킨 후 1~2잔씩 매일 마신다. 연고제를 위해서는 1티스푼의 마조람 가루를 1티스푼의 와인에 넣고서 1시간 두었다가 1티스푼의 버터를 넣고 10분간 따뜻한 수조에 담근 후 여과시켜서 차게 해서 사용한다.

2.13 바질(Basil)

학 명:	*Ocimum basilicum*	**영 명**:	Basil, Common basil
과 명:	Labiatae(꿀풀과)	**기타명**:	羅勒(中)

(1) 재배 역사

바질은 영명(英名)으로 sweet basil 또는 common basil이라 불리는데, 열대 인도지역이 원산지로 알려져 있다. 그러나 현재 아시아 남부지역, 북농아프리카 그리고 북미에 널리 야생화되어 있다. 바질의 이용은 상당히 오래되어 이집트의 피라미드 속의 벽면 그림에 나타나고 있다. 고대 그리스인은 바질의 독특한 맛과 약리 효과에 대해 아주 높이 평가하였으며, 유럽에서는 12세기 이후부터 재배가 성행했다고 한다.

바질이라는 이름의 유래를 그리스어의 basileus에서 찾을 수 있는데, 이는 그 왕가에서 독특한 향을 갖는 바질을 많이 사용했기 때문이라고 한다. 또 다른 설은 라틴어로 basilisca에서 왔다고 하는데, 이는 Basilisk(사람을 죽이는 전설상의 무서운 동물)의 독기를 없애는 효과가 있는 상상의 약초의 이름에서 따왔다고 한다. *Ocimum*은 '향기를 갖는'이라는 뜻의 그리스어 동사에서 유래한다. 유래에서 보았듯이, 독특한 향이 나는 바질의 국내 유래는 기록이 없으며, 첫 연구는 고려대학교에서 수행되었다(박과 김, 1984).

(2) 식물학적 특징

바질은 꿀풀과(Labiatae)에 속하는 식물로, 크기는 30~150cm인 1년생 식물이나 아열대에서는 영년생이 있다. 식물 전체에서 짙은 향기를 풍긴다. 줄기는 둔한 사각형으로 들깨줄기와 유사하게 생겼으며, 아래 줄기는 목질화(木質化)하고 녹색 또는 자색을 띤다. 잎은 대생으로 달걀 모양이며, 길이는 2.5~7.5cm이고, 폭은 2~3cm로서, 잎가장자리는 둔한 거치(鋸齒)를 갖고 긴 엽병(葉柄) 끝에 달린다. 잎의 뒷면에는 회녹색 유포(油胞)가 오일(精油)을 담고 있으며, 색깔은 녹색과 자색이 있다.

꽃은 들깨처럼 줄기 위쪽에 피는데, 화서(花序)는 윤상화서(輪狀花序; Verticillaster)로서 6~8개의 꽃이 약간의 간격을 두고서 윤생(輪生)으로 생기는데, 꽃색은 흰색 또는 옅은 붉은색을 나타낸다. 6~9월에 개화하는데, 우리나라에서는 씨가 곧잘 생긴다. 꽃은 작고 화관(花

冠)은 통상(筒狀)이다. 열매는 소견과(小堅果; nutlet)로서 흑색의 난원형이다.

종자는 작아서 1g에 700~1,000립으로, 길이는 1.5~2mm, 너비는 1~1.5mm, 골의 깊이는 1mm이다. 종자의 순정률(純正率)은 93%이며, 발아율은 60~80%이다. 천립중의 무게는 0.8~1.6g이며, 1L의 무게는 580~600g이다. 종자발아는 보통 14일이 걸리며, 발아시 온도는 최저 20°C, 최고 30°C 범위에서 변온(變溫)이 적당하며 광발아 종자이다. 저장조건이 좋은 상태로 종자를 보관하면 수명이 4~5년 가는 장명(長命) 종자이다.

바질유는 황록색의 액체로, 물에는 녹지 않으나 알코올에는 녹는다. 바질은 0.2~0.45%의 에센셜 오일을 포함하고 있는데, 주성분은 linalool과 methylchavicol(estragole)으로 3:1의 비율로 함유한다. 그 이외 1,8-cineole, eugenol(정향 냄새), myrcene을 함유한다. 바질의 정유 함량은 토양, 재배 방법, 재배 조건 등에 따라 차이가 난다(백, 2002).

(3) 품종

바질은 다양한 종이 있으며, Simon 등(1999)이 약 42종으로 분류하여 특징과 함유 성분표를 정리하였다. 그 가운데 *Ocimum basilicum*에 해당되는 바질은 sweet basil을 비롯하여 22종을 제시하고, 키가 작은 미니 바질(***O. minimum***)은 4종류, lemon basil 종은(***O. x***

그림 2.19 바질 품종. (a) 스위트 바질, (b) 타이 바질, (c) 부쉬 바질, (d) Purple ruffles.

citroidorum) 4종류, 계피향이 강한 종(*O. americanum*) 3가지, 기타 6종을 제시하였다. 그 가운데 중요한 몇 가지 품종에 대해서만 간단하게 소개한다(그림 2.19).

① **Sweet basil:** 국내서 가장 많이 재배되며, common basil이라고도 불린다. 일반적으로 이탈리아 요리에 들어가는 바질은 대부분 스위트 바질이다(그림 2.19a). 잎은 진한 녹색으로 크고, 키는 약 50cm이며, 정향 냄새가 난다. 개화하는 데 100일 걸린다.

② **Opal basil:** 잎은 자주색이고, 꽃도 자주색이다, 키는 35cm, 99일이면 개화한다.

③ **Purple ruffles:** 자소처럼 잎과 꽃이 자주색으로 매우 달콤한 향을 가지고 있으며, 키는 34cm, 개화는 134일이 필요하다(그림 2.19d).

④ **Lettuce leaf basil:** 잎이 커서 샐러드용, 키는 41cm이고, 개화는 105일이 필요하다.

⑤ **Bush basil:** 잎이 밀생하며, 바질 중에서 가장 작은 종류이다. 키가 23cm이며, 흰 꽃이 핀다. 개화에 109일이 필요하다(그림 2.19c).

⑥ **Lemon basil:** 레몬향이 나며, Maenglak Thai Lemon도 여기에 해당되며, 키는 50cm 정도이다. 품종에 따라 73~96일이 지나 개화한다. 타이종은 조기 개화한다.

⑦ **Cinnamon basil:** 계피향이 나며, 멕시코에서 많이 먹는다. 잎은 녹색 줄기는 자색이고, 꽃은 핑크색으로, 86일이면 개화한다.

⑧ **Licorice basil:** 잎은 녹자색으로 감초맛을 내는데, Persian basil이라고도 하며 개화에 필요기간이 102일이다.

⑨ **Tai basil:** 잎은 녹색, 줄기는 자색이고, 꽃은 핑크색이다. 키는 품종에 따라 다른데, 보통 36~52cm이다. 일반종은 바질과 같은 linalool 향을 가지지만, Richters 계통은 methylchavicol(90%) 향을 가져서 매우 강하다(그림 2.19b).

품종 선택은 신선한 잎 생산과 건조잎 생산 등 사용 목적에 부합한 것을 선택한다.

(4) 재배

바질 재배는 포트재배와 노지재배로 나뉜다. 포트재배는 유럽과 미주에서 주로 하는데, 포트에 20여 립 종자를 파종하여 본 잎이 생기기 시작하면 시장에 출하한다. 소비자는 포트를 구입하여 창가에 두고서 수시로 뽑거나 절단하여 이용한다. 노지재배는 원산지가 열대지역이므로, 서리의 위험이 없는 기간만 재배가 가능하다.

노지재배에서는 종자를 3~4월에 온상이나 온실 내의 파종상을 이용하여 파종해서 육묘하한다. 정식은 서리의 위험이 없는 5월 초에 실시하는데, 심는 간격은 20 × 20cm 또는 25 × 25cm가 좋다. 1m^2 파종상에 6~7g의 종자를 뿌리면, 100m^2(약 30평)에 심을 어린 묘를 얻을 수 있다. 밭에 직파는 5월 초에 실시하며, 육묘 시보다 많은 종자가 필요하다.

영양번식도 가능한데, 줄기를 삽목하면 2주 만에 발근한다. 포트에 육묘한 식물이나 발근한 삽목 묘를 수경 베드에 심고, 상추 전용 양액을 사용하면 수경재배가 잘 된다(박과 김, 2017).

바질은 들깨처럼 단일에서 화아가 형성되므로 겨울재배는 늦여름 파종 후 잎이 2~3매 단계부터 야간에 8~9시, 11~12시 두 시간 정도 조명으로 장일처리를 하며, 온도는 18°C 이상 유지하면 계속해서 잎 생산을 할 수 있다.

바질은 유기물이 많은 사양토가 알맞는데, 10a당 퇴비 2,000~3,000kg, 질소(N), 인산(P_5O_5), 칼리(K_2O)를 각각 3~5, 6~8, 12~16kg씩 준다.

병해는 가끔 여름철에 줄기썩음병, 회색곰팡이병, 흰가루병이 발생하지만 큰 문제가 되지 않으며, 다만 진딧물이 발생하므로 총론에서 언급한 친환경 방법으로 방제한다. 텃밭에서 바실을 토마토와 같이 기르면 동반식물로서 토마토의 병충해를 방제한다.

가정원예에서는 화분에 심어서 햇빛이 잘 드는 창가에 두어 기를 수 있다. 특히, 독특한 향기 때문에 실내재배에 있어 큰 의미를 갖는다.

(5) 수확·저장

포트재배는 수시로 수확하고, 노지재배도 수확은 어느 때나 한다. 그러나 정식 후 약 6주부터 잎을 따며, 건조용은 품종에 따라 개화시기가 다르지만 개화 직전이 수확 최적기이다. 생체로 출하할 때는 신선도를 유지하는 것이 중요하다. 보통 줄기를 절단하여 단을 묶어서 출하하는데, 하루가 지나면 마른다. 따라서 비닐 포장을 해서 유통하는 것이 좋다. 바질 잎은 잘 건조시켜 냉동해야 하며, 가정에서 말리기 위해서는 종이가방 안에 거꾸로 매달아 두며, 말린 것은 유리병에 담아서 건조하게 보관했다가 사용한다. 대량으로 건조할 때는 43°C 이하에서 인공건조해야 향기 성분이 어느 정도 유지된다. 호온성 작물이므로, 냉장고에 두면 잎이 까맣게 변하므로 12°C 정도 온도를 유지해야만 잎색이 변하지 않는다.

(6) 이용

어린 잎을 주로 이용한다. 너무 늙은 잎은 향기가 매우 강하고 거칠게 되므로 어느 정도 자랐을 때 이용한다. 바질은 반드시 신선한 잎을 생으로 이용해야 하며, 절대 끓여서는 안 된다. 유통되는 건조한 잎에 Fe 42mg, Mg 422mg, 비타민 C 61mg, 비타민 A 9376I.U./100g이 들어 있다(Farrell, 1985). 그러나 바질은 소회향(dill)과 달리, 건조할 경우 독특한 맛을 잃는 것이 단점이며, 끓는 물에 살짝 데쳐서 냉동저장 후에 요리한다.

신선한 잎을 잘게 자른 바질은 토마토 샐러드에 좋고, 토마토 가공품과 너무 잘 어울리는 조미료 식물이다. 그 외 아티쵸크, 브로콜리, 당근, 양배추, 감자, 콩, 시금치, 호박요리 등에도 첨가시켜 먹을 수 있다. 각종 채소 샐러드와 고기요리, 소스 등에 넣어 이용한다. 이탈리아 요리인 스파게티, 피자에는 필수 허브이다. Caprese는 바질, 치즈(mozzarella), 토마토를 3층으로 만들어서 먹는 이탈리아 샐러드로 이탈리아 국기인 녹, 백, 적색과 같아 이탈리아인에게는 의미있는 요리이다. 태국에서는 쌀볶음밥에 많이 이용한다. 추출된 오일은 빵, 푸딩, 아이스크림 등에 다른 향과 혼합하여 사용한다. 화장품에 혼합되기도 한다. 신선한 바질은 향이 진하지만, 건조한 바질은 향이 옅어지므로 요리할 때 이를 고려한다.

(7) 치유 적용

바질 차를 만드는 법은 건조한 바질 잎 1~2티스푼을 1/4L의 80°C 물에 넣고 10~15분간 우려내어 추출시킨다. 차로 매일 2~3컵을 마시면, 신경안정, 두통 및 통증 완화, 이뇨 작용, 위액 분비 촉진. 신경통, 간기능 촉진 등의 효과가 있다. 에센셜 오일을 이용한 치료는 아로마테라피 편을 참고하기 바란다.

팅크제를 만드는 법은 20g의 말린 잎을 80ml 알코올(70%)에 10일간 넣고서 우려낸 후 걸러서 병에 담고 보관하면서 작은 스푼 절반 가량을 매일 섭취한다.

2.14 박하(Mint)

학 명:	*Mentha* spp.	**영 명:**	Mint
과 명:	Labiatae(꿀풀과)	**기타명:**	香荷菜(中)

(1) 재배 역사

박하는 그 종류가 매우 다양하여 전 세계적으로 약 40여 종이 있다. 이들의 원산지는 유럽의 지중해 또는 서아시아 지역으로 알려져 있으며, 인류에 의해 약 2천 년 전부터 가꾸어져 왔다고 한다. 성서(聖書)에서도 그 재배 기록을 찾아 볼 수 있다.

학명의 *Mentha*는 Theophrastus(B.C. 372~287)가 그리스 신화에서 Pluto 신의 사랑을 받은 여신인 Mintha의 이름을 따서 붙인 것이라고 한다. 그런 만큼 그리스, 로마인들이 즐겨서 이용했으며, 유럽 전역으로의 전파 또한 로마인에 의해 이루어졌다. 그 후 북미, 아시아의 열대지역에 전파되어, 현재는 세계 각국에서 박하유의 생산을 목적으로, 또는 조미료 식물로서 가꾼다. 국내는 2차대전 전에 많이 재배했으나 지금은 면적이 많지 않다.

박하의 채소로서 이용은 우리에게는 생소하나, 유럽의 경우는 박하 잎 또는 박하 새순을 많이 사용하는 편이다. 지중해 인근의 이집트, 아랍에서는 다양한 종류의 박하 잎을 뜨거운 물에 넣고 다량의 설탕을 첨가하여 독특한 박하의 향취를 즐기기도 한다. 또한 북미 지역에서는 칵테일을 만들 때 어린순을 첨가하여 즐긴다.

(2) 식물학적 특징

박하는 꿀풀과에 속하는 다년생 숙근초(宿根草)이며, 식물 전체에서 독특한 박하 향기를 낸다. 박하의 기부(基部)는 포복성(匍匐性)이며, 보통 줄기는 사각형이고, 윗부분은 곧게 자라서 높이가 약 60cm에 달한다. 잎은 장타원형이고, 끝은 뾰족한 편이므로 대생(對生)이며, 잎 가장자리에는 거치(鋸齒)가 있다. 잎의 크기는 종류에 따라 다르다. 꽃은 수상화서(穗狀花序)로서 작은 꽃이 계단상(階段狀)으로 돌려나며, 꽃잎은 4편으로 꽃받침은 5편으로 갈라져 있다. 꽃색은 복숭아색(桃色)이거나 짙은 보라색이며, 개화 후에 둥글고 작은 종자를 맺는데, 수정은 보통 개화 후 3일경에 잘 된다.

종자는 매우 작아 천립중(千粒重)이 0.13g 밖에 안 된다. 발아하는 데는 20~30°C의 변온이 좋은데, 발아기간은 최대 21일 걸린다. 토양수분은 최대용수량의 80%가 알맞다.

식물 전체에서 나는 향기는 박하향으로 다소 쏘는 듯한 맛을 나타낸다. 입으로 씹을 때 시원한 느낌을 주는 것은 멘톨(mentol)의 작용 때문이다. 박하 식물은 쓴맛과 2.5%의 에센셜 오일(精油)를 함유하는데, 그 주성분은 mentol과 mentone이다. 지금까지는 박하를 박하유의 추출로서 중요하다고 생각했으나, 의외로 어린 잎줄기는 채소로서 그 가치가 높다. 영양가를 보면, 박하의 한 대표적인 종류인 스피어민트(spearmint)의 경우 생잎에는 수분이 83%, 단백질 4.8%, 지방 0.6%, 섬유 2.0%, 탄수화물 8.0%, 무기물질 1.6% 그리고 100g당 비타민 A가 2,700I.U., 비타민 C는 50mg이다.

박하는 종류별로 정유의 성분이 다른데, 이들 각각의 주요 성분을 보면 **표 2.1**과 같다. 대체로 fieldmint가 정유 수율 1.3~1.6%로 가장 높고, menthol 성분은 최고 85%를 함유하여 스피어민트나 페퍼민트보다 정유 수율과 menthol 함량이 높다. 그래서 fieldmint는 주로 정유 추출용으로 재배한다.

표 2.1 박하 종류별 에센셜 오일 함량

학명	*M. spicata*	*M. piperita*	*M. arvensis*
이름	Spearmint	Peppermint	Fieldmint
에센셜 오일 수율	0.6~0.7%	0.3~1.0%	1.3~1.6%
에센셜 오일 성분	Carvone(55~70%)	Menthol(53~65%)	Menthol(65~85%)
정유 주성분	Limonene(20~30%) Cineole α-, β-Pinene	Methyl acetate 포함, 3.1~9.2% Menthone 포함, 17.3~21.0% Limonene, Cineole, α-Pinene	Methyl acetate(3~6%) Menthone(6~15%) Limonene

(3) 품종

박하속은 북반구에 약 25~40여 종이 있으며 다양하다. 왜냐하면, 박하속은 용이하게 교잡이 되어 잡종을 만들기 때문이다. 중요한 민트는 다음과 같다(**그림 2.20**).

① **Spearmint(*M. spicata*):** 초장 60~90cm 정도로 자라며, 약간 자색의 4각형 줄기를 갖는다. 엽장은 5~9 cm, 엽폭은 1.5~3 cm이다. 잎은 털이 없고 밝은 녹색을 띠며, 꽃은 보라색이다. 요리에 사용되며, 민트 중 향이 가장 좋다(**그림 2.20**a).

② **Peppermint(*M. piperita*):** Spearmint와 watermint 교잡종으로 초장은 90cm, 엽장은 2.5~7.5cm 녹색이며, 스피어민트보다 잎이 뾰쪽한 타원형이다. 엽맥은 약간 자색이고, 줄기도 자색이나 국내에는 녹색 품종도 많다. 스피어민트보다 강한 박하향을 낸다. 줄기가 짙은 자색일수록 녹색보다 향이 높다(**그림 2.20**b).

③ **Water mint(*Mentha aquatica*):** 유럽의 습지에서 잘 자란다. 키는 90cm, 가지가 잘 안 생기고. 줄기는 녹색–자색이며, 잎은 타원–장타원형이고, 꽃은 자주색이다.

④ **Field mint or corn mint(*M. arvensis*):** Wild mint라고도 한다. 직립성이며, 키는 60 cm이다. 잎은 장타원형이며, 연한 자죽색 꽃이 잎 아래에 붙어서 피는 특징이 있다.

⑤ **Japanese mint(*M. arvensis* var. *piperascens*):** Field mint보다 직립성이고, 견고해 보이며, 키는 75cm 정도까지 자란다. 잎은 암록색이며, 엽폭이 좁고, 뾰족하며, 꽃은 엷은 자주빛이며, 소용돌이 모양을 하고 있다.

(a) (b) (c) (d)

그림 2.20 박하. (a) 스피어민트, (b) 페퍼민트, (c) 파인애플민트, (d) 코르시카 민트. (출처: Wikipedia)

⑥ **Scotch mint(*M. gentilis*):** 줄기는 가느다랗고, 직립성이며, 자줏빛을 띠고 있으며, 키는 60cm 정도이다. 잎은 타원형이며, 암록색이고, 잎 가장자리가 톱니 모양이며, 꽃은 엷은 자주빛이다.

⑦ **Golden mint(*M. gentilis varigata*):** 초장은 30cm로 낮게 퍼져 자라고, 잎은 부드럽고 노란 줄무늬가 엽면에 있으며, 꽃은 연한 자줏빛이며 과일향을 낸다.

⑧ **Horsemint or hairy mint(*M. longifolia*):** 초장은 60~90cm이고, 잎과 줄기는 연한 회색빛의 털로 덮여 있으며, 타원형의 잎을 갖는다. 꽃은 연한 자줏빛이다.

⑨ **Bergamot mint(*M. piperita citrata*):** 줄기는 자색을 띠며, 60cm 정도의 초장을 갖는다. 잎은 타원형이고, 암록색이며, 잎 가장자리는 붉은색을 띤다. 자줏빛의 꽃은 여름철 중기와 말기에 피며, 귤과 같은 향을 띤다. 오데코롱 민트라고도 한다.

⑩ **Pennyroyal(*M. pulegium*):** 포복성으로, 초장은 15~30cm 정도이고, 줄기는 적색, 잎은 암록색이며, 엽장은 2.5cm 정도이다. 자줏빛이나 적색을 띠는 꽃을 가지며, 강한 민트향이 난다. 소스로 쓰이지만, 다량 섭취하면 유독하므로 유의한다.

⑪ **Corsican mint(*M. requienii*):** 코르시카 원산으로 포복성이다. 초장은 3~10cm로 지피식물로 사용한다. 잎은 2~7mm로 작고, 둥글며, 밝은 녹색이고, 작은 자줏빛의 꽃이 핀다. 알콜음료 'crème de menthe'의 향을 내기 위해 사용하며 요리에 이용된다(**그림 2.20**d).

⑫ **Curly mint(*M. spicata* 'Crispata'):** 생육이 빠르며, 초장은 60cm이다. 잎은 넓고, 주름이 있으며, 꽃색은 연한 자줏빛으로 강한 박하향을 낸다.

⑬ **Apple or round-leafed mint(*M. suaveolens*):** 초장은 60cm로, 생장점 부근 잎과 줄기에 흰 잔털이 나고, 잎은 둥글고, 엽맥이 뚜렷하며, 과일과 박하향이 난다.

⑭ **Pineapple mint(*M. suaveolens* 'Variegata'):** Apple mint보다 가늘게 자란다. 초장은 40cm이며, 잎은 작고, 가장자리에 흰색이 돈다. 생육 초기에는 파인애플향이 나지만, 생육이 진행될수록 민트향으로 변한다(**그림 2.20**c).

그 외에도 일본 민트 등 국가명을 붙인 것이 각처에서 다양한 품종명으로 재배된다.

(4) 재배

박하는 습기를 충분히 가진 유기질이 많은 토양을 좋아하지만 토질을 가리지 않는다. 그러나 배수는 잘 되는 땅이 좋다. 토양산도는 pH 6.5가 알맞다. 번식은 종자로 할 수도 있으나, 주로 삽목, 분근(分根), 분묘(分苗)법을 이용한다. 종자번식은 종자를 트레이나 플러그판에 파종하는데, 종자가 매우 작아서 얕게 파종하고 7~14일이 지나면 대부분 발아하나 늦은 것은 21일이 되어야 발아한다. 2개월 정도 길러서 큰 포트에 옮겨 심거나 노지에 정식할 수 있다. 삽목번식은 종자번식보다 단기간에 성묘를 얻을 수 있는 장점이 있는데, 최소한 한 마디를 가진 것을 10cm 정도 길이로 잘라서 묘판에 꽂으면 약 1~2주일이면 발근한다.

분근법은 가을에 수확 후 뿌리를 캐내서 절단하여 바로 심는 방법이며, 분묘법은 월동 전에 박하를 파내서 비옥하고 양지 바른 곳에 심었다가 봄에 싹이 나면 뿌리가 일부 달린 싹을 쪼개서 심는 방법이다. 뽑아서 관리하지 않은 채, 노지에서 직접 월동시킨 후 봄에 새순을 뿌리에 붙여 잘라서 심어도 된다.

파종묘나 삽목묘는 주로 봄에 심는데, 이랑 넓이를 45~60cm, 포기 사이를 10 × 15cm로 심는다. 가정원예에서 채소용을 목적으로 재배할 때는 10 × 10cm 정도 간격으로 촘촘하게 스티로폼 또는 플라스틱 상자에 심어서 연한 잎줄기를 자주 잘라서 요리나 차로 이용한다.

시비는 정식 전에 유기질 비료를 충분히 주며, 대단위 가공용 재배에서는 잎을 기계로 수확한 후 물비료(液肥)를 줘야 재생력이 증진된다.

관리상 주의점은 잡초 방제와 가물 때는 충분히 관수하는 것이다. 연한 어린순을 채소로 이용할 경우에는 관수를 자주 해야 너무 진한 박하향이 나지 않아 샐러드로 이용하기 좋다. 제초제는 박하향을 나쁘게 하므로, 대단위 재배에서는 특수하게 만든 써래 같은 것을 이용해서 잡초가 나기 시작하면 민트가 어릴 때 고랑 사이를 긁어서 뿌리를 잘라서 말려 죽인다.

(5) 수확 · 저장

여름에 가장 번성하여 꽃봉오리가 오르기 직전에 잎과 줄기를 절단하여 다발 또는 PE 포장을 하여 출하한다. 음지에서 말린 후에 용기에 마른 잎을 담아 보관한다. 말리지 않은 신선한 상태의 잎이 마른 잎 보다 향기가 좋아서 생잎을 플라스틱 그릇에 담아 얼려서 저장했다 사용한다. 노지에서 재배하는 공업용 박하는 6, 8, 10월에 3회 수확한다.

정유 추출용은 박하의 주성분인 멘톨이 꽃피기 전에 함량이 가장 높으므로, 이것을 감안해서 수확기를 정한다. 절단한 잎과 줄기는 바로 정유를 추출하거나 건조하여 분말로 제조한 다음, 차나 향신료의 가공에 사용한다.

(6) 이용

채소용은 박하 싹이 약 10~15cm 자랐을 때 채취하여 소스에 넣어 이용하거나 양고기 등에 섞어 요리한다. 특히, 서양요리에서 뷔페식으로 차릴 경우에 음식 주변을 장식하면 향을 내서 좋다. 가정에서는 말려서 조미료용, 박하차 등으로 이용한다. 그 외 채소, 가금류, 양, 긴, 치즈요리에도 이용할 수 있다.

약학적으로 구풍제, 항경련제, 발한제, 항구토제, 진통제, 신경안정제, 항진균제로 사용되고, 공업용으로는 각종 식품첨가물, 방향제, 가글용, 음료 등에 광범위하게 사용된다.

Peppermint는 껌, 아이스크림, 담배 등의 향으로 사용하며, 캔디를 만들어 크리스마스에 사용하기도 하고, 방이나 창에 걸어 방향제로 사용한다.

Spearmint는 에센셜 오일을 뽑아서 감기 치유에 관련된 제품을 만드는 데 쓰인다. 그 외 치약, 젤리, 껌, 알코올 또는 비알코올 음료 제조 및 소화제에 쓰인다.

(7) 치유 적용

의학적인 효과는 식욕부진 시 소화촉진에 좋고 위장, 간장, 담낭에 좋은 차의 원료로 쓰인다. 그 외 통증 완화나 염증 완화에 사용된다. 박하 차는 1스푼의 건조 잎을 1/4L 끓는 물에 넣고서 10분간 우려내어 매일 3회 한 잔씩 마신다. 그러나 계속적으로 많이 마시면 안 된다. 과다한 멘톨은 위장 내 염증을 가져올 수 있다. 민간요법에서는 박하잎을 관절염이나 통증 환부에 짓이겨 붙이고 거즈로 묶어 치료하기도 한다.

박하유는 아로마테라피에 많이 사용하는데, 아로마테라피 각론을 참고하기 바란다.

2.15 방애잎(배초향)

학 명: *Agastache rugosa*	영 명: Korean mint
과 명: Labiatae(꿀풀과)	기타명: 방아풀, 방아잎, 배초향, 土藿香(中)

(1) 재배 역사

방애잎은 동남아(한국, 중국, 일본, 베트남)가 원산지로, 잎에서 강한 향기를 낸다. 우리나라 남쪽지방에서 향신채로서 사용되어 왔으며, 한방에서도 약제로 사용되었으나 정확한 역사적인 기록이 별로 없다. 허브 중에 유일하게 한국명이 붙은 허브(Korean mint)이다.

(2) 식물학적 특성

다년생 초본식물로서, 줄기가 사각형으로 모가 지고 곧게 서는데, 가지가 마디에서 많이 생긴다. 식물의 크기는 1.5m에 달하고, 잎과 줄기에서 강한 향이 난다. 잎은 마주보기이며, 잎자루가 길다. 잎 모양은 들깨잎 같지만 다소 작고 심장형이다. 옆폭은 7~10cm, 길이는 11~13cm 정도이다. 꽃은 들깨꽃 같이 수상(穗狀)이고, 색깔은 보라색이며, 7~9월 한여름에 피어 좋은 밀원식물이기도 하다. 최근에 백색꽃 품종(키 60~90cm)이 육성되어 해외에서 판매된다. 병충해에 강하나 흰가루병이 나타나기도 한다. 방애잎을 말린 것은 일본에서 배초향(排草香)이라 하고, 중국에서는 곽향 또는 토곽향이라 한다.

식물체의 건물율은 재배 시기에 따라 다르지만, 18~24% 정도이며, 수경재배한 방애잎의 무기염 함량을 보면, 신선한 100g 식물에 NO_3 167~232mg, P 136~177mg, Ca 3.2~4.6mg, K 12~14mg, Mg는 0.7~0.9mg이 들어있다(Lee, 2001). 그리고 비타민 C는 35~48mg/100g F.W(생체중) 정도로 배추보다 다소 많이 들어있다.

에센셜 오일은 전초의 0.2~0.5%로서, 주성분은 estragole(49.42%), hydrocarbons limonene(12.52%), β-caryophyllene(6.49%)이다. Lim 등(2013)은 잎에는 methylchavicol(84.25 %), 2-phenyl propionaldehyde, trans-caryophyllene, 꽃에는 methylchavicol(57.94 %), anethole, L-limonene and trans-caryophyllene처럼, 부위별로 성분 차이가 있다고 했다.

(3) 품종

한국과 중국 등 녹색종이 재배 지역에 따라 잎 모양이나 크기가 다소 다른 것이 있다. 등록된 품종은 꽃색이 자색종(재래종, **그림 2.21**a)과 백색종이 있다. 백색종(*Agastache rugosa* 'Alba')은 미국에서 육성되어 보급되었다(**그림 2.21**b).

조경용 아니스 히솝(anise hyssop, *Agastache foenicum*)은 꽃의 길이가 방애풀보다 길고 균일하며, 꽃색은 자색과 백색종이 있고, 잎색은 녹색과 황금색이 있다(**그림 2.21**c).

(a) (b) (c)

그림 2.21 (a) 방애잎 자색꽃종, (b) 백색꽃종(alba, Gardenia), (c) 황색잎 종(anis hyssop).

(4) 재배

방애풀은 9~10월에 종자를 채취해서 봄에 파종한다. 자연 상태에서는 가을에 종자가 떨어져서 봄에 스스로 발아한다. 남쪽에서는 포기가 땅속에서 국화처럼 월동을 한다.

재배를 위해서는 종자를 이른 봄철 묘상이나 큰 포트에 뿌려서 1개월간 육묘했다가 어린 묘를 줄 간격 50~60cm, 식물 간격 20~30cm로 심는데, 종자용은 더 넓게 심는 것이 좋다. 소규모 가정재배의 경우는 시비하지 않아도 잘 자란다.

대단위 재배 시는 10a당 퇴비 4,000kg에 질소, 인산, 칼리를 10-10-10kg 수준으로 시비한다. 비료는 절반을 밑거름으로, 절반은 고랑이 잎으로 무성해지기 전에 주는 것이 좋다. 씨가 충분히 여물면 식물을 잘라서 들깨처럼 말린 후 씨를 받는다.

(5) 수확·저장

방애풀은 잎이 어느 정도 자란 다음에 필요시는 어느 때고 수확한다. 개화 직전에 위쪽의 잎과 줄기를 채취해서 음지에서 건조를 시킨 다음, 3~5cm로 잘라서 병 속에 저장할 수 있다. 그 외 식초에도 잎을 넣어 이용할 수가 있다.

(6) 이용

잎을 채취해서 생선요리, 특히 추어탕이나 메기, 장어탕처럼 비린내가 나는 생선 요리의 비린내를 없애 주는 목적으로 많이 사용한다. 그 외 강장주와 베르무트(vermouth, 버무스, 백포도주에 허브를 가미한 술) 제조에 사용한다. 신선한 잎을 잘라서 샐러드로, 꽃은 식용 꽃으로 튀겨 먹는다. 향이 좋아서 서양에서는 포푸리 재료로 사용한다.

조경용 anise hyssop는 수입하여 재배하는데, 꽃의 개화 위치가 일정하여 예쁘다.

(7) 치유 적용

한방에서는 청량 해열약으로 감기, 두통 등에, 그리고 건위약으로는 소화불량, 구토 진정, 식상(食傷), 복통 등에 치료제로 이용된다. 서양에서는 이뇨제, 방광 결석 치료제, 발한제. 진정제로 사용한다. 이용은 주로 개화 전 잎과 줄기를 건조하여 차로 마신다.

2.16 백리향(Thyme)

학 명:	*Thymus vulgaris*	**영 명**:	Thyme
과 명:	Labiatae(꿀풀과)	**기타명**:	木立百里香(中)

(1) 재배 역사

우리가 조미료용으로 재배하는 백리향의 원산지는 남부 유럽의 지중해 연안이며, 서아시아, 북아프리카 등에 분포하고 있다. 현재 유럽에는 약 66종이 있다고 하는데, 알프스의 고산지대, 그리고 국내에서는 울릉도에 자생하고 있다. 이웃 일본에도 1종이 자생한다.

이용역사를 보면 고대 이집트시대 때 부터 이용했는데, 고대 무덤에서 흔히 발견되고 있어 조미료뿐 아니라 죽은 자에게 뿌리는 향수로 많이 사용한 것으로 추측이 된다.

학명인 *Thymus*는 그리스어의 thymos에서 유래했는데, 이것은 "기분" 또는 "힘"이라는 뜻이다. 이와 같은 의미가 풍기듯이, 백리향은 약용 또는 조미료로서 고대로부터 높이 평가된 것 같다. 고대 그리스인들은 백리향을 특정한 치즈에 넣어서 먹었고, 여러 가지 음료수에 혼합하여 애용했다. 유럽으로의 전파는 로마인이 북유럽을 정복하면서 이루어졌다.

우리나라에도 야생종이 있으나 거의 이용하지 않는다. 재배종은 수입 재배 기록이 분명치 않다.

(2) 식물학적 특성

백리향은 꿀풀과에 속하는 상록성으로 반쯤 목화된 줄기를 갖는데, 보통 줄기는 땅 위에 붙어서 기는 듯하나 줄기 끝은 곧게 서며, 높이는 20~40cm 정도 된다.

잎은 마주보고[對生] 나는데, 잎자루는 없고, 잎은 긴 달걀모양이며, 길이는 7mm 내외이다. 잎의 윗면은 연한 녹색이나 뒷면은 회청색이다.

꽃은 5~10월에 피는데, 향기가 많이 나며, 장미색 또는 다소 옅은 분홍색을 띤다. 가끔 변이를 일으켜 백색도 나타난다.

종자는 색깔이 밝거나 진한 갈색이며, 표면은 매끄러워 아주 작은 도토리와 같다. 길이는 0.7~1mm이며, 폭 또는 두께는 0.5~0.8mm이다. 냄새는 독특한 백리향 향기를 나타낸다. 채취한 종자는 평균발아율이 75%이며, 천립중은 0.3g, 1L의 무게는 670~700g이다. 1g의 종자는 5,000~6,000립으로 보통 2~3년간 발아력을 지닌다. 발아 특성을 보면, 광발아종자로서 20°C 정도의 실온에서 발아하는 데 약 21일이 걸린다. 그러나 보통은 12~14일(약 2주일)이 필요하다.

백리향은 1~2.5% 정도의 에센셜 오일을 함유하는데, 주성분은 thymol로서 30~50%를 함유하고, 그 이외에 carvacrol, cymol 등이 들어있다. 에센셜 오일의 함량은 생산지나 분석자에 따라 다소 차이가 있게 보고되고 있다.

(a) (b) (c) (d)

그림 2.22 백리향. (a) 백리향(common thyme), (b) Golden lemon thyme, (c) 'Silver Posie' thyme, (d) Common wild thyme(알프스)

(3) 품종

야생 백리향으로부터 쉽게 육종할 수 있기 때문에, 오랜 세월 동안 많은 이름의 변종들이 재배되어 왔다. 그중 식용 및 관상용 백리향을 몇 가지 설명한다(**그림 2.22**).

① ***Thymus vulgaris*:** 우리가 보통 백리향(common thyme, German thyme, garden thyme)이라고 하는 종으로, 키는 30cm 정도이며, 다양한 재배 품종이 있다.

- Silver Posie Thyme: 작은 잎은 은회색 반엽종으로 뒷면이 약간 핑크 색조이다.
- Lucy Thyme: 개화 특성이 낮고, 잎은 작으며, 녹색이다. 식용 허브로 항균작용이 있다.
- English Thyme('Narrow leaf English'): 초장은 20cm로, 밝은 녹색의 잎을 갖는다.
- French Thyme('Narrow leaf French'): 초장은 30cm로, 회색의 잎을 가지고 있다.

② ***Thymus zygis* L.(스페인 백리향, Spain thyme):** 맛과 향이 재배종과 유사하여 구별하기 어렵다. 단지 잎 뒷면의 엽맥에 잔털이 없는 것이 재배종과 차이가 난다. 유럽에서는 이 계통을 스페인 백리향이라 한다.

③ ***Thymus serphyllum*:** 영명으로는 wild thyme, creeping thyme, elfin thyme이라고 부르며 야생종이다. 정원의 지피식물로 많이 사용한다. 잎이 황금색 반엽종 'Goldstream', 레몬향이 나는 'Lemon Curd Thyme', 작은 잎을 가지며, 지피식물로 아주 적합한 'Minimus', 핑크색 꽃의 'Pink Chintz' 등이 있다.

④ ***Thymus x citrodorus*:** 키는 30cm, 폭은 20cm 정도 자라는데, 강한 레몬향이 나고, 식용에 좋으므로 닭과 생선요리에 사용한다. 다음과 같은 품종이 있다.

- Lemon Thyme: 30cm 정도 자란다. 잎에서는 강한 레몬향기가 나고, 어두운 녹색이나 노란빛이 도는 녹색을 띤다. 엷은 자색의 꽃이 핀다. *T. pulegioides*와 *T. vulgaris*의 잡종으로 훌륭한 요리 재료가 된다.
- Silver Queen Thyme: 알록달록한 은빛 잎을 가지며 레몬향이 난다. 닭, 생선, 샐러드 드레싱에 좋다.
- Golden King Thyme: 반엽종으로 잎에서 강한 레몬향이 난다. 각종 요리에 좋다.

⑤ **Caraway Thyme(*T. herba-barona*):** 코르시카 등 남유럽 원산으로 어두운 녹색의 잎은 카라웨이의 향기가 나고, 장미빛 분홍의 꽃이 핀다.

⑥ **Camphor Thyme(*T. camphoratus*):** 키는 15~30cm이며, 장미빛 꽃이 핀다. 잎은 크고 강한 장뇌 냄새가 난다.

⑦ **Caespititius Thyme(*T. caespititius*):** 키는 10cm 잎은 작고, 밝은 녹색이다. 포복성으로 연한 자주 또는 흰 꽃이 핀다.

⑧ **Doerfleri Thyme(*T. doerfleri*):** 솜털이 있는 회색빛 잎이 나며, 포복성이고, 분홍색이나 연한 자주 꽃이 핀다.

⑨ **Woolly Thyme(*T. pseudolanuginosus*):** 키는 5~7.5cm 정도이고, 부드럽고 잔털이 많은 잎이 난다. 계단 옆이나 징검다리 돌 사이에 식재하면 좋다.

그 이외 야생종으로는 *T. satureioides*, *T. drucei*(common wild thyme), *T. pulegioides*(large wild thyme) 등이 있다. 이들은 척박한 곳에서도 잘 자라므로 정원 조경용으로 사용된다.

(4) 재배

백리향의 재배는 포트재배와 노지재배가 있다. 포트재배는 주로 육묘용, 또는 가정의 실내재배에 이용이 된다.

노지재배를 할 때는 토양, 광선 등을 고려해야 한다. 토양 조건은 까다롭지 않아서 평지 산지 등 어디에서나 잘 자라지만, 특히 햇빛이 많고, 물빠짐이 좋으며, 다소 척박하면서 석회질이 많은 토양에서 잘 자라는데, 번식은 종자, 삽목, 분주법 등을 이용한다.

종자는 보통 햇빛이 잘 들고 적당한 수분을 지닌 묘상에 4월에 파종하며, 100m^2(30평)를 재배하는 데 집약적인 육묘의 경우 약 5~10g 정도 종자이면 충분하다. 묘상의 파종량은 1m^{2}에 약 3g을 뿌리면 된다. 그러나 노지에 직파를 할 때는 100g/100m^{2}가 필요하다. 파종 시 주의점은 얕게 파종하고, 묘상이 마르지 않게 충분히 관수해야 한다.

노지의 경우는 4월에 씨를 뿌리면 5월에 싹이 나는데, 6월이 되면 30cm 간격으로 심는다. 그 경우 100m^{2}에 식물이 심어지게 된다. 이렇게 정식한 채 몇 년을 두는데, 너무 번창하면 산디처럼 떼어내 분수하거나 삽목을 실시한다.

시비량은 2,000~3,000kg의 퇴비를 뿌려 주고, 질산칼슘(질소 26%) 10~15kg, 인산칼슘 30~40kg 그리고 질산 칼리비료를 10~20kg/10a를 준다.

시비법은 인산은 밑거름으로 주고, 질소와 칼리는 반만 밑거름으로 봄 일찍 준 다음, 나머지는 첫 번째 수확 직후에 덧거름으로 뿌려 준다. 수확이 너무 늦을 때 또는 두 번째 수확이 늦게 이루어진 후에 질소비료 시비는 오히려 늦게 생육을 촉진시켜 겨울에 동해를 입으므로 주의한다. 영하로 내려가는 중부지역에서는 겨울철 관리가 필수적이다. 얼어 죽지 않게 뿌리를 흙으로 잘 덮어주거나 비닐로 덮어서 식물을 보호한다.

지표면에 자라거나 기어오르는 습성의 변종은 바위 위나 경사지에 식재한다.

(5) 수확 · 저장

수확은 1년생은 1회, 2년생 이상은 2회를 토양으로부터 10~15cm에서 절단한다. 시기는 봄 개화기, 가을 개화기이다. 다른 조미료 식물처럼 꽃피기 바로 전에 수확해야 맛과 향기가 있다. 다른 허브는 하루 중의 수확 시간이 별로 큰 문제가 되지 않으나, 백리향만큼은 전통적으로 정오를 지나서 에센셜 오일의 함량이 가장 높을 때 수확해야 좋은 품질의 백리향 맛을 즐길 수 있다. 텃밭에서는 정식 후에 어느 정도 자라면 수시로 수확을 한다.

보통 겨울을 넘긴 2년생 백리향은 5월에 첫 번째 잎을 베는 수확이 이루어지는데, 200~

250kg/10a의 신선한 백리향을 얻을 수 있고, 인공건조(35~40°C)하면 약 5kg/10a에 달한다. 두 번째 예취는 7~8월에 실시하는데, 이때는 800~900kg/10a의 신선한 백리향을 얻고, 말리면 20~25kg이 된다. 재배를 잘하면 연간 약 1,500kg/10a를 수확할 수 있다.

신선 허브는 작은 다발을 묶어서 출하하며, 시장에는 PE로 포장해서 출하한다.

(6) 이용

백리향은 주로 고기 특유의 냄새를 없애는 데 주로 사용되어, 쇠고기, 돼지고기, 닭고기 또는 생선요리에 광범위하게 사용하는 향신료이다. 그 외 수프, 샐러드, 바베큐, 소스 등에도 이용되는데, 프랑스 요리에서 아주 중요하다. 달팽이 요리에 반드시 사용한다.

백리향을 이용한 가장 좋은 혼합차는 로즈메리, 스피어민트 그리고 백리향을 각각 1:1:1로 섞어서 이용하는 것이다.

수증기 증류를 통해 얻어지는 thyme oil은 치약에 많이 이용한다. 그 외 드링크제, 화장품, 각종 피부연고 등에도 사용한다.

(7) 치유 적용

백리향은 살균, 해소, 감기, 진통 완화, 기도 통증 완화에 좋다. 또한 입맛을 좋게 한다. 외적 치료로는 근육통 등에 효과가 있다.

차는 1티스푼의 잎을 1/4L 분량의 물에 넣어서 끓인 다음, 식혀서 미지근한 상태로 매일 3잔씩 마시면 신경이 안정되고 기침이 멈춘다.

팅크제는 20g 건조하여 잘게 자른 식물을 80ml 알코올(70%)에 두 달간 추출시킨다. 매일 15~20ml씩 뜨거운 차나 꿀물에 넣어 마신다.

목욕법은 100g 허브를 1L의 끓는 물에 넣고서 20분간 우려낸 후 욕조에 넣고 목욕한다.

절단한 잎 25g을 1L 백포도주에 넣고서 15일간 추출한 후 식사 시간마다 1잔씩 마신다.

2.17 밸러리안(Valerian)

학 명: *Valeriana officinalis*	**영 명**: Valerian
과 명: Caprifoliaceae	**기타명**: Garden heliotrope, 서양쥐오줌풀

(1) 재배 역사

원산지는 유럽의 지중해와 서아시아로 고대 그리스 로마 때부터 약용식물로 이용되었다. Vareia는 라틴어의 *valere*(강함, 건강 의미)에서 유래되었다. 국내에서는 재배 역사가 분명하지 않지만, 고려대학교에서 1990년대부터 재배했지만 분석 연구는 하지 않았다.

(2) 식물적 특성

밸러리안은 초본 영년생으로, 비옥한 양토에 배수가 잘되는 토양을 좋아하며, 보통 초장은 40~50cm 정도 되지만 꽃대가 오르면 1.6m까지 자란다. 6~7월에 희고 연홍색의 꽃이 피는데, 쥐나 고양이 냄새가 나서 서양쥐오줌풀이라고 부른다(**그림 2.23**). 번식은 종자와 분주를 한다. 종자는 아주 미세해서 익으면 날라 가므로 꽃대를 망으로 싸주거나 잘라서 음지에서 채종한다. 월동력이 강하여 중부지방에서 신경을 쓰지 않아도 혼자 잘 자란다.

알카로이드인 actinidinc, chatininc, shyanthine, valerianine, valerine을 함유한다.

뿌리에는 품종에 따라 0.67~1.7%의 정유를 함유하는데, 구성성분이 43~53개에 달한다. 품종 'Select'는 valerenal, bornyl acetate, acetoxyvaleranone, valerenic acid, camphene을 함유하고, 'Anthose'는 valerenal, (z)-bornyl acetate, α-humulene, camphene, acetoxyvaleranone, valerenic acid를 함유해서 품종 간에 구성성분의 있다. 독특한 향은 주로 valerenic acid에서 기인한다.

(3) 품종

재배종은 독일, 체코, 미국 등에서는 서너 품종이 각각 재배되지만, 국내에는 보급종이 한 가지 이름으로 제공된다.

(a) (b)

그림 2.23 (a) 밸러리안 식물, (b) 뿌리 캡슐 제품(출처: eBay).

(4) 재배

재배법는 주로 노지에서 대단위로 재배되고, 가정원에서는 서너 포기를 재배한다.

씨는 매우 작으므로 가을에 채종해서 냉장고에 두어야 휴면 타파가 된다. 그러지 못하면 5°C 냉장고에 최소한 2주간 두었다가 파종한다. 50공 플러그 트레이에 종자를 뿌려

20~30°C 변온처리나 20°C를 유지하면 21일까지 발아가 완료된다. 그러면 30일 정도 관리해서 묘가 자라면 본토에 정식하는데, 장기재배는 1~1.5m 간격이 좋고, 가정에서는 0.5m 간격으로 심는다. 시비량은 복합비료를 질소수준으로 10kg/10a를 시비한다. 2년째부터 식물 주변을 파고 시비한다.

(5) 수확·저장

뿌리는 2~3년 지나서 충분하게 자라면 수확한다. 잎은 성엽이 되면 꽃이 피기 전에 따서 음지에서 말린다. 뿌리는 캐서 수세 후에 음건하여 저장한다. 생잎으로는 유통이 되지 않고, 건조하여 저장하므로 상온에서 습하지 않게 관리한다.

(6) 이용

꽃피기 전 식물체를 절단하여 음건 후에 차로 이용한다. 꽃이 피면 관상용으로 좋다. 건전한 뿌리는 절단하여 차를 만들어 마시거나 추출액은 약용으로 사용한다. 뿌리는 요리해 먹는데, 땅콩버터를 추가하면 맛이 좋다. 오일은 반려동물의 해충구제, 비듬 제거에 이용된다. Actinidine 성분이 있어서 캐트민트처럼 고양이가 좋아하므로 공을 만들어 주면 좋다.

(7) 치유 적용

민간요법으로 광범위하게 사용되는데, 두통, 진통, 진정, 정신불안, 불면증 치료에 좋다.

미국인의 1%인 2백만 명이 수면의 품질과 촉진을 위하여 사용한다. 판매되는 제품에는 차, 건조 뿌리 분말 캡슐(1개당 400~500mg, 1일 3회 복용), 에센셜 오일이 있다. 차로 마시려면, 끓는 물에 건조 뿌리를 1~2티스푼 넣고서 10~15분간 우려내서 마신다. 소주에 추출한 팅크제는 하루 3회 마신다. 유럽에서는 걱정, 근심, 잠이 안 올 때 효과가 좋다고 알려져 있다. 패션푸르트(시계초), 호프와의 혼합 티는 수면 촉진 효과가 크다.

2.18 버가못(Bergamot)

학 명: *Monarda didyma* L.	영 명: Bergamot
과 명: Labiatae	기타명: Crimson beebalm, beebalm

(1) 재배 역사

원산지는 북미 서부(매인, 온타리오, 미네소타), 남부(미시간주, 조지아남부)이며, 유럽에는 잘 알려지지 않은 허브식물이다. 품종이 다양하고, 꽃이 예뻐서 국내에는 관상식물로도 많이 보급되고 있다. 향은 bergamot orange(*Citrus bergamia*: Gray tea의 향)와 유사하다(그림 1.6 참조). 꽃에는 꿀이 많아서 hummingbird가 수분을 한다. 인디언들이 차(Oswego tea)로 이용한 식물이다. 학명은 Nicolus Monard가 1569년 명명하여 자신의 이름이 들어가 있다. 국내에서는 허브 버가못이라 불러서 과일인 버가못 오렌지와 구분하기도 한다.

(2) 식물적 특성

버가못은 다년초로 내한성이 강해서 중부지방에서 잘 자란다. 종자와 분주법(이른 봄)으로 번식하며, 키는 0.7~1.5m되고, 6~9월에 적색, 분홍색, 백색꽃이 핀다(**그림 2.24**a). 아무 토양에나 잘 적응하며, 광이 충분하고 배수가 잘되는 사양토에서 잘 자란다. 반그늘에서도 어느 정도 적응하지만 키가 엉성하다.

잎과 꽃에서 얻어지는 정유의 주성분은 thymol(59.3%), p-cymene(10.3%), terpinolene (9.2%), δ-3-carene(4.4%), myrcene(3.7%), camphene(3.4%)이다.

(3) 품종

원산지인 미국에서 가장 많은 품종이 육성되었다. 대부분 6월 말~7월 초에 개화한다. 'Claire Grace'(1.3m, 꽃색 연한 자주색), 'Dark Ponticum'(1m, 자주색), 'Violet Queen' (1.2m, 자주색), 'Grand Marshal'(0.6m, 적자주색), 'Judith's Fancy Fuchsia'(1m, 적자색), 'Colrain Red'(1.2m, 적자색), 'On Parade'(0.9m, 자주), 'Gardenview Scarlet'(0.9m, 적색) 등은 7월초에, 'Raspberry Wine'(1m, 적자색)은 7월 중순에, 'Purple Rooster'(1m, 진한 적색)는 6월 말 조기에 개화한다.

(a) (b)

그림 2.24 (a) 버가못 식물(자색종), (b) 적색종 추출 티(출처: Practical self reliance.com).

(4) 재배

재배법은 주로 종자와 분주(4월)를 한다. 파종은 중부지역에서 4월에 온상에 파종해서

5월 초에 정식하거나 5월초에 노지 직파한다. 재식 간격은 50 × 50cm로 심는 것이 좋다.

(5) 수확 · 저장

꽃은 식용꽃으로 이용하므로 수시로 수확하고, 성엽은 이슬이 마른 오후에 수확하여 음건한다. 음건한 꽃과 잎은 습기를 차단하는 비닐봉지에 담아 저장한다.

(6) 이용

수확한 꽃은 온수에 추출하면 붉은 차가 되며(**그림 2.24**b), 샐러드 위에 뿌리거나 꽃 비빔밥에 첨가해 먹는다. 마른 꽃과 잎은 차로 마신다. 꽃잎으로 빵, 식초, 옥시멜을 만들거나 보드카를 이용하여 1개월 추출주 만들어서 이용해도 좋다.

(7) 치유 적용

민간요법으로 말린잎이나 신선한 꽃잎을 80°C 물에서 15분간 추출하여 마시면, 소화, 감기 치료와 기분 전환에 좋다. 꽃을 한 웅큼을 뜨거운 물에 넣고서 증기를 흡입하면, 신경 안정, 두통경감 효과가 크다. 마른 잎을 이용한 찜질도 근육통, 두통 치유에 효과적이다.

2.19 보리지(Borage)

학 명: *Borago officinalis*	**영 명**: Borage
과 명: Boraginaceae(지치과)	**기타명**: 琉璃苣(中)

(1) 재배 역사

보리지의 원산지는 유럽의 지중해 연안으로 여겨지는데, 혹자는 근동지역이 원산이라 한다. 유럽에서의 재배는 그 역사가 길지 않은 듯한데, 최초의 문헌은 1551년에 나타나므로 그 재배 역사가 비교적 짧다. 국내 유입과 최초 재배는 기록이 없고, 다만 재배 연구를 박과 김(1984)이 처음 보고했다.

학명의 *Bora*는 라틴어의 borra 또는 barra에서 연유되었으며, 잎과 꽃에 잔털이 많아서 '거친 머리' 또는 '짧은 양털'을 뜻하는데, 이는 용기(勇氣)를 가진 것과 통한다.

(2) 식물적 특성

보리지는 지치과(Boraginaceae)에 속하는 작물로서 1년초이며, 뿌리가 아주 굵고, 색깔은 갈색이나 내부는 백색이다.

잎은 뿌리 부근에서 컴프리(comfrey)처럼 자라나는 근출형(根出葉)으로 길고 긴 원형이다. 엽신(葉身)은 엽병의 아래까지 붙어 있다. 잎을 씹으면 비릿한 바다 굴 향이 난다.

꽃대는 바로 서는데, 크기는 70~80cm에 달한다. 꽃대는 여러 개의 잔가지로 나누어지고 끝에 수십 개의 꽃이 집산화서(集散花序)를 이룬다. 꽃은 4~5월에 파종하면 6~7월에 피며, 색깔은 파란색, 붉은색, 흰색종이 있다(**그림 2.25**). 화판은 5개이고 달걀형인데 수술은 5개, 암술에는 자실(子室)이 4개이다. 종자는 달걀형으로 흑색이다. 길이는 7~10mm로써 폭은 5~6mm, 두께는 3~3.5mm이다. 발아율은 70~100%이며, 20°C에서 발아기간은 21일 걸리며, 암발아 종자로서 발아력을 2~3년 지니는 상명종자(常命種子)이다. 천립중은 13~18g이며, 1L의 무게는 약 260~465g이다. 1g은 약 21~65립이고, 종자도 에센셜 오일을 함유한다.

잎의 에센셜 오일은 23개 향기 성분을 갖는데, 주성분은 deca dienal(66.8%)이다. 종자는 26% γ-linolenic acid, 38% linoleic acid를 함유한다. γ-linolenic acid (GLA) 함량은 달맞이꽃의 2배 정도로 높다.

보리지는 용기(勇氣)를 돋우는 것으로 알려져 왔는데, 실제로 이론적인 면도 있다. 이 식물에는 부신(adrenal glands)을 자극하는 nitrate potash 형태의 potassium이 상당한 양으로 함유되어 있기 때문이다.

(a)

(b)

그림 2.25 (a) 보리지 자색꽃종(고려대학교 농장), (b) 백색꽃종(출처: Wikipedia).

(3) 품종

보리지 재배종은 대부분 *Borago officinalis*에 속하는 1개 종이 알려져 있다. 다만 꽃색이 자색종과 백색종으로 구분되며 종묘사마다 다른 품종명을 붙이고 있다(**그림 2.25**).

(4) 재배

재배법으로는 싹 채소재배, 분화재배, 노지재배가 있다. 싹 채소는 다른 채소나 허브 작물처럼 특수용기에 담아서 부직포를 깔고, 종자를 뿌려 싹을 틔워서 용기와 함께 출하한다. 포트재배는 10여 개 종자를 소형 포트에 파종하여 본잎이 나기 시작하면 출하한다.

노지재배는 특별한 토양을 요구하지 않아 아무 토양이나 잘 자라지만, 충분한 토양 수분을 가지고 있으면서 다소 사질 계통으로 석회질이 함유된 땅이 좋다.

파종은 서울을 기준으로 할 때, 4월에 온상에서 파종해 5월 초에 정식하거나 5월 초에 직파한다. 빽빽이 심으면 흰가루병이나 줄기썩음병이 발생하므로 충분한 간격을 유지해야 하며, 50 × 50cm로 심는 것이 좋다.

종자는 잘생겨나서 쉽게 떨어지고 발아력이 좋아 다음 해에 씨를 뿌리지 않아도 쉽게 싹이 나기도 한다. 조금만 시비를 하여도 많은 잎이 생기지만, 여름의 고온에 견딤성이 약하여 늦은 봄에 개화해서 여름철에 고사한다. 따라서 가을에 온실이나 베란다 등에서 심어 겨우내 잎을 따서 이용하는 것도 한 가지 방법이다.

(5) 수확 · 저장

잎이 너무 거칠어지기 전의 유엽 상태에서 수확한다. 잎과 꽃이 신선할 때 이용하는데, 건조시키면 향기가 없어진다. 많은 양의 잎을 수확할 때는 비닐 봉지에 넣어서 잘 여민 후에 냉동고에 얼려서 보관하였다가 필요시에 사용한다. 가정에서는 어릴 때부터 아래 잎을 치마상추처럼 수시로 수확한다. 생잎 저장은 비닐백에 넣고 냉장한다.

(6) 이용

보리지의 잎은 다양한 지방산이 많아 바다 굴(석화) 맛을 내므로, 신선한 잎을 잘게 썰어서 오이 샐러드, 결구상추 샐러드, 달걀 요리 그리고 소스에 넣어 먹는다. 잎을 시금치처럼 나물로 이용하기도 한다. 잎을 말려서 향신료처럼 이용할 수 있다.

보리지의 청색 꽃은 식용꽃으로 이용되는데, 샐러드 위에 흩어 뿌리면 모양을 내주고 독특한 맛이 있어 좋다. 종자를 채취하는 농장에서는 좋은 밀원식물로 이용된다. 종자의 오일은 아로마테라피에 사용하는 캐리어오일로서 아주 좋다(1.7.2 캐리어 오일 참조)

(7) 치유 적용

민간요법으로 기도, 염증, 쉰 목, 기관지 카타르 치료에 이용된다. 잎은 이뇨 작용, 거담 작용, 피부 질환에 좋다. 심장을 강하게 하고, 류머티즘에 효과가 있다고 알려져 있다.

유럽의 민간요법으로 보리지 잎을 잘게 썰어서 우유에 첨가해서 먹으면 신경쇠약과 불규칙적인 심장에 좋다고 한다. 보리지 차의 처방을 보면, 20g 건조한 잎을 1L 끓인 물에 30분간 담궈 추출한다. 이것을 매일 3~4잔씩 마신다.

보리지 와인은 50g 건조한 잎을 10일간 1L 와인에 넣어서 추출한 시킨 다음, 하루에 포도주잔으로 2~3잔 마신다. 에탄올 45%에 잎과 줄기를 넣어서 추출한 것을 하루에 3회 5ml

를 1개월 음용하면 천식치료에 효과가 있다.

2.20 세이보리(Savory)

학 명: *Satureja hortensis*	**영 명:** Savory
과 명: Labiatae(꿀풀과)	**기타명:** 木立薄荷

(1) 재배 역사

세이보리(사보리)는 남유럽에서 흑해 연안, 지중해 연안 그리고 이란 부근을 연결하는 지역을 원산지로 하고 있다.

세이보리는 근대 라틴어인 saturei-am에서 연유되어, 고대 프랑스어인 saverie, 중세 영어인 saverey를 경유해서 발달되었다. 학명인 *Satureja*는 Pliny(1세기경 사람)가 사용한 옛 라틴어로서 꿀풀과를 칭하는 아라비아어인 saffar에서 출발했다고 한다. 이는 그리스 신화에 나오는 주색을 좋아하는 반인반수(半人半獸)의 숲의 신인 satyrs와 관련된다고 하며, *hortensis*는 정원 재배를 뜻한다.

로마시대부터 재배되다가 9세기경에 북유럽으로 전개된 후, 영국을 거쳐 신대륙 발전 후 미국에 전파되었다. 국내에서는 고려대학교에서 1983년에 시험 재배한 바 있다.

(2) 식물학적 특성

세이보리(savory)에는 1년생 초본인 summer savory(*Satureja hortensis*)와 영년생인 winter savory(*S. montana*)가 있다. 그 외 영년생으로 자색꽃 세이보리(purple flower savory, *S. coerulea*)와 가끔 백리향과 구별이 잘 안 되는 크리핑 세이보리(creeping savory, *S. spicigera*)가 있으며 관상용으로 재배된다.

Summer savory는 1년생 식물로서, 원줄기는 직립하여 약 10개의 곁가지를 가지며, 키는 약 15~20cm이다. 잎은 엽병이 없으며, 잎 가장자리는 결각이 없고, 선상(線狀)으로 끝이 비교적 뾰족한데, 길이는 20~30 mm, 폭은 4~5mm이다. 꽃은 7~10월에 걸쳐 가지의 끝에 피는데, 잎이 붙은 곳에 한 개 꽃이 핀다. 꽃은 7~8mm로서 옅은 자색(紫色)이며, 열매는 달걀형으로 갈색이다. 윤생형의 흰색, 보라색꽃은 여름 중반부터 서리 내릴 때까지 줄기를 덮는다. Summer savory의 독일명은 Bohnenkraut로 bean herb(콩요리에 이용하는 향신료)라는 뜻이다. 콩 주위에 savory를 심으면, white fly를 쫓아낸다고 한다. 씨의 크기는 1~1.5mm 정도로 1g에 약 1,450~1,970개 정도이며, 1~2년간 발아력을 지닌다. 신선한 잎은 수분이 71.88%, 조단백 5.56%, 지방 1.65%, 당류 2.45%, 가용성 무질소물 9.16%, 조섬유 8.65%, 회분 2.11%를 함유한다.

Summer savory에는 에센셜 오일이 0.3~1.9%가 함유되어 있는데, 주성분은 페놀 계통으로 대부분이 카바크롤(carvacrol, 30~45%)이고, p-cymene 30%, pinnene 7~8%, thymol 등이 들어있지만, 산지와 수확 시기에 따라 함량이 다르다.

Winter savory는 다년생으로, 상록성이며 키가 작고, 여름 세이보리보다 강하며 진한 향기가 난다. 가지는 똑바로 서는데, 키는 40cm 정도이다. 엽병은 없고, summer savory와 유사한데 길이는 3cm, 폭은 4mm이다(**그림 2.26**). 보라색이나 분홍색 꽃이 가지 끝의 잎에 피며, 3~7개가 한꺼번에 핀다. 꽃의 길이는 10mm이며, 역시 색깔은 옅은 자색이다. 씨는 달걀형으로 담갈색이며, 길이는 약 1mm이다. 이것은 좋은 경계식물이 되며, rock garden(암석원)에 적합하다. 잘 관수하면 방화용(fire retardant)으로도 좋다. 정유 함량은 summer savory보다 높고, 함유물은 summer savory와 유사하다.

(a) (b)

그림 2.26 세이보리. (a) Summer savory(1년초, 출처: Wikipedia.), (b) Winter savory(영년생).

(3) 품종

Satureja 속에는 크게 summer savory(*S. hortensis*)와 winter savory(*S. montana*)가 있으며, 이는 앞의 식물학적 특성에서 설명하였다. 건조 허브를 목적으로 할 때는 주로 1년생인 summer savory를 선택해서 재배한다. 재배 품종에는 'Aromata'(독일), 'Budakalaszi'(헝가리) 그리고 'Pikanta'(체코) 등이 있다.

(4) 재배

많이 가꾸는 summer savory는 노지재배와 포트재배가 있다.

노지재배용 육묘는 종자를 4월 초에 파종상에 얇게 뿌리며, 4m^{2}에 약 1g이 필요하다. 발아기간이 20°C에서 2~3주일 걸리므로 이 시기에 건조해지지 않도록 한다. 노지 직파재배는 5월 초에 뿌리며, 100m^{2}에 30~50g이 필요하다. 파종상에서든 노지에서든 충분히 잘 썩은 퇴비나 피트모스 같은 육묘 전용 상토를 이용해야만 건전한 유식물이 된다.

노지 직파 시의 간격은 20cm하고, 줄뿌림하여 모종이 자라면 5~6월 초에 25 × 25cm 간격으로 한 곳에 2~3 식물을 같이 심는다. 줄뿌림을 노지에 할 경우는 자람에 따라 알맞은 간격으로 솎아주면 된다. 재배하기 전에 밭에 N:P:K를 10-10-10kg/10a 수준으로 시비한다. 덜 썩은 두엄 또는 비료를 너무 과다하게 주면 맛이나 향이 오히려 떨어진다. 재배지는 햇빛이 많은 남사면이 좋으며, 초기에는 관수를 잘해야 하고, 어느 정도 자라면 건조 상태를 유지해야만 향기가 높아진다.

포트재배는 파종하여 남향의 베란다에 두고서 수시로 줄기를 수확하여 이용한다.

(5) 수확 · 저장

종자를 받기 위해서는 종자가 완전히 성숙되어 종피가 갈색이 될 때까지 두어야 하지만, 갈색이 되면 종자가 쉽게 떨어져 나가므로 종피가 갈색이 되기 전에 수확한다.

보통 세이보리는 언제나 수확해서 신선한 잎을 이용할 수 있지만 다른 향신료 식물처럼 꽃이 피기 바로 직전에 향기가 가장 높다. 그러므로 가지 끝의 꽃이 한두 개 피기 시작할 무렵에 줄기를 질라 묶음을 만들어서 공기가 잘 통하는 음지쪽에 설어서 말린다. 말린 잎은 줄기에서 털어내서 유리병에 넣어두면 오랫동안 향기를 간직한 채 향신료로 이용할 수 있다. 수량은 100m^2(1a)에서 생체로는 300kg, 건조물은 20~35kg을 얻을 수 있다.

(6) 이용

세이보리는 독일어로 Bohnenkraut라 하는데, 이는 콩 향신료라는 뜻이며 채소용 콩요리에 첨가해서 먹으면 콩 비린내를 제거한다. 감자 요리, 소시지, 생선, 샐러드 등에도 어울린다. 생체로 이용하면 입맛에 맞지 않는 수가 있지만 살짝 익혀서 사용하면 좋다.

겨울, 여름 세이보리 모두 아주 강렬한 향을 가진다. 여름 세이보리는 잎의 질감과 부드러운 향 때문에 요리에 쓰인다. 샐러드에 넣거나 채소 수프나 스튜(stew)에 혼합되며, 식초에 첨가될 수 있다. 가금(닭, 오리, 칠면조)요리에 좋으며, 포푸리(potpourri)와 향낭(sachet)에 다른 것과 혼합해 주면 좋다. 비타민과 무기염류도 함량이 높다.

건조한 세이보리에도 철, 무기염류가 많이 함유되어서 영양가 높으므로 사용하면 좋다.

(7) 치유 적용

차는 2스푼의 잘게 자른 허브를 1/4L의 끓는 물에 넣고서 10분간 우려낸 다음 1일 3회 마신다. 차로 마시면 감기, 목 통증, 소화불량, 메스꺼움, 가스 차는 것, 설사, 입맛 저하에 좋다. 그 이외 불임, 발기부전, 성욕감퇴에 효과가 있다고 한다. 벌에 쏘였을 때 응급조치로 잎을 짓이겨서 발라 준다.

목욕 시에는 100g 잘게 자른 허브를 1L 물에 넣고서 20분간 추출시킨 후 걸러서 목욕물에 첨가한다. 이 물에 목욕하면 피로 회복에 도움을 준다.

2.21 사프란(Saffron)

학 명:	*Crocus sativus* L.	**영 명**:	Saffron(英), safran(佛)
과 명:	Iridaceae	**기타명**:	Saffron crocus, 香紅花(中)

(1) 재배 역사

사프란은 그리스, 이란 등지에서는 4,000년 전부터 재배되었는데, 초기에는 주로 염색용으로 사용했다. 그리스인, 고대 인도와 중국 왕족의 염색 색깔로 지정했다. 그리스의 신과 영웅들은 사프란의 염색에 대해 칭찬할 정도로 옛날부터 애용되었다. 14~18세기를 걸치면서 사프란은 약용과 향신료로 유럽에서 사용되었다. 그 후 전 세계적으로 사랑받는 허브가 되었다. 2014년에는 약 250t이 생산되었는데, 이란에서 전체의 90~93%를 생산했다.

(2) 식물학적 특징

지중해에서 인도를 거쳐 중국까지 분포하며, 80여 종이 있다. 3배체 식물이므로 꽃은 피우지만 종자를 맺지 못하여 영양번식을 한다. 여름이 건조하고 고온인 지중해 지역에서 잘 자라며, 가을에 꽃이 피고 암술머리를 채취하는 데 많은 노력이 필요하다.

사프란이 비싸고 희귀한 이유는, 아주 적은 양의 말린 사프란을 생산하기 위해서 많은 노동력이 필요하기 때문이다. 즉 70,000개의 꽃에서 약 200,000개의 암술머리를 수확해야 450g(1파운드)의 사프란을 만들 수 있다(**그림 2.27**). 식물의 키는 15cm 정도이며, 잎은 솔잎

(a) (b)

그림 2.27 (a) 히말라야 자생지 사프란(Anita Gupla), (b) 건조한 암술머리.

모양이다. 지중해에서는 꽃이 10~11월에 짧은 신엽 사이에 담자색으로 피며, 암술머리는 금빛을 띤다. 사프란은 인경 더 정확하게는 구경에서 자라며, 꽃은 정원 crocus와 비슷하다. 사프란은 약 1% 정도의 에센셜 오일을 함유하는데, 주성분은 2,2,6-trimethyl-4,6- cyclo-hexadienal이며, 그 외 독특한 색과 쓴맛을 내는 글루코시드의 일종인 crocin과 picrocrocin으로 구성되어 있다.

(3) 품종

사프란 품종은 크게 이탈리아, 미국, 카시미어종으로 나뉜다.

Aquilla Saffron: 카시미어 사프란 보다 색을 떨어지나 생산 종구가 많이 생산되어 생산비가 작게 드는 장점이 있다. 이탈리아 Navelli Valley와 Sardinia 지역에서 주로 재배된다.
Creme Saffron: 미국종이며, 암술머리에 노란색이 혼합되어 가장 열악한 품질이다.
Lacha Saffron: 인도 카시미어에서 재배되는 진한 크림–적색으로 품질이 가장 좋다.

(4) 재배

종자번식이 안 되므로 구경을 분구하여 번식시킨다. 식물이 개화는 해도 종자를 맺지 않는다. 재배는 기후가 온난하고 양질의 모래가 혼합된 사질토양에서 잘 자란다. 개화기에 비가 많이 오거나 서리가 내리면 피해를 입는다. 번식 시 구경이 크면 개화 능력이 높다. 개화를 위한 구중의 한계는 8~10g이다. 1~2개의 꽃을 확실히 개화시키기 위해서는 구중이 13g 이상 되어야 한다. 국내에서는 건전한 20g 이상의 종구를 8~9월에 심으면 봄에 개화한다.

생산지인 유럽, 인도 카시미르 지역은 심는 시기, 해발고도 등에 따라 다르다. 보통 북반구 지중해성 기후 지역에서는 6월에 심으면 3~4개월 지나 가을에 꽃과 잎이 자라난다. 이탈리아에서는 15cm 깊이에 주간 거리 2~3cm로 심지만, 보통 8~10cm 깊이로 심는다. 심은 후 15년간 생존이 가능하지만 개화 후 2~3년에 한 번 굴취하여 다시 심는데, 연작장해가 나타나므로 8~10년은 휴작한다. 봄에 개화 후 시들면, 굴취 후 분구하여 3~4주일 냉장시킨 후에 심으면 가을에도 개화가 된다.

(5) 수확 · 저장

개화는 11월경에 이루어지며, 개화 기간은 2주일 정도이다. 개화되면 해가 떠서 오전 10시까지 수확을 완료한다. 오후에는 꽃잎이 닫힌다. 암술머리를 손으로 딴 후 햇빛 아래에서 5일간 건조 또는 인공적으로 가열해서 7~8시간 건조시킨다. 보통 450g의 꽃을 말리면, 5.7g 건조 사프란을 생산한다. 건조가 된 후에는 차광이 되는 갈색 혹은 흑색의 밀폐된 용기에 넣어야 퇴색이 방지된다. 건조중량을 1kg 얻기 위해서는 50만 본의 꽃이 필요하다.

(6) 이용

사프란은 옷의 착색을 목적으로 옛부터 사용되었지만, 합성 아닐린이 나오면서 가치가 떨어졌다. 가정에서 빵을 만들 때 사용되며, 요리되는 대상을 따뜻한 느낌의 노란 색깔로 물들임으로써 사랑을 전달해 준다. 대표적으로 쓰이는 요리는 프랑스 생선 수프 bouilla-baisse, 스페인 paella(고기, 생선, 쌀과 채소 혼합요리), 이탈리아 risotto 그리고 영국의 cornish cake에 쓰인다. 아이스크림을 착색하기 위해서는 1~9ppm, 빵 종류에는 2~15ppm, 수프는 200~300ppm 정도의 농도로 사용한다. 그 이외에 버터, 치즈, 비스켓 등에서 독특한 냄새와 색깔을 내기 위한 목적으로 사용된다.

(7) 치유 적용

사프란은 의학적으로는 아이들의 땀을 배출하게 하는 작용이 있다. 또한, 홍역이나 성홍열에도 효과가 있다. 중국에서는 만성질환, 과다 출혈, 고통, 불임, 갱년기 장애에 사용된다.

약리적 이용법을 보면, 진정, 통경, 강장제로 쓰기 위해서는 사프란 0.3g을 뜨거운 물 100ml에 넣은 후 우려내어 1일 3회 따뜻하게 마신다. 백일해에는 암술머리 8~10개를 따서 온탕에 넣고 추출해서 마신다. 그 외 월경불순, 무월경증, 갱년기 장애에도 암술머리 8~10개를 뜨거운 물에 넣고서 끓인 후 식후나 취침 전에 마시면 효과가 있다.

2.22 샐러드 버닛(Salad bernet)

학 명: *Sanguisorba minor*	**영 명**: Burnet
과 명: Rosaceae(장미과)	**기타명**: Garden burnet

(1) 재배 역사

샐러드 버닛의 원산지는 Europe, 북서 Africa, 남서 Asia이다. 야생에서 자라며, 과거에는 사료작물로 이용하였다. 미국은 이민자들이 전래했다. 국내 도입은 명확하지 않다.

(2) 식물학적 특징

'서양 오이풀'이라 부르는 장미과에 초본성 영년생으로, 잎의 맛과 향이 오이와 비슷하며, 조경에서는 정원의 경계식물로 재식한다. 지표면에 붙어서 자라는데, 키는 30cm 내외이고, 60cm 이상은 자라지 않는다. 진록색의 잎은 9개의 소엽으로 구성되며, 가장자리는날카로운 톱니를 가지는데 장미잎과 유사하다. 한여름부터 가을까지 화경에 따라 작은 녹색과 진홍색 암술머리가 나타난다(**그림 2.28**). 정유 향은 farnesyl acetate(13.4%), nonadecane (11.2%), docosane(11.0%)이 주성분이다.

유사한 식물인 버닛싹시프래그(burnet-saxifrage, *Pimpinella saxifraga*)는 독일에서 Pimpinelle라 불리며 허브로 사용하는데, 일부 국가에서는 solidstem burnet saxifrage, lesser burnet라고 한다. 영국과 지중해 연안, 서아시아 원산이며, 산형화과로 키는 20~30cm, 잎은 샐러드 버닛과 유사하며, 꽃은 산형화과로 딜과 유사하다. 신선잎은 채소요리에 첨가해서 먹는다. 뿌리는 가을과 이듬해 봄에 캐는데, 소화촉진, 신장결석 치료, 이뇨제로 이용한다. 뿌리를 주스, 추출액으로 이용한다.

(a)

(b)

그림 2.28 (a) 샐러드 버닛 잎, (b) 꽃(출처: Wikipedia).

(3) 품종

몇 가지 종이 있으나, 국내에는 한 개 품종만 수입되어 재배된다. 국내에 오이풀(*S. officinalis*, great burnet)이 자생하지만, 맛과 향이 달라서 허브로 사용하지 않는다.

(4) 재배

종자번식이 매우 잘된다. 종자를 구입하거나 채종하여 봄 또는 가을에 15cm 간격으로 줄뿌림 파종하며, 발아 기간은 2~3주가 필요하다. 싹이 나서 어느 정도 자라면 30cm 정도로 솎아주고, 솎은 것은 베이비 채소로 사용한다.

영양번식은 포기나누기로 매년 봄에 실시한다. 분주한 식물을 원예용 육묘 상토를 채운 용기에 심어서 포트재배 형식으로 남향 베란다에서 길러도 잘 자란다.

내건성이 강하므로 특별히 관수하지 않는다. 어느 정도 자라면 잎을 잘라서 이용하고, 수확 후에 덧거름을 5kg/10a 정도 뿌려준다. 산성 토양에서 자라면 쓴맛이 심하다. 중성 토양에서 자란 것이 맛이 온화하므로 석회를 100kg/10a를 심기 2주 전에 뿌리고서 정식한다.

(5) 수확 · 저장

식물체가 최소한 10cm 이상 자라면 첫 번째 수확을 한다. 아래 잎만 수확하고 중앙의 잎은 남겨둔다. 신선한 어린잎은 절단하여 샐러드에 첨가해서 먹는다. 건조하면 독특한 향기가 휘발되므로 얼려서 필요시에 이용하는 것이 좋다. 어린잎은 봄에 수확하여 건조하거나 냉동 저장하여 이용한다. 가을에 수확하여 건조시킨 뿌리는 차로 이용한다.

시장에는 100g 단위로 나누어서 비닐 포장하여 출하하지만 국내는 출하가 거의 없다.

(6) 이용

식물체는 관상가치가 있어서 조경식물로 이용하고, 꽃은 꽃꽂이 재료로 사용한다. 잎은 샐러드, 스프 요리, 크림치즈의 향에 이용되고, 여름철 음료수에 첨가하면 맛을 상쾌하게 해두며, 차로도 이용한다. 와인에 첨가하면 향을 좋게 하며, 식초에 넣어 먹기도 한다.

(7) 치유 적용

건조한 잎과 뿌리 1~2티스푼을 끓인 물 한 컵에 넣고서 10~15분간 우린 후에 마신다. 짓이긴 생잎은 지혈 효과가 있다. 약리적으로는 우울증, 관절염, 통풍 치료에 효과가 있다.

2.23 서던우드(Southernwood)

학　명: *Artmesia abrotanum*	**영　명**: Southernwood
과　명: Compositae(국화과)	**기타명**: Lad's Love

(1) 재배 역사

원산지는 유라시아와 아프리카이다. 서던우드는 중부 유럽에서 잘 자라는 유럽 쓴 쑥 웜우드(worm wood, *Artemisia absinthium*, 잎이 서던우드보다 넓고, 구충제로 많이 사용)에 비해 지중해 연안인 남쪽에서 잘 자라는 식물이라는 의미를 갖는다. 별명인 Lad's Love는 여인들이 월경 촉진 등에 애용한 식물이라는 의미에서 왔다. 그 외 oldman wormwood, lover's plant, Our Lord's wood, maid's ruin, garden sage brush, European sage, sitherwood, lemon plant 등 별칭이 많을 만큼, 각 국가에서는 다양한 이름으로 이용하는 서양 쑥의 일종이다. 프랑스에서는 옷장에 걸어 둬서 벌레를 퇴치하므로 garderobe라 부른다. 레몬 또는 강한 장뇌향을 내며, 공기정화용으로 예부터 사용되었다. 은회색종은 강한 향을 풍기고 멋이 있어서 허브정원을 만드는 데 필수적인 식물로 식재되었다.

(2) 식물학적 특징

국화과에 반상록 관목으로 초장은 90~120cm이며, 수폭은 60~90cm로 영년생이다. 잎은 가늘게 깃털 모양으로 갈라지며, 연노랑색의 꽃은 8월에 핀다. 광요구도는 크나 약간의 그늘에서도 잘 견딘다. 유기물이 많고 배수가 잘되는 중성 토양에서 잘 자란다. 건조한 고온에는 견디지만 고온다습에는 내성이 약하다. 종에 따라 다르나 −10°C까지는 견디므로 남부지역에서 월동이 가능하며, 중부지역에서는 겨울에 지상부를 잘 보호해 주는 것이 필요하다. 국내에서 재배할 때는 온실이나 배수가 잘되는 노지에서 재배가 가능하다. 향이 강해 사슴이나 쥐로 인한 피해가 없는 식물이다. 잘 다듬으면 작은 정원의 경계나 울타리용으로도 사용이 가능하다.

서던우드의 정유 함량은 1.4%이다. 화학형에 따라 thujone(70% 이상) 또는 1,8-cineol (60%)이 주성분이다. 그 이외 enchene, sabinene, α-caryophyllene, β-caryophylle을 함유한다. 쓴맛 성분도 높다.

(3) 품종

녹색과 은색 또는 레몬향종과 장뇌향종으로 구분하기도 하는데, 한국의 쑥과 달리 코스모스 잎처럼 아주 가늘다(**그림 2.29**).

(a) (b) (a) (b)

그림 2.29 서던우드. (a) 레몬향종, (b) 장뇌향종(Gernot Katzer).

(4) 재배

번식은 128공의 플러그를 이용하여 종자번식(발아온도 15~20°C)을 하거나, 삽목과 분주법(4~5월)을 이용한다. 종자는 발아가 늦으므로 봄에 씨를 뿌려 발아하여 어느 정도 자라면 포장에 좁게 심고서, 잘 자라면 2년 차 봄에 정식한다. 삽목은 한 여름에 한다. 분주는 3~4년에 한번 실시한다. 종자에서 잘 자란 묘나 삽목 묘를 60~90cm 간격으로 넓게 심는다. 남부지역에서는 노지에서 재배하고, 중부지역에서는 철저한 방한이 필요하므로 온실에서 재배한다. 흡비력이 강하므로 소량의 유기질 비료와 복합비료를 시비하면 된다.

용기 재배도 가능한데, 세이지, 로즈메리, 바질과 잘 어울린다. 일단 착근하여 자라면 웬만한 환경에서는 쑥처럼 잘 자란다. 잘 다듬으면 예쁜 관상용 식물이 된다.

여름철 개화 후에 오래된 가지, 죽은 가지, 불필요한 가지를 제거하는 전정을 해야 식물의 세력이 강해지고, 다음 해에 새순이 잘 자란다.

(5) 수확 · 저장

잎을 건조하기 위해서, 어느 정도 자라면 수시로 수확을 한다. 차를 만들어 마시려면 꽃봉오리가 터지기 전에 식물체를 절단하여 수확한다. 말리기 위해서는 절단 부위를 묶어서 음지에 거꾸로 걸어 둔다. 건조한 잎과 줄기는 적당한 크기로 절단하여 용기에 보관했다가 차로 이용한다. 큰 묶음은 걸어서 저장해도 된다.

(6) 이용

이탈리아에서는 식용 허브로 다룬다. 연한 잎과 줄기는 페스츄리나 푸딩에 이용된다. 유럽에서는 고대로부터 강한 향을 이용하여 해충 퇴치, 옷장의 곰팡이 발생 방지용 허브로 이용했다. 피부에 잎을 문지르면 모기 접근을 막아준다. 교회에서는 긴 설교 동안 수면하지 않게 각성하는 허브로 사용했다.

차나 추출주(30% 알콜, 2주)로 섭취하면 답즙 분비 촉진으로 소화촉진, 간 기능 증진, 강장제, 방부제와 월경 촉진제로 사용된다. 고미제, 통경제, 구충제, 항균제, 흥분제로도 이용한다. 남유럽에서는 맥주 제조에 이용한다. East and North Bosnia, Herzegovina에서는 전통적으로 황달 치료에 사용했다. 다른 쑥에서처럼 thujone을 함유하므로 임신 초기에는 차의 이용을 금한다.

(7) 치유 적용

조제법에는 우려내기와 정유 이용법이 있다. 물 1컵에 1~2티스푼 건조잎을 넣고서 끓은 물로 10~15분간 우려낸 후 마신다. 추출주는 1일 3번 1~4ml를 음용한다.

2.24 서양고추냉이(Horseradish)와 와사비

학 명: *Armoracia rusticana*	**영 명:** Horseradish
과 명: Brassicaceae(배추과)	**기타명:** 山葵蘿蔔(中)

(1) 재배 역사

서양고추냉이는 원산지가 지중해 및 서아시아로 추정되는데, 현재 유럽 전역에서 야생화되어 있다. 기원전 1700년에 이집트에서 사용된 기록이 나오고, 그 후 고대 그리스와 로마인들이 약용으로 사용했으나 중세기에 들어와 독일과 덴마크에서 채소용으로 가꾸기 시작했다. 당시 뿌리를 채쳐서 식초와 함께 고기를 먹는 데 이용했다. 식용법이 영국에 알려진 것은 그로부터 반세기 늦게 Gerard (1597)가 동일한 요리법을 기술하고 나서 이다.

학명인 *Armoracia*는 라틴어의 옛날 이름인 켈트어이 ar(가깝다), mor(바다), rich(지방)이라는 3개 단어가 합해진 것으로, 식물이 염분이 많은 지역에서 자라서 유래한다.

일본인들이 즐겨서 먹는 향신채인 와사비(*Wasabia japonica* or *Eutrema japonicum*: Japanese horseradish)는 얼지 않고 흐르는 개울물에서 자라며, 동양이 원산지이다.

(2) 식물학적 특징

서양고추냉이는 배추과 식물로 −40~−50°C에서도 견디는 내한성이 강한 다년생 허브이다. 잎은 가늘고 길어 80cm까지 사라며, 잎의 가상자리는 결각이 심하지 않다. 그러나 일단 화아 분화가 이루어지면, 잎은 로젯(rosette)형이 되어 결각이 매우 심하게 된다(**그림 2.30**b).

(a) 줄기와 뿌리　(b) 정상 잎(좌)과 꽃눈이 분화된 식물잎(중, 우)

(c) 개화한 모습　(d) 와사비 재배(철원)

그림 2.30 서양고추냉이(a, b, c), (d) 와사비(물이 상시 흐르는 계단식 재배).

꽃대는 1.5m 정도 높은데, 몇 개로 가지가 나누어지며 그 끝에 꽃잎이 4개인 흰색의 꽃을 갖는다(**그림 2.30**c). 개화 후에 달걀 모양의 과실이 생기고 그 안에 암갈색(暗褐色)의 작은 종자가 생기지만 불임성(不稔性)이다. 그래서 번식은 뿌리를 잘라서 한다. 뿌리는 한 개의 원뿌리(主根)가 있고 그 끝에 몇 개의 실뿌리가 나온다(**그림 2.30**a).

기후적인 요구도는 특별한 것이 없으나 시원한 기후를 좋아하며, 내서성(耐暑性)은 중간 정도이나 내한성(耐寒性)은 아주 강하다. 다소 습한 토양을 좋아하지만 과습한 토양에서는 뿌리의 발육이 아주 나쁘다. 그러므로 밭에서는 여름 장마철을 대비하여 심는 이랑을 높게 만들어야 한다.

광요구도는 너무 강한 햇빛보다 다소 그늘이 지는 곳에서 잘 자라는데, 알맞은 햇빛은 독특한 맛과 향을 증진시키지만 너무 햇빛이 약하거나 강하면 맛이 오히려 떨어진다.

서양고추냉이는 한 번 재배한 곳에서는 원뿌리를 캐내도 실뿌리가 남아서 다시 새로운 식물이 생긴다. 이처럼 제거하기가 매우 어렵기 때문에 재배지의 선택에 유의해야 한다.

서양고추냉이의 특성은 독특한 향기와 매운맛인데, 이는 글루코시드(glucoside)인 시니그린(sinigrin)과 같이 알릴이소티오시안네이트(allyl-isothiocyanate), 부틸티오시안네이트(buthyl-thiocyanate)가 많이 함유되어 있기 때문이다. 그 외 미네랄과 풍부한 비타민 C가 함유되어 있으며, 수분이 95%, 단백질 2.3%, 지방 0.1%, 당분이 0.2%이며, 100g의 생체에는 비타민 A 4,700IU, 비타민 C 43mg, Ca 120mg, Fe 0.2mg, Mg 13mg, P 60mg 그리고 K는 270mg이 들어있다.

와사비는 배추과 식물이며, 잎은 둥글고 흰꽃이 피며 종자가 맺힌다. 번식은 종자번식을 많이 하지만 재배면적이 많은 곳에서는 가지친 작은 식물로 영양번식을 한다(**그림 2.30**d). 와사비의 향은 allyl isothiocyanate가 주성분이다. 구성 물질은 탄수화물 23.5%, 수분 69.1%, 지방 0.63%, 단백질 4.8%이다. 비타민 비타민 A 35I.U., C는 41.9mg, Ca 128mg, Fe 1.03mg, Mg 69mg, P 80mg, K 568mg/100g을 함유한다.

(3) 품종

국가별로 선발되어 지역의 이름을 붙인 재배종이 있다. 미국에서는 흰뿌리의 말리너 크렌(Maliner Kren)이 재배된다. 독일의 경우는 '바바리안 고추냉이'와 '함부르크 고추냉이'가 많이 가꿔진다. 이들은 잎의 형태, 뿌리 길이 등에서 다소 차이가 난다. 바바리안종은 뿌리가 가늘고 길며, 함부르크 종은 뿌리가 다소 굵고 짧다.

일본 와사비는 줄기를 이용하는데, 색깔에 따라 청경(青莖)와사비, 적경(赤莖)와사비, 백경(白莖) 와사비 품종이 있다. 이 중 청경와사비가 가장 매운 맛이 강하고, 재배가 많이 이루어진다. 또는 영양번식성 품종과 종자번식성 품종으로 나누기도 한다.

(4) 재배

종자번식은 안 되고 영양번식만 되며, 재배 작형에는 봄에 뿌리를 심어서 가을에 수확하는 재배법과 겨울을 넘겨 다음 해에 필요할 때 뽑아서 이용하는 월년 재배방법이 있다.

토양은 가리지 않지만, 일반적으로 뿌리를 캐내는 작업을 위해서는 모래땅이 좋으며, 경토 깊이가 적어도 45cm 정도는 되어야 한다. 그러나 모래땅에서는 맛, 향기 그리고 수량이 떨어진다. 반대로 점질(粘質)이 많은 토양도 좋지 않은데, 이는 뿌리가 목화(木化)되고 너무 맵게 된다. 그러므로 경토(耕土)가 깊고, 중간 정도의 토양인 사양토에서 기른다.

토양 산도는 중성 또는 다소 알칼리성인 pH 6.8~7.2 정도가 알맞다. 보통 3년에 한번씩 재배지를 바꾼다.

서양고추냉이는 염(鹽)에 매우 민감하다. 퇴비는 10a당 약 4,000kg 정도를 주고 생장기간 동안, 연간 질소 4kg, 인산 4kg 그리고 칼리 12kg을 시비한다. 보통 충분한 퇴비를 뿌려주면서 다소 시비를 하는 방법이 좋다.

재배법은 먼저 정식할 뿌리를 준비하는 것이 중요하다. 번식은 원뿌리[主根] 끝에 붙은 몇 개의 잔뿌리를 잘라서 심으며, 잔뿌리의 굵기는 최소한 연필 정도의 굵기로, 길이는 30cm 정도 되어야 한다. 한 번 심은 잔뿌리는 굵어지기만 하고 더 이상 자라지 않기 때문이다.

그러므로 잔뿌리를 가을에 캐서 얼지 않게 보관했다가 봄에 심는다. 뿌리를 캘 때는 조심스럽게 파내서 원뿌리에 붙은 잔뿌리가 상하지 않게 하며 캐낸 원뿌리는 다듬어 팔고, 연필 굵기 정도의 잔뿌리는 약 30cm씩 잘라서 묶은 후 지하실이나 땅속에 마르지 않게 모래를 채워 보관한다. 그러면 다음 해 봄에 2~3개의 가는 잔뿌리가 끝에서 나온다. 이것을 3월 말~4월 초에 80cm 이랑 간격에 주간거리 40cm로 심는다.

재배에는 $1m^2$에 4개의 뿌리가 필요하므로, 10a당 4,000개를 겨울 동안 저장해야 한다. 심은 후 6월 초까지 뿌리의 머리 끝에 나는 잎은 두고, 옆에서 나는 잎은 따준다. 만일 뿌리 끝이 아닌 뿌리 중간에서 나는 잎을 놓아두면, 뿌리 표면이 울퉁불퉁해져서 상품가치가 떨어진다. 재식 후에 중요한 것은 재식거리가 넓어 잡초가 많이 나므로 제초작업을 자주 해야 한다. 보통 정식 전후에 제초제를 뿌린다.

매끄러운 뿌리를 만들기 위해서는 6월 말에 뿌리를 한 번 캐내서 원뿌리의 끝에 나온 뿌리는 그대로 두고, 옆에 나온 줄기나 뿌리를 제거해서 다시 심는다. 이때 땅이 굳어 있으면 작업이 곤란하므로, 비가 온 후나 관수 후에 작업을 한다. 그러나 뿌리를 전부 캐내기가 곤란할 때에는 옆으로 심은 뿌리를 잎을 잡고 위로 잡아 끌어서 뿌리 끝이 상하지 않게 묻힌 채로, 낫으로 원뿌리로 자랄 뿌리에서 나온 측근(側根)이나 잎을 제거하고 다시 옆으로 심는다. 집약적으로 재배하는 농가에서는 7~8월에 다시 한 번 이와 같은 작업을 실시한다. 서양고추냉이는 본래 재생 능력이 매우 강해서 몇 번 뽑았다가 심어도 가을이 되면 굵은 원뿌리를 형성한다. 그러나 대단위 재배에서는 불가능하다.

와사비의 영양번식은 변태줄기를 수확하면서 생긴 어린 식물을 잘라서 육묘 후에 번식한다. 종자번식은 가을에 종자를 상토에 파종해서, 12°C 이상에서 보온하여 육묘 후에 봄에 정식을 한다. 재배 장소는 그늘이 지는 흐르는 냇가를 이용하거나 차광막이 설치된 논에서 돌담을 만들고서 잔자갈 층이 20cm 이상이 되도록 이랑을 만든 후 여기에 뿌리를 자갈로 고정하여 기른다. 재배지는 물이 잘 흐르게 3~4% 경사지게 만든다. 연중 비료를 주지 않고, 수온이 10~13°C일 때 잘 자라며, 이보다 낮거나 높으면 생육이 불량해진다. 국내에서는 지하수가 잘 공급되는 지역의 온실 내 마사토 무논에서 재배한다(**그림 2.30**d).

(5) 수확 · 저장

수확은 가능하면 늦가을에 실시한다. 왜냐하면 몇 번 곁뿌리 제거 작업으로 인해 뿌리 생육이 8월부터 10월까지 이루어지기 때문이다. 수확 시기는 일단 서리가 오고 난 후 잎이 다소 죽을 때가 알맞다. 수확할 때, 눕혀서 심은 원뿌리를 위쪽으로 당기면서 끝쪽의 어린 뿌리가 상하지 않도록 삽 등을 이용해서 조심스럽게 캐낸다. 그래야 어린뿌리를 다음 해 심을 수 있기 때문이다. 북미와 유럽에서는 기계로 수확해서 수세 후 분류한다.

보통 4,000개/10a를 심으면, 시장에 팔 수 있는 뿌리를 약 3,000개 얻을 수 있으며 수량은 2,000kg/10a가 된다.

분류할 때 I급은 길이는 15cm 그리고 굵기는 3cm 이상이어야 하는데 대부분 뿌리는 매우 무겁다. 뿌리는 잎이 붙은 윗부분이 2갈래 이상으로 나눠지거나 상처나 병충해의 피해가 없어야 하며, 곁뿌리가 원뿌리에 붙어 있어서는 안 된다. II급은 다소 상처가 나고 약간 곁뿌리가 나도 된다. 무게에 의한 분류는 규정이 없으므로 적당히 분류하여 랩으로 포장한 후 상자에 담아 출하하는데, 2~3개월 유통이 가능하다(**그림 2.31**a).

서양고추냉이는 대부분의 근채류처럼 예냉(pre-cooling)을 할 필요가 없다. 왜냐하면 수확기가 추운 겨울이기 때문이다. 보통 저장온도는 −1~0°C로 높은 상대습도에서는 6개월~1년을 저장할 수 있다. 장기 저장은 맛을 나쁘게 하므로 6개월 이내 이용한다.

(a)

(b)

그림 2.31 (a) 서양고추냉이 포장, (b) 와사비 판매 모습(일본).

와사비는 굴취하여 잔뿌리와 잎을 제거하며, 위쪽 잎자루 서너 개를 약 10cm 길이로 부착시켜 비대 줄기 굵기와 길이에 따라서 분류하여 판매한다(**그림 2.31**b).

(6) 이용

서양고추냉이의 뿌리는 매우 딱딱하므로, 가늘게 채를 쳐서 고기와 같이 먹는다. 그 외 즙액으로 만들어 샐러드에 첨가하거나 소시지와 함께 이용한다. 드레싱 소스를 만드는 방법을 소개하면, sour cream 1컵(240ml)이나 요쿠르트에 반 티스푼(2.5ml), 겨자 1/2티스푼, 신선한 서양고추냉이 갈은 것 1/4티스푼(1.2ml), 소금을 넣어 만든다.

와사비는 신선한 변태 줄기를 갈아서 주로 회를 먹을 때에 사용한다. 먹기 좋게 튜브식 제품을 만들어서 보급되고 있다. 어린 잎은 쌈으로 먹거나 장아찌를 만들어 이용한다.

(7) 치유 적용

대증요법으로는 지방이 많은 음식의 소화 촉진에 이용된다. 글리세린과 섞어 시럽으로 만들어 기관지염, 폐출혈 치료에 이용한다. 또한 호흡기와 비뇨기감염 치료에 좋다. 이뇨와 류머티즘, 통풍에도 효과가 있다. 과다 사용하면 소화기관에 염증을 불러올 수 있다.

차를 만들려면 신선한 뿌리 약 50g을 25g 정도의 으깬 겨자씨와 함께 1L의 물에 넣고서 끓인 다음, 4시간을 우려낸다. 이 물을 매일 3회에 걸쳐 3스푼씩 떠 먹는다.

시럽을 만늘려면 신선한 뿌리를 강판으로 갈아서 그릇에 담은 후, 덮일 정도 충분한 꿀을 넣고서 4~8시간을 방치한다. 뿌리를 걸러낸 다음 용기에 담아 약간의 물을 넣고서 10분간 끓인다. 이 끓인 물을 다시 처음 꿀물에 넣고 잘 섞이게 한 후 매일 3회 1티스푼씩 먹으면 쉰 목소리를 쉽게 고칠 수 있다. 외적 치료는 잘게 자르거나 강판에 간 뿌리를 약간의 물과 혼합시켜서 열을 가한 후에 이것을 거즈에 묻혀 신경통이나 관절이 잘 움직이지 않는 곳에 습포하면 효과가 좋다.

와사비는 항균, 항진균, 항염증 효과가 있어서 회를 먹을 때 맛도 좋게 해 주지만 식중독도 줄인다. 이소티오시아네이트는 입맛과 소화촉진, 항암 작용이 있다.

2.25 서양쐐기풀(Nettle)

학　명: *Ultica dioica*	**영　명:** Common nettle
과　명: Uricaceae(쐐기풀과))	**기타명:** Stining nettle

(1) 재배 역사

원산지는 유럽이나 전 세계에 전파되어 있다. 6개 종으로 나누는데, 그 중에 5종은 줄기와 잎에 털(tricomes, 모용 毛茸)이 있으며, 접촉하면 따끔하고 많이 접촉하면 피부가 부풀어 오른다. 고대로부터 약제, 식재료, 차, 섬유소를 만드는 데 사용되었다. 학명의 *Ultica*는 라틴어 uro(탄다)에서 왔는데, 이는 줄기 가시에 찔리면 타는 것 같기 때문이다.

(2) 식물학적 특징

서양쐐기풀은 영년생 초본으로, 초장은 1~2m이고, 땅속 줄기는 왕성하게 자라서 번진다. 잎의 가장자리가 톱니처럼 가늘게 분화되고, 크기는 3~15cm이며, 꽃은 7~9월에 수없이 많이 달리며 녹색이나 약간 갈색의 꽃이 핀다(**그림 2.32**a). 잎에는 약 82.4% 수분, 17.6% 건물, 5.5% 단백질, 0.7~3.3% 지방, 7.1% 탄수화물을 함유한다. 잎에는 40%의 알파 linolenic acid와 고급 omega 3와 6가 있다. 줄기의 날카로운 규소 침(**그림 2.32**b)에 피부가 접촉하면, 처음에는 개미산(formic acid)이 따끔하게 자극하며 뒤이은 통증은 histamine acid, acetylchloline, oxalic acid 등 3가지 물질 때문이다. 고통을 줄이려면 항히스타민 연고를 즉시 발라야 한다. 아니면 피부가 붙고 물집이 생기고 고통이 뒤따른다.

(3) 품종

전 세계적으로 자연에 6종이 자생하고 있지만, 판매되는 종자는 common nettle이다.

(4) 재배

번식법에는 종자번식과 땅속줄기(地下莖)을 잘라서 번식하는 방법이 있다. 종자를 구입하여 3월 초에 트레이에 파종한 후, 육묘하여 5월 초에 밭에 심거나 채취한 종자를 가을이나 봄 일찍 줄뿌림하여 육묘를 한다. 어느 정도 자라면, 50×30cm 정도 간격으로 심는다. 초기에는 생육이 너무 더디어 잡초가 먼저 자라므로 노지에서는 제초를 자주 해야 한다.

(a) (b)

그림 2.32 (a) 서양쐐기풀, (b) 줄기에 붙은 가시. (출처: Wikipedia)

땅속줄기는 4월 초에 굴취해서, 10cm 길이로 잘라서 심으면 5~6월에 싹이 난다.

(5) 수확 · 저장

어린잎을 이용해 스프를 만들려면 4~5월 잎이 연할 때 수확하고, 건조 잎차를 만들려면 충분히 자란 잎을 수확한다. 뿌리는 가을에 잎이 완전히 마른 후에 캐서 수세 후 절단하여 건조한다. 건조된 잎과 뿌리는 공중 습도 차단을 위하여 용기에 밀폐하여 저장한다.

유럽 대도시의 파머스 마켓에서는 생줄기를 디발로 묶어서 출하하므로 구입하여 이용한다. 시골에서는 아무 곳에서나 자라므로 야생 상태에서 채취하여 이용한다.

(6) 이용

유럽에서는 영양소가 풍부한 어린잎과 줄기를 익혀서 각종 샐러드나 시금치처럼 요리에 사용한다. 쐐기풀 잎을 갈아서 만든 스프는 북유럽에서 별미 강장제로 이용한다. 꽃이 피기 시작할 때 꽃봉오리와 잎을 채취해서 말리면, 약 25% 정도 단백질을 함유하여 좋은 허브차 원료가 된다. 줄기에 난 침은 물로 강하게 씻거나 뜨거운 물에 삶으면 제거할 수가 있어 쉽게 조리를 할 수가 있다. 줄기와 잎을 보드카에 담아 2주일간 추출하여 마시기도 한다. 뿌리를 익혀서 식용할 수가 있으며, 맥주에 첨가하여 먹기도 한다. 시중에는 각종 정제약이 판매되므로 이용한다. 민간적 치료로는 강장, 내출혈 방지, 이뇨, 해독, 관절염, 중풍, 통풍 치료, 혈낭 소설, 고혈압, 전립선 비대 치료에 사용한다.

쐐기풀의 섬유를 이용하여 가방 등을 만든다. 꽃과 잎은 염료(황색, 녹색)로 이용된다.

(4) 치유 적용

차로서는 1~2티스푼의 건조잎이나 뿌리를 1/4L 끓는 물에 넣고서 15분간 우려내어 1일 2~3잔 씩 마신다. 1L 보드카에 50g의 건조 뿌리나 60g의 건조 잎을 넣고서 2주간 추출하여 식후에 매일 1잔씩 마신다. 전립선 비대 억제를 위해서는 뿌리 추출물을 매일 360mg을 섭취한다.

2.26 세이지(Sage)

학 명: *Salvia officinalis*	**영 명**: Sage
과 명: Labiatae(꿀풀과)	**기타명**: Common sage

(1) 재배 역사

세이지의 원산지는 그리스로 옛날부터 약용식물로 알려져 있었고, 로마인들에 의해 유럽에 전파되었다. 영명으로 sage는 salvia라는 말과 같은 뜻인데, 라틴어의 salveo에서 연유되었으며 건강을 뜻한다.

고대 로마시대부터 재배되어 왔으며, 영국 등 북유럽으로는 로마군의 북유럽 점령 기간에 전파됐다. 가장 좋은 세이지는 유고슬라비아에서 생산되며, 미국에서도 일부 재배된다. 동양으로의 전파는 확실하지 않으며, 열대아시아의 높은 지역에서 가꾸어지고 있다. 일본은 명치시대 이후에 도입되었으며, 국내에는 1980년대 초부터 고려대학교 포장에서 재배되었다.

(2) 식물학적 특징

세이지는 꿀풀과에 속하는 관목성으로 잔가지가 많으며, 30~90cm 가량 자라는 다년생 초본이다. 엽병은 짧거나, 다소 긴형(5cm)으로, 잎은 길이가 2~9cm, 폭이 1~5cm이다. 잎은 두껍고 회색이며, 앞뒷면에 흰색의 털(trichome)이 나는데 뒷면이 좀 많다. 꽃은 6~7월에 피며, 자색 또는 백색으로 길이는 1.5~2cm이다.

식물 전체에 휘발성유를 함유하고 있어 강한 향기를 낸다. 잎에는 1.5~2.5%의 에센셜 오일을 포함하고 있는데, 주성분은 thujone(40~60%), cineole(15%), borneole(16%), bornyl ester(4%)으로 이루어져 있다. 이들은 성분은 생산지역에 따라 차이가 난다.

종자는 갈색 또는 흑색이며, 폭은 2~3mm이고, 1g의 종자수는 200~300립이다. 발아적온은 20~30°C의 변온이 좋고, 발아에는 약 21일 걸린다. 발아 능력은 3~5년간 유지한다.

(3) 품종

세이지는 세계적으로 40여 종이 있는데, 그 가운데 조미료용으로 사용되는 것은 *S. officinalis*와 *S. triloba* 등이다.

조미료용 세이지는 유럽에서도 슬로베니아에서 생산되는 세이지(*S. officinalis* ssp. *major* and *minor*)가 가장 품질이 우수하며, 그 지역의 이름인 달마틴을 따서 달마틴 세이지라 부른다. 특징은 주성분인 thujone이 많다. 스페인 세이지(*S. officinalis* ssp. *lavandulifolia*)는 스페인의 건조지역에서 많이 재배되는데, cineole과 장뇌 성분이 많다. 그리스 세이지(*S. triloba*)는 cineole이 두 품종보다 많다.

그 이외에 잎의 크기에 따른 분류로서, 미국이나 남미지역의 지명을 딴 종류가 있지만, 지금까지의 품종은 슬로베니아의 달마틴 지역 생산품을 능가하지 못하고 있다.

정원 내의 가장자리, 배경 조경, 울타리용으로 사용되는 여러 품종이 있다. 정원용 세이지인 *Salvia officinalis*가 가장 일반적으로 재배되며, 보통 60~80cm 자란다. 잎은 회색빛이 도는 녹색이며, 길쭉한 계란 모양이다(**그림 2.33**a). 보라색 꽃은 초여름에 키가 큰 수상화서로 꽃을 피우는데, 몇 가지 품종의 특징을 보면 다음과 같다.

① **'Albiflora'**: 하얀색의 수상화서

(a) 세이지(Common sage)

(b) 퍼플 세이지

(c) 트리컬러세이지

(d) 골든세이지

(e) 체리세이지

그림 2.33 세이지 품종.

② **'Purple Sage':** 잎 가장자리가 자주빛 붉은색을 띤다(**그림 2.33**b).

③ **'Tricolor':** 하얀색, 자주빛, 붉은색, 분홍색 등의 얼룩덜룩한 잎을 가진다(**그림 2.33**c).

④ **'Golden Sage':** 잎 가장자리가 노랗고, compact하게 자란다(**그림 2.33**d).

⑤ **Clary sage(*S. sclarea*):** 남유럽 원산으로, 가장 큰 종은 1.2~1.5m까지 도달하며, 2년생으로 첫 해에 잎의 기부에 rosette를 만들고, 2년째에 꽃을 피운다. 잎은 크고 울퉁불퉁하며, 회녹색을 띤다. 이 품종의 추출물은 안약으로 사용되기에 'clear eye'라고 하며 줄여서 'clary'라고도 한다. 잎은 차로도 이용된다.

⑥ **Pineapple sage(*S. elegans*):** 멕시코 원산으로, 녹색잎을 갖고, 가을에 주홍색 꽃을 피운다. 가장 내한성이 약한 품종이며, 보통 −5°C에서 죽지만 실내나 용기 재배 시는 문제가 없다.

⑦ **Blue sage(*S. clevelandii*):** 키는 1.2m 정도이며, 북아메리카가 원산으로 방향성이 높다. 가정 내의 부엌에서 일반 세이지 품종을 대체시키고 있다.

⑧ **Cherry sage(*S. greggii*):** 키는 1~1.2m 정도 자라며, 늦여름부터 가을까지 피는 붉은색 꽃은 식용 꽃으로 인기가 있다. 중부지역에서는 노지 월동이 어렵다(**그림 2.33**e).

(4) 재배

세이지 재배는 포트에 재배하여 분화로 판매하거나 노지에서 재배한다. 분화는 육묘용 상토를 이용하여 종자나 삽목번식을 한다.

보통 번식법은 종자번식과 삽목번식법을 이용한다. 종자번식은 온상에서 4월초, 노지에서는 5월에 실시한다. 발아는 3주일 이상 걸리며, 발아 기간에 충분히 관수를 해야 한다. $1m^2$의 파종상에 5~10g의 씨를 뿌리면, 약 600~800개의 식물을 얻을 수 있다. 직파할 경우는 30~35cm 간격의 줄뿌림으로 실시하며, $100m^2$(30평)에 100~150g의 종자가 필요하다. 정식은 어느 정도 자라서 서리 위험이 없는 시기에 실시하는데, 30 × 25cm 간격 또는 40 × 25cm 간격으로 심는다.

삽목을 할 경우는 늦봄이나, 늦가을에 약 5cm 길이로 삽수를 만들어 모래상에 삽목한다. 가정원예의 경우는 화분에 삽목을 해도 좋다. 삽목 후에는 충분히 관수하고, 온도는 18~21°C를 유지시켜 주는데, 뿌리가 완전히 내린 후에 정식한다.

노지재배는 햇빛이 많고, 건조하며, 배수가 잘되는 토양이 좋다. 수량 증대를 위해서는 충분한 퇴비와 석회의 시용이 바람직하며, 너무 점토질이 많은 곳에서는 모래를 섞어 재배한다. 남프랑스에서는 자갈이 많은 배수가 양호한 밭에서 기른다.

겨울에는 중부지역에서도 월동이 될 수도 있으나, 내한력이 약하므로 볏짚이나 낙엽을 덮고 비닐 등으로 충분히 덮어줄 필요가 있다. 봄에는 장미 전정을 하는 것처럼, 눈의 위치를 확인해서 묵은 가지를 잘라내 새 가지가 알맞게 자라나도록 한다.

(5) 수확 · 저장

수확은 여름 동안 실시하는데, 잎을 주로 따서 모은다. 잎은 꽃피기 바로 직전에 채취하는 것이 가장 향기가 좋고 맛이 있다. 가정에서는 말린 잎을 병에 넣어 저장할 수 있다.

새순도 이용할 수 있는데, 반드시 다음 해에 자랄 수 있을 정도로 알맞게 솎음질하듯이 채취를 해야 한다.

최종 수확은 초가을까지만 실시하고 그 이후는 금지하는 것이 좋은데, 이는 상처가 채 아물기 전에 강추위를 만나면 줄기가 동사(凍死)하기 때문이다.

(6) 이용

세이지는 차로 마시면, 월경불순 치료, 뇌기능 촉진을 통한 치매 예방, 그리고 함유된 약 150가지 polyphenol의 항산화 작용에 따라 항암효과가 있으며 좋은 콜레스테롤(HDL) 함량을 상승시킨다. 고기, 수프, 치즈 등의 요리에 약간 넣어서 이용하며, 특히 장어나 미꾸라지 등 비린내가 심하게 나는 요리에 사용하면 비린 맛을 제거할 수 있다.

정유는 방향제를 만드는 재료로서 사용된다. Pineapple sage, cherry sage 꽃은 식용꽃으로 사용하는데, 잼, 젤리에 넣어 먹는다. 에센셜 오일은 가글제와 치약용으로 많이 이용된다.

(7) 치유 적용

차로서는 1~2티스푼의 잎을 1/4L 끓는 물에 넣고서 15분간 우려낸 후 그것을 1일 2~3잔 씩 마신다. 6잔 이상 마시면 좋지 않다. 와인은 60g의 잘게 잘라서 말린 건조 잎을 1L 적포도주에 10일간 우려내어 식후에 매일 1잔씩 마신다. 가글용은 2 주먹 잎을 잘게 잘라 건조시켜 10분간 끓는 물 1L에 넣고서 추출해 거른 후 냉장고에 저장하고, 때때로 사용하면 구강이나 치주염을 예방한다. 팅크제는 20g 잘게 잘라 말린 잎을 80ml 알코올(60%)에 넣고 10일 동안 우려낸다. 이것을 매일 3~4번 30~40방울 마신다. 팅크제와 세이지 오일을 동량의 럼주에 섞어서 머리카락이 빠지는 부분에 바르면 탈모 예방에 좋다.

2.27 수영(Sorrel, 소렐)

학 명:	*Rumex acetosa*	**영 명:**	Sorrel
과 명:	Polygonaceae(마디풀과)	**기타명:**	酸模(中)

(1) 재배 역사

수영은 이집트인이 B.C. 3000년경부터 샐러드로 이용했을 정도로 식용 역사가 길다. 그 후 로마와 그리스인들도 이용했다. 영국에서는 1217년에 처음 기록이 나온다. 영어 이름인 sorrel은 고대 프랑스어의 surrele에서 연유되었는데, sur은 sour(신맛)을 뜻한다. 프랑스와 영국 등지에서는 채소용 뿐만 아니라 약용으로도 중세 이후 많이 이용된 기록이 나타나고 있다. 재배가 용이한 수영은 19세기에 프랑스인들이 즐겨 먹었는데, 1895년 기록에 의하면 프랑스에서는 20만kg의 수영이 공급되었다고 한다. 즉, 19세기에는 가정채소 식물로 각광을 받았다. 하지만 미국에서는 거의 먹지 않는다. 국내에서는 90년대 말에 소개되었으며, 현재는 쌈채소로 인기가 있으며, 시중에서 허브로서의 차별화를 위하여 영명인 소렐로 유통이 된다. 최근에는 베이비 채소나 싹 채소로도 유통된다.

(2) 식물학적 특징

영년생으로 잎이 넓고 긴 *Rumex acetosa*(sorrel)와 잎이 작고 방패처럼 생긴 프랑스 수영(*R. scutatus*, French sorrel)으로 나뉜다(**그림 2.34**).

수영은 크기는 60cm 정도 자라며, 꽃대는 120cm까지 자란다. 프랑스 수영은 크기가 15cm이며, 꽃대가 오르면 초장이 45cm가 된다. 잎이 녹색인 것과 은색종이 있다. 그 외에 애기수영(*Rumex acetosella*, Sheep's sorrel)이 있는데, 키는 15~30cm로 가장 작고 옆으로 퍼지는 습관이 있으며, 가는 잎을 유럽에서는 일부 이용하나 국내에서는 거의 사용하지 않는다. 샐러드로 먹으면 감귤 냄새와 신맛을 낸다. 주성분은 calcium oxalate(1.3%)와 옥살산(oxalic acid), anthraqinon, vitamin C, 사과산, 감귤산 등이며, 익히면 신맛이 아주 낮아진다.

(3) 품종

엽맥이 녹색종과 자색종 수영 2종류만 국내에서는 재배된다(**그림 2.34**a, b). 독특한 잎 모양의 프랑스 수영은 앞으로 국내의 재배 가능성은 있다(**그림 2.34**c, d).

국내에서는 쌈채소용 품종으로 판매되며, 유럽에서는 주로 샐러드용으로 이용한다.

(4) 재배

뿌리를 분주하거나 봄에 종자를 뿌리며, 발아기간은 7~10일 정도이다. 햇빛을 좋아하므로 남향인 장소에 거리는 30cm 간격으로 심는다. 종자량은 100m^{2}당 20g이 필요하다. 파종 후 터널을 씌우면 발아에 10일 가량 걸린다. 시비는 복합비료를 N-P-K, 10, 8, 12kg/10a 수준으로 밑거름으로 뿌린다. 유기재배는 2톤 정도의 퇴비만 사용해도 된다. 아래 잎을 수확하고 나서 질소비료를 약 3kg 정도 추비로 주면 좋다. 병 발생은 없지만 잎은 연하여 달팽이나 나비 애벌레가 좋아하므로 방제에 신경써야 한다. 우리나라는 정원에 큰 달팽이가 없으나 유럽은 민달팽이가 많아 정원에서 망을 씌워서 방제한다. 식물은 정원에서 번식이

(a) (b) (c) (d)

그림 2.34 수영(a: 녹색종, b: 적색종)과 프랑스 수영(c: 녹색종, d: 은색종). (출처: google)

잘 되며, 오히려 잡초 같이 자라므로 상자 안에 심기도 한다. 상자나 정원에 재배하여도 매 3~4년마다 식물을 분주하거나 새로운 모종을 심어서 활력을 유지하도록 해야 수량이 줄어들지 않는다. 잎 성장을 증진시키려면 꽃대가 생기면 바로 제거한다. 건조에는 강하나 겨울에는 노지에서 잎이 죽는다. 온실재배시 5°C 이상만 유지하면, 상추처럼 계속 수확이 가능하다. 유럽에서는 베란다나 텃밭용으로 포트에 파종하여 출하한다.

(5) 수확·저장

수량은 2~3kg/m^2를 얻을 수 있다. 가정원예의 경우에, 겨울에도 치마상추처럼 아랫잎을 계속 채취하려면 심겨진 상자를 실내에 두거나 비닐 터널을 만들어 얼지 않게 한다. 온실에서는 연중 수확이 가능하다. 수확 후에는 쉽게 마르므로, 유통할 때는 반드시 PE-bag에 소포장하여 5°C를 유지하면 30일간 저장이 가능하다.

(6) 이용

잎이 작은 프랑스 수영은 수프나 샐러드에 이용한다. 요리할 때는 시금치처럼, 한 번 데쳐서 이용하면 산도를 줄여 신맛을 낮출 수가 있다. 채소 수프, 오믈렛, 양, 쇠고기 요리 등에 사용된다. 그리스의 파이 요리인 spanakopita에는 시금치, 근대, 리크(leek, 서양대파), 파슬리 등과 함께 사용한다.

돼지 갈비나 삼겹살 요리를 먹을 때 수영을 쌈채소로 이용하면 독특한 신맛 때문에 김치쌈처럼 특별한 맛을 나타낸다.

(7) 치유 적용

유럽에서는 이뇨제, 기분 전환 그리고 해열제로 쓰인다. 외적으로는 입 안이 헐었을 때 사용한다. 옥살산이 많이 함유되어 있어 신장 환자나 통풍 환자는 결석의 위험이 있으므로 많이 먹지 않아야 한다. 동양에서는 건조잎 차가 위장 관련 병 치료에 좋다고 알려져 있다.

차로 마시기 위해서는 2티스푼의 건조한 잎을 1/2L 끓는 물에 10분간 우려낸 후 1일 2잔씩 마시며, 외적으로는 피부를 씻거나 입 안을 가글한다.

2.28 스위트 바이올렛(Sweet violet)

학 명: *Viola odorata*	**영 명**: Sweet violet, garden violet
과 명: Violaceae(제비꽃과)	**기타명**: 향제비꽃, 菫(中)

(1) 재배 역사

스위트 바올렛은 국내에서 향제비꽃이라고도 하는데, 이름에 대한 유래에 관해서는 여러 가지 설이 있다. 몇몇 사람들은 라틴어로 vias, 즉 식물이 주로 자라는 곳인 '길가의' 라는 뜻에서 나왔다고 한다. 또 다른 사람들은 그리스의 Ione에서 유래하였다고 하는데, 그 이유는 그리스의 신인 주피터가 여신 이오(Io)가 먹을 수 있게 하려고 재배하였기 때문이라고 한다. 그리스인들이 매우 좋아했고, 아테네의 시화(市花)이기도 하다.

이와 같이 재배 역사는 매우 오래되었으며, 역사적으로 간질을 안정시키는 것부터, 광범위한 범위의 질병을 치료하기 위해 사용되어 왔다. 또한 화를 가라앉히고 잠을 유도하기 위해 사용되기도 하였다.

(2) 식물학적 특징

스위트 바이올렛은 키가 작고, 내한성이 있는 다년생의 달콤한 향기가 나는 향제비꽃은 정원의 가장자리나 작은 규모의 피복식물 또는 분화식물로서 각광을 받고 있다. 잎은 어두운 녹색이고, 우리나라의 자생 제비꽃의 좁고 긴 형태가 아니라 하트 모양이다. 허브용은 주로 진한 보라색으로 꽃잎이 홑이나 겹꽃도 있고, 꽃이 흰색인 품종도 있다. 지면에서 포복경에 의해 퍼지며, 15~30cm 정도 자란다. 향 제비꽃은 팬지, 야생의 삼색 오랑캐꽃과 같이 일반 정원의 일년생 또는 다년생과 함께 잘 어울린다. 식물체는 0.04% 에센셜 오일을 함유하고 구성 성분은 30여 종이다. 프랑스산 주성분은 hexanoate와 nona 2,6-dienol이다.

(3) 품종

스위트 바이올렛에는 변종들이 있는데, 'Royal Robe'는 크고 긴 줄기에 진한 자주색 꽃이 핀다. 'Royal Elk'는 매우 향기로운 보라색 꽃을 피우며, 'Charm'과 'Alba'는 작고 흰 꽃을 피운다(**그림 2.35**).

(4) 재배

종자를 뿌려서 번식시키며, 포복지를 분주하여 심거나 온상에서 증식을 시켜서 육묘 후

(a) (b)

그림 2.35 (a) 스위트 바이올렛 자색종, (b) 백색종. (출처: Wikipedia)

에 심는다. 종자는 호냉성 식물이므로, 낮은 온도에서도 발아가 된다. 지중해에서는 11~1월에 파종할 수 있으나 우리나라에서는 이른 봄에 파종한다. 1,000개의 식물을 얻는 데 100g의 종자가 필요하다. 100m^{2}에 심으려면 2,500개의 식물이 필요하다. 분주는 주로 개화한 5~6월이 지나면 실시하는데, 재식거리는 20~23cm로 한다. 뿌리가 내려 장식된 식물을 9월에 분주할 수 있다. 부분 차광이 이상적이지만 서늘한 기후에서는 강한 광조건에서도 잘 견딘다. 제비꽃은 비옥하고 배수가 좋으며, 수분이 많은 토양을 좋아한다. 봄에 꽃을 많이 피게 하기 위해서는 해마다 분주 또는 포복지 분주를 해야 한다.

(5) 수확 · 저장

잎은 부드러울 때 봄 일찍 수확한 후 생체 또는 건조하여 이용한다. 꽃은 건조화로 이용하거나 식물이 만개했을 때 수시로 수확하여 음지에서 건조한다,

저장은 잎이나 꽃을 말려서 저장한다. 또는 꽃의 결정체를 만든다. 뿌리는 9~10월에 수확해서 깨끗하게 씻은 후에 햇볕에 건조한다.

(6) 이용

신선한 꽃은 샐러드에 넣어서 먹을 수 있으며, 시럽 등을 만드는 데 원료로 쓰인다. 시럽을 만들려면 50g의 신선한 꽃에 75ml의 끓는 물을 부어서 24시간 침출시킨다. 그 후 75g의 설탕을 첨가한 다음 열을 가해 녹인 후 병에 넣어서 차게 저장한다. 꽃과 잎은 마음을 진정시키는 차로 이용되거나, 젤리, 펀치, 와인, 샐러드 등에 색을 더하기도 한다. 꽃에서 추출된 기름은 향수로 이용된다. 장식용으로 꽃을 건조시키거나 압착시켜서 배열하기도 한다. 건조한 꽃잎은 차의 향을 내게 하기 위해 섞어서 쓸 수 있다.

(7) 치유 적용

이뇨와 발한 효과가 있으며, 기침 감소, 혈압 강하에도 쓰인다. 외적으로는 타박상이나 화상(火傷)에 꽃을 짓이겨서 붙인다. 차는 건조시켜서 잘게 자른 뿌리 2티스푼을 1잔의 차가운 물에 8시간 추출했다가 약간 따뜻하게 해서 마신다.

시럽은 1컵의 꽃에 뜨거운 물을 1/2L 붓고 24시간 우려낸 다음, 체로 걸러 내고 같은 양의 꿀을 섞는다. 이것을 기침할 때 한 스푼씩 먹으면 효과가 좋다.

2.29 아니스(Anise)

학 명: *Pimpinella anisum*	**영 명**: Anise
과 명: Umbelliferae(산형화과)	**기타명**: 泥子(中)

(1) 재배 역사

어니스의 원산지는 중동지역으로, 강한 감초향이 있어서 현재 리큐어에 많이 이용되고 있다. 기원전 1552년경에 쓰여진 이집트의 의약서에 기재될 정도로 예로부터 사용된 향신료이다. 초기 로마인들은 이 식물을 조미료, 기침 억제, 해독제, 소화제로 이용하였다. Pliny와 Elder는 밤에 베개 아래에 아니스를 넣고 자면 악몽을 막아 준다고 했다. 그러한 연유에서인지 11세기 영국인들은 이 식물의 가루로 잠자리를 마련했다. 오늘날 동양인들은 호흡촉진제(breath freshener)로서 씹기도 한다. 1619년 미국의 버지니아 의회는 버지니아의 거주자는 의무적으로 6개의 아니스 종자를 가져와 심어야 한다고 의결했다고 한다. 우리나라에는 시험 재배된 적이 있으나 대량생산은 없으며, 실제 재배는 독농가 몇 군데에서 소규모로 이루어지고 있다.

(2) 식물학적 특징과 품종

아니스 식물의 모양이 아름답다. 파슬리와 같은 산형화과 식물로 연녹색의 1년생 식물이며, 초장이 60~90cm이다. 하엽은 잎이 3갈래로 갈라지고, 잎 가장자리가 결각이 있으며, 꽃눈이 분화되면 상엽은 코스모스 잎처럼 얇고 가늘게 변한다(**그림 2.36**a). 한여름 유백색의 꽃이 우산 모양인 산형화서로 핀다. 종자는 달걀형 또는 장타원형이며, 2분과(分果)가 밀착하는 상태로 결실한다. 각 분과에는 5개의 늑선(肋線)이 있다. 성숙된 종자는 매우 더운 여름에 수확하며, 색깔은 녹갈색이다. 종자는 길이 3~5mm, 폭 1~2mm로 화경에 붙어있다. 종자 1L는 420g 정도이며, 약 95,000립에 해당된다.

아니스 종자는 8~11%의 불휘발성 기름(fixed oil)과 1.5~4%의 에센셜 오일(essential oil)로 구성되어 있는데, 에센셜 오일은 80~90%의 anethole과 10~15%의 chavicol. 그리고 estragole, γ-hymachalen, para-anisaldehyde을 함유한다. 스위스의 식품 규격상 종자의 최고 수분 함량을 13%, 총회분량을 11%, 에센셜 오일 최저함량을 2.1%로 규정한다.

국내에서는 품종명이 없이 아니스로만 공급되지만, 유럽에는 선별된 몇 개 품종이 있다.

(3) 재배

아니스는 토양이 비옥하고 물빠짐이 양호한 사질토양이 알맞으며, 온화하고 햇빛이 잘 비칠 뿐만 아니라 비도 적당히 오는 곳이 좋다. 파종 시기는 서리의 위험이 없는 5월초에 직파한다. 아니스는 이식을 매우 싫어하므로 가정원예에서는 포트에 심었다가 정식하는 것은 괜찮지만 모종으로 이식하는 것은 좋지 않다. 60cm 간격으로 줄뿌림해서 초장이 10cm가 되면 식물체 간격을 15~20cm로 솎아 준다. 파종에서 성숙까지는 약 4개월 가량이 필요하다. 대체로 3개월쯤 되면 꽃이 피고, 꽃이 핀 후 1개월이 지나야 씨가 성숙한다.

(a) (b)

그림 2.36 (a) 아니스(꽃과 잎), (b) 프랑스의 이니스 시탕.

(4) 수확 · 저장

수확은 완전히 성숙되었을 때 잎을 딴다. 색이 변하기 시작할 때 화기를 잘라 따뜻하고 건조한 곳에 매단다. 종자는 식물을 잘라서 말린 후 탈곡한 다음, 통풍이 좋은 곳에서 음건하여 저장한다. 10a당 50~90kg의 종자를 얻을 수 있다.

(5) 이용

잎은 양념으로 또는 샐러드에 첨가시켜 사용한다. 그리고 때로는 비누향, 스튜 그리고 고기요리 등의 조미료로 이용된다. 아니스 종자는 철분과 칼륨이 많이 들어 있다.

공업적으로는 종자를 수증기로 증류한 아니스유(油)가 광범위하게 식품 분야에 사용된다. 제과, 리큐어, 수프, 드링크의 향료로 쓰인다. 유럽에서 생산되는 알콜류인 arak, pastis, ouzo, sambuca, zivania, raki 등에는 추출향이 모두 들어간다. 또한 프랑스의 유명한 사탕의 향을 낸다(**그림 2.36**b). 그 외 치약 향료, 화장품 향료, 향수 등에 사용된다.

일본의 경우, 음료에는 30ppm, 빵에는 490ppm 그리고 육류에는 1,200ppm 정도의 아니스 에센셜 오일을 사용할 수 있다.

(6) 치유 적용

어니스의 약리 효과로는 소화촉진, 월경 개선, 꽃가루병과 감기 경감 효과가 있다고 알려져 있다. 차를 만들기 위해서는 3컵의 물에 1.5g의 종자를 담그거나 1~3티스푼의 자른 잎을 넣는다. 또는 1L에 종자 15~20g을 넣고 끓여 먹는다.

소화불량이나 월경불순에는 1L의 끓는 물에 종자 5~10g을 넣고 우려내어 찻잔으로 1일 1~2잔씩 마신다. 유방에 습포를 하면 젖을 많이 나오게 하는데, 1L의 물에 15~20g의 종자를 넣고 끓인 다음에 이 물로 습포를 한다.

차요법은 1티스푼의 종자를 1/4L의 끓인 물에 넣고서 10분간 우려내어 걸러낸 다음, 기침에는 매일 2~5잔씩 꿀을 타서 마시고, 장내 가스 발생에는 그대로 마시면 좋다. 특히 어린이에게 효과적이다.

2.30 안젤리카(Angelica)

학 명: *Angelica archangelica*	**영 명**: Angelica
과 명: Umbelliferae(산형화과)	**기타명**: Garden angelica, wild celery

(1) 재배 역사

안젤리카는 천사의 뿌리라고 불리는 데서 이름이 유래했는데, 산형화과에 속하며, 원산지는 시리아로 추정되고 있고, 많은 종류가 기원전부터 재배되어 왔다. 옛부터 민간약제로 사용되었고 해독작용이 있는 것으로 알려져 있으며, 10세기부터 약용 또는 채소용으로 이용됐다. 옛날에는 안젤리카가 독과 흑사병에 대한 특별한 효과가 있으며, 악마를 쫓는다고 믿었다. 1차대전이 끝날 무렵에 유행성 독감이 만연했었는데, 안젤리카가 효과가 있다고 믿어 뿌리를 껌처럼 씹었다. 최근에 소화에 효과적이라고 보고되고 있다.

아일랜드, 그린란드, 시베리아까지 분포되어 있으며, 14~16세기경부터 허브식물로 이용되었고, 당시에 "천사의 향료"(Herb of the angels)라고 불렀다.

(2) 식물학적 특징

안젤리카는 2년째에 개화하는 2년생 또는 영년생 식물로, 뿌리가 굵고, 깊게 자라며, 측근(側根)은 곧장 뻗은 주근(主根)에서 형성되며, 곧은 주근은 약제로도 사용한다. 줄기는 색깔이 약간 자주빛을 띠며 굵게 자라는데, 속이 비어 있고, 크기는 2.5m 정도에 달한다(**그림 2.37**a). 줄기 끝에 꽃이 피어 열매가 열리자마자 식물 전체가 죽게 되는데, 이때 꽃대가 오른 것을 매년 절단해 주면 5~6년 더 자랄 수 있다. 꽃은 7~8월에 꽃대의 끝에 연초록색을 띤 백색으로 피는데, 향기는 꿀향기와 같다. 안젤리카는 식물 전체에서 강한 향기를 풍기는데 사람에 따라 선호도가 다르다. 뿌리에 정유가 많으며 α-pinene과 β-phellandrene을 함유한다. 뿌리의 독특한 사향 냄새는 cyclopentadecanolide에서 유래되는데, 뿌리에는 1% 미만, 종자에는 5% 미만의 소량을 함유한다. 종자에는 α-pinene, β-pinene, camphene, myrcene, β-phellandrene, limonene, caryophyllene, borneol 등이 들어 있다.

(a) (b)

그림 2.37 (a) 안젤리카 적색 줄기, (b) 신선초 녹색 줄기.

(3) 품종

안젤리카는 *Angelica sylvestris*(북미자생종)와 *Angelica archangelica*(재배종)으로 구분되며, *A. archangelica*는 특별한 품종 없이 선발된 지역종이 재배된다. 줄기는 적색이고, 잎은 광택이 없다.

Angelica keiskei(신선초)도 같은 속이나 종이 다르게 구분된다. 일본의 아이누족이 줄기를 이용하는데, 매일 잎이 하나씩 생긴다하여 일본명은 ashitaba(アシタバ 또는 明日葉)이다. 키는 0.6~1.2m이고, 초기에는 안젤리카와 유사하나 안젤리카 줄기는 붉고, 신선초는 줄기가 녹색이면서 잎이 번들거려서 구분이 쉽다(그림 2.37b).

(4) 재배

안젤리카 번식법은 종자번식과 영양번식이 있다. 종자는 단명종자이므로, 성숙하면 즉시 가을에 파종하거나 냉장고에 보관했다가 봄에 파종해야 한다. 원래 물가에서 자라서인지 습윤하며 비옥하고 배수가 좋은 산성인 토양을 선호한다. 반음지에서도 잘 자라며 건조한 토양에서는 자주 관수해야 한다.

영양번식은 근삽이나 개화 당년에 줄기 기부에서 발생한 줄기를 이용하여 번식한다.

우리나라에서는 신선초를 노지 및 시설에서 재배하며, 녹즙 전용 신선초는 배지경이나 담액수경으로 생산하기도 한다.

(5) 수확 · 저장

종자 수확은 성숙되자마자 따서 즉시 이용한다. 잎은 개화 전에 수확하고, 색과 향을 유지하기 위해 음건시킨다. 우리나라에서 재배되는 신선초는 치마상추처럼 성숙된 아랫잎부터 수확하여 출하한다.

(6) 이용

식물체의 모든 부위가 향이 있어 이용이 가능하다. 미국에서는 안젤리카를 설탕으로 절여 케이크의 장식용으로 이용한다. 줄기는 껍질을 벗기거나 대황과 섞어 샐러드에 이용하거나 혹은 설탕에 절여 이용한다. 어린잎도 샐러드로 이용하거나 생선, 닭과 함께 조리하여 이용한다. 뿌리는 차로 이용된다. 종자유는 향료나 방향제로 이용한다. 모든 부위는 신선할 때 이용하는 것이 좋은데, 우리나라에서는 안젤리카 어린잎을 독특한 향기 때문에 쌈용으로 즐기기도 한다. 그러나 사람에 따라 알레르기가 나타날 수 있으므로 노화된 잎은 먹지 않는 것이 좋다.

신선초는 녹즙용으로 많이 이용하며, 어린잎은 각종 육류와 같이 쌈을 싸서 식용하는 데 이용된다. 민감한 사람은 알러지가 나타날 수 있으니 주의한다.

(7) 치유 적용

소화불량, 통증, 장내 가스 발생, 식욕부진 그리고 장의 안정을 위해 이용한다.

차로 마시기 위해서는 한 스푼의 말린 뿌리를 한 잔의 찬물에 넣고서 끓인 다음 하루에 여러 잔을 마신다. 말려서 잘게 자른 뿌리 50g을 1L의 와인에 넣고 5일간 우려내고 걸러서 필요할 때 한 잔씩 마신다.

팅크제는 잘게 잘라 말린 뿌리 20g을 80ml 알코올(70%)에 넣고서 10일간 우려낸 후 걸러서 식사 15분 전에 20~30방울을 마시면 입맛이 좋아진다.

2.31 알로에(Aloe)

학 명: *Aloe vera*	**영 명**: Aloe
과 명: Liliaceae(백합과)	**기타명**: 蘆薈(中)

(1) 재배 역사

알로에는 클레오파트라의 아름다움을 위하여 이용한 것이라는 전설이 있을 정도로 옛부터 얼굴과 손의 크림으로 이용하거나 로션, 샴푸 등에 널리 사용되었다.

알로에는 미국 정부에서 방사선에 노출된 피부의 치유에 널리 사용되면서 큰 효과를 인정받았다. 신선한 즙액을 문제가 있는 피부나 화상 부위에 발라서 치료한다.

알로에에서 생산되는 아름다운 바이올렛 염료는 인도양의 Socotra 섬이 원산으로, 알렉산더 대왕이 B.C. 4세기경에 이곳을 점령한 원인이 된 것으로 추측하고 있다. 알로에 재배법과 염색법이 1,400년이 지나서 모슬렘 상인들에 의해 다른 지역인 아프리카, 중국, 인도, 중미로 전파되었지만, 이 섬에서 생산되는 알로에는 지금도 염색 원료로 공급된다.

(2) 식물학적 특징

알로에는 영년생 식물로, 녹색의 길고 두꺼운 다육질의 잎을 가지며, 가장자리를 따라 드물게 가시가 있다. 잎이 내부에는 젤라틴 같은 즙이 있으며, 상처가 난 곳에 이것을 바르면 상처를 감싸고 빨리 치유가 된다.

알로에의 구성 성분에는 essential oil, cinnamic acid, polysaccharide, salicylic acid, glycoside(aloe-emodin과 alloin 25% 정도), saponins 등이 있다.

(3) 품종

현재 전 세계적으로 350여 종이 분포하며, 녹색종이 재배종(*Aloe vera*)이며, 화훼용으로는 잎에 얼룩이 들어있는 것(*A. variegeta*)과 들어있지 않은 것, 색깔이 들어있는 것(염료용: *A. perryi*) 등 매우 다양하다(**그림 2.38**).

(4) 재배

알로에를 번식을 하려면 여름에 모본 아래서 나오는 어린 측생아(**그림 2.38**b)를 분리시켜 피트나 코이어에 동량의 모래를 1:1로 혼합한 상토 또는 선인장 전용 상토에 심는다. 잎을 모수로 끝에서 10cm 가량 잘라서 절단 부위가 완전히 마르도록 수일간 두었다가 피트와 모래 1:1 배지에 삽목하면 수주일 지나 새싹이 잎에서 발생한다.

서리의 위험이 없는 햇빛이 잘 들거나, 약간 그늘이 진 곳, 실내에서 잘 자란다. 토양은 모래땅으로 배수가 잘 되는 조건을 갖추어야 한다. 재배 시의 온도 관리는 최저온도 5°C를

(a)

(b)

그림 2.38 알로에. (a) 녹색종(출처: Wikimedia), (b) 측생아가 분화한 반엽종.

유지시킨다. 관수는 계절과 토양의 습도를 고려하여 1주일에 1~2회 정도 한다.

(5) 수확·저장

잎은 필요할 때마다 아래부터 따서 이용한다. 잎 수확은 2년생부터 한다. 잎을 채취한 후에 랩 등에 싸서 냉장고에 두면 수일간 저장할 수 있다. 그러나 생체로 장기간 저장은 불가능하다. 다만 99.9% 알로에 겔을 흑색병에 넣어 냉장고에서 보관하면 다소 장기간 저장이 가능하다.

(6) 이용

알로에는 옛날에는 설사제로 사용했으며, 현재에는 민간요법으로 위장병의 내복약으로 쓴다. 그러므로 과다 사용하면 설사를 일으킨다. 임산부는 식용하는 것을 금한다. 식물을 관상용 또는 바이올렛 색깔 염료의 재료로 사용한다. 식용 알로에는 잎을 채취하여 껍질을 제거한 후 내부의 투명하고 연한 조직을 식용하고, 공업적으로는 미용 크림, 로션, 샴푸 등에 혼합하여 사용한다. 알로에는 광차단 효과가 뛰어나 자외선을 20~30% 가량 막아준다. 자연산 알로에는 pH가 4.3인데, 인간의 피부에 알맞은 pH는 4~6 사이이므로 바로 사용해도 큰 문제가 없다. 국내에서는 냉동건조시켜서 캡슐 또는 정제를 만들어 판매한다.

(7) 치유 적용

민간요법으로 잎을 잘라서 심하지 않은 화상이나 상처에 바르면 효과적이다. 물론 심한 상처는 알로에를 사용하지 말고 의사의 처방을 받아야 한다. 섭취하면 땀나는 것을 감소시키고 류머티즘을 완화한다. 그 외에 설사제, 월경 촉진제, 구충제, 간장약, 진통제로 쓰인다. 특히 적은 양을 먹어도 생리를 증가시킨다. 내복약으로는 0.1~0.3g의 즙을 먹는다. 외용으로는 신선한 액을 외상에 바른다. 주의할 점은 자궁 수축을 자극시키므로 임신 중에는 목욕용으로 사용하면 안 된다. 모유를 먹이는 산모가 알로에를 섭취하면 알로인으로 인하여 수유하는 아기에게 설사를 유발시키므로 주의한다.

2.32 오레가노(Oregano)

학 명: *Origanum vulgare* L.	**영 명**: Oregano, wild majoram
과 명: Labiatae(꿀풀과)	**기타명**: 花簹河, 牛至(中)

(1) 재배 역사

오레가노는 허브식물, 약용식물, 화훼식물 또는 밀원식물로 인기가 있는데, 원산지가 지중해 연안으로 유럽 여러 나라에서 야생으로 자란다. 야생종에서 선발된 것이 마조람으로 두 식물을 동일시 취급하는 경우도 있다. 그러나 전통적으로 오레가노와 마조람을 구분해서 거래하고 있으며, 국내 향신료 거래나 식품업체에서도 구분하여 다룬다.

(2) 식물학적 특징

온난한 지역에서는 다년생 식물이고, 한냉지에서는 일년생으로, 마조람의 키가 30~40cm로 작은 데 비하여 오레가노는 60~90cm로 키가 크고 직립이다. 잎은 마주나기(對生)로서 타원형 또는 달걀 모양이다. 암록색을 띠고 잔털이 나며, 마조람보다 잎의 끝이 뾰족하다. 꽃은 줄기의 끝에 피며, 색깔은 자색 또는 백색종이다(**그림 2.39**a, b). 잎색은 보통종은 녹색이고, 관상용은 황금색인 것도 있다(**그림 2.39**c).

에센셜 오일은 0.15~0.4%로서 높지 않고, 주성분은 약 50%가 thymol, 7~8%가 α-pinene, cineole, linayl acetate, linanool, dipentene, p-cymene, 그리고 β-caryophyllene으로 구성되어 있다.

(a) (b) (c)

그림 2.39 오레가노. (a) 자색꽃종, (b) 백색꽃종-고려대학교 농장, (c) 황색잎종.

(3) 품종

품종은 엽색에 따라 녹색종, 조경을 겸한 황색종(golden oregano)과 반엽종(Country Cream)으로 구분하며, 꽃색에 따라 자색과 백색으로 나눈다.

일반종 이 외에 왜성종이 있는데, 지피 특성이 있고, 허브보다는 관상용으로 구분되기도 한다. 대표적인 품종은 'Betty Rollis'(키 15cm)와 'Humile'(키 7.5cm)가 있다.

통상적으로 향신료 분야에서는 유럽 오레가노와 멕시코 오레가노로 나누는데, 유럽 오레가노는 여기서 다루는 *Origanum* 속인 초본성인 데 비해, 멕시코 오레가노는 속이 다른 *Lippia graveolens*로서 관목성 방향 식물이다. 오레가노와 마조람은 아주 유능한 허브 재배가가 아니면 건조된 분말 제품 상태에서는 구분이 어렵다.

(4) 재배

오레가노는 종자번식, 삽목번식, 분주법을 이용하여 번식한다. 종자번식은 내한성이 마조람보다 강하여 이른 봄 온실 내에 씨를 뿌리거나 4~5월에 줄 간격 35~50cm, 식물 간격 35~45cm로 정원에 직파한다. 직파할 때 필요 종자량은 100m^{2}당 30g이다. 그러나 플러그트레이에 파종할 경우에는 1g 종자를 가지고서 1,000개의 식물을 육묘할 수 있다. 삽목도 가능하다. 정원의 흙은 배수가 잘되어야 한다. 온상이나 온실에서 기른 식물은 20~25cm 간격으로 정식한다. 노지에 파종한 것은 동일한 거리로 솎아준다.

삽목은 초여름 자란 줄기를 잘라서 상토에 꽂고 관리하면 10일이 지나 발근된다. 삽목 후 2~3주일이 지나면 정식을 할 수가 있다.

포기나누기(분주)는 가을이나 이른 봄에 큰 포기를 캐낸 후 새순이 서너개 붙게 나누어서 30~50cm 간격으로 심는다. 초년 겨울에 추운 곳에서는 볏짚이나 비닐을 덮어서 월동시켜야 한다. 월동을 하고서 봄에는 잔가지를 깨끗이 전정하여 새순이 잘 나도록 한다.

(5) 수확 · 저장

수확은 꽃이 피는 6~9월에 한다. 땅위 5~8cm 되는 곳을 칼로 잘라서 다발을 묶어 말린 후 잎과 줄기를 분리시킨다. 생육이 좋으면 10월에 한 번 더 수확이 가능하다.

가정원예에서는 수시로 잎을 채취해 이용한다. 신선잎 채취량은 30kg/100m^{2}이다.

저장은 건조된 잎을 모아 어두운 곳에 저장한다. 국제 거래는 주로 건조잎을 대상으로 하는데, 줄기가 10% 정도 들어있어도 허용된다.

(6) 이용

오레가노는 이탈리아와 그리스 요리에서 가장 중요한 허브로, 피자에 꼭 들어가므로, 피자 허브라는 별명을 가지고 있다. 토마토 소스 그리고 샐러드 드레싱에도 필수적이다. 그 외 세이지, 백리향 등과 함께 혼합하여 각종 소스 등에 이용된다. 특히, 닭, 칠면조 요리 그리고 각종 소세지에서 독특한 냄새를 교정하는 데 사용된다. 서양에서는 허브를 이용한 방향 주머니 제조에 필수적으로 들어간다. 수증기 추출액은 수율이 적지만 각종 식물 가공 및 화장품 제조 분야에 이용된다. 일본의 경우, 음료에 320ppm, 빵에 400ppm 그리고 수프에 150ppm, 소스에는 1,000ppm을 혼합하여 사용한다. 오레가노 향은 매우 섬세하여 휘발이 잘 되므로 요리할 때 주의가 필요하다.

국제적으로 거래되는 건조한 오레가노는 총회분 9.5% 이하, 산불용성(산에 안 녹는) 회분 2%, 수분은 10.0%, 그리고 100g당 에센셜 오일이 약 3.0ml 이상 포함되어 있어야 한다.

(7) 치유 적용

오레가노는 유럽의 지중해에서는 피부염증, 근육통, 천식, 경련, 설사, 감기, 소화불량,

건강증진을 목적으로 사용하여 왔다. 이는 오레가노가 항염증, 항균작용이 있기 때문이다. 에센셜 오일은 여드름, 비듬, 상처, 백선균, 건선, 벌레 물린 곳의 치료에 사용된다.

차로 이용하기 위해서는 개화기에 수확한 잎줄기를 잘라서 1티스푼 정도를 1/4L의 끓은 후 약간 식힌 물에 넣고서 10분간 우려내어 마시면 소화촉진, 감기에 효과적이다.

팅크제는 개화기에 채취하여 말린 오레가노 20g을 10일간 80ml 알코올(70%)에 추출해서 매일 2번씩 40~50방울을 마신다. 또한, 작게 자른 오레가노 50g을 1L 와인에 넣고서 12일간 우려낸 다음 매일 2~3잔씩 마신다.

목욕법은 2~3 주먹의 마른 오레가노를 2L 물에 넣고서 끓인 후 30분간 우려낸다. 이것을 목욕물에 첨가해서 목욕하면 기분을 좋게 하고, 근육통, 경련 치유에 효과를 볼 수가 있다.

2.33 울금(Turmeric)

학 명:	*Curcuma longa* L.	**영 명**:	Tumeric
과 명:	Zingiberaceae(생강과)	**기타명**:	심황(深黃)

(1) 재배 역사

울금은 열대 아시아, 특히 인도차이나 반도가 원산지로, 고대에는 염색용으로 사용하다가 그 후 향신료, 약제로 활용되어 왔다. 중세에는 유럽인들에 의해 인도 사프란(Indian saffron)이라고 칭했다. 이는 힌두교인들이 울금 향료를 이용하여 염색을 하고 화장품으로 널리 이용했기 때문이다. 학명 *Curcuma*는 Sankist어인 *kunkuma*에서 유레되었다고 하고, 혹자는 아라비아어인 kurkuma에서 유래되었다고 본다. 중국에서 울금(鬱金)이라고 칭하는 것은 k 발음을 하지 않은 데 따른 이름으로 추측되는데, 기운이 가벼워 막힌 기운인 울(鬱)을 뚫어주고, 색이 황금색이란 이유로 울금(鬱金)이라 칭했다고도 전해진다(**그림 2.40**a). 유사한 작물로 혼동이 되는 강황은 생강의 강(薑)자에, 색깔이 노랗다는 황(黃)자를 더해 강황(薑黃)이라고 명명했는데, 잎과 뿌리는 유사하지만 전혀 다른 식물이다. 울금은 잎이 다 자란 상태에서 8월 말부터 10월 초까지 흰색의 꽃이 피지만(**그림 2.40**b), 강황(薑黃, *Curcuma aromatica*)은 봄철 5월경에 꽃대가 먼저 출현하고 적색 꽃이 핀 다음 잎이 자란다(**그림 2.40**c).

(2) 식물학적 특징

울금은 생강과에 속하고, 키는 0.6~1m 정도이며, 원산지에서는 상록 영년생이지만 국내에서는 여름철만 재배하고 근경 상태로 월동한다. 지하 근경(**그림 2.40**a)에는 여러 개의 눈이 생겨서 잎이 자라는데 마치 원추리잎이 나듯히 차근 차근 7~8매가 마주보면서 생기며, 옆에서 보면 납작하고, 전면에서 보면 좌우로 대칭을 이루듯이 보인다. 엽신은 타원형 내지 장타원형으로, 길이는 50~70cm 정도, 폭은 15~25cm가 된다. 잎은 뾰족하고 새의 날개 같은 엽맥을 갖는다. 잎 표면은 선녹색이고, 뒷면은 백록색을 이루는데 잎표면에는 털이 없다. 꽃은 9~10월경에 맨 윗쪽 잎 사이에서 약 20cm 길이의 꽃대가 오른다. 꽃은 많은 백록색의 포엽이 나타난다(**그림 2.40**b). 개화 시에 포엽이 열리고 꽃은 흰색을 나타낸다. 노란 울금 가루에는 60~70% 탄수화물, 6~13% 수분, 6~8% 단백질, 5~10% 지방, 3~7% 무기염류, 3~7% 에센셜 오일, 2~7% 섬유질, 1~6%의 화학물질로 맛과 색을 내는 curcuminoids를 갖는다. 에센셜 오일은 α-turmerone(12.6~44.5%), curlone(9.1~37.8%), ar-turmerone(12.2~36.6%), β-sesquiphellandrene (5.0~14.6%), α-zingiberene(5.0~12.8%), germacrone(10.3~11.1%), terpinolene(10.0~10.2%), ar-curcumene (5.5~9.8%), α-phellandrene(5.0~6.7%)이다. 강황은 curcumene, 1.8-cineole이 주성분으로 다르다.

(a) (b) (c)

그림 2.40 (a) 울금 근경, (b) 가을에 개화하는 울금, (c) 봄에 피는 강황. (출처: Wikipedia)

(3) 품종

울금에는 다양한 종이 있다. 인도에는 'Madras finger'(근경 크기 중간, 향기가 좋고, lemon yellow 색), 'Allepey finger'(인도 남부에서 재배, 근경의 크기는 소형이고, orange yellow 색), 세계적으로 가장 찬사를 받는 'Rajapuri fingere'(대형종)가 있다. 중국에서는 주로 광동성에서 재배되는데, finger형(소형, 녹황색)과 bulb형(황갈색, orange yellow)이 있다. 싹 전용 품종(*C. pierreana*)은 묘가처럼 어린싹을 채취해서 이용한다.

국내에서는 농가에 따라 다양한 종을 재배하지만, 진도에서 가장 많이 재배되며 진도 울금은 2014년에 지리적 표시제에 등록되었다.

(4) 재배

번식은 종자(주로 열대 지역에 생산됨)와 생강처럼 근경을 사용한다. 재배 지역은 고온다습하고 강우량이 많은 곳이 좋다. 국내에서는 종강(길이 5~8cm, 약 20~30g, 1~2개 눈을 가진 원추형 부분)을 검정 비닐 멀칭을 한 이랑에 30~45cm 간격으로, 깊이 5cm 정도로 심는다. 농가에 따라서는 포트에 육묘하여 정식을 하기도 한다. 3~4월에 종강을 파종하면 5~6월 초에 싹이 난다. 육묘한 묘는 서리의 위험이 없는 5월 초 중순에 심는다. 11월 초에 서리가 오면 생육이 정지된다.

(5) 수확 · 저장

울금은 생강처럼 서리맞기 전에 수확해야만 종강으로 사용할 수가 있고 저장 시에 썩지 않는다. 농가에 따라서는 잎이 서리가 내려 잎이 죽고 나서 온도가 더 내려가 토양이 얼기 전인 11~12월에 수확을 하는데, 이 근경은 가공용으로만 사용한다.

수확 후에 표피를 말린 다음 저장고에 두고서 필요할 때 꺼내서 가공하거나 판매한다. 저장은 생강처럼 12~15°C 정도에서 한다. 종자로 사용할 종강은 땅속에 묻어서 저장하기도 하고, 상자에 야쟈 열매 섬유인 코이어를 채우고 마르지 않게 관수를 해도 저장이 잘 된다.

(6) 이용

싹용 품종은 데쳐서 채소로 이용한다. 근경용은 수확해서 절간하여 건조 후에 가루나 환약 상태로 만들어서 판매한다. 가루는 황색 염료나 음식의 색과 맛을 내며 카레의 향신료로 사용한다. 고기 요리에 한 스푼 쯤 첨가하면 색과 맛이 향상된다. 치즈, 버터, 식초, 술(막걸리)에 첨가하여 색과 향을 낸다. 진도에서는 울금 막걸리를 생산한다.

민간요법으로는 건위, 이뇨, 해열, 담낭염 치료, 간장 해독 등에 쓰이고, 항암과 치매 방지 효과도 있다고 한다. 그 이외에 건위, 소화촉진에 따른 식욕증진, 강장제로도 사용한다.

(7) 치유 적용

주로 항염증제로 사용하는데, 하루에 가루 한 스푼을 섭취한다. 많이 먹으면 위장 장애, 구역질, 설사, 알러지. 신장 결석을 유발한다. 울금은 찬 성질이 있고, 강황은 따뜻한 특성이 있으므로 체질에 따라 선택을 달리한다. 신장 결석을 유발한다.

피를 묽게 하는 효과가 있어서 혈전 용해제인 wafarin을 먹는 사람은 과용을 피한다.

2.34 월계수(Bay laurel)

학　명: *Laurus nobilis*	**영　명**: Bay laurel, sweet bay,
과　명: Lauraceae(녹나무과)	**기타명**:

(1) 재배 역사

월계수의 학명은 *Laurus*(칭찬, 찬양), *nobilis*(유명한)이라는 그리스어에서 유래되었는데, 이는 올림픽의 우승자(B.C. 776), 학자, 시인 그리고 Juilus Caesar까지 월계관으로 사용한데서 유래된다. 월계수는 B.C. 342년에 만든 동전에 나타날 정도로 유럽인들은 일찍부터 이용했다. 중세 이후에 유럽인들은 음식에 뿐만 아니라 오일을 추출해서 사용하기에 이르렀다. 19세기부터 남성의 면도 후에 사용하는 향수로도 널리 이용되었다.

(2) 식물학적 특징

관목 또는 소교목으로 상록성 자웅이주식물이다. 잎에서 향기가 나는 이 식물은 전 세계적으로 요리에 사용될 뿐만 아니라 정형정원의 관상식물로도 이용된다. 지중해 원산으로 치밀한 원추상의 월계수는 생육속도는 늦지만 18m까지도 자라는 상록성 식물로 상업적 생산을 위해서는 보통 1~2.4m 높이로 전정한다. 가정용은 직경 30cm 정도 화분에 관상용을 겸해서 1m 이내로 길러서 잎을 채취하여 이용한다. 광택이 있는 진녹색의 잎은 길이 6.5cm이고, 폭 2.5cm이다(**그림 2.41**). 노란색 꽃이 핀 후 10월경에 1.25~2.5 cm의 자색의 과실이 달린다. 잎과 어린 가지에는 에센셜 오일 성분이 1~3% 들어있다. 에센셜 오일은 45% eucalyptol, 12% terpenes, 8~12% terpinyl acetate, 3~4% sesquiterpenes, 3% methyleugenol, α- and β-pinenes, phellandrene, linalool, geraniol, terpineol, lauric acid로 구성된다.

(3) 품종

월계수는 유사종이 3가지가 있으며, 적용은 전혀 다르다. West Indian bay(*Pimenta acris*)는 월계수보다 키가 작고, 5~6개의 잎이 전개했을 때 수확하지만 먹지는 않는다. 잎에는 에

(a) (b)

그림 2.41 (a) 월계수 녹색종 열매(출처: Wikipedia), (b) 황색종(출처: Proven Winner Co).

센셜 오일이 0.75~1.25% 들어있는데, 이를 두발용 화장품 등에 사용한다.

Cherry laurel(*Prunus laurocerasus*)은 잎에는 유독한 prussic acid 성분을 함유한다. California bay(*Umbellularia californica*)는 방향성(umbellulone 39%)이 3배가 높다. 기타 관상용 황색종 'Sicilian Sunshine'(Proven Winner Co.)이 있다(**그림 2.41**b).

(4) 재배

월계수는 종자번식으로 하나 생육이 늦으므로 주로 삽목을 한다. 자란 묘의 정식은 직경 75cm, 깊이 60cm의 구덩이를 파고서 퇴비를 충분히 넣은 후 심는다. 재식거리는 잎채취용으로 2m 정도 나무 높이를 유지하려면 주간 거리 1~2m 정도가 알맞다.

따뜻한 기후에서는 반음지에서 재배하고, 서늘한 곳에서는 양지에서 재배하며, 토양은 물빠짐이 좋아야 한다. 서리에 견딤성이 있으나 어린 나무는 서리에 약하므로 주의한다. 제주도에서 재배해도 어린 묘는 보온을 해준다. 남해안에서는 찬바람을 받지 않는 곳에 재식하고, 어린 묘는 비닐 피복을 하여 월동시킨다. 성목은 남해안에서 월동이 가능하다. 그러나 중부지역에서는 아파트의 베란다나 온실에서 월동을 시켜야 한다. 일단 재배지에 뿌리를 내린 후에는 간혹 관수하는 것 외에는 별다른 관리가 필요하지 않다.

(5) 수확 · 저장

월계수 잎은 언제든 수확이 가능하지만 어린잎이 좋다. 공업용은 잎을 채취하여 그늘에서 약 2주간 말린다. 소규모 재배에서는 절단한 줄기를 따뜻하고 건조한 곳에 매달아 놓거나 건조한 상자에 잎을 펼쳐 놓고, 잎말림을 방지하기 위해 눌러 놓는다. 건조된 잎은 어둡고 시원한 곳에 밀폐된 병 안에 넣어 보관한다. 좋은 월계수 잎은 총회분이 4.5% 미만, 산가용성 회분 0.5%, 수분 7.0%, 건조잎 무게의 3% 정도는 줄기가 포함되어도 된다.

(6) 이용

월계수는 Italian pasta 소스, 스튜나 스파게티, pot roast(약한 불에 천천히 찜을 한 쇠고기)와 같이 잠시 동안 끓이는 음식과 marinade, 소스에 고기 냄새를 없애기 위해 소량으로 일부 이용된다. 끓인 후 먹을 때에는 잎을 제거하고서 제공한다. 이 식물에는 병이 없을 뿐 아니라 주변 식물도 보호하고 해충을 방제하므로 쌀통에 잎을 넣어주기도 한다.

에센셜 오일 성분은 주로 피클, 햄, 소시지와 같은 모든 가공식품 분야에 이용된다. 에센셜 오일은 음료에 2.5ppm, 제과품에는 400ppm이 이용된다. 과실에서 얻어지는 지방유는 곤충구충제로 이용된다. 건조잎을 포푸리를 만들어서 집에 두면 해충 퇴치에 좋다.

(7) 치유 적용

건위약으로 쓰이는데, 월계수 과실 분말 1g을 온탕 100ml에 혼합한 것을 1회분으로 해서 1일 2~3회 복용한다. 위장장애, 복통, 신장병에 효과가 있다. 류머티즘 환자는 월계수 기름을 아픈 곳에 바른다. 그외 외적 치료는 타박상, 삔데, 비듬 치료에 좋다.

2.35 제라늄(Scented geraniums)

학 명: *Pelargonium* spp.	**영 명**: Geranium, scented geraniums
과 명: Geraniaceae(쥐손이풀과)	**기타명**: 향 제라늄, 香叶天竺葵(中)

(1) 재배 역사

제라늄은 보통 화훼식물이지만, 방향성이 높은 것은 향 제라늄(scented geranium)이라 하여 허브로 이용된다. 남아프리카가 원산으로 200여 종이 있는데, 영국에는 1632년에 소개되었고, 향기가 나는 제라늄은 1847년에 프랑스에서 처음 보고되었다. 프랑스인이 최초로 이 식물로부터 향수를 증류해냈다.

(2) 식물학적 특성

향 제라늄은 화장업계와 향료 산업체에서 아주 잘 알려진 식물이다. 그러나 불행히도 이 향수는 쉽게 부패된다. 따라서 구입은 믿을 수 있는 상점에서 구해야 한다. 겨울에는 식물을 방안에 두고서 가끔 흔들어 주면 좋은 향이 난다. 여름에는 실외에서 햇빛을 충분히 받으며 향이 짙어진다. 재배가나 수집가의 취향(collector's dream)에 따라 아름답고 좋은 냄새가 나면서 빨리 자라는 종류가 인기가 높다. 잘 자라는 독특한 생육 습성과 향기로 인해 많이 재배된다. 색깔 있는 꽃은 봄에 피지만 작다. 공중걸이(hanging basket), 창가 식물(window box)로 좋고 다양한 형태의 용기에서도 잘 자랄 수 있다. 다만 실내재배 식물은 향이 옅다. 실내재배에서 아이들은 향기가 나는 제라늄에 많은 흥미를 갖는다.

덩굴형 식물은 지중해에서는 지피식물로서 이용되고, 직립종은 경계식물로 재배된다.

제라늄은 품종과 재배지역에 따라 다양한 향기 성분을 갖는다. 국내에서 재배하는 장미 제라늄 향은 lavandulol 8.35%, geraniol 8.04%, menthol 5.50%, germacrene 5.05%, linalool 4.40%가 주성분이다. 사과 제라늄 향은 eugenol methyl ether 42.76%, bicyclo-germacrene 3.62%이 주성분이다(박 등, 2009).

(3) 품종

향 제라늄은 아주 많이 선발 육종되었는데, 주요 종과 품종들은 다음과 같다.

① **장미향 제라늄(*Pelargonium graveolens*):** 남아프리카 원산으로 향기가 장미향과 비슷하며 작은 분홍색 꽃을 갖는다. 키는 1.5m, 폭은 1m까지 퍼진다. 잎은 결각이 심

그림 2.42 (a) 장미향 제라늄, (b) 초코렛 제라늄, (c) 레몬향 반엽 제라늄.

하며, 녹색이다(**그림 2.42**a). 여러 종이 있고 에센셜 오일 채취를 위해 가꾼다.

- *P.* 'Graveolens' (or *Pelargonium graveolens hort.*): 장미향 제라늄(rose-scented cultivar), 잎이 다섯 갈래로 갈라져 있으나 새로운 품종은 10개까지 갈라진다.
- *P.* 'Citrosum': 레몬과 귤향이 나는 재배종으로 모기를 쫒는다.
- *P.* 'Cinnamon Rose': 계피향과 장미향이 혼합된 향을 내는 제라늄
- *P.* 'Graveolens Bontrosai': 잎이 작고, 오글거리며, 가끔 개화하지 않는다.
- *P.* 'Lady Plymouth': 박하, 레몬, 장미향이 혼합된 향을 가지는데, 박하향이 강하다.
- *P.* 'Lara Starshine': 레몬과 장미 혼합향을 가지며 붉은색 꽃이 핀다.
- *P.* 'Secret Love': 유칼립투스 향이 나며, 예쁜 핑크색 꽃이 핀다.

② **박하향 제라늄(*P. tomentosum*):** 키가 1.2~1.5m 정도로 왕성하게 자라며, 박하향을 내고, 잎이 크다. Hanging basket에 알맞다. 에센셜 오일 채취용으로 기른다.

- *P. tomentosum* 'Chocolate Peppermint': 민트향 가미된 초코릿향을 내며, 잎 중앙에 갈색의 브로치형 무늬가 있다(**그림 2.42**b). *P. tomentosum*과 *P.* 'Giant Oak' 잡종이다.
- *Pelargonium* 'Islington Peppermint': 신선한 민트향을 가진 잎과 흰색과 갈색이 혼합된 꽃을 가진 *P. tomentosum*과 *Pelargonium* 'Splendide' 교잡종이다.

③ **레몬향 제라늄(crisped-leaf pelargonium, *P. crispum*):** 강한 레몬향을 내고, 작고 흰빛이 도는 분홍꽃이 피며, 잎이 10mm의 작고 오글거리는 잎을 갖는다.

- *P. crispum* 'Cy's Sunburst': 잎은 작고, 반엽종으로 강한 레몬향을 낸다.
- *P. crispum* 'Variegatum'(synonym – 'Prince Rupert'): 반엽종이다(**그림 2.42**c).
- *P.* crispum 'Peaches and Cream': 복숭아 향이 난다.

④ **사과향 제라늄(apple geranium, *P. odoratissimum*):** 키 30cm, 수폭 60cm, 공중걸이용으로 좋다. 흰꽃은 덩굴줄기에 핀다. 잎은 둥글고 작으며 주름 잡혀 있다.

- *P. odoratissimum* 'Big Apple': 잎이 매우 크고, 사과향이 난다.
- *P. odoratissimum* 'Fringed Apple': 약간 박하향이 혼합된 사과향을 낸다.

⑤ **라임향 제라늄(*P. nervosum*):** 여름에 아름다운 연보라색 꽃을 가진다. 잎은 톱니 모양으로 둥글며, 연한 녹색이다. 매우 무성해질 수 있다.

⑥ **코코낫향 제라늄(*P. grossularioides*):** 직립으로 키가 30cm이며, 꽃은 작고 연한 핑크–적색이며, 잎은 약간 둥글고 거치형으로 진한 녹색이다.

⑦ **레몬밤향 제라늄(*P. × melissinum*):** Lemon balm pelargonium이라 부르며, 레몬밤향이 난다.

(4) 재배

종자번식과 영양번식을 한다. 종자는 프러그 크레이에 허브 전용 상토를 채우고서 얕게 파종한다. 20~30°C 변온, 또는 20°C 정온에서 7일이면 어느 정도 발아하지만 최장 28일의 발아 기간이 필요하다. 줄기 삽목은 증식시키는 빠른 방법인데, 주로 봄 또는 늦여름에 실시한다. 삽목하면 지온에 따라 다르지만 7~10일이면 발근한다.

재배 토양의 요구도는 까다롭지 않고 배수가 좋은 곳에서 잘 자란다. 서늘한 기후에 강한 햇빛에서 자라지만, 따뜻한 지역에서는 부분적인 그늘에서도 자란다. 식물이 15cm 정도 될 때 적심(pinching)을 하면 측지가 많이 난다. 늦가을 실내로 옮길 때는 1/3정도 줄기를 제거하는 것이 수분 요구도가 낮아서 월동관리가 용이하다.

향 제라늄은 −5°C까지 내한성이 있다. 중부지역에서는 노지 월동이 불가능하므로 겨울에는 서리가 오기 전에 실내나 시설로 옮겨 기른다. 무가온 온실에서 월동은 식물체에 볏짚을 덮고 흙을 20cm 복토하여 월동시키고, 최저온도가 영상이 되면 흙과 볏짚을 제거한다.

(5) 수확 · 저장

잎은 수시로 채취하여 이용할 수 있으나, 개화 직전에 잎을 수확해야 향이 가장 높고, 신선하게 또는 말려서 이용한다. 꽃은 식용꽃으로 이용된다.

(6) 이용

향 제라늄은 어린 잎과 꽃은 샐러드로 사용되고, 젤리, 푸딩(pudding), 스터핑(stuffing, 요리에 채우는 소), 펀치(punch), 차, 식초의 향을 내기 위해 첨가된다. 잎의 에센셜 오일은 향수를 만들기 위해 추출하고, 잎은 포푸리와 향낭(sachet) 제조에 사용된다.

(7) 치유 적용

잎차를 만들어 마신다. 아프리카에서는 장미향 제라늄(rose geranium)을 지사제로 쓰고, 이탈리아에서는 출혈 치료에 사용한다. 오일을 이용하여 마사지법, 입욕법 등을 하면 우울증과 불면증을 치료할 수 있다. 장미향이 나는 제라늄은 합성 장미 오일 제조의 출발점이 된다. 일부에서는 구문초라 부르며, 창가에 두면 모기를 쫓는다.

2.36 차이브(Chive)

학 명:	*Allium schoenoprasum*	**영 명**:	Chive
과 명:	Liliaceae(백합과)	**기타명**:	細香葱, 北葱(中)

(1) 재배 역사

차이브의 야생식물은 북반구 전역에 걸쳐 분포하고 있어 원산지를 따지기가 어렵다. 유럽, 아시아(중국, 북인도, 이란), 북미(미국 록키산맥) 등 널리 분포하는데, 유럽의 알프스 지방에서 자라는 야생종이 재배종에 가장 가깝다고 한다.

재배 역사를 보면, 유럽은 약 2,000년 전부터 재배해서 그리스와 로마인들이 이용했다. 가정채소로서 각광을 받기 시작한 것은 16세기 이후였으며, 그 후부터 많이 재배되고 이용되었다고 한다. 현재는 식용(食用)과 꽃을 보는 관상용(觀賞用)으로 재배되는데, 유럽에서는 소량이지만 1년 내내 수요가 있으므로 겨울과 봄에는 촉성재배를 통해 주년 생산한다.

학명의 *Allium*은 해당되는 속(屬)의 작물들이 눈을 타는 듯하게 맵게 느껴지게 한다는 데에서 연유된 켈트어의 「타다」에서 유래했고, 종소명인 *schoenoprasum*은 그리스어인 Schoinos(藺草)와 Prason(韮)의 합성어이다.

(2) 식물학적 특징

차이브는 여러해살이(永年生)로, 매년 새잎이 나오면 수확해서 여름 내내 이용할 수 있으므로, 독일에서는 Schnittlauch(잘라서 이용하는 파)라고 부른다. 서양부추는 적색꽃이 피어 백색꽃이 피는 동양부추(Chinese chive: *Allium tuberosum*)와 다른 식물이다.

땅속 인경(鱗莖)은 직경이 4mm, 길이 1~3cm이고, 속은 희고, 외피는 회색인 다수의 인경으로 구성되었다. 내한성(耐寒性)이 매우 강하고, 잎은 관모양(管狀)이며, 끝이 뾰족하고, 색은 녹색이다. 꽃은 5~6월에 피는데, 꽃대는 길이가 30cm 정도로 두상(頭狀)의 산형화서(繖形花序)가 끝에 생긴다. 꽃색은 홍자색이며, 향기가 진하고 꽃봉오리의 윗부분으로부터 아래를 향해 핀다(**그림 2.43**a). 웅예(雄蕊)는 화피(花被)보다 작다. 과실은 캡슐(capsule) 형태인데, 아주 작고, 형상은 양파와 유사하며, 색깔은 흑색이다. 종자의 길이는 2~2.5mm,

(a) (b)

그림 2.43 (a) 차이브 노지 개화(풀나무농장), (b) 겨울철 온실 내 포트재배(독일, 베를린)

폭은 1~1.5mm, 두께 0.75~1mm이다. 발아력은 보통 50% 정도이다. 천립중(千粒重)은 0.65~0.8g이며, 1L의 무게는 280g, 1g은 약 900~1,600립이다. 발아기간은 온도 20°C에서 14~16일 걸리며 암발아종자이다. 좋은 종자는 발아력을 1~2년 갖는다. 구성성분은 에센셜 오일, 비타민, 무기염류 등이다. 매운 맛은 alliin으로 부추와 유사하다.

차이브는 마늘처럼 유황을 함유한 dipropyl disulfide, methyl pentyl disulfide, pentyl hydrodisulfide 등이 향의 주성분이다.

(3) 품종

유럽에서는 국가나 지역에 따라 선발된 품종이 재배되고 있다. 주요 독일 품종에는 교잡종으로 'Fitlau', 'Hylau Cut', 'Toplau', 일반종은 'Fero', 'Grolau', 'Miro', 'Staro' 등이 있다.

미국에서는 전지역에서 가꾸어지는데, 특별한 품종은 없고 유럽산을 들여와 선발한 것들이다.

(4) 재배 작형

차이브는 배수가 잘되고 유기질이 많은 pH 6~7인 토양이 좋다. 재배 작형은 재배 목표에 따라, 잎을 수확하기 위한 재배, 씨를 받기 위한 재배, 촉성용 포기를 위한 재배 등 각각 파종기나 재배법이 다르다. 주로 잎을 목적으로 재배하기 위해서는 2월에 씨를 뿌려 4월에 정식하면 가을에 잎을 수확할 수 있다. 이때 가정원예에서는 초가을부터 어린잎을 이용할 수 있다. 그러나 계속적인 수확은 다음 해 수량이 떨어지는 원인이 될 수 있다. 그러므로 정식 후 2년째 봄부터 수확한다.

종자 채종용은 첫해 봄에 씨를 뿌려서 6~7월에 꽃이 필 때까지 둔 다음, 씨가 맺히면 수확한다. 촉성용은 봄에 씨를 뿌려 가을에 포기를 캐내 온실에서 촉성재배를 하거나 겨울에 땅이 얼기 전에 캐서 온실에서 가꾼다.

(5) 재배

차이브 직파재배를 통한 인경의 육성을 위해서는 심는 거리를 25 × 25cm로 하고, 20~30립의 종자를 한 구멍에 파종하는데, 10a당 2kg의 종자가 필요하다. 봄에 직파하면, 가을에 촉성용 포기로 이용할 수 있다.

포기나누기는 소규모 정원에서 재배나 육종을 목적으로 실시하는데, 봄에 씨를 뿌려 가을에 포기나누기(分株)하여 밭에 심어 기르고, 다음 해 봄에 채종한다(**그림 2.43**a).

촉성재배를 위해서는 2월 중순에 직경 11cm 크기의 포트에 약 80립을 파종해서 4월에 노지에 25 × 25cm로 심는다. 뿌리의 활착(착근; 着根)이 이루어지면, 관수와 관리를 하여 10월 중순에 식물을 캐내 바로 고온처리를 해서 잎을 생산을 하거나 냉동한다.

차이브를 9~10월에 캐내서 촉성재배하려면, 휴면 타파를 목적으로 고온처리(30~35°C, 12일간)하여 잎을 말린 후에 다듬어 재배를 한다.

차이브를 동계간 촉성재배하려면, 11월 초 중순에 얼기 전에 캐내서 상자에 담아 두었다가 40°C로 16시간 처리 후에 마른 잎을 깨끗이 제거한 다음, 포트에 심어 가꾸거나 온실의 베드에 올리고 포기 사이를 코이어로 채워서 촉성재배한다. 촉성재배의 경우는 온실 내의 기온을 1주일간 23°C로 유지하고, 이후에는 15~18°C를 유지시킨다. 이때 토양 온도는 15~18°C를 유지하면서 관수를 충분히 실시한다.

차이브 촉성재배를 겨울부터 초여름까지 수확하기 위해서는 가을에 캐낸 포기를 상자에 담아서 2~3°C되는 냉장실에 두었다가 필요시에 꺼내어 해동을 시킨 후 25~30°C 정도의 물에 넣어 자극을 준다. 온실 내의 포트에 심어 약 1주일간 관수를 하면 충분히 자라게 되고, 이때 포트에 심은 채 판매하거나 잎을 잘라서 출하한다(**그림 2.43**b).

노지에서는 5월 초에 30×30cm 간격으로 한 곳에 최소 3~4립, 최대 10립 정도의 종자를 직파하고, 싹이 나면 제초와 중경, 알맞은 시비를 한다. 질소비료는 잎을 베고 나서 뿌려준다. 갱신은 일반 노지재배의 경우 3~4년에 1회 실시한다.

가정에서는 화분에 씨를 파종하여 연중 이용할 수 있고, 정원에서는 꽃 관상용 채소로서 좋다. 유럽의 가정 채소재배에서는 텃밭 가장자리에 차이브를 심으면 다른 채소에서의 병충 발생을 감소시킨다고 한다.

(6) 수확 · 저장

수확은 노지에서는 수시로 잘라서 연 3~4회 이용할 수 있다. 촉성재배에서는 포기를 온실이나 온상에 심고서 물을 주고 온도를 맞춰 주면 보통 2~3주일 뒤에 잎의 길이가 25~30cm되어 수확할 수 있다. 두 번째 수확은 한 번 잎을 잘랐기 때문에 끝이 뭉땅하여 상품가치가 떨어진다. 수량은 두 번 수확할 경우 온실재배에서는 4~6kg/m^{2}가 가능하다.

일반 건조용 대량재배에서는 시금치 수확기계를 이용하는데, 보통재배에서는 가위나 칼을 이용한다. 묶어서 출하하며, 국가에 따라 다르나 10g 또는 25g을 한 묶음으로 만든다.

판매를 위한 분류법은 특별한 것이 없으나, 처음 수확물이, 잎의 끝이 몽땅해진 두 번째 수확물보다 좋은 상품으로 인정된다. 근래 유럽에서는 묶음으로 팔지 않고 가정에서 수시로 수확해서 이용할 수 있게 화분에 한 포기씩 심어서 팔기도 한다.

유럽에서는 자른 잎을 시장 출하를 위해 소규모로 비닐백에 담아서 출하하거나 작은 다발로 묶어서 시장에 판매한다. 저온 조건이 아닌 오픈된 시장에서는 1~2일 지나면 상품성이 떨어져 팔 수 없으므로 수시로 수확해서 출하해야 한다.

(7) 이용

차이브는 독특한 매운 향기 때문에 생체 또는 절단하여 건조시킨 것을 샐러드나 수프 등에 향신료로 많이 이용된다. 그 외에 오믈렛(omelettes), 크로켓(croquette), 푸딩(pudding), 파이(pie)에도 넣어 먹는다. 버터나 치즈에 넣어서 이용한다(**그림 1.22**b).

차이브 100g 생체(生體)에는 단백질 3.8%, 지방 0.6%, 회분 1.8%, 총당분 7.8%, 조섬유 2%, Ca 48mg, P 57mg, Fe 8.4mg, 비타민 A 500 I.U., 비타민 C 70mg이 들어 있다. 가장 특징적인 것은 철분이 신선채소 중에서 가장 많이 함유한 채소 중의 하나인 점이다. 차이브 식초를 만들려면 1L 식초나 포도주 식초에 3 주먹 정도의 신선한 꽃을 넣으면 된다. 음식할 때 차이브, 처빌, 파슬리, 타라곤을 동량으로 잘게 썰어서 먹기 전에 첨가하면 훌륭한 맛을 낼 수 있다.

(8) 치유 적용

차이브를 섭취하면 소화, 심장 건강, 뼈 건강, 눈 건강(높은 카로틴 함량), 저혈압, 항암 등에 효과가 있고, 엽산이 많아 산모의 건강한 아기를 출산하는 데 도움을 준다. 민간요법으로는 감기, 유행성 독감, 폐출혈 등에 효과가 있다.

2.37 처빌(Chervil)

학 명: *Anthriscus cerefolium*	**영 명:** Chervil
과 명: Umbelliferae(산형화과)	**기타명:** 峨參(中)

(1) 재배 역사

처빌은 파슬리와 비슷한 식물로 펜넬 또는 아니스와 같은 향을 내며, 원산지는 남러시아 또는 온대 서아시아이다. 로마인 Columella는 기원초에 *Chaerophyllum*이라 했고, Plinius는 *Cerefolium*이라고 명명하였다. 속명(屬名)인 *Anthriscus*는 Plinius가 명명한 이름으로, 꽃을 뜻하는 anthos와 울타리를 뜻하는 rychos가 합해진 것이며, 종명인 *cerefolium*은 잎을 의미한다.

현재 많이 재배되는 지역은 유럽으로 그 가운데 프랑스에서 많이 가꾼다. 유럽인에 의해 여러 곳에 전파되어 현재는 미국, 호주, 뉴질랜드 등에서 가꾸고 있다.

일본에는 메이지시대(1868~1912년)에 들어왔으며, 우리나라에는 아직 확실한 재배 보고가 없고 다만 필자가 고려대학교에서 1983년부터 시험 재배하여 왔다.

(2) 식물학적 특징

처빌은 파슬리와 같이 생긴 1년생 식물로, 키는 30~62cm 정도이며, 산형화과에 속한다. 줄기의 마디에는 약간 털이 나 있고, 잎은 3회 우상복엽(羽狀複葉)으로 파슬리와 유사한 향기를 가졌다(**그림 2.44**a). 유럽에서 꽃은 4~8월에 걸쳐 피는데, 국내에서는 5월에 꽃이 피고 고온에 약해 6월이 지나면 종자를 맺고서 죽는다. 꽃은 복산형화서(複傘形花序)로 매우 작고, 꽃잎은 5장이며 색깔은 희다(**그림 2.44**b). 과실은 가늘고 길며, 길이는 5~8mm이고, 두께와 폭은 1mm이다. 최소발아율은 80%이며, 천립중은 1.73~3g이다. 1L의 종자 무게는 512~570g이며, 1g의 종자 수는 400~650립이다. 발아기간은 실온에서 21일이고, 발아력은 3~4년 동안 유지된다.

처빌은 에센셜 오일 함량이 다른 향신료 식물보다 낮아 0.03% 정도이다. 주성분은 methyl chavicol (83.10%), 1-allyl-2,4-dimethoxybenzene (15.15%), undecane (1.75%), β-pinene (<0.01%)이다. 신선한 잎은 비타민 C와 철분, 미그네슘 함량이 높다.

(a) (b)

그림 2.44 처빌. (a) 포트재배, (b) 잎과 꽃.

(3) 품종

처빌은 뿌리를 이용(tuberous chervil, *Chaerophyllum bulbosum*)하는 것과 잎만 이용(leaf chervil 또는 salad chervil)하는 것이 있다.

뿌리를 이용하는 처빌은 월동하는 작물로, 당근처럼 비대한 뿌리를 삶아서 이용한다. 수량은 월동하여 재배하면 2kg/m^2가 수확된다. 그러나 여기서 언급하는 처빌은 잎만을 이용하는 1년생인데, 잎의 모양에 따라 번들거리는 잎, 쭈글쭈글한 잎, 이끼 같은 잎 등으로 나누는데, 후자의 두 가지 계통은 채소류로서보다는 화훼류로서 더 가치가 있다. 특히 쭈글쭈글한 잎 계통은 생장이 빠르므로, 관상용으로 재배할 때는 이 계통이 좋다.

(4) 재배

처빌을 가꾸기에 알맞은 토양조건은 사질계로 통기성이 좋고, 충분히 유기질과 화학비료가 시비된 땅이어야 한다.

번식은 주로 종자번식을 하는데, 노지재배는 파종을 3~4월에 햇빛이 잘 들고 따뜻한 온상에 뿌린다. 1m^2 파종상에는 약 3g의 씨를 뿌렸다가 어느 정도 자라면 옮겨 심는다. 집에서는 실내에 화분이나 다른 플라스틱 포트에 파종해도 좋다.

판매용 포트재배 1,000(ø10cm)개를 생산하기 위해서는 45g의 종자가 필요하다. 처빌은 추대가 되면 잎의 이용가치가 낮아지므로 가정 텃밭에서는 첫 번째 파종 후 4~8주 후인 4~6월에 또 파종한다. 유럽의 노지에서는 봄부터 계속 수확하여 연중 판매하기 위해서, 3월 말부터 한여름을 제외하고 2~3주일 간격으로 뿌려서 출하한다. 호냉성 채소이므로 겨울에 온실에서 월동재배하기 쉽지만, 한여름에는 고랭지에서만 재배가 가능하다.

직파할 때에 파종 거리는 15~20cm 간격으로 줄뿌림하여 발아 후에 적당한 밀도로 솎아준다. 직파 시는 100m^2당 파종량이 많아서 200~300g이 필요하다. 노지에서 점뿌림은 20 × 15cm로 3~4립 종자를 한 구멍에 파종하고서 가꾼다.

(5) 수확·저장

처빌은 심은 후 6~8주(식물체의 키가 10cm 이상 되었을 때)가 되면 100m^2당 15~20kg의 잎을 수확할 수가 있다. 잎은 대부분 추운 기간과 개화하기 바로 전이 향이 좋다. 여름이 시작되면, 잎이 지면서 꽃이 피기 시작하므로 잎 생산을 위해서는 꽃이 피기 전에 수확한다. 여름이 시원한 북유럽에서는 꽃을 개화하기 전에 따버리면 여름 내내 여러 번 수확도 가능하다. 수확 후에 쉽게 마르므로 PE 포장을 해서 출하한다. 포트에서는 수시로 수확한다.

(6) 이용

처빌은 중세 시대에는 우리가 양상추를 쓰듯이 그 잎과 뿌리를 샐러드에 넣어 이용했다고 한다. 어린 식물의 잎은 샐러드에 넣어 이용한다. 독특한 향기가 생선의 비린내를 없애 주어 생선요리에 좋다. 그 이외 수프, 각종 소스 그리고 치즈향을 내기 위해서 혼합하여 쓴다. 처빌은 음식물을 요리하기 전에 첨가시켜 삶는 것보다는 익힌 후에 첨가시켜 이용해야 맛과 향이 좋다고 한다. 상업용으로는 건조하여 병에 담아 출하하고, 가정에서는 신선한 것을 냉동 저장하거나 음지에서 말려서 저장했다가 이용한다.

프랑스 주방에서는 처빌을 타라곤, 파슬리, 차이브와 함께 섞어서 자주 이용한다.

처빌은 '프랑크푸르트 그린 소스'의 원료인데, 수영, 파슬리, 보리지, 차이브, 크레스, 아니스와 같이 섞어 쓴다.

(7) 치유 적용

처빌은 약용으로 많이 사용하지 않지만, 중세 때부터 '봄의 강장제'로 간과 신장을 청소하며, 소화, 기억력 회복, 정신적 우울증 치유에 사용했다. 신선한 식물을 먹으면 소화, 이뇨 거담, 각성제 역할을 하며, 주스로 바르면 관절염과 만성 피부 질환 치유에 좋다고 한다. 잎을 짓이겨서 바르면 상처를 치유하고, 따뜻하게 해서 찜질하면 관절염에 효과가 있다. 잎을 증류수에 담가서 추출한 액은 눈의 세정 효과가 있다.

차는 잘라서 음건한 잎과 줄기 1~2 스푼을 끓은 후에 약간 식힌 1/2L 물에 넣고서 우려낸 다음 매일 2~3잔씩 마신다.

2.38 카라웨이(Caraway)

학 명: *Carum carvi*	영 명: Caraway, meridian fennel
과 명: Umbelliferae(산형화과)	기타명: 姬茴香(中)

(1) 재배 역사

카라웨이는 유럽 및 아시아의 온대 지역에 자생하는데, 예로부터 아라비아에서 많이 이용했다고 한다. 기원 전후로부터 널리 재배된 것으로 추정된다. 그 후 16~17세기 초에 유럽에서는 일반화되었으며, 현재는 필란드가 전 세계 생산량의 28%를 차지하여 가장 많이 재배한다. 속명의 *Carum*은 caraway(가라웨이)의 고대 라딘어이다.

시베리아, 터키, 페르시아, 인도, 북아프리카 등에서도 일부 재배되고, 핀란드, 영국, 네덜란드, 독일 등에서 상업적으로 재배하며, 이 지역에서는 중요한 농작물이다.

(2) 식물학적 특징

카아웨이는 2년생의 허브로, 키는 첫해에 약 20~30cm이고 2년째에 꽃대가 오르면 60~

80cm가 되며, 내한성이 강하다(**그림 2.45**a). 뿌리는 당근처럼 머리 부분이 크고, 뿌리를 자르면 육질(肉質)과 황색의 띠를 가진 부분으로 나누어져 마치 당근의 단면과 유사하며, 향기도 비슷하다. 잎은 당근처럼 생겼으나 보다 가늘어 날개 모양 우상(羽狀)이다. 꽃은 복산형화서(複傘形花序)를 이루고, 흰색 또는 분홍색의 꽃이 핀다. 씨앗은 녹색 또는 다갈색이고, 편평 또는 타원형이며, 크기는 길이 3~4cm, 폭 2~2.5mm로 특유의 향기를 갖는다. 종자 1L는 약 490g정도 된다.

종자를 주로 이용하는데, 독특한 향은 3~7%의 에센셜 오일(精油)이 들어 있기 때문이다. 에센셜 오일의 주성분은 carvone이 약 50~60%이고, 30%가 limonene과 anethole이며, 그 외 oleic, linoleic 산 등 지방산이 주를 이룬다.

(3) 품종

카라웨이는 *Carum* 속으로 온대 지방에서 약 20여 종이 자생하며, 유럽에는 종자만을 이용하는 카라웨이(*Carum carvi*)를 재배하고, 열대에서는 채소로서 가꾸는 것도 있다.

① *Carum ajowan*(영명: Bishop's weed)은 인도 각지에 자생하고, 키가 30~90cm의 일년생이며, 씨는 3~4%의 에센셜 오일을 갖는다. 증류시켜서 결정을 만드는데, 인도에서는 Ajowan- ka-phul(flower of ajowan의 뜻)이라 하며, 주성분은 thymol(40~55% 에센셜 오일 중 포함)으로 강력한 살균방부제로 쓰인다. 씨는 소스의 원료로 사용된다.

② *C. bulbocastanum*(영명: earth nut)은 인도 원산 다년생 초본으로 키는 15~75cm이다. 뿌리는 녹말질이 많아 비상식량으로도 이용되며, 종자는 소스 등에 이용된다.

③ *C. roxburghianum*은 인도, 말레이지아, 인도네시아 등에 분포되어 있고, 씨앗은 카레의 원료로 이용되며 잎은 파슬리처럼 쓰인다.

④ *Nigella sativa*(영명: black caraway, 또는 black cumin)은 카라웨이와 다른 속 1년생 식물로 종자는 검고 둥글며, 동유럽, 북아프리카, 인도에서 스파이스로 이용된다(**그림 2.45**c). 이집트인들은 고대부터 사용했으며, Tutankhamun's 고분에서 종자가 출토되었다. 오일의 주성분은 thymoquinone, p-cymene, carvacrol, α-thujene, thymol, pinene 등이다.

(4) 재배

카라웨이는 반그늘 조건에서도 잘 자라지만, 너무 습한 곳에서는 잘 자라지 않는다. 그러므로 가장 좋은 토양은 사질계의 배수가 좋은 토양이 알맞다. 점토질 토양은 반드시 모래를 섞어서 재배해야 한다. 노지 파종은 포장에서 봄철이나 늦여름에 실시하며, 파종 거리는 30cm 간격으로 줄뿌림한 후 포기 사이가 20cm 되도록 솎아준다. 제초 등을 잘 해주면 겨울을 넘겨 다음해 6월에 개화 결실하고, 8월에 종자를 채취할 수 있다. 추운 곳에서는 뿌리가 얼지 않도록 두텁게 멀칭(mulching)한다.

(a) (b) (c)

그림 2.45 카라웨이. (a) 식물체, (b) 카라웨이, (c) Black caraway(cumin). (출처: Wikipedia)

카라웨이는 뿌리가 다소 굵어지면 이식하기가 매우 어려워지므로, 포트에 파종할 때에는 한 포트에 2~3개의 씨를 뿌려서 원뿌리가 굳기 전에 빨리 정식을 해야 한다.

(5) 수확 · 저장

씨앗은 어느 정도 익으면 꽃대를 가위로 자른 후 말려서 종자를 채취한다. 종자가 갈색으로 변하기 시작할 때 종자 꼬투리를 잘라 준다. 종이 봉투에 종자 꼬투리를 넣어서 따뜻하고 건조한 장소에 걸어 둔다. 대량 수확시는 아침 일찍이 수확해야 종자가 떨어지지 않는다. 수확 후 약 10일간 쌓아두었다가 완숙되면 종자를 타작하여 밀폐용기에 저장한다.

(6) 이용

잎은 정식 후 8~10주부터 이용할 수 있다. 잎은 수프나 샐러드로 이용하고, 살짝 익혀서 채소로도 사용할 수 있다. 완전히 말린 종자는 고기 요리, 양배추 요리, 치즈, 소시지 등에 조미료로 사용한다. 또한 빵을 만들 때 표면에 올려서 구우면 빵 맛을 한결 좋게 한다. 특히 독일에서는 Sauerkraut(양배추와 소금만을 이용하여 만든 김치)에 반드시 넣어 먹는다. 에센셜 오일은 각종 리큐어(liqueur)에 쿠민, 아니스와 함께 이용한다. 그 외 종자를 향료, 무알코올 음료, 아이스크림, 치즈 등에 넣고 갈아서 카레(curry powder)의 원료로 사용한다. 유럽에서는 카라웨이 소주가 유명하다.

향이 짙은 뿌리도 식용하는데, 뿌리를 먹는 parsnip(파스닢)보다 품질이 우수하다.

종자의 에센셜 오일은 음료에는 63ppm, 빵에는 1,000ppm 정도 넣는다.

(7) 치유 적용

카라웨이는 약리적으로 위 활력 증진, 식욕증진, 장통증 경감, 가스 발생 억제 등에 좋다. 그 외 피부에 바르면, 피부 기생균을 제거하고, 기침에도 효과가 있다. 수의학적으로 카라웨이 차는 말과 소의 고창증 치료에도 효과가 좋다고 알려져 있다.

차로서는 1티스푼의 으깬 씨를 1/4L 끓는 물에 10분간 우려내어 따뜻하게 마신다.

팅크제로는 20g의 으깬 종자를 100ml 알코올(60%)에 5일간 추출하여 거른 후 필요 시에 20~40방울씩 물에 타서 설탕을 약간 첨가해서 먹는다.

2.39 캐모마일(Chamomile)

학 명: *Chamaemelum nobile,* *Matricaria chamomilla*	**영 명**: Roman chamomile German chamomile
과 명: Asterceae(국화과)	**기타명**: 母菊(中),

(1) 재배 역사

유럽에서는 잡초로서 여름철 밭에서 많이 볼 수 있는 캐모마일은 유럽과 아시아에 분포한다. 고대 이집트 때부터 애용되었던 허브임과 동시에 최고의 약초 중의 하나로 알려져 왔다. 뜰에 심으면 방향 성분이 진딧물 등을 쫓아내어 다른 식물들을 건강하게 만든다고 믿어졌다. 그리스어로 번역하면 캐모마일은 Kamai(땅), melon(사과)이라고 하는데, 이는 땅사과를 의미한다. 잎이 부서질 때 풍기는 향이 사과와 비슷하기 때문에 붙여진 이름으로 사람에게 예로부터 많은 기쁨을 주었을 것이다.

(2) 식물학적 특징

캐모마일은 로만 캐모마일과 저먼 캐모마일이 있다, 로만 캐모마일은 영년생 초본으로 지중해 연안에서는 잡초처럼 자라고, 땅바닥에 낮게 깔리는 포복성이며, 야생종은 키가 10~20cm 정도 된다. 저먼 캐모마일은 1년생으로 직립성이고, 키는 20~60cm이다.

두 종류 모두 연록색을 띠는 방향성의 잎이 코스모스 잎보다 아주 가늘게 2~3회 날개 모양으로 갈라지고, 식물체에는 털이 나 있지 않으며, 뿌리로부터 가는 줄기가 나와 거기에서 잎이 생긴다. 종에 따라 노란색 또는 백색의 단추 같은 설상화가 피고, −29°C까지 견딘다. 저먼 캐모마일 오일은 꽃의 약 1.75%이며, 주성분은 재배지역에 따라 다르나 (E)-β-farnesene(4.9~8.1%), terpene alcohol(farnesol), chamazulene(2.3~10.9%), α-bisabolol (4.8~11.3%) 등이다. 오일이 나타내는 파란색은 chamazulene 때문이다.

(3) 품종

캐모마일는 중에 주요한 3가지 종류 특징을 간단하게 설명하면 다음과 같다.

① **로만 캐모마일(Roman chamomile, *Chamaemelum nobile*):** 별명으로는 garden chamomile, ground apple, low chamomile 등이 있다. 키는 20cm 정도 자라고, 45cm까지 옆으로 퍼지며, 영년생이다(**그림 2.46**a). 크고 작은 면적에 지피용으로 이용할 수 있으며, 잔디 대신 사용할 수도 있다. 돌계단 등에 심으면 발을 디딜 때마다 달콤한 향을 내뿜는다. 오일의 주성분은 4-methylamyl angelate, isobutyl angelate, isoamyl tiglate와 쓴 물질로 구성되어 있다.

② **저먼 캐모마일(German chamomile, *Matricaria chamomilla*):** Common chamomile이라고 부르는데, 이는 캐모마일이라고 하면 독일 캐모마일을 뜻하기 때문이다. 1년생 초본이지만 중부지역에서는 가을에 싹이 나서 월동도 하므로 2년생으로 인정이 된다(**그림 2.46**b). 키는 60cm정도이며, 5월에 개화하고, 고온기가 되면 고사한다. 2배체와 4배체 품종이 있으며, 4배체가 2배체보다 꽃 수량과 오일 생산량이 많다. 2배체 종자의 천립중은 0.050~0.067g, 4배체는 0.96~0.105g 정도로 무겁다. 정유는 주성분이 terpene bisabolol(50%)이고, chamazulene, flavonoid를 함유한다. Chamazulene은 식물에는 없고 추출 시에 형성된다. 품종에 따라서 α-bisabolol 함량은 다르다.

③ **다이어스 캐모마일(Dyers chamomile, *Anthemis tinctoria*):** 영년생으로 내한성이 강하

(a) (b)

그림 2.46 (a) 로만 캐모마일(포복성, 영년생), (b) 저먼 캐모마일(직립성, 1년생).

며, 키는 1m까지 자란다. 여름에 노란 데이지 같은 꽃이 피며, 잎은 연록색으로 고사리 같다. 허브라기보다는 염료 식물이며, 국내에서는 조경용으로 기른다.

(4) 재배

저먼 캐모마일은 노지에 직파하여 기르기도 하지만, 보통 묘상에 파종하여 4~5주간 육묘 후에 정식한다. 발아온도는 10~20°C이다. 0.3~0.5kg의 종자를 200~250m^{2}에 뿌려서 육묘하면 약 1ha의 면적에 심을 묘를 생산할 수 있다. 정식은 30cm 줄 간격으로 심는다.

직파재배는 20~30cm 간격으로 줄뿌림한다. 봄에 씨를 뿌리면 초여름이 되기 전에 꽃이 피고 온도가 오르면 죽는다. 가을에 시원해지면 떨어진 종자에서 싹이 난다.

국내 남쪽지역에서는 가을에 파종하여 어린 식물 상태로 월동한 다음, 봄에 개화 결실하게 하는 재배법을 택한다. 스페인의 대단위 재배에서는 가을에 기계를 이용해서 파종한다.

시비는 N, P, K를 10kg/10a 정도 뿌리는데, 가을에는 인산, 칼리 비료만 주고 월동 후 봄에 질소비료를 시비한다. 퇴비는 2.000kg/10a면 충분하다.

소규모 재배를 하려면, 봄 일찍 로만 캐모마일과 다이어즈 캐모마일은 플러그트레이에 파종하여 싹이 난 후에 5월 초에 노지에 심거나 화분에 심어 가꾼다. 이들은 꽃보다는 관상용이나 화단의 장식용으로 많이 사용하며, 중부지역에서도 월동이 된다.

(5) 수확 · 저장

저먼 캐모마일은 꽃이 피어 있을 때 손 또는 간단한 꽃을 자르는 소도구를 이용해서 수확하며, 신선한 상태로 또는 건조시켜 이용한다. 건조 저장을 오래하면 꽃색이 변한다. 유럽에서는 꽃을 주로 기계를 사용하여 수확한다(그림 1.20b).

(6) 이용

캐모마일은 주로 차로 많이 마신다. 저먼 캐모마일은 독특한 향기를 내는 특성 때문에 차원료로 선호한다. 캐모마일 차는 마음을 편안하게 하여 스트레스를 감소시키면서 소화를 촉진한다. 그 외 수면 유도, 면역력 증가, 감기 억제, 위통에 효과가 있다. 차를 추출하고 남은 티백을 냉장고에 넣어두었다가 눈 마사지 이후에 눈 가장자리를 문질러 주면 다크서클(dark circle)을 완화하고, 얼굴에 바르면 피부를 윤택하고 여드름을 방지한다.

유럽에서는 민간요법으로 끓는 캐모마일 증기를 맡아서 감기 치료를 한다. 차는 티백을 끓는 물에 4~5분 담갔다가 꺼내어 마시는데, 오래 담구면 쓴맛이 난다.

캐모마일에 함유된 chamazulene은 강한 항염제이므로, 건조, 과민성 피부에 사용하면 좋다. 또한 린스로 사용하면 검정 머리 색깔에 좋다고 한다. 세수할 때 사용하면 피부 연화제(skin softner) 작용을 한다. 에센셜 오일은 우울증, 과민성 치료에 사용되며, 마사지법이나 입욕법에도 사용된다.

(7) 치유 적용

건조한 꽃 1~2티스푼을 끓인 물에 5~10분간 우려내어 차로 마신다. 또는 캐모마일 티백을 구입하여 추출 후에 마신다.

입욕법의 경우에는 3~4 주먹의 꽃을 물로 가득 찬 욕조에 넣은 후 15여 분이 지나서 목욕한다. 좌욕과 족욕은 한 주먹의 꽃이나 꽃이 피고 있는 식물체를 뜨거운 물에 담가서 추출 후에 이용한다.

흡입법은 1L 끓는 물에 한 주먹의 꽃을 넣고서 수건을 덮은 후 얼굴을 넣어 5~10분간 증기를 맡는다. 목감기와 코감기 치료에 효과가 크다.

팅크제는 20g의 건조한 꽃을 100ml 알코올(70%)에 8일간 추출하고 나서 여과시킨다. 그것을 10~12 방울씩 식후마다 설탕을 첨가해서 마신다.

와인은 30g 건조한 꽃을 1L 와인에 10일간 담궈 두었다가 식후에 한 잔씩 마신다.

오일법은 5g 건조화를 1/2L 올리브 오일이 든 병에 4주간 마개를 꽉 막고 담갔다가 걸러내서 사용한다.

2.40 캐트닙(Catnip)

학 명:	*Nepta cataria*	**영 명**:	catmint, catswort
과 명:	Labiatae(꿀풀과)	**기타명**:	개박하

(1) 재배 역사

캐트닙은 로마시대 Nepeti라는 마을에서 재배한데서 유래된 이름으로 당시에는 지금보다 가치가 있는 허브였다. 원산지는 유럽으로 북미, 아시아, 한국에도 야생종이 있다.

캐트닙은 향신채 또는 약용작물로 이용되어 왔는데, 약간의 환각 작용이 있어서 중세 때 어려운 시절에는 마른 잎의 연기를 흡입하여 기쁨을 누렸다고 한다. 정원에서는 아름다운 식물로 라벤더 주변이나 장미원 가장자리에 심으면 어울리며 밀원식물로도 인기가 있다. 문제는 들고양이가 너무 좋아해서 식물의 중앙에 눕거나 영역 표시로 주변에 소변을 보는 등 정원을 망치는 경우가 많으니 주의해야 한다.

(2) 식물학적 특징

캐트닙은 영년생 초본으로, 키는 0.9~1.2m 정도 자라며, 초폭은 약 60cm 정도이다. 줄기는 아래서부터 갈라지고, 잎 모양은 하트이며, 가장자리가 톱처럼 결각이 있고 약간 회록색이며 뒷면은 백록색으로, 길이는 2.5~5cm 정도이나 수분 공급이 좋은 온실에서는 깻잎 크기로 자라기도 한다. 꽃은 깨 꽃처럼 생겼는데, 길이는 1.2cm으로 백색에 자색이 혼합되

(a) (b)

그림 2.47 캐트닙. (a) 흰꽃(*N. cataria*), (b) 자주꽃(*N. racemosa*).

며, 작은 붉은 반점이 있다(**그림 2.47**a). 천립중은 약 0.7g이며, 발아 적온은 20~25°C 변온이 좋고 발아기간은 온실에서는 5~10일 정도이나 봄철 노지에서는 2주간이 필요하다. 종자를 물에 24시간 침수하였다 뿌리면, 발아가 빠르고 균일하다. 내건성이 매우 강한 식물이다.

잎을 말려서 주로 허브차로 이용한다. Nepetalactone이 향의 주성분(~40%)이고, 그 외 neptol, carvacrol, thymol, citronellol, geraniol, pulegone, iridoids를 함유한다. 사람에 따라서는 향의 기호가 엇갈리지만, 고양이는 매우 좋아한다. 독특한 향은 진딧물, 해충, 모기를 쫓는 역할을 하여 텃밭 가장자리에 심으면 해충 방제 효과가 있다.

(3) 품종

국가마다 다양한 종이 제공되며, 대표적인 것은 다음과 같다(Grant, 2019).

① **True catnip(*Nepta cataria*):** 대표 품종으로 키는 0.9m까지 자라며, 잎이 크고, 꽃은 백색-자주색이다.

② **Greek catnip(*Nepeta parnassica*):** 키는 50cm이고, 꽃은 연한 핑크색이다.

③ **Camphor catnip(*Nepeta camphorata*):** 키는 50cm이고, 꽃은 자주색 점이 박힌 흰색이다.

④ **Lemon catnip(*Nepeta citriodora*):** 키는 0.9m이고, 꽃은 백색-자주색이다.

⑤ **Persian catnip(*N. racemosa*, Dwarf catnip):** 왜성으로 키는 40cm로 가장 작고, 라벤더 색의 꽃을 피우며, 잎은 작고 땅에 붙는 형태이다(**그림 2.47**b).

(4) 재배

캐트닙은 토양 적응성이 넓어 비옥하거나 척박한 땅에서도 잘 자란다. 그러나 가장 좋은 토양은 유기질이 풍부한 사질계의 배수가 좋은 토양으로, pH는 5~7.5로 알카리 토양에서도 잘 자란다.

번식은 종자번식과 삽목번식, 포기나누기(분주법)이 있다. 종자번식은 가정원예의 경우는 포트에 상토를 채우고서 파종하여 실내에 두면, 일주일이 지나 발아가 시작되고 2주면 거의 발아된다. 어느 정도 자라면 조심스럽게 큰 화분에 옮기거나 정원에 심는데, 정식 시기는 5월 초이다. 대규모로 번식할 때는 72공 트레이에 3~4립 씩 파종하여 육묘한다.

삽목은 어린줄기를 10cm 정도 잘라서 잎이 2~3개 부착된 상태로 모래, 피트모스, 코이어가 담긴 트레이에 꽂아주면 10~14일이면 발근한다. 발근을 촉진하려면 루톤을 사용한다.가정원예에서는 줄기를 10~15cm로 잘라서 상부 2~3잎만 남기고서 유리잔에 물을 채워 꽂아주면 10~14일 사이에 뿌리가 내린다. 이후 화분이나 텃밭에 심는다. 유리잔의 물은 냉기가 없는 수돗물을 1주일에 1회 교환한다.

포기나누기는 봄에 하며, 뿌리를 충분하게 붙여서 포기를 나누어 바로 심는다.

노지 정식거리는 30~45cm로 하며, 온실에서는 잘 자라므로 50cm 정도 간격으로 심어도 된다. 관수는 적당히 하나 자주 관수하면 잎줄기가 무성해지고 향이 떨어진다.

(5) 수확 · 저장

잎은 필요시마다 수확해서 이용한다. 잎은 PE에 포장해서 출하하거나 냉장한다. 채종은 초가을에 꽃대 맨 아래 종자가 익으면 조심스럽게 꽃대를 잘라서 약 2주간 두면 종자가 후숙된다. 그러면 털어서 모아 비닐봉지에 담아서 냉장고에 저장했다가 다음 해에 사용한다. 채종하지 않으면 종자가 떨어져 다음 해 봄에 식물체 주변에 싹이 많이 난다. 이것을 캐내 화분에 옮겨서 기르기도 한다. 노지에서는 초기에 고양이가 발로 파버리기도 하므로 망으로 보호해 주면 어린 식물을 얻기에 편하다.

(6) 이용

파종한 식물은 가을이 되어야 일부 잎을 수확할 수 있지만, 삽목묘는 여름이 지나면 수확이 가능하다. 어린잎은 잘라서 스프, 샐러드, 스튜, 소스에 넣어서 먹기도 하지만 한국인은 선호도가 낮아 성숙된 잎을 수확하여 음건하여 차로 이용한다. 유럽인은 중국 차가 들어오기 전에는 캐트닙 차를 마셨다.

잎은 비닐포장을 하여 신문지로 감싸면 냉장고에서 1주일 정도 저장이 가능하다. 잎은 정식 후 8~10주부터 이용할 수 있다. 잎은 수프나 샐러드로 이용하고 살짝 익혀서 채소로도 사용할 수 있다. 텃밭의 가장자리에 심으면 진딧물을 막아서 동반식물로도 좋다.

(7) 치유 적용

전통적으로 감기를 치료하는 차로 이용되었다. 발한제로 사용되고, 기관지염 치료제, 항경련제, 구풍제, 장통증 경감, 가스 발생 억제, 복통(산통) 완화에 좋다. 특히 어린이들 설사, 감기 치료에 효과가 있다.

차로서는 끓는 물 한 컵에 말린 허브를 2티스푼 가득 넣고서 10~15분간 우려내어 따뜻하게 1일 3번 식후에 마신다.

고양이에게는 헝겊으로 둥근 볼을 만들어 마른 잎줄기를 넣어주면 아주 좋다. 쥐가 많은 창고에 캐트닙 다발을 넣어두면, 쥐가 싫어해서 접근하지 않고 모기나 해충도 창고에서 쫓아 낼 수가 있다.

2.41 타라곤(Tarragon)

학 명: *Artemisia dracunculus*	**영 명**: Tarrag, estragon
과 명: Compositae(국화과)	**기타명**: 狹叶青蒿(中)

(1) 재배 역사

타라곤은 Eurasia와 North America에 야생종이 발견되는데, 역사가들은 프랑스 타라곤은 아시아 원산으로 몽고인들이 1100년경에 스페인으로 가져 왔다고 한다. 그 후 프랑스에 14세기에 전파되었다고 한다. 가늘고 긴 잎을 가진 쑥의 일종으로, 현재는 지중해 연안에서 가장 많이 자생하며 또한 재배되고 있다.

영명의 tarragon은 라틴어의 용(龍)이라는 draco 또는 프랑스어 estragon에서 연유된 것으로 본다. 속명의 *Artemisia*는 그리스의 달의 신인 Artemis에서 유래됐는데, 이는 이 속의 식물이 부인병에 효력이 있어 지칭되었다고 한다. 종명인 *dracunculus*는 작은 용이란 뜻을 갖는다. 그리스인들은 B.C. 500년경부터 이 식물을 알고 있었고, 13세기 아랍인들은 이것을 tarkhum이라 불렀는데, 이는 용이라는 뜻이다. 이들이 이렇게 부른 이유는 흑사병에 대항할 수 있게 해준 식물이기 때문이다. 16세기 유럽에 전파되었을 때도 역시 용이라 불리었는데, 강한 맛, 또는 뱀과 같은 뿌리 모양 때문이었을 것이다.

(2) 식물학적 특성

타라곤은 국화과에 속하는 다년생 초본으로 섬유질의 긴 지하경(地下莖)을 갖는다. 줄기는 똑바로 서며, 잔가지가 많으나 아주 유연하고 세력이 강하다. 키는 보통 60~150 cm이고, 잎은 가늘고 길다(**그림 2.48**a). 잎은 털이 없고, 길이는 3~6cm, 폭은 2~4mm이다. 윗잎은 아주 작아 폭이 1mm 정도이다. 엽액(葉腋)에 많은 작은 꽃이 붙는데, 꽃은 두상화(頭花)를 이룬다. 6~8월에 연녹색의 꽃이 핀다. 추위에 대한 내성은 −12°C까지이다.

타라곤 꽃은 두상화서로, 길이는 1~1.5mm, 폭과 두께는 0.25~0.5mm이며, 그 속에 40

(a) (b) (c)

그림 2.48 (a) 타라곤 식물, (b) 신선 포장(Kroger), (c) 건조 포장(Gourmet).

여 개의 소화(종자)가 있다. 발아율은 보통 98%이다. 씨앗은 작아 천립중이 0.2~0.3g, 1L의 무게는 630~680g이다. 또한 1g의 종자수는 5,000~6,600개 정도이다.

발아는 20~30°C 변온 조건에서 잘 발아되고, 발아기간은 10~14일 걸리며 광발아종자로서 발아력을 2~3년 지니는 상명종자이다.

프랑스 타라곤(독일 타라곤이라고도 함)은 에센셜 오일이 0.15~3.1%이며, 향기가 향긋하다. 에센셜 오일의 주성분은 60~70%가 methyl chavicol(estragole)과 카비콜의 isomer anethol(10%)이며, α,β-pinene, p-methoxycinnamicaldehyde, camphene, limonene, ocimene, phellan-drene 등이 약간 포함되어 있다.

러시아 타라곤은 오일 함량이 0.25~2.06%이고, 약간 매운 향기를 갖는데, 주성분은 sabinene(50%), methyl eugenol(30%), elemicin(30%), isoelimicin(20%), β-ocimene(10%)이며, 프랑스 타라곤에 함유된 methyl chavicol(estragole)이 들어있지 않다.

(3) 품종

타라곤은 다음 두 가지 지역적인 품종이 있다.

프랑스 타라곤(French tarragon) 또는 독일 타라곤은 개화하기 어렵고, 꽃이 피어나도 불임성으로 종자가 생기지 않는다. 주로 삽목이나 포기나누기로 번식하며, 잎은 암녹색으로, 크기는 2.5cm 길이에 폭은 0.5cm 정도 된다. 향기가 아주 좋은 것이 특징이다.

러시아 타라곤(Russian tarragon)은 시베리아산 야생종으로 프랑스 타라곤보다 향기가 옅지만 종자를 쉽게 갖는다. 잎은 프랑스 타라곤과는 색깔과 크기에서 다르다. 잎은 보통 길이가 3.3cm, 폭이 0.4cm 정도이며, 비교적 털이 작다. 잎의 색은 연녹색이다.

(4) 재배

타라곤을 재배하기에 알맞은 땅은 유기물이 많고 습도가 알맞은 곳으로 pH는 6.9 정도이며, 무엇보다 따뜻하고 북풍을 막아주며 햇빛이 잘 드는 곳이 좋다. 그러나 반그늘에서도 견딤성이 강하다. 시비는 퇴비를 밑거름으로 충분히 사용하는 것이 좋다.

프랑스 타라곤은 이른 봄이나 가을에 꺾꽂이 또는 포기나누기를 한다. 봄철에는 온상에서 삽목을 하면 뿌리가 잘 내리는데, 뿌리가 내리면 40~50cm 간격으로 정식한다. 건조한 경우에는 충분히 관수하고, 겨울이 오면 볏짚 등으로 덮어서 보온해 준다. 일반적으로 3~4년 재배하고서 다시 새로운 식물을 심거나 2~3년에 한 번씩 옮겨준다. 이는 너무 오래되면 충분한 새싹이 나오지 않아 수량이 떨어지기 때문이다.

러시아 타라곤은 종자로 번식하는데, 온상에 뿌리는 경우 1a에 필요한 식물을 얻기 위해서는 씨를 약 1g 준비한다. 파종 후 충분히 관수하면 10여 일이 지나 싹이 튼다. 유묘가 1개월 이상 자라고, 서리의 위험이 없으면, 40~60cm 간격으로 심는다.

정식 후에 제초나 중경 등을 실시하는 외에는 특별한 관리가 필요 없다. 타라곤을 채소와 같이 심어 주면, 채소류의 생장을 좋게 한다.

(5) 수확 · 저장

러시아 타라곤은 꽃이 피기 전에 향기가 가장 많이 난다. 그러나 프랑스 타라곤은 그 차이가 없어 비교적 균일한 향과 맛을 가지므로 개화와 관계없이 수시로 수확할 수 있다.

출하는 다발로 묶어서 로칼시장에 내거나 플라스틱 포장 하여 출하 한다(**그림 2.48**b).

수확은 여름 동안 2~3회 지상부 10cm 위를 절단하는 방법으로 실시하고, 그 외로는 나무 끝의 새싹을 잘라준다. 신선한 타라곤은 잘 마르므로 소형 플라스틱 상자에 넣어서 유통한다. 건조시키려면 절단한 줄기를 다발을 만들어 그늘에서 거꾸로 매달고 말린다. 건조가 되면 용기에 담아서 저장한다. 시중에는 건조한 타라곤 잎이 유통되나(**그림 2.48**c) 맛과 향이 떨어지므로 가정에서는 잎을 작게 잘라 병에 담아 식물성 기름을 부은 후 보관했다가 샐러드 같은 음식에 첨가해서 먹는다. 또는 같은 방법으로 식초를 붓고서 햇빛이 잘 드는 창가에 병을 세워둔 후에 부엌이나 냉장고에 보관했다가 음식에 첨가한다.

(6) 이용

프랑스인이 사용하는 주요 4대 허브에 포함된다. 백포도주와 타라곤, 그리고 양파나 마늘을 첨가하여 만든 닭요리는 유럽에서 즐겨 먹는다. 그 외에 샐러드, 소스, 해산 식품, 피클용 오이 등 각종 음식에 이용한다. 특히, marinades, bearnaise sauce와 goddess salad dressing에도 필수적이다. 시리아인들은 타라곤 어린 줄기를 즐겨 먹는다.

식초에 타라곤을 담궈 보존하면 향이 좋은 허브 식초가 된다. Alexande Dumas는 타라곤 없는 식초는 생각할 수 없다고 할 정도로 타라곤을 예찬했다.

Russia, Ukraine, Kazakhstan에서는 가당하여 밝은 녹색인 Tarkhuna를 만들어 먹는다.

(7) 치유 적용

타라곤은 의약용으로 별로 사용되지 않는다. 그러나 이것을 씹으면 치통이나 소화에 좋다고 알려져 있다. 아로마테라피적으로는 주로 남프랑스에서 에센셜 오일을 생산하여 향수 등으로 이용된다.

2.42 톱풀(Yarrow)

학 명: *Achillea millefolium*	**영 명**: Yarrow
과 명: Compositae(국화과)	**기타명**: 蓍(中)

(1) 재배 역사

톱풀의 원산지는 유럽이라 서양톱풀이라고 부른다. 현재는 북미, 아시아, 남반구의 온대지방에 귀화되어 자란다. 암녹색, 은색의 잎을 가지며 화훼식물의 가치가 있다.

톱풀은 때때로 staunchgrass(지조있는 풀), soldier's woundwort(군인의 상처를 치료하는 약초), nosebleed plant(코피 식물)로 불리기도 한다. 이런 이름과 속명 *Achillea*라는 희랍명은 아킬레스가 톱풀을 트로이 전쟁(Trojan war) 중에 그의 부상 당한 군인들을 치료하여 피를 멈추게 하였다는 전설로부터 유래하였다. 16세기에는 톱풀가루를 코로 들이마시는 것이 코피를 유발시켜서 두통을 멈추게 한다고 믿기도 했다.

(2) 식물적 특성과 품종

*Achillea millefolium*은 보통의 톱풀(common yarrow)로 약 1~1.5m 정도로 자라며 회색빛의 녹색 잎을 가진다. 꽃은 흰색이나 연분홍의 꽃을 가진 10여 개 변종이 있다. 야생종은 해발 3,500m까지 분포해서 내한성이 강해 백두산에도 자생한다(**그림 2.49**a).

에센셜 오일(0.5% 정도)은 chamzulene이 주성분으로, 색은 파란이며, sabinene, myrcene, pinene, camphor, camphene도 함유한다.

A. filipendulina(fern leaf yarrow)는 중앙아시아 원산으로 잎은 고사리잎과 유사하고 키는 1.2m, 꽃은 황색이다. 화단용, 절화용, 건조화용으로 주로 사용한다(**그림 2.49**b).

A. clavennae(silver yarrow)는 중부유럽 알프스 원산으로 은빛의 실크 같은 4~8cm길이 잎을 가지며 6~8월에 흰 꽃이 핀다. 초장은 약 25~30cm 정도이다.

A. tomentosa(woolly yarrow)는 유럽 원산으로 '왜성 황금톱풀'이라고 불리는데, 다년초로 키는 20cm이며, 잎색은 은록색, 꽃은 황색으로 암석정원용 식물로 적합하다.

(a) (b)

그림 2.49 톱풀. (a) 백두산 자생종, (b) fern leaf yarrow.

(3) 재배

톱풀은 더위와 추위에 잘 견디며, 내병성이 강하여 아무 곳이나 잘 자란다. 토양은 중간 정도의 비옥도를 가지고 습기가 있는 것이 좋다. 태양광선이 많은 양지에서 잘 자라며 그늘에는 약하다. 따라서 실내재배로는 적합하지 않다.

종자와 영양번식(분주)을 한다. 종자의 발아 온도는 20°C 내외로 2주면 발아가 완료된다. 3월 초에 온실이나 실내에서 포트나 트레이에 4~5mm 깊이로 얕게 파종하여 육묘 후에 5월 초에 정식한다. 재식거리는 30cm 간격으로 하며, 40 × 40cm로 심을 때 $100m^2$에 1g의 종자가 필요하다. 분주는 늦가을이나 봄에 한다.

개화기를 연장하기 위해서는 꽃이 지기 시작하면 바로 기부에서 꽃대를 제거해야 한다. 2년 내지 3년마다 분주(포기나누기)를 하면 좋다.

과수류의 줄기 둘레에 심으면, 해충의 피해를 경감시키는 곤충 퇴치 효과가 있다.

(4) 수확 · 저장

연한 어린잎과 꽃은 수시로 수확한다. 전초의 절단 수확은 7월과 10월 2회할 수 있으며, 수확량은 $100m^2$에 건물중(乾物重)으로 30~60kg 정도이다. 다발을 만들어서 공기가 잘 통하는 곳에서 완전히 마를 때까지 거꾸로 매달아 놓는다. 건조 온도는 30°C 이하여야 한다. 차로 이용하려면, 잎을 절단하여 음지에서 말린 후에 병에 넣어서 밀봉 저장한다.

(5) 이용 및 치유 적용

Common yarrow의 어린 잎은 샐러드로 사용하고, 소프트 치즈에도 넣는다. 꽃도 식용 가능하다. 유럽에서는 소화불량, 담통증, 월경불순, 고창증 등의 치료에 쓰인다. 담배의 향을 내는 데도 사용한다. 과거 호프 생산이 부족하던 시절에는 맥주의 쓴맛을 위해 사용했고, 현재 스웨덴에서는 아직도 맥주의 양조에 사용한다. 에센셜 오일은 마사지를 통해서, 근육통, 관절염, 염증, 손상된 피부, 흉터, 여드름, 습진, 발진 치료에 사용된다. 치통은 잎을 따서 씹으면 완화된다. 말린 가루차는 소화촉진, 해열, 숙면 유도 효과가 있다.

Fern leaf yarrow는 관상용으로 생체 또는 건조하여 실내 장식용으로 좋다.

2.43 파슬리(Parsley)

학 명:	*Petroselinum crispum*	**영 명:**	Parsley
과 명:	Umbelliferae	**기타명:**	洋芫荽, 香芹菜

(1) 재배 역사

파슬리는 지중해가 원산으로 스페인, 그리스, 모로코, 알제리아 등에 야생으로 분포한다. 야생종은 주로 물이 솟는 곳 근처의 돌 틈바구니에서 사란다. 속명 *Petroselinum*은 Petro와 Selinum의 합성어인데 Petro는 고대 희랍어의 petron과 같은 뜻으로 돌[石]이라는 의미이며 Selenum은 셀러리의 옛 그리스어 Selinon에서 유래되어 결국 속명은 '돌에서 자라는 셀러리'라는 의미를 갖는다. 영명은 파슬리(parsley)라고 부르는데 이는 *Petroselinum*이 중세기에 Petrocilium으로 변화했고 그 후 영어화 과정에서 Petersylinger, Perele, Parsley로 변화해서 오늘날 Parsley가 됐다. 그러나 독일에서는 중세기의 라틴어가 크게 변화되지 않아 지금도 Petersilie라고 부른다.

Palladius는 서기 210년에 잎이 평평한 평엽종(平葉種)에서 잎이 오글거리는 축엽종(縮葉種)을 선발했는데 묵은 종자가 새종자보다 다소 발아력이 높았다고 한다. 9세기에 프랑스인 Charlemagne가 자기 정원에서 파슬리를 재배했다는 기록이 있다. 그 후 13세기에 북유럽에 전파되었는데, 이때부터 뿌리를 이용하는 파슬리(turnip-rooted parsley, 일명 Hamburg parsley)와 잎만을 이용하는 파슬리로 분리되어 각각 약용 또는 식용으로 사용됐다. 영국에는 1548년 Sardinia로부터 전해졌고, 미국에는 1806년경부터 재배가 이루어졌다고 한다. 동양에는 서구인들이 진출하면서 전래됐는데, 우리나라는 일부 시험재배가 이루어져 오다가 1970년경부터 대도시 근교에서 재배해오고 있다.

(2) 식물학적 특징

파슬리(*Petroselinum crispum*)는 두 가지 변종이 있는데, 하나는 우리가 흔히 잎만 이용하는 파슬리(*P. crispum* var. *folisum*)이며 다른 하나는 뿌리를 이용하는 파슬리(*P. crispum* var. *tuberosum*)이다.

파슬리는 2년 또는 다년생으로 씨앗은 월동하여 2년째 맺는다. 한번 꽃이 핀 식물은 3년째 또는 그 다음해에 꽃이 핀다. 꽃대가 오른 식물의 키는 50~100cm이며 꽃은 6~7월에 핀다. 뿌리는 직근성이고 곁뿌리가 작다. 뿌리 윗부분의 색은 황백색 또는 밝은 갈색으로 황색 또는 적갈색의 둥근 무늬를 갖는다. 그러나 뿌리의 속은 백색이다. 뿌리는 보통 160cm까 뻗는데 뿌리 무게의 50%가 토중 20cm 깊이에, 그리고 다음 30%는 50cm까지 분포한다. 뿌리를 이용하는 파슬리와 잎을 건조하여 이용하는 종류는 잎 표면이 번들거리며, 당근잎처럼 다소 넓다. 잎을 주로 생으로 이용하는 파슬리는 심하게 오글거린다. 식물 전체가 잔털이 전혀 없고 잎은 녹색이다(**그림 2.50**a).

호냉성 채소로서 생육적온은 15~20°C이며 고온이나 건조에 약하다. 그러나 우리나라의 경우도 배수가 잘되는 반그늘에서는 여름을 지내기가 어렵지 않다.

서늘한 기후에는 견딤성이 높은데 최저기온이 5°C 정도면 연속적으로 수확을 할 수 있다. 0°C 이하가 되면 잎은 얼어서 수확이 어려우나 짚이나 왕겨 등을 덮어서 월동시킬 경우 잎은 동해를 입어 잎은 죽지만 뿌리는 남아서 다음 해 봄에 싹이 난다. 그러나 생장점이 동사할 정도로 너무 심한 동해를 입으면 새싹의 발아가 곤란하다.

파종한 첫해는 꽃이 피지 않으나 월동한 2년째 봄에 꽃이 피고 씨가 맺힌다. 추대하여 개화하는 데는 많은 요인이 작용하지만 식물체 내 유기물과 무기양분의 비가 중요한 역할을 한다. 개화 억제를 위해서는 질소질 비료 시비를 많이 하고, 충분히 수분 공급을 하며,

(a)

(b)

그림 2.50 (a) 축엽 파슬리, (b) 뿌리 파슬리.

햇빛의 강도를 약하게 하고, 자란 잎은 빨리 수확하여 제거함으로써 가능하다.

씨앗은 셀러리보다 다소 활력이 강하고 색깔은 회록색이나 개화 이후에 기후가 나쁘면 회색을 띤다. 종자의 크기는 길이 2~3mm, 폭과 두께는 1mm이다. 발아력은 55~75%(평균 발아율 70%)이며, 1L의 무게는 510~600g, 천립중은 1.2~1.8g이다. 종자 1g은 약 550~600립이다. 발아력은 2~3년 유지되고 발아는 20~30°C의 변온에서 잘되고 25°C 이상에서는 발아가 떨어진다. 화아분화는 본엽 3~4매 이상의 묘가 0°C 전후의 저온을 1개월 이상 받고 그 후 고온, 장일에서 추대한다. 온도 요구도는 셀러리와 유사하며, 수부 요구도가 많아 충분한 관수가 필요하다.

(3) 품종

품종은 잎 전용 축엽종, 뿌리 전용 근용종, 건조잎 생산 전용 평엽종으로 구분한다.

잎 전용 품종은 전 세계적으로 대단히 많이 보급되고 있다. 이들 품종은 잎이 오글거리는 축엽종(curled leaf)과 잎이 오글거리지 않는 평엽종(flat leaf)으로 구분되는데 평엽종은 French parsley 또는 Italian parsley라고 부른다. 잎이 편편한 품종이 오글거리는 품종보다 향이 강하다. 엽색은 암록색–담록색까지 다양하며 엽병의 길이도 다르다.

잎을 1년에 3~4차례 잘라서 건조하여 이용하는 건조용 파슬리는 잎이 미나리 잎처럼 오글거리지 않고 갈라져 있는데, 잎이 편편하고 윤기가 난다. 뿌리를 이용하는 유럽 품종에는 대표적인 것이 'Hamburg Parsley'가 있는데, 잎도 이용할 수 있다(**그림 2.50**b). 파슬리의 독특한 향기 구성성분은 apiol(16.08%), copane(13.39%), α-pinene(6,76%), campene(4.74%)이다.

(4) 재배

재배작형은 봄, 여름, 가을 재배 등 3가지 형태를 이루고 1년 내내 수확, 출하되고 있다. 지역적으로는 도시근교 및 내륙지방, 남해안 및 제주지역, 고랭지 재배 지역으로 나누어져 있다.

파슬리는 종자번식하고 발아는 불규칙적이며 11~29일 정도 걸린다. 파종 전에 24시간 물에 담근 종자는 발아가 촉진되는데, 트레이에 파종해서 육묘 후에 본잎이 2~3매 나오면 105공 또는 128공 육묘용 트레이에 옮겨 5~6매까지 자라면 본포에 15~20cm 정도의 간격을 두고 정식한다. 파슬리를 주년 생산하려면 광이 부족한 겨울에는 보광을 해야 한다.

잎과 뿌리전용 파슬리 모두 땅이 깊고 양분이 많아 비옥하며 충분한 수분이 있는 토양이 좋다. 모래땅은 쉽게 건조하게 되므로 뿌리를 이용하는 파슬리의 경우에 가랑이가 많이 생기며, 강우에 따라 양분이 용탈되고 따라서 수확량이 떨어진다. 잎 전용 품종은 수경재배도 가능하며 소비자를 위하여 소형 분에 파종하여 출하하기도 한다.

(5) 수확·저장

잎 전용 파슬리는 충분히 자란 아랫잎부터 수확하는데 잎이 15매 이상 된 포기부터 시작하고 1주에 2~3매씩 따낸다. 수확의 주기를 보면 봄가을은 2~3주에 한 번씩 수확하고, 여름철에는 7~10일마다 실시한다. 수확할 때 엽병의 길이는 12cm 이상되는 것이 좋다. 출하 시는 잎을 10개 또는 20개를 1개 단위로 묶어서 상자당 50~100단씩 넣는다.

뿌리 전용 파슬리는 보통 11월이 되어 수확한다. 당근처럼 수확하는 데 많은 노력이 필요하다. 뿌리의 수량은 10a당 2~3,000kg이며 잎은 약 1,000kg이 된다. 뿌리는 수확하여 씻어서 일정한 양으로 포장하여 출하한다. 뿌리를 건조할 때는 40°C에서 온풍 건조한다.

잎을 건조용으로 사용하는 넓은 잎의 파슬리는 기계로 연간 3번쯤 뿌리에서부터 5~8cm높이로 자르는데, 수확기는 기종에 따라 다르나 시간당 1.2km에서 11.34km 속도로 0.5~2ha를 수확한다(Radojević 등 2013). 속도가 빠르면 폐기율이 18%, 느리면 3%정 도 나온다. 수확기 폭은 1.65~2.2m이다(**그림 2.51**a). 수확된 잎은 깨끗이 씻어서 잘게 자른 후 열풍건조기로 말려 10kg 또는 회사마다 정해진 규격으로 포장하여 출하한다. 수량은 연간 2,500kg/10a 정도 된다.

뿌리용 파슬리는 0°C, 95% 상대습도에서 당근처럼 저장하면 수개월 간 저장할 수 있을 정도로 저장성이 높다. 잎파슬리는 폴리에틸렌비닐(두께 0.03mm)에 작은 구멍을 뚫고 저장하면 1°C에서는 8일, 5°C에서는 6일, 10°C에서는 5일 저장이 가능하다.

(a) (b)

그림 2.51 (a) 잎파슬리 절단 수확기, (b) 수확 전후 광경(뮌헨 인근).

(6) 이용

공기 중에서 잎을 말릴 경우는 수분이 85.05%, 질소 함유물 3.66%, 지방 0.72%, 당 0.75%, 기타 질소를 함유하지 않은 물질 6.69%, 조섬유 1.45%, 1.86%의 회분을 갖는다. 신선한 잎에는 비타민 A와 지아민(비타민 B_1)이 많고, 비타민 C는 피망 이외에는 유일하게 100mg이 넘게 들어 있다. 건조한 파슬리도 영양가가 매우 높아 100g에는 Fe 98mg, 비타민

C 122mg, 비타민 A 23,340I.U.가 함유되어 있으며 Mg, P 그리고 K도 많이 들어 있다. 건조한 잎파슬리는 병이나 비닐 속에 포장시켜 놓으면 장기간 보존했다가 샐러드나 기타 요리 등에 첨가하여 사용한다. 잎의 이용은 신선한 채 또는 건조상태로 샐러드나 수프에 넣어 이용하고 소스에도 섞어서 사용한다. 향기가 독특해서 샐러드, 소스, 달걀 요리, 생선요리 등에 많이 쓰인다. 뿌리는 생으로 또는 익혀서 먹는다.

(7) 치유 적용

잎은 약용으로 해소, 진통, 소화촉진, 이뇨, 식욕촉진 등에 효과가 있고, 혈액 정화, 건위, 해독 등에 쓰인다. 특히 마늘 냄새를 없애는 효과가 있어 마늘과 같이 사용하면 좋다.

차로서는 1티스푼의 종자 또는 2스푼의 건조하여 잘게 부순 뿌리를 1/4L의 끓는 물에 넣고 우려낸다. 이것을 2~3잔씩 매일 마신다.

2.44 펜넬(Fennel)

학 명:	*Foeniculum vulgare*	**영 명**:	Fennel, Sweet fennel
과 명:	Umbelliferae(산형화과)	**기타명**:	茴香, 香絲菜(中)

(1) 재배 역사

펜넬의 원산지는 지중해 또는 근동 아시아이다. 당시의 로마인들이 야생종을 채취하여 재배했는데, 지중해 연안국가 남부 이탈리아, 이스라엘 등지에서는 많이 자생한다.

속명 *Foeniculum*은 faenum(건초)이라는 데서 유래되었는데 잎이 가늘게 갈라진 모습이 마치 마른 건초와 유사한 데서 연상되어 붙여진 이름으로 본다.

기원후에 재배되던 펜넬은 서로마제국 카를 1세(Karl I: AD 742~814)가 왕실 내의 정원에서 길렀고 그 후 영국으로 전파되었다. 스페인의 농서(農書, AD 961년)에는 펜넬이 약용, 채소용, 향신료로 사용된다고 기록하였다. 펜넬은 인도를 거쳐 열대 아시아에 전파되어 가꾸어지게 되었다. 현재 인도에서 전 세계 펜넬의 60%를 생산한다. 우리나라에서 처음 재배 연구는 박과 김(1984)이 보고하였다.

(2) 식물학적 특징

펜넬(*Foeniculum vulgare*)은 종자를 목적으로 재배하는 향신용 펜넬(*Foeniculum vulgare* var. *dulce*)과 엽병을 이용하는 채소용 펜넬(*F. vulgare* var. *azoricum*)로 나눈다.

향신용 펜넬은 여러해살이 또는 2년생 식물로서 키는 0.9~2m 정도이다(**그림 2.52**a). 익은 종자는 채취하여 건조하여 요리에 첨가하거나 에센셜 오일을 추출하는 데 이용한다. 종자는 길이가 19.4mm, 폭이 2.7mm이며 향기가 아주 좋다. 에센셜 오일(약 2~5%)의 주성분은 anethole(50~60%) 과 15~20% fenchine으로 구성되어 있으며, 그 외 α-pinine, camphene 등이 들어있다. 기타 12~18%의 지방유, 14~22%의 단백질 그리고 4~5%의 당을 함유한다. 종자 품종은 조미료 식물로 취급된다.

채소용 펜넬(sweet fennel)은 1년생으로 엽병의 아래 부분 10 cm 정도가 폭 5~6cm로 비대하여 콜라비처럼 구(球)의 형태를 이루고 이 부분을 식용한다. 키는 30~40cm 정도로 엽병(葉柄)끝의 잎은 몹시 가늘게 갈라져 있다(**그림 2.52**,b).

종자는 길이 3.5~6mm, 폭 1.5~2mm, 두께 1mm 정도이다. 발아력은 매우 낮아 평균 약 50%이며, 발아율 조사일은 14일이고 20~30°C에서 변온 발아시키는 것이 좋다. 천립중(千粒重)은 3~5g이며, 1g의 종자는 150~230립, 발아력은 3~4년 유지된다.

(3) 품종

향신용으로 종자만 사용하는 펜넬은 인도펜넬, 독일펜넬, 프랑스펜넬, 러시아펜넬과 같이 국가명을 붙인 계통이 많이 있는데 이들은 각각 에센셜 오일 함량에서 다소 차이가 있다. 향신용 식물은 잎의 색깔에 따라 녹색잎을 가진 계통과 청동빛 계통(bronze form)으로 나누는데 청동빛 계통에는 잎이 핑크색, 구리[銅]빛깔, 청동색깔 등이 있다.

채소용 품종은 유럽에는 많은 품종이 있으나 대표적 것은 화이트 볼(White Ball), 퍼펙션(Perfection) 등이 있는데, 이들 채소용은 스위트 펜넬(sweet fennel)이라고도 부른다. '화이트

(a) (b)

그림 2.52 펜넬. (a) 종자생산용 펜넬(고려대학교 농장), (b) 채소용 펜넬.

볼'은 추대가 잘 안되고 비교적 줄기가 납작하게 자라며 6월부터 파종하는 조기 재배에 적합하다. '퍼펙션'은 보통 7월에 씨를 뿌려서 재배한다.

유럽에는 향신용 종자 생산을 위한 일년생 또는 이년생으로 품종이 다양하게 보급되고 있으며 국내에는 주로 채소용이 재배되고 있다.

(4) 재배

향신용으로 종자 채취용 펜넬은 지중해성 기후인 온난하고 석회질이 풍부한 과습하지 않은 토양에서 잘 자란다. 3월에 묘상에 씨를 뿌려 육묘하여 5월 중순에 이랑 폭 1.2m, 주간거리 0.5~0.9m로 정식하면 8~9월에 꽃이 피어 결실한다. 유럽에서는 기계파종한다. 열매만 따고 그냥 월동을 시키면 다음 해 8~10월에 다시 수확할 수가 있다. 보통 파종 후에 4~5년간 수확이 가능하다. 파종량은 10a당 500~550g이 필요하다. 시비량은 10a당 질소 15kg, 인산 10kg, 칼리 25kg, 석회 100kg을 전량 밑거름으로 준다.

채소용 펜넬은 장일성 식물로 여름에 재배하면 쉽게 추대하므로 봄과 가을에 주로 재배한다. 온도에 대한 감응성은 어린 식물은 둔감하나 너무 많이 자란 큰 식물은 서리에 민감하므로 가을 늦게 수확하는 경우에는 주의가 필요하다.

채소용 펜넬은 봄 일찍 3월 중에 온상에 씨를 뿌려 육묘하여 5월에 정식하고 6월 하순경에 수확하는 봄 재배형과 7~8월에 뿌려 서리가 오기 전에 수확하는 가을재배형이 있다.

채소용 펜넬은 유기물과 양분이 많고 경토(耕土)가 깊은 토양에서 잘 자란다. 석회가 많이 함유된 사질계 토양에서 생육이 잘되며 토양산도는 약산성-중성이 좋다. 플러그 육묘는 3월에 플러그트레이 102공에 파종하여 봄철은 40~55일간, 여름에는 30~36일 육묘한다. 정식거리는 30 × 30cm정도로 하고 멀칭하고 심는다. 펜넬은 과습한 토양에서는 생육이 나쁜데 이는 습도에 민감하기 때문이다. 그러나 아래쪽의 줄기가 비대하여 구(球)를 형성하기 시작할 때 충분한 관수는 구의 생육을 촉진하고 추대를 억제시킨다.

(5) 수확·저장

향신 종자용 펜넬은 7월부터 수확이 가능하나 9월 말에야 본격적인 수확이 된다. 그러므로 초기에는 가위로 열매가 익은 곳을 자를 수 있으나 9월 말에는 낫으로 줄기를 벤다. 이때 씨가 떨어지지 않게 조심하는데 줄기를 묶어서 말린다. 수확 시 종자 수량은 첫해 40kg/10a, 2년째 100~200kg/10a, 3년째 80~150kg/10a가 된다. 종자는 태양에 말리지 말고 그늘에 말려서 저장한다. 유럽에서는 어느 정도 익으면 기계 수확한다.

채소용 펜넬은 한여름이 되기 전이나 늦가을에 −4°C가 될 때까지 수확할 수는 있다. 그러나 조직이 얼게 되면 맛이 떨어지므로 0°C 이하가 되지 않을 때 수확한다. 수확은 칼로 뿌리를 잘라내고 잎도 비대해진 엽병 위로 3~4cm 정도만 남기고 자른다. 그러나 중심부의 속잎은 남겨둔다. 수량은 평균 1,500~2,500kg/10a에 달하며, 잎을 다듬은 1개 펜넬 줄기의 무게는 250~350g이 된다.

종자용은 말려서 다른 허브와 혼합해서 가공하거나 건조 종자 상태로 판매한다. 채소용 펜넬은 신선하게 시장에서 유통되며, 저장하려면 보통 엽채류와 비슷한 온도와 조건, 즉 0°C, 습도 95%로 저장하면 몇 주간 저장이 가능하다.

(6) 이용

향신료용 펜넬은 조미료용, 차 등으로 이용한다. 추출물은 진통제로 이용되며 위통 완화, 소화촉진용으로 좋다. 만드는 법은 1~1.5티스푼 종자를 1컵 끓은 물에 넣고 5~7분간 우려낸 후 마신다. 특히 종자는 압생트(Absinthe, 45~40도 증류주), 아쿠아비트(Akravit, 스칸디아비아 증류주)의 향을 내는데 사용한다. 그 외 포도주, 과실, 과자 등의 향신료로 쓰인다. 종자는 빵, 쿠키, 케이크, 소금에 절인 양배추, 샐러드 드레싱의 재료로 이용된다. 종자에 당을 입힌 과자는 목을 시원하게 하여 인기가 높다.

채소용 펜넬은 샐러드로 이용될 뿐 아니라 이탈리아와 프랑스에서는 어린잎을 청어에 첨가시켜 먹는데 이는 펜넬이 어유(漁油)의 소화를 돕기 때문이다. 이탈리아 요리에서 채소용 펜넬은 필수적 요소이다. 펜넬의 잎은 샐러드에서 파스타(pasta)까지 모든 것에 들어가서 anise 비슷한 풍미를 준다. 잎, 줄기, 구경(bulb)은 모두 식용이 가능하고, 셀러리처럼 조리하면 된다. 얇게 자른 줄기는 부드러워질 때까지 물이나 묽은 수프(부용: bouillon)로 끓여 버터나와 함께 조리하거나 마늘과 기름으로 볶아서 먹기도 한다.

채소용 펜넬을 이용한 샐러드 만들기는 다음과 같다. 중간 크기 펜넬 1개, 적양파 1/2개, 레몬 주스 2스푼, 올리브 오일 2스푼 반, 소금 1/4티스푼, 후추 1/4티스푼, 파르마산 치즈 1/4컵을 차례로 혼합하여 서빙한다.

잎과 꽃은 아스파라거스처럼 꽃꽂이나 관상용으로도 쓰인다.

(7) 치유 적용

펜넬은 변비개선, 장내가스 매출, 혈압강하, 면역력 증강, 신경안정, 기침해소, 긴장억제 효과가 있다. 가래와 통증 완화의 효과가 있고 젖을 잘 나오게 한다. 차는 1티스푼 종자를 1/4L 끓는 물에 넣고 충분히 우려낸 다음에 매일 1~2잔을 마신다.

2.45 히솝(Hyssop)

학 명:	*Hyssopus officinalis*	**영 명:**	Hyssop
과 명:	Labiatae(꿀풀과)	**기타명:**	神香草(中)

(1) 재배 역사

히솝의 원산지는 남유럽 또는 소아시아이며 중앙아시아를 거쳐 우랄, 멀리는 시베리아까지 분포되어 있다. 유럽에서는 고대로부터 지금까지 많이 애용되는 향신료이지만 미국에서는 별로 재배되고 있지 않다. 인도에서는 약용으로 주로 알려져 있으나 아시아의 열대지역 높은 고지대에서는 조미료로 재배된다.

속명은 고대 그리스의 의사 Hippocrates가 hyssopos라고 부른 데서 연유되었는데, 그 후 시실리이의 Dioscorides(기원 1세기)에 의해 hyssopus라고 불리었다. 그 어원은 헤브라이어의 esob(성스런 향기가 나는 풀) 또는 아라비아어 azzof에서 유래했다고 한다.

히솝의 기록(당시 히솝은 마조람을 잘못 기록했다고도 함)은 성서에도 나오나 재배에 대한 확실한 기록은 13세기 이전에는 없고, 13세기 당시에 영국의 수도승들이 영국에서 야생화된 히솝를 기록하고 있어 그 이전에 이미 가꾸어 온 것으로 추측되며, 영국의 Tudor왕조(1485~1603)시대에는 가정의 정원에서도 많이 가꾸었다고 한다.

히말라야 산맥의 라마교 사원에서 많이 발견되는데 여기서는 히솝의 향기가 병을 퇴치시켜 준다고 옛날부터 믿어왔기 때문이다.

근래 유럽에서는 조미료 식물로 뿐만 아니라 화훼 식물로도 각광을 받아 꽃다발을 만들거나 건조화(dry flower)로도 이용을 많이 하고 최근에는 조경에도 사용된다.

(2) 식물학적 특징

히솝은 식물학적으로 꿀풀과에 속하는 상록성 초본이다. 키는 30~60cm에 달하며 줄기는 박하처럼 사각(四角)이고, 아래쪽은 목화(木化)되어 있다. 잎은 엽병이 없고 가늘고 창처럼 생겼는데 폭은 1cm, 길이는 5cm 정도로서 색깔은 암록색이다. 잎 위에 털이 나 있고 잎 표면에 기름샘이 발달되어 있어 향기를 발한다.

꽃은 윤상화서(輪狀花序)로서 한 꽃대에 6~15개의 꽃이 피는데, 대부분 하늘색이나 바이올렛색이다(**그림 2.53**a). 품종에 따라 핑크빛, 흰색도 있다(**그림 2.53**b). 꽃의 크기는 1.3cm 정도이며, 늦가을에 종자가 맺히는데 1g의 종자수는 800~1,000립이 된다. 발아적온은 20~30°C로서 발아는 보통 10~14일 걸린다. 발아력을 갖는 기간은 3년이다.

잎의 향기는 박하향기와 유사한데 수증기로 증류시켜서 얻은 에센셜 오일을 히솝유라고 부른다. 주성분은 l-pinocamphone, pinene으로 향수업자들에게는 높이 평가된다.

(3) 품종

히솝은 1종류뿐이나 꽃잎의 색에 따라 3개의 변종이 있다.

① ***Hyssopus officinalis*** L. var. ***rubra*:** 꽃잎 색이 자색으로 일반적인 특징은 같다.

② ***Hyssopus officinalis*** L. var. ***alba*:** 꽃잎 색이 백색계통이다(**그림 2.53**b).

(a)

(b)

그림 2.53 히솝. (a) 자색계, (b) 백색계(Byland Nurs).

③ ***Hyssopus officinalis*** L. var. ***grandiflorus*:** 꽃송이가 크며 윤상화서 내의 꽃이 작지 않다. 바이칼호 부근이 원산지이다.

④ ***Hyssopus officinalis*** 'Roseus'**:** 핑크색 히솝(pink hyssop)품종이다.

(4) 재배

히솝이 자라기에 알맞은 토양은 통기성이 양호하며, 다소 건조하면서 석회를 많이 함유한 곳이라야 한다. 일반적으로 백리향(thyme)의 재배조건과 유사하다.

번식은 종자번식, 분주(分株), 삽목(揷木) 등이 가능하다. 파종할 경우는 서리에 약하므로 노지에 4월 하순에 60cm 간격으로 줄뿌림[條播]하고 발아 후 6~7월에 포기 사이를 25~30cm로 솎아준다. 직파할 경우는 1a(30평)당 약 15~20g의 종자가 필요하다. 그러나 온상에 파종하거나 파종상자를 이용하여 육묘 후에 이식할 경우는 종자량을 대폭 절감할 수 있다. 보통 15~20g이면 10a에 심을 수 있는 정도의 유식물을 얻을 수 있다.

분주는 완전히 식물이 성숙된 가을에 실시하는데 충분히 뿌리가 내리게 될 때까지 관수를 잘 해야 한다.

삽목은 봄에 음지에 실시하는데 주로 취미원예가가 할 수 있는 방법이다. 삽목 방법은 생장점을 포함한 줄기를 10cm 정도 길이로 절단하여 아래잎을 제거한 후, 윗잎 6~7개를 남기고서 다듬는다. 육묘용 상토를 담은 50공 트레이에 꽂고 물을 충분히 준 다음에 비닐이 잎에 닿지 않게 싸서 음지에 둔다. 1주일 후에 비닐을 제거하고 관리하면 2주일이 지나서 완전히 뿌리가 발생하면 30×30cm 간격으로 정식한다.

중부지방에서 월동하며 겨울철에 남부해안 지역이라 할 지라도 지상부의 약한 부분은 일부 고사(枯死)하게 되는데 이듬해 봄이면 다시 새 가지가 아래에서 나온다. 그러므로 첫번째 겨울에 볏짚이나 낙엽을 이용한 멀칭이 필요하다.

가정원예에서 히솝을 텃밭 주위에 심으면 배추흰나비가 달려들지 않는 이점이 있다

(5) 수확·저장

히솝의 수확은 꽃이 피기 전에 지제부로 부터 10cm를 남기고 실시하는 것이 보통이다. 첫해에는 1회만 가능하다. 2년 차에는 7월 하순과 8월 하순에 2회 실시가 가능하다. 1a(100m^2)당 약 30~40kg의 건조물을 얻을 수 있다. 한번 재식하면 4~5년간의 수확이 가능하다. 잎을 건조할 때 온도는 40°C를 넘으면 안 된다.

신선한 꽃은 개화기에 수시로 수확해서 사용한다. 꽃이 작아 수확하는 데 많은 노력이 필요하지만 수확 후에 음지에서 건조한 다음 보관했다가 차로 마셔도 된다.

(6) 이용

가정원예에서는 잎이나 어린 줄기 끝을 수시로 수확하여 신선한 채로 이용한다. 만일 건조시켜서 겨우내 이용하고자 하면 꽃이 피기 직전에 연한 줄기를 자른다. 줄기를 잘라서 잘 마르면 유리병 등에 넣어 마개를 잘 막아서 보관해 두어야 한다. 그렇지 않으면 향기가 날라가서 품질이 떨어진다.

자주색 꽃은 아침에 수확하여 바로 식용꽃으로 이용하거나 비닐 봉지에 담아 냉장고에 보관하면서 샐러드 만들 때에 이용하면 보기도 좋고 맛도 있다.

신선한 히솝은 잘게 잘라서 샐러드 소스, 콩을 이용한 요리 그리고 감자 수프에 섞어 먹는다. 강한 맛과 향기는 생선 비린내와 육류요리의 누린 맛을 제거해주며 약간 씁쓸한 듯한 독특한 맛을 내게 한다. 수프와 스튜의 향신료로도 사용된다.

민간요법으로는 위 또는 장의 통증을 막아주며 마른기침에 효과가 있다고 하고, 차로도 이용한다. 잎으로 만든 차는 천식, 감기, 치통, 황달, 소화불량, 신장 및 방광결석 등에 효과가 있다.

(7) 치유 적용

히솝 차는 2티스푼의 건조한 잎을 1L의 물에 넣고 추출하여 차게 한 후 식사시간 중간에 2~3잔을 꿀과 함께 먹는다. 와인제조는 50g의 건조한 잎줄기를 1L 포도주에 넣고 8~10일간 우려낸 다음에 걸러내어 보관하고, 소화가 불량할 때 식후에 1잔씩 마신다.

히솝 꽃차는 따뜻한 물 한 컵에 신선한 꽃을 20~30개 넣고서 5분 이상 추출한 후에 마시면 좋다. 물론 차를 마시면서 꽃잎을 먹어도 되는데, 기분 전환 및 감기와 소화에 도움을 준다.

히솝 팅크제는 20g의 말린 잎을 80ml 알코올(80%)에 넣고 7일간 추출 후에 분리해서 보관하며, 10~20방울을 식후에 매일 2~3번 차나 물과 함께 먹는다.

히솝 감기시럽은 옛날부터 유럽에서 먹어왔던 것으로 1컵 꿀, 1컵 물, 2스푼 개화기의 윗부분의 꽃과 잎을 채취해서 말린 것과 1티스푼 아니스 종자를 혼합하여 만들 수 있다. 만드는 법은 후라이팬에 꿀을 넣고 뜨거운 불 위에 올린 후 팬케이크 시럽이 될 때까지 서서히 저은 다음 여기에 건조 히솝을 넣고, 물과 아니스 종자를 첨가시켜 꿀과 잘 혼합되게 한다. 이것을 팬에 뚜껑을 덮고 약한 열로 30분간 끓인다. 그다음 약간 식히고 미지근할 때 유리병 등에 옮겨 담는다. 차게 한 다음에 한 티스푼 정도씩 하루에 3~4회 복용한다. 그러나 1세 이하 어린이는 복용이 금지되어 있다.

제 2 부

아로마테라피학

제1장
아로마테라피학 총론

1.1 아로마테라피학의 정의와 역사

(1) 아로마테라피학의 정의

아로마테라피는 유럽에서 사용하는 민간요법으로 '에센셜 오일(정유, 精油)을 이용하여 인간의 육체적, 정신적 병을 치료하는 기술'이라 정의한다. 아로마테라피학은 아로마와 관련된 허브 식물의 특성, 오일의 분류와 화학적 특성, 오일 제조, 오일을 응용한 치료의 실제, 아로마 관련 제품 만들기와 사용 특성 등 아로마에 관련된 모든 분야를 아우르는 학문이다.

Aromatherapy는 향기(aroma)와 치료(therapy)를 합성한 말로, 우리말로 하면 '향기치료'라고 할 수 있다. 그러나 일반적으로 향기치료 또는 향치료라는 말보다 아로마테라피라는 말을 더 많이 사용하고 있다. 허브테라피(herbal therapy)는 약용식물(medicinal plant)의 꽃, 잎, 줄기, 뿌리 등 전 식물체를 이용하여 치료하는 데 반해서, 아로마테라피는 허브로부터 추출한 에센셜 오일을 사용한다는 점에서 치료를 위해 이용하는 대상 물질에 있어서 차이가 있다.

(2) 아로마테라피의 역사

아로마테라피는 인류의 역사와 함께 출발했다고 볼 수 있다. 고대인은 약리적인 특성이나 향기를 가진 식물을 성스럽게 여겼고, 이것을 이용하여 자기의 건강을 유지시켰을 뿐만 아니라 종교적인 의식을 행하는데도 사용하였다.

기록상으로는, 고대 이집트인이 에센셜 오일을 처음 사용한 것으로 알려져 있다. 파라오 시대의 승려는 의사나 조향사로 일하면서 왕궁의 행사를 거룩하게 진행시켰고, 이때 향

(a)

(b)

그림 1.1 (a) 파라오에게 향을 바치는 사제(람세스 III세 묘 벽화), (b) 토트(따오기)과 호루스(매)가 파라오에게 오일을 뿌리는 모습(저자 원도).

을 피웠다고 본다. 이집트의 왕의 계곡의 벽화에는 사이프러스, 연꽃 향을 추출하여 파라오에게 바치는 그림과 추출기 등이 나타난다. 그 당시 파라오들은 다양한 식물성 향료를 사용했는데, 람세스 III세 묘의 벽화에는 왼손으로 왕에게 향을 바치는 그릇에서 향이 피어오르는 것과 사제의 오른손 병이 기울어져 향이 넘치는 것을 잘 묘사한 것을 볼 수가 있다(**그림 1.1**a). 이집트의 동물 형상을 한 신들이 파라오에게 오일을 뿌려주는 그림이 벽면에 나타나기도 한다(**그림 1.1**b). 크레오파트라는 장미향을 이용하여 로마의 씨저 안토니우스를 유혹했다는 기록도 있다.

또한 이집트인은 미라를 만드는 과정에서 시체의 부패를 막기 위해 몰약(myrrh), 계피(cinnamon)향을 사용하였고, 미라 부근에는 다양한 허브와 정향(clove), 육두구(nutmeg), 갤바넘(galbanum) 같은 정유를 사용한 흔적이 발견되었다.

인도에서는 고수, 몰약, 샌달우드, 장미향을 영적인 의식에 사용했던 것으로 알려져 있으며, 성서에도 계피(시나몬), 고수, 사이프러스, 쥬니퍼, 페퍼민트, 몰약, 장미 같은 다양한 방향성 식물이 기록되고 있다. 고대 중국인도 계피, 치자, 쟈스민 등을 사용했다.

예수님이 태어나는 것을 간파한 동방박사 3명은 각각 황금(gold), 몰약(myrrh), 유향(frankincense)을 선물했고, 예수님의 시신의 수습 과정에서 몰약 등 다양한 향을 사용한 것으로 알려져서, 지금으로부터 2,000년 전에 에센셜 오일을 추출하는 물질이나 향이 일상생활에서 상당히 많이 사용된 것을 알 수 있다. 이로 미루어 보아 기원 전·후 당시에는 소아시아에서 많은 향료가 거래되고 사용됐음을 시사해 준다.

고대 바빌로니아 제국은 당시 방향성 식물의 주요 공급원이었다. 주로 많이 사용했던 향은 샌달우드(산달나무), 쥬니퍼, 장미 등이다. 아랍제국에서는 아비세나(Avicenna, 또는 Ibn Sena, AD 980~1037)가 아로마 증기를 응축시키는 장치를 개발하여 장미수를 만들었다. 그는 생전에 100여 권의 책을 썼는데, '의학의 성전'(Canon Medicine)은 16세기 중반에 이르기까지 500년간 모든 의과대학의 표준 교과서로 사용되었다. 그는 캐모마일, 계피, 딜, 페퍼민트 등 다양한 정유를 언급하였다. 그 후 아라비아인에 의해 스페인이나 프랑스 남부로 향료가 전파되어 미용이나 목욕용 향료로서 사용이 증가하였다. 추출 기술이 유럽으로 전파되면서 향기 산업 발전에 크게 기여하였다.

12세기 독일의 허브 발전의 초석을 다진 수녀 힐데가르드(Hidegard)는 라벤더 오일을 추출했다. 14세기 흑사병이 유행할 때 로즈메리, 소나무, 전나무를 태워서 흑사병의 전염성을 막았다고 한다. 유럽인은 13세기부터 동양과 교역을 시작하면서 향신료와 향을 수입하여 이용하였고, 16세기에 이르러서는 수입량이 더욱 많아졌다. 그러나 16~17세기에는 향이 사교(邪敎)에서 사용된다는 종교적 이유로 사용이 제한되었고, 18세기에는 영국에서 여자가 남자를 유혹할 때 향을 사용한다고 여겨서 전면 금지되기도 했다.

그러나 인간의 욕구는 끝이 없었으며, 19세기에 들어 현대 화학의 발달에 힘입어 정유의 주성분인 게라니올(geraniol), 리나룰(linalool)의 화학구조가 판명됨에 따라 인조향이 제조되어 사용되기 시작하였고, 이에 따라 동양에서 수입되던 자연향의 이용은 서서히 감소했다. 그러나 1차 대전의 와중에서 약품이 부족해졌고, 이때 자연 상태에서 얻은 여러 에센셜 오일의 치료 효과가 인정받았다. 아로마테라피는 근세에 접어들어 영국에서 가장 발달되었다. 이는 겨울철이 길고, 흐리며, 비오는 날 등으로 인해 우울증 환자가 많았는데, 이들을 대상으로 한 향기치료가 효과를 보였기 때문이다.

그러나 학문적으로는 1937년 프랑스인 Gattefosse가 'Aromatherapie'라는 말을 처음 사용했으며, 그 후 Dr. J. Valnet와 M. Maury에 의해 아로마테라피 체계가 오늘날의 수준에 다다르게 되었다. Dr. Valnet는 'The Practice of Aromatherapy'라는 책을 저술하였으며, M. Maury는 에센셜 오일을 마사지에 이용하는 방법을 정립하였다. 오늘날에는 이들 세 사람을 아로마테라피를 구축한 3대 학자로 추앙하고 있다.

이처럼, 긴 역사를 가진 아로마테라피는 영국, 미국, 호주 등에서 임상 아로마테라피로 적용되는데, 법적으로 외용적인 처방만 가능하기에 마사지요법이 주로 발달되어 있다. 이는 각종 스트레스 등 복잡한 심리적인 변화를 겪는 현대인에게 전인적 향기치료가 치유의 효과가 있음을 인정받았기 때문이다.

아로마테라피는 대체의학으로 분류되는데, 영국에서는 보완의학(complementary therapy), 미국에서는 대체의학(alternative medicine), WHO(세계보건 기구)는 전통의학(traditional therapy)으로 취급한다.

아로마테라피는 의사가 중심이 되어 병을 치료하는 메디컬 아로마테라피(medical aromatherapy), 육체와 정신을 모두 치료하는 홀리스틱테라피(holistic therapy), 고대 이집트, 인도, 중국에서처럼 다양한 향기가 나는 향목(香木)을 태워서 향을 흡입하여 치료하는 인센스테라피(incense therapy), 오일이 첨가된 방향욕(芳香浴)으로 신체에 오일을 흡수시켜서 신경계의 생리활성을 증대시켜 육체적 정신적인 긴장 완화를 통해 심리적으로 치료하는 사이코아로마테라피(psycho-aromatherapy) 등 4가지로 분류된다(烏居, 2002). 실제 치료에는 4가지가 중복되어 적용된다고 볼 수가 있다.

우리나라에는 1980년대 중반 허브의 소개와 함께, 1990년대 중반부터 아로마테라피가 의학자(전주대, 오홍근 교수) 및 대학교수에 의해 알려지기 시작하였다. 한편, 영국, 호주 등으로부터 국내 라이선스를 인정받은 단체와 국내 자생 협회가 주관이 되어서 아로마테라피스트를 육성하고 있으며, 대표적으로는 영국 IFPA 협회 국제아로마테라피 스쿨로 2001년부터 수원여자대학교에서부터 시작되어 메디컬허브센터(대표 김수경)에서 전문가를 양성하고 있다. 2000년 초부터 고려대학교 등에서도 강의가 시작되었으며, 한국허브-아로마테라피학회(회장 박권우)가 2005년 고려대학교에서 창립하여 5년간 연 2회 학회지도 발간하였으나 재정난에 유명무실되었다. 현재 허브 분야의 유일하고 전통적인 단체로 사)한국허브협회가 명맥을 유지해서, 허브 생산, 유통, 관광산업, 교육, 연구 등 국내 허브 산업 발전에 바탕이 되어 주축을 이루고 있다. 이를 토대로, 앞으로 허벌리스트와 아로마테라피스트가 생활건강 전문가로 인정받아서 국가 자격증 시스템으로 발전된다면, 허브와 아로마테라피 분야는 크게 발전할 수가 있을 것이라 본다.

1.2 에센셜 오일의 특성, 분류와 구성 성분

(1) 오일의 특성

에센셜 오일(essential oil, 精油)은 꽃, 잎, 과일, 종자, 관목(灌木), 교목(喬木)으로부터 추출된 방향성 액체(aromatic volatile liquids)이다(Young, 2003).

오일의 생성은 탄소 동화 작용에 의하여 만들어지며, 탄수화물(탄소, 수소, 산소)을 기본으로 해서 다양한 질소, 유황 등이 단순하게 또는 복잡하게 만들어진 2차 화합물로, 휘발성이 있는 물질의 혼합체이다. 주로 허브류의 분비선(分泌腺: secretory gland), 잎맥, 유낭(sac), 선모에서 얻을 수가 있다. 식물의 털끝, 표면으로 돌출된 오일 주머니나 오일 도관(duct, 導管)에 들어있는 물방울처럼 생긴 분자가 오일이다(**그림 1.2**).

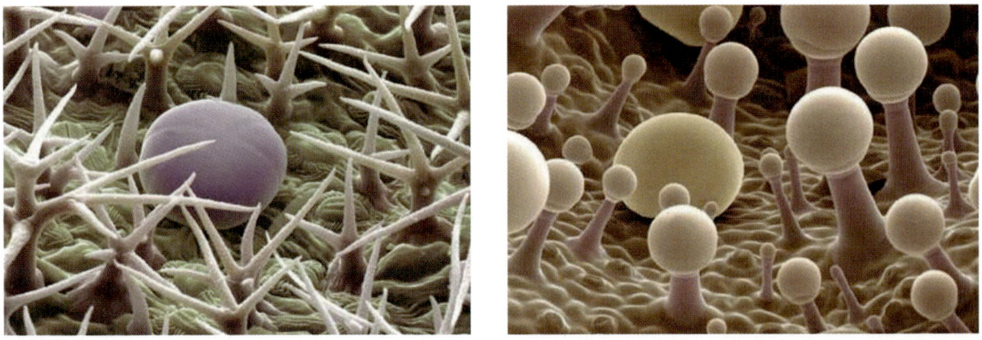

(a) (b)

그림 1.2 허브 식물 표면에 부착된 오일. (a) 라벤더 오일 분비선(×930배), (b) Clary sage 표면 부착 오일(×750배). (Svoboda et al. 2001.)

오일의 식물 체내 역할은 동식물로부터 자기방어, 박테리아와 바이러스, 진균에 대한 저항성, 상처 치료(wound healing, 상처가 났을 때 프랑킨센스 줄기에서 나오는 수지), 수분을 위한 곤충과 동물의 유인(벌, 나비, 새의 유인), 다양한 환경조건에서 생존 적응성 증대(내한성, 내건성 등), 종자번식 또는 영양번식을 목적으로 종자, 뿌리 등에 필요한 물질의 저장, 그 이외 알려지지 않은 목적을 위해서, 식물은 에센셜 오일을 합성하여 저장한다(Pitman, 2004). 지중해가 원산지인 라벤더, 로즈메리는 날이 건조하면, 잎 표면과 부착된 털샘에서 오일을 분비해서 잎 표면으로부터 수분 증발을 억제함으로써 여름 건조기를 넘긴다.

에센셜 오일의 구성은 수많은 유기화합물로 이루어져 있으며, 식물마다 독특한 수십 가지 방향성 성분을 갖고서 휘발성으로 생리활성 성분을 함유한다. 오일의 형태는 실온에서 대부분 액체이지만, 고체상과 반고체상도 1~2개 있다. 오일의 색은 무색 또는 담황색이나 파란색(저먼 캐모마일)과 녹색(밸러리안–서양쥐오줌풀)도 있다.

오일의 추출 부위는 오일이 저장되는 꽃(장미), 잎(페퍼민트), 과실(레몬), 종자(펜넬), 근과 근경(서양고추냉이, 생강), 목부(샌달우드, 로즈우드), 수피(계피: 시나몬), 나무줄기에 피는 꽃(일랑일랑), 인경(마늘), 건조된 꽃(정향: clove, **그림 1.3**a) 등에서 이루어진다.

오일의 수율은 식물의 종류, 생육 단계, 수령, 수확 시기, 하루 중이라도 수확 시간에 따라 변동이 심하다. 또한 동일한 식물체라도 품종이나 식물의 조직에 따라서 정유 함량의 차이가 난다. 서(1998)는 스위트바질이 퍼플바질, 부쉬바질보다 정유 함량이 높았다고 하였다. 백(2006)은 국내 자생 생강나무(*Lidera obtusiloba*)의 오일 함량은 꽃(0.25%, 꽃은 산수유와 유사하고 봄에 먼저 개화, 차로 마심)과 어린 가지(0.23%)가 묵은 가지(0.084%), 잎(0.05%, 생강 냄새가 많이 남, 어린잎 쌈채 이용), 뿌리(0.05%)보다 높았다고 했다(**그림 1.3**b~c). 도깨비바늘의 오일도 꽃, 잎, 뿌리, 줄기 순으로 함량이 감소한다고 했다(이, 2012). 그러나 박(2006)은 쑥에서는 반대로 잎이 꽃보다 함량이 높았다고 하였다.

이처럼, 오일의 함량은 식물의 종류나 채취 부위에 따라 차이가 많이 나타난다.

(a) (b) (c)

그림 1.3 (a) 정향(영명: clove), (b) 생강나무 꽃, (c) 잎. (출처: Wikipedia)

(2) 오일의 분류

에센셜 오일은 함유 성분, 타입, 순도, 추출 부위, 휘발 속도, 강도 등에 따라서 분류된다.

함유 성분에 따라서는 테르펜(terpene), 알코올(alcohol), 알데하이드(aldehyde), 케톤(ketone), 에스테르(ester), 페놀(phenol), 옥사이드(oxide), 페녹시(phenoxy), 락톤(lacton), 산(acid), 퓨란(furan) 등의 그룹으로 나뉜다. 이들 에센셜 오일은 그룹에 따라 구성 성분의 차이가 있고 작용성도 다르다.

타입에 따라서는 감귤계(프룻계: 스위트오렌지, 밀감, 버가못, 그레이프프룻, 시트러스계: 레몬, 레몬그래스, 레몬유카리), 후로랄계(라벤더, 로즈, 네롤리, 제라늄, 로만 캐모마일), 이그조틱오리엔탈계(일랑일랑, 샌달우드, 패출리, 베티버), 수지계(벤조인, 몰약, 프랑킨센스, 장뇌), 스파이스계(고수, 생강, 마늘, 후추, 쿠민), 허브계(꿀풀과: 민트류, 로즈메리, 클라리 세이지, 바질, 마조람, 미나리과: 안젤리카, 펜넬), 수목계(쥬니퍼, 사이프러스, 백양나무, 티트리, 유칼립투스) 등으로 나눌 수 있다.

순도에 따라 분류를 할 수도 있다. 추출법에 따라 달라지는데, 수증기 추출법보다 초임계 유체추출법에 의한 것이 순도가 높다.

추출 부위에 따라 동일한 식물이라도 오일을 별도로 분류한다. 예를 들어, 추출 부위에 따라서 명칭을 달리 부르는데, 광귤(bitter orange)의 꽃에서 추출된 것은 네롤리 오일, 잎과 가지 추출물은 페티그레인, 그리고 과일 껍질 추출물은 오렌지 오일(bitter orange oil, bigarad)이라 하며, 각각은 치료에 있어서 적용하는 방법이 다르므로 분류체계를 잘 이해해야 한다.

휘발 속도에 따라 top note(24시간 내 빨리 휘발되는 것, 자극적으로 고무시킴), middle note(2~3일간 향을 유지, 향수 같이 비교적 오래감), base note(1주일 정도 향을 유지, 진정 작용이 있고 마음을 평온하게 하며 효과가 아주 오래감)로 나뉜다. 이 특성은 치료나 향수를 만드는 데 이용되므로 잘 알아야 한다.

① **Top oil:** 바질, 버가못, 유칼립투스, 레몬, 레몬그래스, 네롤리(광귤꽃잎), 니아울리, 페퍼민트, 세이지, 백리향

② **Middle oil:** 블랙페퍼(후추), 캐모마일, 클라리 세이지, 쥬니퍼, 펜넬, 제라늄, 히숍, 사이프러스, 라벤더, 마조람, 레몬밤, 소나무, 로즈메리, 코리앤더(고수), 장뇌

③ **Base oil:** 벤조인, 시더우드(cedar wood), 정향, 계피, 프랑킨센스, 생강, 쟈스민, 몰약, 패출리, 장미, 샌달우드(산달나무), 일랑일랑

오일 향의 강도에 따라 5단계로 구분하는데, 9(안젤리카), 8(정향, 유칼립투스), 7(프랑킨세스, 패출리, 진저, 블랙페퍼, 바질, 페퍼민트, 시나몬, 로즈, 몰약, 샌달우드, 타임), 6(시더우드, 레몬그래스, 로즈메리, 세이지, 펜넬), 5(쥬니퍼베리, 버가못, 라벤더, 페티그래인, 레몬, 파인, 클라리 세이지, 로즈우드, 네롤리, 오렌지)로 숫자가 높을수록 향이 강하다.

치료효과에 따라서, 항염증제(열을 내려 염증 완화: 저먼 캐모마일, 유칼립투스, 타임, 오레가노), 저혈압성 유도제(동맥을 확장하여 혈압을 낮춤: 라벤더, 일랑일랑, 네롤리, 로즈, 캐모마일), 연하

제(배설 촉진: 버가못, 펜넬, 마조람, 세이지), 점액용해제(점액 용해 효과: 블랙페퍼, 유칼립투스, 로즈메리, 페퍼민트, 마조람, 타임), 신경진정제(신경 이완 작용: 캐모마일, 클라리 세이지, 프랑킨센스, 라벤더, 샌달우드, 일랑일랑), 신경강화제(바질, 로즈메리, 시나몬, 시더우드, 타임, 페퍼민트), 발적제(신체 부위를 따뜻하게 하여 산소와 영양공급 증진: 블랙페퍼, 클로브, 진저, 시나몬, 베티버, 타임), 진정제(라벤더, 캐모마일, 마조람, 일랑일랑, 샌달우드), 촉진제(신체의 생리적 기능 촉진: 바질, 카주풋, 블랙페퍼, 유칼립투스, 쥬니퍼, 로즈메리, 레몬그래스, 멜리사), 강장제(블랙페퍼, 로즈메리, 레몬그래스, 멜리사), 기분 고양(감성 고조: 바질, 로즈메리, 페퍼민트, 타임, 레몬), 상처치유(라벤더, 프랑킨센스, 멀, 샌달우드, 로즈메리, 로즈우드) 등으로 분류한다.

적용 인체시스템에 따라서, 신경계(바질, 캐모마일, 라벤더, 로즈메리, 쟈스민, 파인), 호흡계(유칼립투스, 페퍼민트, 레몬, 파인, 시더우드, 프랑킨센스), 소화계(페퍼민트, 코리앤더, 펜넬, 시나몬, 팔마로사, 마조람), 생식계(일랑일랑, 제라늄, 쟈스민, 로즈, 멀, 펜넬, 샌달우드), 순환계(블랙페퍼, 사이프러스, 쥬니퍼, 페퍼민트, 로즈메리, 유칼립투스, 페티그래인, 제라늄), 근육계(블랙페퍼, 카주풋, 시나몬, 캐모마일, 진저, 마조람, 사이프러스, 페퍼민트, 로즈메리), 비뇨기계(타임, 버가못, 카주풋, 멀, 니아올리, 샌달우드, 티트리, 파인), 면역력 증강제(멜리사, 유칼립투스, 머틀, 티트리, 타임), 피부치료제(라벤더, 티트리, 타임, 로즈, 제라늄, 프랑킨센스, 로즈우드, 패츌리, 캐모마일)로 나눈다.

식물분류법에 따라서, 아로마테라피에 적용되는 정유는 70~80종으로 많이 사용되는 것에는 22개(family)가 있다(고 등, 2011). 모든 정유는 반드시 학명을 확인한 후 사용해야 한다. 학명은 속명과 종명을 쓰는데, 예를 들어서 라벤더 학명인 *Lavandula officinalis*의 *Lavandula*인 속명과 *officinalis*인 종명으로 표시하며, 학명은 반드시 이탤릭체로 쓴다. 품종명은 *Lavandula officinalis* 'Hidcote'로 표시하며 정자로 쓴다. 변종은 var.을 붙여서 사용한다. 현재 모든 오일은 학명에 따라 식물을 분류해서 적용성을 설명한다.

(3) 오일의 구성성분

식물체에서 2차 대산물로 생성되는 오일 성분은 작게는 10여 개, 많게는 수십 종으로 구성된다. 이들 오일은 결합되어 있으나 화학적으로 분리하면, 단순하게 탄소 5개가 기본으로 결합된 연쇄형 지방족 탄화수소와 6각형의 벤젠처럼 링을 가진 방향족 화합물로 크게 나눈다. 탄화수소의 기본 단위인 탄소 5개의 이소프렌(isoprene)인데, 2개가 결합된 것은 monoterpene(10개 탄소 결합)이고, 3개가 결합된 것은 sesquiterpene(15개 탄소 결합)이며, 4개가 결합되면 diterpene(탄소 20개)을 구성한다(**그림 1.4**a). 대부분 에센셜 오일이 여기에 해당이 된다. 방향족은 6개 탄소가 연결되어 있는 벤젠 링(benzene ring)을 기본으로 해서 구성되는 물질이다(**그림 1.4**b)

이들을 기본으로 오일의 성분을 방향 식물과 함께 설명한다(Price & Price, 1996: Buckle, 2003: Pitman, 2004). 성분별 특성을 이해하면 오일 처방을 실수 없이 할 수 있다.

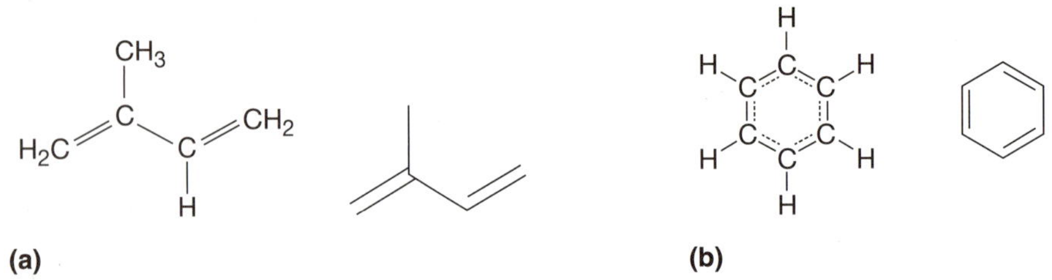

그림 1.4 (a) 이소프렌 구조, (b) 벤젠 링.

테르펜(terpene) 물질 영명 끝에 −*ene*가 붙는 성분이 여기에 해당된다.

Monoterpene은 기본적으로 방부, 항균, 방충작용을 갖고 있으며, 피부를 건조시키며 피부점액과 충혈을 감소시킨다. 티트리(40~45%), 소나무(75~85%)에 많고, 라벤더(7~13%)에도 들어있다. 시트러스계 오일에 들어있는 limonene은 항바이러스, 종양 억제 효과가 있다. Myrcene은 레몬향이 나는 레몬그래스에 들어 있는데, 진통 효과가 있다. 모노테르펜은 흥분 작용이 있으며, 장기간 사용하면 피부를 자극한다. Limonene은 광민감형으로 피부에 바른 후 햇빛에 노출되면 안 된다.

Sesquiterpene은 모노테르펜보다 적은 양이 오일에 들어있는데, 무겁고 추출이 다소 어렵다. 주로 목질부, 종자, 뿌리에 존재하며, 샌달우드, 향나무, 생강, 정향, 안젤리카, 저먼 캐모마일에서 발견된다. 몰약(85~90%)과 마누카(60~68%)에 많다(von Braunschweig, 1996). Chamazulene은 저먼 캐모마일에 존재하며, 항염증, 진정 역할을 한다. Zingerberine는 생강에 들어있으며, 몸을 따뜻하게 하고, 감기 등에 효과가 있다. β-caryophyllene은 정향, 장미, 일랑일랑에서 발견되며, 항염증 효과가 있다. Diterpene은 오일에서는 발견이 잘 안 되며 산화되어 알콜이 된다. 주목나무에 들어있는 택솔(taxol)이 있다.

알콜(alcohol) 물질명의 끝에 −*ol*이 붙으면 알콜이다. 좋은 향과 강한 항감염, 항미생물, 면역자극제로 매우 안전한 성분이다. 페퍼민트의 menthol은 통증 완화, 항균작용이 있다. 전나무류에 함유된 isoborneol은 입가에 물집이 생기는 herpes virus를 억제한다. 라벤더, 장미, 제라늄, 페티그래인(petigrain)의 linalool은 진정과 항경련 작용이 있다. 레몬그래스와 팔마로사(palmarosa)의 geraniol과 레몬 유칼립투스, 장미, 제라늄의 citronellol은 별도의 희석 없이 피부사용이 가능할 정도로 안정된 항진균 오일이다. 샌달우드에서 발견되는 santalol은 감기 초기에 사용하는 항바이러스제이다. 저먼 캐모마일의 α-bisabolol과 패출리의 patchoulol은 항염증제이다.

Sesquiterpenol은 sesquiterpene의 알콜 형태로, 근육과 신경 진경, 림프 충혈 제거, 항알러지, 간자극, 항염증, 선분비 촉진을 한다. α-bisabolol(저먼 캐모마일)은 chamazulene보다 항염증 효과가 크다. Farnesol(장미), sanatol(샌달우드), zingerberol(생강), 클라리 세이지의 sclareol(여성호르몬인 에스트로겐과 유사한 효과 있음), 캐롯 씨드(당근 종자)의 caratol(간세포

재생 촉진) 등이 있다.

페놀류(phenols) 벤젠기에 수산기가 결합되어 있고, 알콜처럼 −*ol*이 붙는다. 이들은 강한 항균력을 가지며, 구충과 신경계와 면역계에 자극을 주는 효과가 있지만, 피부에 자극이 심하므로 사용 시에 주의한다. 에센셜 오일에는 thymol(항균, 구충 효과: 백리향), eugenol(진정, 혈관 이완제, 강한 항염증제: 정향, 바질), carvacrol(진정제, 항균제 : 오레가노, 백리향, 세이보리), chavicol(항경련, 진정: 바질, 타이 바질) 등이 존재한다.

알데하이드(aldehyde) 탄소 체인 끝에 −OH가 붙는 물질로, 물질명에 −*al*이 붙는 오일이다. 이들 오일에는 진정효과가 있으며, citral(강력한 살균 효과와 항진균: 레몬 밤), citronellal(항진균성, 항충성: 레몬 유칼립투스), geranial(항균성: 레몬그래스, 레몬, 라임, 레몬밤), cinnamaldehyde(병리적 장세균에 선택적 효과: 시나몬) 등이 있다.

에스테르(ester) 처음 단어 끝에 −*yl*, 끝 단어에 −*ate*가 붙는 물질로 산과 알코올이 결합해서 구조식에 −COO-를 갖는 오일이다. 에스테르는 신경계의 균형과 조화를 가져온다. 강한 이완, 진정, 완만한 자극을 준다. 그 외 항바이러스, 항경련성이 있다. Geranyl formate는 제라늄에 들어있고, linalyl acetate는 라벤더(52%), 버가못(30%), 클라리 세이지(60~80%), 페티그레인(55%), 레몬그래스(12%)에도 들어 있다. 그 외에 benzyl acetate(일랑일랑), bornyl acetate(로즈메리, 이눌라), butyl angelate(로만 캐모마일)가 있다.

케톤(ketones) 탄소 연결에 −CO-(carboxyl 그룹)가 붙는 물질로, 영문명 끝에 −*one*가 붙는다. 자극적이며, 점액용해제로 이용되고, 지방을 분해한다. 특히 세포와 조직의 재생을 촉진하는 특성이 있어서 상처치유와 피부 문제 해결에 좋다. 때때로 항응고, 진통, 항염증, 소화, 거담 효과가 인정된다. 매우 주의할 점은 장기 사용 시에 신경 중독과 유산 위험이 있으므로, 임산부, 어린이, 고령자에게는 적용을 피한다. 사용은 저농도, 단기간 사용해야 한다. 대표적인 물질로는 carvone(스피어민트, 딜, 카라웨이), methone(감압병에 혈소판 응집 억제: 페퍼민트), jasmone(쟈스민), verbenone(로즈메리), fenchone(펜넬), thujone(세이지, 측백나무) 등이 있다. 헬리크리섬(helychrysum)에서 발견되는 디케톤(diketone)은 항혈종, 타박상 조기치료 특성이 있다. 트리케톤(triketone)은 마누카(20~25%)에서 발견되는데, 항균, 항염증, 항알러지, 벌레 물린 곳의 치료 등에 사용한다.

옥사이드(oxide) 탄소 사이에 −O-산소가 들어있는 구조로, 영문명 끝에 −*ol*, −*ole*로 끝난다. 피부에 잘 맞으며, 약한 자극성, 항바이러스, 항균성, 가래 감소, 객담 배출, 항류마티스, 통증 완화, 정신적 자극, 합리적 사고 증진 등의 효과가 있다. 대표적인 오일은 1,4-cineole과 1,8-cineole로, 로즈메리와 월계수에서 발견되고, eucalyptol이라고도 명명하며, 블루검(*Eucalyptus globulus*)에 존재한다. Rose oxide는 제라늄과 향 장미에서 발견된다. Cineole은 거담제와 충혈제거제로 사용된다.

에테르(ether) 이름에 '*ether*' 또는 '*-ethyl*'이 들어간다. 벤젠 핵에 $-O\text{-}CH_3$가 붙은 구조로 진경, 이완 작용을 하지만 에스테르보다 정신과 감성에 대한 작용성이 낮다. 소화와 근육에 쥐 내림 같은 신경 경련에 효과가 있다. Methyl chavicol(바질, 타라곤), eugenol methyl ether(월계수, 바질), trans-anethole(에스트로겐 활성화: 펜넬)이 있다.

락톤(lactone) 락톤은 대부분 압착유에 많이 존재하고, 끝에 $-$*lactone*이나 $-$*ine*가 붙는다. 열에 약하거나 분자량이 커서 증류로는 추출이 불가하여 압착 추출한다. 특성에는 점액 용해, 거담, 해열작용 등의 기능이 있으며, 다만 사용한 후에 빛에 노출되었을 때 광독성을 일으키는 단점이 있다. 항바이러스와 항진균 작용도 있다. 고양이가 좋아하는 캐트닙(catnip)에는 nepetalactone(진통, 진경제)이 여기에 속한다. Alantolactone(정유의 40%)은 목향(elecampane, *Inula helenium*)에서 추출하는데, 위장을 따뜻하게 하고 분비기관을 자극하며 거담제로 사용한다(**그림 1.5**, a). Isoalantolactone은 이눌라(*Inula graveolens*)의 뿌리에서 추출하는데, 집안에 향을 피우면 겨울 해충을 퇴치해 주며, 심한 기침에 효과적이다.

(a) (b)

그림 1.5 (a) Elecampane, (b) khella. (출처: Wikipedia)

쿠마린(coumarine) 잔디를 깎을 때 풍기는 냄새로, 끝이 *-one* 또는 *-in*으로 끝난다.

쿠마린은 적은 양이 함유되어 있으나 강력한 진경, 혈관 확장 등의 작용을 한다. 쿠마린은 khella(*Ammi visnaga*)에 khellin과 visnagin 상태로 존재하는데, 강력한 혈관 확장제와 기관지 확장제로 이용되며, 추출하여 조제된 합성물은 흡인용 천식약인 Intal의 구성 성분으로 쓰인다(**그림 1.5**b). 감귤 껍질 오일에 소량의 furanocoumarine이 함유되고, 안젤리카 뿌리, 쿠민과 루의 오일에서도 발견된다. 이 물질은 광독성이 있어서 피부에 바른 후 햇빛에 노출되면 피부 착색 우려가 있다.

유황화합물 정유에 포함되면 강력한 냄새와 맛을 내며, 물질명에 *-sulph*, 또는 *-thio-*가 붙는다. 이 물질에는 알릴 이소티오시아네이트(allyl isothiocyanate: 겨자, 무, 서양고추냉이, 고추냉이-와사비 정유), 알릴 프로필 디설파이드(allyl propyl disulfide: 양파 정유), 디아릴 디설피드(diallyl disulfide: 마늘 정유)가 있으며, 강한 맛과 항균작용이 있다.

산류(acid) 분자에 −COOH기가 함유된 물질로 *-ic acid*가 붙는다. 정유에는 많지 않은 성분이다. 이들은 신맛을 내며 방부작용을 한다. 아니스산, 안식향산, 계피산, 시아나수소산(HCN 함유: 청산), 시트로넬 산(citronella acid: 귤 종류) 등이 있다.

1.3 에센셜 오일의 작용

(1) 향기 감지 이론

우리 생활 주변에서 후각기관이 느끼는 것을 냄새라고 한다. 그 중에서도 바람직하거나 인간에게 호감과 즐거움을 주는 냄새를 향기라고 한다. 에센셜 오일은 향기에 해당된다. 후각기관을 통하여 인간이 향을 감지하는 이론은 매우 다양하다(**그림 1.6**).

화학설(chemical theory)은 신경자극 형성설은 냄새를 가진 화학적 성분(odorivector)이 비강 내의 후각기관에 있는 화학수용체(chemorecepter)와 상호작용함으로써 어떤 에너지를 형성하고, 이 에너지가 다시 증폭되어 신경신호의 직접 원인이 됨으로써 냄새를 감지한다는 설이다. 화학설에서 일부 학자는 입체화학설을 주장하기도 하는데, 후각 상피조직에 널리 분포되어 있는 후각 수용세포(olfactory receptor cells)와 외부에서 호흡을 통해 들어온 휘발성 냄새를 가진 화학분자 사이의 결합, 즉 흡착이 전기화학적인 변화에 의해 신경신호가

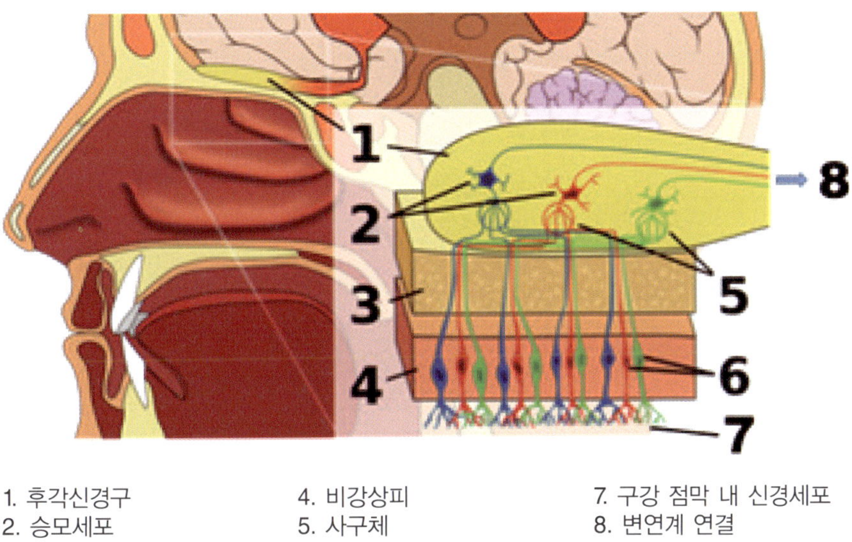

1. 후각신경구
2. 승모세포
3. 구강 골격
4. 비강상피
5. 사구체
6. 후각수용세포
7. 구강 점막 내 신경세포
8. 변연계 연결

그림 1.6 후각신경의 구성도. (출처: Wikipedia, 재구성)

되어 수용체 세포로 전달된 다음, 후각신경구 내의 사구체(glomerulus)를 거쳐서 승모세포(mitral cells)로 전달된 후, 후각 신경섬유를 통해 변연계로 전달됨으로써, 인간의 감정과 정서, 마음이 조절된다는 학설이다.

진동설(vibration theory)은 후각진동 원인설로, 냄새 성분이 되는 화합물의 분자가 후각기관에 접촉하면 공명현상에 의해 전기 진동을 유인하고, 이 정보가 변연계에 전달되어서 냄새를 인지한다는 설이다.

복사설(radiational theory)은 진동설의 변형으로 취각 조직에서 파장 8~14 mm의 적외선을 방사하면, 일부가 냄새 물질에 흡착 반사되고 이를 후막조직이 감지한다는 설이다.

효소설(enzymical theory)은 후각조직의 냄새 수용체 표면에 있는 효소가 냄새 물질에 접하면, 영향을 받아서 감지된 후 변연계로 전달되어 반응이 나타난다는 이론이다.

막흡착설은 단백질, 지질 등 다양한 물질로 구성된 비강 내의 생체막에 냄새를 내는 물질이 흡착되면 식별한다는 설이다.

이와 같이 다양한 가설이 있지만, 화학설과 진동설이 다소 큰 의미가 있다.

비강 내 후각신경의 전기화학적 자극(electrochemical stimulation) 흐름도를 **그림 1.7**에 제시하였다. 에센셜 오일은 휘발성이 강해서, 향의 분자가 공기 중에 떠다니다가 호흡을 할 때, 공기에 섞여서 콧속의 후각 상피조직에 전기적인 화학 자극을 주게 된다. 여기에는 1,000만 개 가량의 후각 수용기가 있어서, 이들이 각각의 냄새를 후각세포에 전기신호를 보내고, 다시 후각신경을 거쳐 대뇌(大腦)의 변연계에 전달한다. 변연계는 시상, 시상하부, 편도, 해마 등으로 구성되어 있고, 이들에게 전달된다. 뇌하수체는 자율신경계, 내분비계(호르

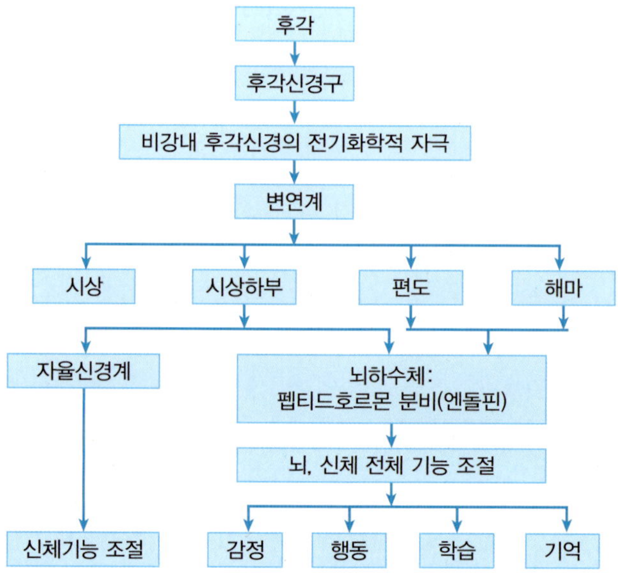

그림 1.7 비강 내 후각신경 전기화학적 자극의 효과 흐름도. (Pitman, 2004, 재구성.)

몬, 효소), 면역계의 3계 시스템을 총괄하는 곳으로 생명 활동의 사령탑이다. 뇌하수체에 전달된 정보, 예를 들어 에센셜 오일의 어떤 물질이 펩타이드호르몬(예, 엔돌핀)의 분비 등 독특한 성분의 메시지에 따라, 각각 향에 대해 심장계, 소화계, 순환계 등에서 생리활성 물질이 분비된다. 편도는 생존과 관계되는 행위에 영향을 주는데, 일례로 두려움과 공포를 조절한다. 해마는 특정 냄새에 대한 기억을 불러오는 기관으로, 기억력, 즉 의미(사실과 개념), 일화(어떤 사건에 대한 기억), 공간(인식) 등 3종류의 기억을 관장한다.

위에서 언급한 바와 같이, 다양한 향기 감지 이론과 전달 체계가 있지만, 향기는 코로 감지되고 피부를 통해 흡수된 후, 최종적으로 인간에게 아름다운 상상력과 편안함, 그리고 신체적인 반응을 가져와서, 영, 육, 혼의 전인적인 치유의 효과를 가져오는 것이다.

(2) 에센셜 오일의 작용

오일의 치료적인 작용은 매우 다양하며, 주요 내용은 다음과 같다(Price와 Price, 1995).

① **소독 및 항균작용:** 정유는 피막 보호와 살균력을 갖고 있으며, 특히 라벤더 오일을 상처, 피부병, 화상에 사용하면 소독효과가 있다. 유칼립투스 오일은 호흡기관의 감염증에 살균제 역할을 하여 감기나 기관지염 등에 효과가 있다. 티트리 오일(tea tree, *Melaleuca alternifolia*)은 무좀, 여드름 치료에 효과가 있다. 장기 치료를 할 때는 균에 내성이 생기므로 3~4개 종류 오일을 혼합해서 사용한다. 오일의 항균력이 있어서 이를 이용한 식물병 방제도 가능하다.

② **진통작용:** 정유의 항염증, 순환촉진 작용, 소독작용 등에 의해서 진통효과를 가져온다. 진정작용에 따라 수면도 촉진하는 오일로는 로만 캐모마일, 레몬 버가못, 일랑일랑이 있고, 페퍼민트 오일은 두통을 완화한다. 근육통에 사용하는 파스에는 페퍼민트 오일이 들어간다.

③ **항진균작용:** 전나무(성 등, 2018), 계피, 정향, 펜넬, 백리향에 항진균작용이 있음이 밝혀졌다. 로즈메리, 세이보리, 백리향도 항진균작용이 매우 강하므로 식품에 첨가하면 저장성을 증가시키고, 차로 마시면 각종 식중독균의 활성 억제로 식중독을 저하시킨다. 옷장 등에 넣어두면 곰팡이가 생기지 않는다. 이집트인은 미라를 만들 때 에센셜 오일을 사용함으로써 부패를 차단했다. **그림 1.8**에서 식중독을 일으키는 병원미생물에 대한 민트 종류들의 생육 억제를 보면, 초코민트는 *E. coli*와 *Klepsiella pneumonine*에, 스피어민트는 *Staphytococcus aureus, Enterococcus faecalis, Proteus mirabilis, S. pneumoniae*, 애플민트는 *Cadida albicans*에 대해 테트라사이클린(항생제)보다 강력한 항균력을 나타냈다. 테틀라사이클린은 *Staphytococcus aureus* 외에는 항균력이 없었다(김, 2008). 이처럼, 오일은 일부 병균에서는 항생제보다 강한 항균력을 갖는다.

④ **항염증작용:** 라벤더와 캐모마일은 햇빛 그을음, 화상, 벌레 물린 부위의 염증을 완화

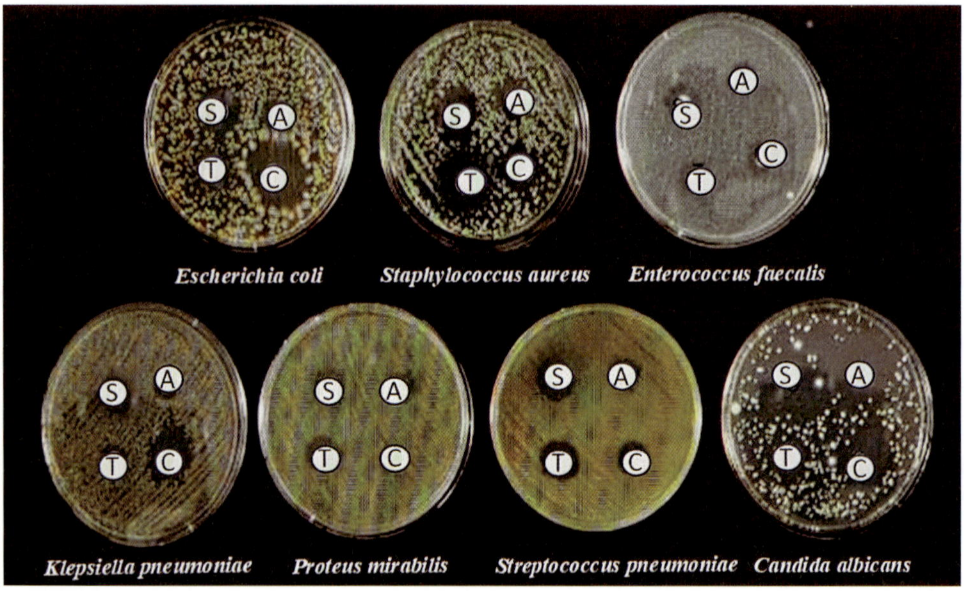

그림 1.8 추출물이 식중독균 사멸에 미치는 영향. A: 애플민트 C: 초코민트 S: 스피어민트 T: 테트라시이클린(항생제). (김, 2008.)

한다. 톱풀(yarrow)도 항염증 효과가 있어 상처에 잎을 짓이겨 붙이기도 한다.

⑤ **해독작용:** 캐모마일 오일은 세균이 생산하는 독소에 대해 해독작용이 있다.

⑥ **항바이러스:** 레몬밤과 유칼립투스 오일은 입술이 부르트는 헤르페스 바이러스를 제어하고, 로즈 제라늄은 대상포진 바이러스에 효과가 크다. 독감에는 레몬, 유칼립투스, 블랙페퍼, 세이지, 타임(백리향)이 효과가 있다.

⑦ **균형 조절작용:** 허브의 오일에는 수십 종의 화학성분이 있으며, 이들을 이용하면 다양한 경로를 통해 인간의 신체 균형을 조정해 줌으로써 정신과 감정의 균형작용을 가져온다. 라벤더는 혈압 강하와 함께 진정을 통해 신체의 균형을 유지하여 행복감을 준다.

⑧ **소취작용(消臭作用):** 환자의 병이 진행되면, 몸에서 악취가 난다. 정유는 감염된 피부나 상처로부터 냄새를 없애는 효과가 커서 환자뿐만 아니라 병원의 의사나 간호사에게도 긍정적 효과를 준다. 새 아파트에서의 새집증후군과 생선요리 냄새는 아로마램프를 사용하면 탈취할 수가 있다. 집안 냄새 제거에는 라벤더, 레몬그래스, 진저(생강) 오일을 사용한다.

⑨ **소화작용(消化作用):** 정유는 소화기에 강력한 효과가 있다. 위, 간장, 담낭의 기능을 촉진하는 역할을 하는데, 카라웨이, 코리앤더(고수), 펜넬, 페퍼민트, 바질, 캐모마일이 좋다. 로즈메리는 담즙 배출제로 사용된다.

⑩ **이뇨작용:** 신장 기능을 촉진하여 이뇨를 촉진하는데, 쥬니퍼, 블랙페퍼, 펜넬 등이 좋다.

⑪ **상처치유작용:** 경증의 화상에 라벤더 오일이 효과가 좋다. 타임(백리향) 오일은 전통적으로 상처치료에 이용되었고, 알로에, 메리골드도 상처치유에 좋다.

⑫ **호르몬 조절작용:** 체내 호르몬의 분비를 촉진하는 역할을 한다. 월경불순에는 펜넬, 세이지 등이 효과가 있고, 자궁수축 작용에는 클라리 세이지가 효과가 있다(Buckle, 2003).

⑬ **진정작용(鎭靜作用):** 라벤더 오일은 세로토닌이라는 생리활성 물질의 분비를 촉진하는데, 이것은 신경계를 진정시키는 물질이다. 네롤리(광귤꽃잎 오일), 레몬밤, 밸러리안도 효과가 크다.

⑭ **진경작용(鎭痙作用):** 근육의 경련을 완화시키는 역할을 하며, 캐모마일, 카라웨이, 펜넬, 레몬밤, 페퍼민트 오일을 사용한다.

⑮ **기타 작용:** 바질, 시나몬(계피), 백리향, 유칼립투스 등의 살기생충(殺寄生蟲) 작용, 레몬, 유칼립투스의 거담작용(去痰作用), 로즈메리, 쥬니퍼, 유칼립투스의 혈액순환 촉진작용, 안젤리카, 페퍼민트의 해열작용(解熱作用) 등이 있다.

이처럼, 에센셜 오일은 생리작용, 심리작용, 항균작용 그리고 생체리듬의 조절 기능 등 다양한 작용성을 갖고 있으므로, 잘 알고서 적절히 사용한다면 우리 모두에게 지금까지 갖지 못했던 편리함과 행복감을 가져다줄 수 있을 것이다. 다만 이용자 간의 차이가 있으므로 사용할 때는 면밀하게 관찰해서 부작용이 있거나 효과가 없다면 이용을 금하거나 다른 오일을 이용해야 한다.

1.4 에센셜 오일의 추출법

허브식물 내의 오일을 추출하는 방법은 식물 종류나 처리해야 할 분량, 이용목적에 따라 다르다. 예를 들어, 감귤류를 에센셜 오일용으로 쓸 때는 저온 압착법을, 그리고 향기(flavour)용은 수증기 증류법을 사용한다. 몇 가지 에센셜 오일 추출법을 간단하게 설명하기로 한다.

(1) 증류법(distillation)

가장 고전적인 방법으로 지금도 대부분의 국가에서 많이 사용된다. 증류법에는 물 증류와 스팀 증류가 있다. 물 증류법(water distillation)은 원료를 물에 넣고 낮은 온도에서 고압으로 추출하는 방법으로 장미 오일 추출에 좋다. 수증기 증류법(steam distillation)은 재료를 통에 넣고 증기실에서 만든 수증기를 보내서, 잎, 종자, 줄기 등의 정유샘으로부터 오일을 뽑아낸 다음 수증기를 냉각시켜서 오일을 모으는 방법으로 가장 많이 사용한다(**그림 1.9**a). 정유는 물과 혼합이 안 되므로 추출되면 상부에 뜨는 오일은 분리시키고, 하부에 남은 물을 증류의 부산물로 얻는다. 이것을 floral water(주로 꽃 추출 시 얻어짐) 또는 hydrolat(꽃, 잎, 줄

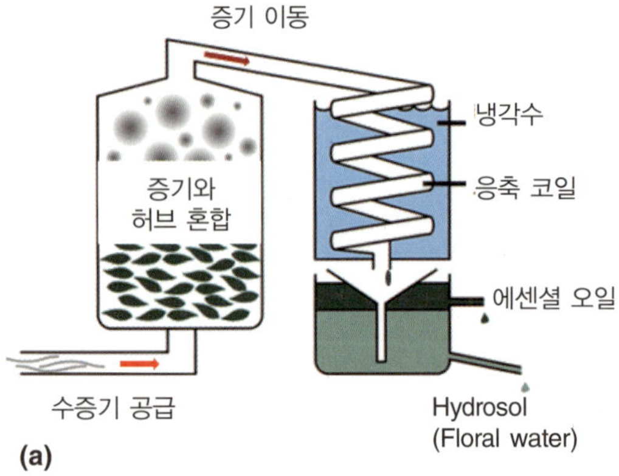

(a)

(b)

그림 1.9 (a) 수증기 증류장치 원리, (b) 엔프레라지법. (출처: google)

기, 뿌리, 근경 등 추출 시 얻어짐)이라 하고, 화장수 등에 사용할 때는 단독으로 사용하거나 하이드로졸에 0.5% 정도로 아주 적은 양의 오일을 첨가한다.

(2) 저온 압착법(cold press method)

허브의 열매를 기계로 압착시켜서 종피를 파괴하여 추출하는 방법으로 버가못(레몬류), 그레이프프룻(자몽), 레몬, 라임, 오렌지, 광귤 같은 감귤류의 오일을 채취하는데, 양질의 정유를 얻으려면 저온에서 처리한다. 감귤류는 껍질 표면의 기름샘에 오일이 들어있어서 간단히 압착만 하면 추출되는데, 이 오일을 원심분리를 하여 과즙으로부터 오일을 분류한다. 과피를 냉수에서 손으로 압착하여 침출된 정유를 스펀지(sponge)에 흡수시킨 후에 용기로 스펀지를 옮겨서 분리를 시키는 방법도 있지만, 지금은 사용하지 않는다.

(3) 용매 추출법(solvent extraction)

장미나 쟈스민처럼 아주 향기가 좋고, 섬세한 에센셜 오일을 제조할 때 쓰는 방법이다. 재료를 에테르나 헥신 등의 휘발성 용제와 함께 통에 넣고서 가열시켜 추출한 다음, 혼합물을 여과시키면 꽃잎에서 나오는 색소, 왁스질, 그리고 약 55%의 오일을 함유한 반고형 물질인 콘크리트(concrete)가 형성된다. 이것을 다시 45~60°C에서 알코올 용제로 재용해시키면, 소량의 왁스, 지방, 오일이 혼합되어서 분리된다. 이 용제를 저온인 12°C에서 처리하여 왁스를 제거하고, 진공 증류하여 알콜을 빼내면 아주 순수한 정유만 남는데, 이것을 앱소루트(absolute)라고 한다. 일례로, 장미를 위와 같은 방법으로 추출한 것을 로즈 앱소루트(rose absolute)라고 한다.

(4) 이산화탄소 추출법(carbon dioxide extraction)

가장 최근에 개발된 방법으로, 온도에 따라 가스나 액체로 변하는 CO_2를 이용해서 추출하는 초임계 유체추출법이며, 통에 담은 식물체를 통과하여 오일을 함유한 탄산가스를 액화시킨 후에 다시 온도를 올려 기화시켜서 오일과 가스를 분리해 생산하는 방법이다. 생산단가가 높은 것이 단점으로 대량생산에 다소 문제가 있다. 저온에서 추출함으로써 식물체에 존재하는 정유의 변화가 작고, 솔벤트와 같은 추출 잔여물이 없으므로 고품질이다.

(5) 레지노이드법(resinoid)

소나무가 상처를 입으면 송진을 내는 것처럼, 프랑킨센스나 몰약은 상처를 입으면 향을 품은 수지(樹脂)를 내보내는데, 이것이 공기와 접촉하면 레진(resin)을 함유한 반고체 상태의 올레오레신(oleoresin)이 되거나 고체로 굳어진다. 수지에서 용매제(벤젠, 헥산)를 이용하여 정유를 추출한 후, 용매제를 분리하여 얻어지는 것이 레지노이드이다. 즉, 레지노이드는 수지성 식물 삼출액(발삼, 올레오 검수지 및 천연 올레오레신)의 추출물이다. 국내에서도 레지노이드 상태로 수입해서 분리 정제하여 이용하기도 한다.

(6) 엔프레라지법(enfleurage)

지금은 많이 사용되지 않으나, 동물성 지방을 상자에 펴놓고서 여기에 꽃을 올려 24시간 동안 스며들게 하는 작업을 계속 반복하면 에센셜 오일이 기름에 완전히 포화되는데, 이를 enfleurage pomade라고 한다. 여기서 알코올을 이용해서 향을 추출한 다음, 낮은 온도에서 알코올을 휘발하면 앱소루트 오일을 얻을 수가 있다. 오일량이 적고 섬세한 향을 가진 쟈스민, 장미, tuberose(용설란)에 적용하지만 인건비가 비싸서 드물게 이용한다(**그림 1.9**b).

1.5 에센셜 오일의 순도와 품질

우리가 에센셜 오일을 선택해서 사용할 때는 순도와 품질에 대한 지식을 지니고 있어야 한다. 왜냐하면, 이용 시에 순도와 품질이 나쁘면 효과가 낮을 뿐만 아니라 인체에도 해를 입히기 때문이다. 따라서 다음과 같은 점에 유의해서 에센셜 오일을 선택해야 한다.

① **생산국과 생산지역:** 에센셜 오일은 천연산물이므로, 생산지의 기후와 토양조건에 따라 품질이 다양하다. 또한 생산국의 정유 추출과 정제 및 상품제조 기술에 따라 향의 순도와 구성 성분도 차이가 있을 수 있다. 따라서 생산국을 반드시 따져봐야 한다. 예컨대, 버가못은 이탈리아, 샌달우드 오일은 인도, 티트리는 오스트리아 뉴사우드웰스 제품이 좋다.

② **식물 학명 파악:** 전 세계에서 에센셜 오일을 부르는 명칭이 전부 다르다. 따라서 우리가 이용할 때는 반드시 생산품의 학명을 확인해야 한다.

우리가 보통 캐모마일(chamomile)이라고 부르는 것에는 저먼 캐모마일(German

chamomile, 학명: *Matricaria chamomilla*), 로만 캐모마일(Roman chamomile, 학명: *Chamaemelum nobile*), 또는 와일드 캐모마일(wild chamomile, 학명: *Chrysanthemum parthenium*)이 있는데, 이들은 각각 식물적으로 다르고 추출한 에센셜 오일의 효능에도 차이가 있으므로 주의한다. 저먼 캐모마일은 항염제로, 로만 캐모마일은 소화불량 치료제로, 와일드 캐모마일은 해열제로 주로 사용된다.

③ **추출 부위:** 같은 식물에 따라서도, 꽃, 잎에 따라 함유성분과 품질에 차이가 있다. 광귤(bitter orange, 학명: *Citrus aurantium*)의 잎 추출물은 petitgrain이라 하고, 꽃은 neroli라고 하여 상품명이 다르고 이용범위도 다르다. Petitgrain은 걱정, 근심, 쇼크 등의 진정에 효과가 있고, neroli는 우울, 히스테리, 피로, 불면, 식욕부진 등에 효과가 있다.

④ **추출방법:** 추출방법에 따라 품질이 전혀 다르고 가격도 차이가 난다. 장미를 수증기 증류법으로 추출한 것을 로즈 오또(otto)라 하고, 용매 추출법으로 추출한 것을 로즈 앱소루트(absolute)라 하며, 효능은 유사하다.

⑤ **함유성분과 품질등급:** 에센셜 오일은 100종 이상의 성분이 함유되어 있어 완전히 분석해서 표시하기 어렵다. 그래서 어느 정도 기본적인 함량표시만을 기본품질로 인정하는 경우가 많다. 이것은 국가나 생산회사에 따라 다르다. 그러므로 각각 사용하는 에센셜 오일의 품질등급을 잘 살펴서 선택해야 한다.

　시중에 판매되는 등급은 실용적으로 6개로 나눈다. 가장 최상급이 유기농 인증제품이며, 두 번째는 100% 순수오일이다. 그 다음은 원산지가 다르지만 순수한 오일을 혼합한 오일이다. 이후 순서로는 천연성분 혼합 오일, 고급 상업용 오일(천연 20% + 기타 향), 마지막으로 상업용 오일(석유 부산물 인조향)이다.

아로마테라피용으로는 등급인정서를 받은 유기농제품과 순수오일이 가장 적합하다.

1.6 에센셜 오일의 저장과 안정성

에센셜 오일을 구입해서 사용 전후로 보관할 때, 햇빛, 열, 습도, 금속 등의 영향을 받아서 품질이 저하되므로 잘 보관해야 하는데, 이때의 주의점은 다음과 같다.

① 화학적 성분이 햇빛에 의해 변하므로, 반드시 짙은 유색병에 보관한다.

② 온도에 따라 성분 증발이 일어나므로, 시원한 곳이나 냉장고 등에 저장한다.

③ 한 번 개봉한 오일은 산화가 쉽게 일어나므로, 뚜껑을 잘 닫고 비닐봉지에 넣어서 공기를 차단하는 방법을 이용하여 보관한다.

④ 개봉하지 않은 오일은 생산한 해로부터 최대 2년 동안 저장이 가능하다. 개봉한 오일은 냉장 보관하더라도 6개월 이내에 사용하는 것이 좋다. 캐리어 오일에 혼합한 것은 종류에 따라서 저장성이 매우 짧은 것도 있으므로 저장기간을 준수한다.

⑤ 오일은 인화성이 강하므로 열원으로부터 먼 곳에 저장하고, 어린이의 손이 닿지 않은 장소에 보관해야 한다.

에센셜 오일은 고농도이기 때문에, 사용할 때 많은 주의가 필요하다. 안정성을 고려한 오일 구입과 안전성 유지 방법은 다음과 같다(Price and Price, 1995: Young, 2003).

① 구입할 때는 갈색병에 든 햇빛 차광용기를 선택하고, 반드시 일반명, 학명, 생산국과 연도를 확인한다. 생산연도가 한해가 지난 것은 구입을 피하고, 대체로 프랑스, 영국, 독일, 호주제품이 좋다. 가능하면 공인된 유기농 오일을 선택하는 것이 가장 안전하다.
② 어떠한 경우라도 희석되지 않은 원액을 직접 피부 등에 사용하지 말아야 한다(예외: 라벤더 오일만 화상 등 응급조치 때 사용 가능). 피부에 닿으면, 즉시 거즈에 식물성 오일을 묻혀서 부위의 오일을 희석시킨 후 비누로 여러 차례 씻어 준다.
③ 에센셜 오일을 캐리어 오일(carrier oil, 희석용 오일, 예; 올리브 오일)에 혼합해서 사용할 때에 바디 마사지용은 2~3%, 얼굴 마사지용은 1.5%를 넘으면 안 된다. 에센셜 오일이나 캐리어 오일을 처음 사용할 때는 **그림 1.10**에서와 같이, 팔 안쪽이나 귀 뒤에 오일을 한 방울 떨어뜨리고서 알레르기 반응 시험을 실시한 다음에 사용해야 한다. 보통 감귤계통 오일, 레몬 버베나, 안젤리카 오일은 알레르기 반응이 높고, 캐리어 오일인 윗점 오일은 사람에 따라서 간혹 알레르기가 발생한다.

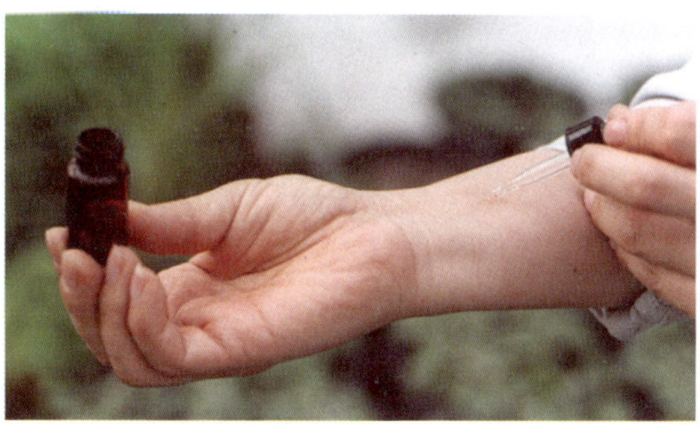

그림 1.10 오일의 피부 알레르기 반응 테스트.

④ 어린이와 임산부에게 사용할 때는 특히 주의하여야 한다. 임산부는 특별히 허락된 것 이외는 사용하지 않는 것이 현명하다. 멘톨(페퍼민트류)이 높은 오일은 30개월 미만 어린이의 목구멍과 목에 사용하면 안 된다. 예외적으로, 라벤더 오일은 7세 미만 어린이에게도 사용하는 데 큰 문제 없다.
⑤ 광민감성(photosensitive)이 높은 안젤리카, 버가못(bergamot orange), 그레이프프룻, 레몬, 오렌지, 탠저린(tangerine)과 기타 감귤계 오일은 사용 후 햇빛이나 자외선(UV 램프등)에 노출되면 피부에 색소침착이 형성되므로 주의한다.
⑥ 에센셜 오일을 간질환자나 혈압이 높은 사람은 오일 사용 전에 의사와 상담한다. 특

히, 히숍, 펜넬, 바질, 넛맥(nutmeg, 육두구), 로즈메리, 페퍼민트, 세이지, 타라곤, 탠지(tansy) 오일을 사용할 때에는 주의한다.

⑦ 에센셜 오일을 특별한 경우 이외에는 절대 마시면 안 된다. GRAS(Generally Regards As Safe, 1.9.7 내적 이용 참조)에서 허락된 것은 복용이 가능하지만, 먹기 전에 한 방울을 1 티스푼의 올리브 오일에 혼합해서 알레르기 테스트를 해야 한다. 의사의 허락 없이 섭취하는 금한다.

⑧ 에센셜 오일을 사용할 때에 눈가에 사용을 피하고 절대 귓속에 들어가게 해서는 안 된다. 손에 오일이 묻은 상태에서 렌즈나 눈을 만지거나 비비는 것은 금한다. 소량이라도 페놀을 함유한 오레가노, 시나몬, 타임(백리향), 정향(clove), 레몬그래스, 버가못(bergamot orange)의 접촉은 큰 자극을 유발한다.

⑨ 오렌지, 퍼(fir), 파인(pine), 페퍼민트 등은 가연성이 높으므로, 불꽃, 스파크, 전기로부터 가까운 곳에서 사용을 금하고, 향 램프를 사용할 때도 화재 위험성이 크므로 주의한다.

⑩ 어떤 경우라도 약을 복용하면서 에센셜 오일을 병행해서 사용해서는 안 된다. 또한 최면 효과나 이완이 강한 오일을 사용한 직후에는 운전을 금한다.

⑪ 에센셜 오일을 매일 사용하지 않으며, 특히 장기간 사용은 금하는 것이 좋다. 2주 정도 사용해도 효과가 없으면, 중단하고서 의사에게 문의한다.

1.7 캐리어 오일

캐리어 오일은 순수한 에센셜 오일을 희석하는 데 사용되는 비휘발성 오일(fixed oil)을 말한다. 일반적으로 에센셜 오일이 피부에 직접 닿은 경우에 과민반응 같은 문제점을 일으킬 수 있으므로 희석해서 사용해야 한다. 또한 캐리어 오일은 대부분 불포화지방산의 함유로 피부에 풍부한 영양을 공급하는 역할을 하고, 에센셜 오일의 휘발을 억제하며, 피부에 균일하게 퍼지게 하여 효과적으로 침투하게 한다. 캐리어 오일은 가공하지 않은 나무의 열매, 알곡, 종자 등에서 직접 짜서 사용하지만, 고형성분이 많이 추출이 되지 않을 때는 이 물질이 잘 침출되도록 무향, 무취 식물 오일(예, 해바라기씨 오일, 올리브 오일 등)에 침출하여 추출한다.

캐리어 오일로 가장 많이 사용하는 오일은 포도씨 오일, 아몬드씨 오일, 복숭아씨 오일, 살구씨 오일, 호호바 오일, 해바라기씨 오일, 아마씨 오일 등이다. 아로마테라피 블렌딩(혼합하는 것) 질을 높일 수 있는 것은 아보카도, 보리지(borage), 달맞이꽃, 로즈힙, 윗점 오일 등인데, 적은 비율(10~20% 이하)로 섞어준다. 그 외에 사용할 수 있는 오일로는 유채, 마카다미아, 올리브, 땅콩, 피칸, 피스타치오, 미강, 대두 오일 등이 있는데, 국내에서는 그 선호도가 낮다. 아로마테라피용 오일은 화학 용매를 이용해서 추출한 것은 사용하지 않는 것이 원칙이다. 국내에서는 유기재배한 오일을 찾기가 어렵지만, 가능하면 유기재배용 천연오일을 구해서 사용하는 것이 좋다. 이는 일반재배에서는 농약이나 제초제를 많이 사용해서 안심할 수가 없기 때문이다. 유기재배 이외의 오일을 사용할 때는 비싸지만 반드시 정제된 순수한 오일을 선택해야 한다.

캐리어 오일 이용 시 지켜야 할 원칙을 보면, 첫째, 절대로 석유제품 화학 오일을 사용해서는 안 된다. 왜냐하면 자연적이지 않을 뿐만 아니라 피부 표면에서 에센셜 오일의 흡수를 억제하기 때문이다. 둘째, 항상 신선한 상태로 사용해야 한다. 캐리어 오일은 자연상태 식물 오일로 공기, 빛, 열에 약해 쉽게 산화된다. 따라서 오일이 산화되면 냄새가 나며 경험자는 바로 감지할 수 있다. 참고로, 윗점, 호호바 오일을 에센셜 오일의 블렌딩에 이용하면 저장과 수명을 증진시킬 수 있다.

(1) 캐리어 오일의 사용과 보관법

캐리어 오일을 항상 신선한 상태로 보존하려면, 밀폐된 스테인리스 또는 유리 용기에 담아 냉암소에 보관해야 한다. 특히, 아몬드, 아보카도, 이브닝 프라임로즈 오일은 부패가 되기 쉬우므로 보관에 유의한다. 그리고 이들 오일을 혼합해서 만든 아로마테라피용 제품은 가능한 한 빨리 사용하는 것이 좋다.

때로는 에센셜 오일 자체가 산화방지제 역할을 하므로 몇 가지 캐리어 오일의 수명을 연장시킬 수도 있지만, 필요시마다 신선한 아로마테라피 블렌딩을 만드는 것이 좋다.

여기서 블렌딩(blending)이라 함은 캐리어 오일에 몇 가지 에센셜 오일을 혼합하여 피부에 발랐을 때 흡수에 도움이 되게 하는 시너지 효과(synergy effect)를 얻거나 또는 오일 속에 있는 인체에 다소 유해한 어떤 성분을 없애 주는 소진작용(消盡作用, quenching effect)의 효과가 있는 것을 말한다. 블렌딩을 위해서는 에센셜 오일, 캐리어 오일, 스포이드와 작은 비커가 기본적으로 필요하다(**그림 1.11**).

그림 1.11 블렌딩에 필요한 재료와 기구. 왼쪽부터 (a) 캐리어 오일, (b) 에센셜 오일, (c) 스포이드, (d) 작은 비커와 유리막대.

블렌딩은 캐리어 오일에 2.5~3%의 에센셜 오일을 희석하는 것이 기본이며, 얼굴처럼 얇고 연약한 피부에 사용할 때는 1%를 희석한다. 참고로 1ml는 에센셜 오일 20방울, 1Ts는 15ml로 300방울을 기준으로 한다. 따라서 100ml 캐리어 오일에 20방울의 에센셜 오일을 희석하면 1%가 된다.

일례로, 30ml 바디블렌딩 오일을 만드는 순서를 보면, 100ml 비이커에 선택한 캐리어 오일 종류를 계량하여 30ml를 넣고, 유리막대로 한 번 저어준다. 2차로 선택한 에센셜 오일 총 15방울(2.5% 정도)을 떨어뜨린다. 마지막으로, 유리막대로 충분히 저어주어 희석시킨다. 갈색이나 흑색 병에 넣은 다음에 뚜껑을 닫고서 라벨을 붙인 후에 만든 날짜를 적어 냉장고에 보관한다. 참고로, 블렌딩할 경우에 5가지 이상 오일을 섞어서 사용하면 효과가 분산 될 수 있다. 블렌딩한 오일은 보통 6개월에서 최대 1년까지 사용이 가능하다.

(2) 캐리어 오일의 종류

캐리어 오일은 에센셜 오일의 흡수에 윤활유적인 역할을 하는데, 선택할 때는 식물명과 학명을 확인하고, 사용 목적, 구입 가능성 등을 고려한다.

오일의 종류와 특성은 Price and Price(1999), Pitman(2004)을 참고했다.

아몬드 오일(almond oil, *Prunus dulcis*) 원산지는 중앙아시아로 키는 3~7m이며, 중동, 지중해 연안 미국에서 많이 재배된다(**그림 1.12**a).

① **특성:** 저온압착으로 추출하는 점성 있는 담황색 오일이며 달콤한 향을 낸다. 윤활작용은 좋으나 침투는 잘 안 되므로 바디 마사지용으로 좋으며, 화장품 유연제로도 사용도 된다.

(a)

(b)

그림 1.12 (a) 아몬드, (b) 아보카도.

② **구성성분:** Oleic acid 60~80%, linoleic acid 26% 기타 불포화지방으로 이루어진다.

③ **적용:** 우수한 피부 연화작용이 있어 피부의 건조를 막고, 습진, 건선(乾癬), 피부염 완화, 어린이의 사타구니 염증 완화, 일소(日燒)와 화상 진정작용이 있다.

④ **기타:** 아몬드 오일은 다른 오일보다 부패가 빨리 일어나므로, 개봉이나 혼합 후에 바로 사용해야 한다. 사람에 따라 코막힘과 알레르기가 발생하므로 피부 테스트 후에 사용한다.

아프리코트 커넬 오일(apricot kernel oil, *Prunus armeniaca*) 원산지는 중국으로, 키는 9m까지 자라며 지중해 연안에서 많이 생산된다.

① **특성:** 저온압착법으로 추출하는데, 색은 담황색으로 향기가 강한 편이다.

② **구성성분:** 비타민 A, D, oleic acid(50~75%), linoleic acid(13~30%)를 함유한다.

③ **적용:** 피부 보호에 우수한 연화작용이 있고, 피부에 영양을 공급한다. 습진을 완화하고, 민감 피부, 건조한 피부, 노화 피부에 사용하면 좋다.

④ **기타:** 얼굴에 사용해도 좋지만 가격이 다소 비싸다. 알려진 독성 보고는 없다.

아보카도 오일(avocado oil, *Persea americana*) 아메리카 열대, 아열대 원산으로 키는 20m, 잎은 15~25cm로 크다(**그림 1.12**b).

① **특성:** 아로마테라피용 오일은 저온압착으로 추출한 비정제 제품이며, 녹색이다.

② **구성성분:** 비타민 A, B_1, B_2, D를 많이 보유하며, oleic acid 59~75%, linoleic acid 8~14%가 함유되어 있다.

③ **적용:** 우수한 피부유연제로 다른 오일보다 표피 침투가 잘 되므로 바디 마사지용으로 좋다. 보습작용, 유연작용, 주름예방에 좋고, 특히 건조피부와 폐경기 전 여성의 피부에 좋다. 경구투여하면 위의 불편함, 변비, 비뇨기 감염증, 간장, 담낭 문제를 예방한다.

④ **기타:** 조기 부패의 위험이 있다. 가축, 물고기에서는 중독이 나타날 수 있다.

보리지 오일(borage oil, *Borago officinalis*) 지중해 및 중동 원산인 초본성 허브로 종자에서 오일을 추출한다(허브 각론 2.19 참조).

① **특성:** 저온압착법으로 추출한 오일은 무향이다.

② **구성성분:** 채소 기름 중에 감마리놀렌산(gamma linolenic acid: GLA, 8~25%)이 가장 많고, linoleic acid(30~40%), oleic acid(15~20%), palmitic acid(9~12%)를 함유한다.

③ **적용:** 모든 피부에 사용하며, 피부 노화 방지와 염증 억제 효과가 있다.

④ **기타:** 꽃은 이뇨, 발한, 피부 연화 목적으로 차로 사용하고, 오일을 캡슐 형태로 복용하면 노년기 건강에 좋다. 캡슐 속 오일을 다른 오일과 혼합하여 사용한다.

이브닝 프라임로즈 오일(evening primrose oil, *Oenothera biennis*) 미국이 원산지인 겹달맞이꽃은 2년생 초본으로, 현재는 전 세계에서 분포되어 어느 지역에서나 잘 자란다.

① **특성:** 황색 오일로, 쉽게 산패되므로 밀폐하여 냉장 보관하고, 혼합 후 바로 사용한다.

② **구성성분:** Oleic acid 56~75% 함유하며, 오일 중에 두 번째로 감마리놀렌산(GLA, 5~14%)을 많이 함유하고 있다. 비타민 B_3, B_6, C를 많이 포함한다.

③ **적용:** 건조하고 비늘이 많이 생기는 피부, 마른버짐, 습진, 상처치유에 좋다.

④ **기타:** 꽃잎은 식용 가능하고, 캡슐로 먹으면 콜레스테롤과 혈압 저하, 심장병 예방, 관절염 치료에 효과가 아주 크다. 혈전증, 월경증후군에서도 효과가 인정된다. 장기 복용하면 두통, 구토, 설사가 나타나므로 주의한다.

그레이프씨드 오일(grapeseed oil, *Vitis vinifera*) 지중해와 중동이 원산지로, 지중해 국가와 헝가리 등에서 100여 년 전부터 생산되었으며, 1L의 오일을 얻기 위해서는 800kg의 포도주 찌꺼기로부터 분류된 종자를 이용해야 한다.

① **특성:** 저온압착법으로 추출하며, 어두운색이지만 정제하면 무색 또는 연한 녹색이다.

② **구성성분:** 불포화지방산인 linoleic acid 69.6%와 oleic acid 15.8%가 주성분이고, 포화지방산인 palmitic acid 7%과 stearic acid 4%로 구성되어 있다.

③ **적용:** 피부 연화작용이 있어 모든 피부에 사용하며, 스킨 오일과 블렌딩 오일로 좋다.

④ **기타:** 정제유는 보존성이 좋고, 조리 시 이용하면 소화가 잘되고, 고혈압, 동맥경화증 치료에도 도움이 된다.

헤이즐넛 오일(hazelnut oil, 유럽 개암나무, *Corylus avellana*) 지중해와 중동 원산으로 키는 3~15m로 유럽, 북미에서 많이 재배된다(**그림 1.13**a).

① **특성:** 저온압착법으로 추출하며, 호박색으로 독특한 향을 낸다.

(a) (b)

그림 1.13 (a) 헤이즐넛, (b) 호호바 열매. (출처: Wikipedia)

② **구성성분:** Oleic acid 71~80%, linoleic acid 7~18%, 비타민 A, B, E를 많이 함유한다.
③ **적용:** 모든 피부에 사용하고, 투과가 빠르며, 피부 영양 공급과 순환기계를 자극한다.
④ **기타:** 프리미엄급을 사용하는 것이 좋고, 가격이 싼 오일은 다른 오일과 혼합해서 판매하므로 구입할 때에 주의한다. 과민성이 있을 수가 있으므로 테스트 후에 사용한다.

호호바 오일(jojoba oil, *Simmondsia chinensis*) 북미가 원산으로, 2m 크기의 상록이며, 자웅이주 식물로서 열매는 도토리 같다(그림 1.13b).

① **특성:** 옅은 금색의 수용성 오일로, 견과 냄새가 나고, 10°C 이하 저온에서 응고한다.
② **구성성분:** Eicosenoic acid 76.7%, erucic acid 12.1%, oleic acid 9.3%로 구성됐다.
③ **적용:** 모든 피부에 사용 가능하다. 건조하고 지성인 두피, 마른버짐, 습진, 햇볕에 탄 피부, 균열된 피부와 관절염 치료, 과도한 피하지방 축적을 억제하는 효과가 있다. 인체의 피부 지질 구조와 유사해서, 연화제, 피부와 두발 보호, 양분 공급을 한다.
④ **기타:** 미용적 이용은 1970년대 초에 처음 시작했다. 산화방지 작용이 있어 다른 오일과 혼합하면 부패를 막아준다. 수소를 첨가하면, 65°C까지 고체 상태를 유지하므로 화장품에 많이 이용한다. 어떠한 경우에도 식용해서는 안 된다.

올리브 오일(olive oil, *Olea europaea*) 지중해가 원산으로, 2,500년 전부터 남부 이탈리아에서 재배되었다. 한 번 심으면 수십 년 간 수확이 가능한 목본식물이며, 세계적으로 연간 약 367만 톤이 생산되는데, 이 가운데 74%가 유럽에서 생산된다. 오일은 과육에 14~25%, 씨에 12% 정도 들어있다(그림 1.14a).

① **특성:** 분쇄하여 처음으로 나오는 압착 오일을 extra virgin(과실 중량의 18~20%)이라 한다. 색은 연한 황색이지만 엽록소가 많으면 연한 녹색을 띠며, 저온에서 응고한다.

(a) (b)

그림 1.14 (a) 올리브 열매, (b) 로즈 힙(*Rosa canina*). (출처: Wikipedia)

② **구성성분:** 80%가 불포화지방산인 oleic acid 60~85%, linoleic acid 9~14%, linolenic acid 1%로 구성되고, 비타민 E 12mg/100g과 폴리페놀을 함유한다.

③ **적용:** 피부 진정, 완화, 연화성이 있다. 화상, 염좌, 타박상, 피부 가려움 방지, 약한 살균작용이 있다. 올리브 오일을 많이 먹는 지중해 국가에서는 심장과 순환기병이 적다.

④ **기타:** Extra virgin, organic extra virgin급을 캐리어 오일로 사용해야 한다.

로즈 힙 씨드 오일(rose hip seed oil, *Rosa moschata* or *Rosa rubiginosa*) 원산지는 남미 안데스 산맥이다. Rose hip 오일은 열매에서 추출한 것이고, 로즈 힙 종자 오일은 열매 속의 씨앗(열매의 70% 차지)에서 추출한 오일이다(**그림 1.14**b). 유럽 자생(*Rosa canina*) 로즈 힙과 기타 지역별로 자생하는 야생장미에서도 추출하여 이용한다.

① **특성:** 저온압착법으로 추출하며, 황금 적색이다. 항산화작용이 강한 오일이다.

② **구성성분:** Linoleic acid 43.6%, linolenic acid 36.2%, oleic acid 13.4%, pro-vitamin A, 오메가 지방산을 많이 함유하지만 종에 따라 성분과 오일 색에 차이가 있다.

③ **적용:** 모든 피부에 적용하고, 피부 재생, 노화 방지, 화상, 습진, 신경 피부염, 손상 피부, 상처 부위를 치료하는 데 이용한다.

④ **기타:** 종자를 과일로부터 분리하는 것이 노동 집약적이어서 가격이 비싸다. 오래전부터 유럽 자생 로즈 힙은 감기, 소화기 장애, 배뇨 장애 등의 치료에 차로 이용해 왔다.

세서미 오일(sesame oil, *Sesamum indicum*) 참깨의 원산지는 근동으로 4,000년 전부터 메소포타미아 지방에서 가꾸어 왔던 식물이다.

① **특성:** 볶지 않은 생참깨를 저온압착하여 추출하며, 색은 연한 황색이다. 볶은 것은 성분이 휘발하고 변성되므로 아로마테라피에서는 사용하지 않는다.

② **구성성분:** Oleic acid 37~42%, linoleic acid 37~47%, seasamine, sesamoline을 함유한다.

③ **적용:** 여러 형태의 피부에 적당하고, 습진, 염증, 마른버짐, 조기 노화 피부에 좋다.

④ **기타:** 세서미 오일은 농후한 오일로, 포도씨, 해바라기씨 같은 오일을 혼합해서 마사지 오일로 사용한다. 인도의 Ayurveda에서는 치료에 많이 사용한다.

소야 오일(soya oil, *Glysine max*) 콩은 중국이 원산지로, 기원전 2,000년부터 사용했다. 2004년부터 제초제에 강한 GMO 콩이 개발되어서 미국에서는 거의 이 품종을 재배하는데, 이 콩은 캐리어 오일로 적합하지 않으므로 사용하지 않아야 한다.

① **특성:** 저온압착법으로 추출하며, 연한 황색이다.

② **구성성분:** Lecitine(1.8~3.2%)과 비타민 E가 많고, oleic acid 17~23%, linoleic 50~62%, linolenic 4~10%이다.

③ **적용:** 모든 피부에 적당하고, 연화제로 건조한 피부에 영양을 주며, 흡수가 용이하다.
④ **기타:** 레시틴이 많이 포함되어 있어, 분산제, 세제, 유화제로 화장품 제조와 식품산업에 많이 사용된다. 식품에 포함된 식물성 호르몬은 유방암을 예방한다.

썬플라워 오일(sunflower oil, *Helianthus annuus*) 해바라기는 남아메리카가 원산지로, 최고 5m까지 자라며, 유럽, 러시아, 동유럽에서 많이 재배된다.

① **특성:** 저온압착법으로 추출하며, 황색이고, 무향이나 비정제유는 견과 냄새가 난다.
② **구성성분:** Oleic acid 15~25%, linoleic acid 62~70%, 비타민 A, D, E가 많다.
③ **적용:** 모든 피부에 적용할 수 있으며, 피부 질환 타박상, 궤양 치료에 사용한다. 비타민 E(100g에 55mg 함유)와 베타카로틴이 들어 있어서, 특히 민감 피부에 효과가 있다.
④ **기타:** 고도 정제된 요리용 오일은 아로마테라피에 사용해서는 안 되며, 반드시 비정제된 마사지용 오일을 사용한다. 전통적으로 류마티스 치료에 사용했다.

윗점 오일(wheatgerm oil, *Triticum sativum*) 밀은 기원전 9,800부터 터키 남부, 시리아, 페르시아 이집트 등에서 재배되기 시작했으며, 이집트에서는 기원전 2,000년 전부터 빵의 재료가 된 인류와 역사를 같이 한 식용작물이다.

① **특성:** 밀의 배아를 고온 압착으로 추출하며, 색은 진한 주황색이다.
② **구성성분:** 식물기름 중에 항산화제인 비타민 E가 가장 많이 함유되어 100g당 215mg이고, phytosterol, 비타민 A, B와 lecithin을 함유한다.
③ **적용:** 모든 종류 피부에 사용하며, 건성 피부, 습진, 마른버짐, 상처 흔적이 나는 것과 임신선이 나타나는 것을 막아준다. 노화된 피부에 특히 효과가 있다.
④ **기타:** 강한 향으로 소맥배아 오일을 10~15%만 첨가하고, 제라늄, 시더우드 같은 에센셜 오일을 혼합해서 사용한다. 가격이 비싸며, 알레르기 발생에 주의한다.

기타

① 캐롯 오일(carrot seed oil)은 각종 비타민을 많이 함유한다. 피부 토닉제, 피부 회춘 촉진, 피부 노화지연, 목마사지에 좋다. 건선과 습진 치료효과가 있다.
② 마카다미아 오일(macadamia nut oil): 모든 피부에 적용하며, 피부 노화를 억제한다.
③ 새플라워 오일(safflower oil, 잇꽃): 습진 치료, 동맥경화, 관절염을 예방한다.
④ 카렌듈라 오일(calendula oil, 금잔화): 항염증 작용이 강하며, 여드름, 상처치유에 좋다.
⑤ 코코넛 오일(coconut oil): 모든 피부에 사용하는데, 민감 피부의 도포 역할을 해서 햇볕으로부터 피부보호, 두발 케어, 건성피부 수분공급, 좋은 립 밤 재료로 이용된다.
⑥ 하이퍼리컴 오일(hypericum oil, St John's wort oil): 신경조직 손상, 신경통, 좌골 신경통, 화상 염증, 야뇨증, 통풍, 류마티즘, 궤양 등에 마사지 효과가 크다. 카렌듈라 오일과 1:1로 희석해서 사용하면, 자상 및 타박상 치료에 효과가 있다.

1.8 하이드로랫

(1) 하이드로랫의 의미와 이용

하이드로랫(hadrolat, floral water)은 hydro(물)과 ate(생산 과정)이 합성된 단어로, 하이드로졸(hydrosol, hydro: 물, sol: 태양)이라고도 한다.

고대부터 사용한 기록은 나오지만, 추출법이 어느 정도 정립된 16세기 중세 부유한 가정 내에서는 정원에서 가꾼 식물과 꽃을 수확하여 에센셜 오일과 하이드로랫을 추출하였고, 이것으로 요리에 향을 더할 때 사용하거나, 개인 위생수(toilet water)로 사용하였다.

18세기에서 에센셜 오일을 보편적으로 생산하기 시작하면서 직접 생산하는 것은 점차 줄게 되었다. 현대에는 아로마테라피스트에게 치료효과가 있는 물로서 더 가치 있게 사용된다. 실제 적용은 1950년대부터 영국의 아로마테라피스트에 의해 시작되었다. 이는 에센셜 오일을 추출할 때에 물이나 수증기에 녹은 식물체의 다양한 성분을 포함한 액체로서 플로랄 워터(floral water)라고도 칭한다. 영국에서는 hydrolat, 유럽에서는 floral water, 미국은 hydrosol로 표현한다(IFA. 2013).

하이드로랫 또는 플로랄워터는 라벤더, 로즈 같은 꽃에서 정유를 추출할 때 나오는 부산물이지만, 최근에는 꽃 향을 내기 위하여 인조향을 가미하는 경향이 있어서 주로 가공식품이나 옷 등에 뿌리는 향수용으로 인정된다.

보통 하이드로랫은 에센셜 오일을 추출하는 증류법의 부산물로 보고 있으나, 때에 따라서는 위치헤이즐(witch hazel)이나 오이(cucumber)처럼 하이드로랫 만을 얻기 위해서, 식물의 모든 분야(꽃, 잎, 줄기, 뿌리 등)에서 추출되는 순수한 액체로서 이를 이용한 치료를 hydrolat therapy라 하기도 하는데, hydrotherapy(water cure: 水治療: 욕조 등에 담긴 물속에서의 통증 치료법)와 혼동하면 안 된다.

추출하는 식물 성분의 수용성 용해도에 따라서 하이드로랫 1L당 에센셜 오일 성분이 0.002~0.005% 정도 함유되어 있으므로, 하이드로랫 자체로도 살균, 소독, 보습의 효과가 있다(Catty, 2001).

일반적으로 하이드로랫의 색은 추출 대상 식물의 종류에 따라 다른데, 연한 분홍과 연한 자색(라벤더), 연한 노란색(네롤리), 연한 황색(로만 캐모마일) 등이 있다. 향은 에센셜 오일보다 약하나 로즈제라늄, 로즈(Damask rose), 페퍼민트의 하이드로랫은 비교적 짙다. 그러나 하이드로랫에 용해되어 있는 에센셜 오일은 동일한 식물에서 추출한 에센셜 오일과 화학성분 구조가 다르다. 따라서 에센셜 오일과 하이드로랫은 독특하게 다른 물질이다. 저온에서 저장 기간은 6~18개월이나 저장 조건과 오일의 종류에 따라 차이가 난다. 단기 저장하더라도 액체의 투명도가 변하면 바로 폐기해야 한다. 일반적으로 하이드로랫은 신경을 항진시키는 terpene계 화합물이 없고, carboxylic acid가 많아 피부 트러블이 적어서 내적 외적 치료에도 사용한다. 하이드로랫의 특징은 pH가 3~5로 다소 신맛이 나는데, 이는 식물체로부터 향성분 이외에 많은 물질이 추출된 후 안정화 과정에서 산도가 변하기 때문이다. 최근에는 관련 회사에서 organic hydolat을 많이 생산 판매하는 데 단가가 높다.

(2) 하이드로랫(플로럴 워터) 만들기와 사용

하이드로랫은 정유 추출 시에 나오지만, 가정에서도 간단하게 만들어서 사용할 수가 있다. 집에서 재배하여 채취한 후 건조한 라벤더, 장미꽃, 금잔화, 메리골드, 버가못, 캐모마일을 준비하고, 금속성이 아닌 그릇에 100ml 정수된 물을 준비한다. 여기에 2티스푼 가득 신선한 꽃이나 건조 꽃을 넣고서 랩으로 밀봉한다. 시원한 곳에 24시간 동안 방치하고서 아주 가는 채나 거즈 등을 이용하여 걸러준다. 갈색병에 넣고서 냉장고에 보존하여 캐모마일은 손의 피부보호에, 라벤더는 로즈메리 오일을 3~4방울 혼합하여 머리를 감은 후에 머릿결에 바르면 색깔이 빛나고 좋다.

식물체를 이용하여 만들 때는 500ml 물을 끓여서 약간 식힌 후에 라벤더나 스피어민트 건조 잎을 한 주먹(신선한 잎은 큰 주먹)을 넣고서 30분 후에 걸러낸다. 여기에 다시 장미를 한 주머 넣고서 밀폐히여 시원한 곳에서 하루 동안 추출한 다음 걸러서 사용한다. 단, 가정에서 만든 워터는 변질이 쉬우므로, 3일 이내에 사용한다.

라벤더 에센셜 오일을 이용하여 만드는 방법은 뚜껑이 있는 적당한 크기의 유리병을 준비하고서, 여기에 100ml 증류수를 넣은 후 30ml 보드카를 채운 다음 흔들고, 라벤더 오일 10방울을 혼합하여 잘 흔들어 준다. 옷, 이불, 베드 등에 사용한다.

하이드랫의 사용은 에센셜 오일의 이용과 거의 같은데, 요리에 사용하는 것이 차이가 있다. 적용은 호흡기와 바디를 위한 룸 스프레이(room spray), 증기 흡입용(inhalation), 코세척용(neti pot), 습포, 찜질(compresses and poultices, 어린이는 물에 50:50으로 희석하여 사용)용으로 사용할 수가 있다. 그 외 상처, 타박상, 홍반증 등의 피부 질환, 애프터 쉐이브(after shave), 로션, 크림, 물요법(좌욕, 족욕, 수욕), 상처 소독 그리고 요리에도 사용이 가능하다. 요리에는 신선한 것을 사용해야 한다.

(3) 하이드로랫의 종류

네롤리(Neroli. *Citrus aurantium var. amara*) 하이드로랫 차분한 꽃 향으로 산도(pH)는 3.8~4.5이고, 정신 고양, 스트레스 이완, 감성을 충만시킨다. 사용법과 적용은 스프레이(향수 대용 사용, 옷장, 페이셜 & 바디 미스트), 입욕제(정신 고양, 스트레스 완화), 화장품 DIY(노화피부, 건조피부, 스킨, 로션, 크림)이다.

라벤더(Lavender, *Lavandula angustifolia*) 하이드로랫 숙성된 풀 향을 내며, 산도(pH)는 5.6~5.9)이고, 가벼운 진통, 상처치유, 진정작용이 있다. 사용법과 적용은 코튼볼(상처 소독, 모기, 벌레 물린 곳, 화상, 아기 엉덩이, 기저귀 발진), 습포(통증 부위), 스프레이(피로감, 스트레스, 룸 스프레이, 상처 부위), 반신욕(피로 완화, 피부 진정), 화장품 DIY(여드름, 붉은 피부, 스킨, 로션, 크림, 헤어 린스)이다.

로즈(Rose, *Rosa damascena*) 하이드로랫 매력적인 장미향을 내며, 산도(pH)는 4.1~4.4이고, 항감염, 조직재생, 기분 고양 등에 효과가 있다. 사용법과 적용은 스프레이(향수 대용, 침구, 옷장, 기분 고양), 코튼 볼(건선, 붉음증, 햇빛 자극), 가글(구강염, 후두염, 편도선염, 구취), 습포(젖은 거즈로 눈 피로, 충혈, 모세혈관 확장 피부), 화장품 DIY(페이셜 마스크, 핸드 워시, 세정제, 로션, 크림)이다.

로즈메리(Rosemary, *Salvia rosmarinus*) 하이드로랫 신선향 로즈메리 향으로 많은 사람들이 선호하는데, 산도(pH)는 4,8~5.9이며, 조직 재생, 피부 정화를 한다. 사용법과 적용은 스프레이(향수 대용, 침구, 옷장, 기분 고양, 풋 스프레이, 애프터 쉐이브), 코튼볼(지성, 여드름, 피부 건강, 순환 촉진), 가글(구강염, 후두염, 편도선염, 구취), 습포(뭉친 근육 부위), 증기흡입(환절기, 감기, 화농 피부), 화장품 DIY(페이셜 마스크, 핸드 워시, 세정제, 샴푸, 로션, 크림)이다.

레몬밤(멜리사, Melissa, Lemon balm, *Melissa officinalis*) 하이드로랫 신선한 레몬 풀향이 나는데, 산도(pH) 4.8~5.0이며, 알레르기 피부 진정, 염증성 피부 진정시킨다. 사용법과 적용은 습포(PMS증후근, 피부 자극 부위), 입욕(반신욕, 기분 전환, 스트레스 완화, 화가 많은 아이, 두통, 편두통), 코튼볼(두피 케어, 따가운 피부, 벌레 물린 곳, 붉은 피부), 화장품 DIY(민감 피부 화장품)이다.

로즈 제라늄(Rose geranium, *Pelargonium graveolence*) 하이드로랫 부드러운 장미향이 나는데, 산도(pH)는 4.9~5.2이며, 노화 피부 개선과 재생 작용이 있다. 사용법과 적용은 코튼볼(스킨 대용, 붉은 피부, 건조, 노화 피부, 모세혈관 강화), 스프레이(벌레 물린 부위, 햇빛 자극, 거친 피부), 반신욕(생리통, 피로), 화장품 DIY(로션, 크림, 페이셜 마스크)이다.

저먼 캐모마일(German chamomile, *Matricaria chamomilla*) 하이드로랫 약한 사과향이 나는데, 산도(pH)는 3.0~3.3이며, 항염, 민감성 피부, 트러블 있는 피부, 알레르기성 피부, 가려움증 완화작용이 있다. 사용법과 적용은, 습포(피곤하고 충혈된 눈), 코튼볼(염증, 따가움, 붉음증, 햇빛 자극, 모낭염, 혈관 확장, 기저귀 발진), 스프레이(침실), 가글(구강염, 통증), 화장품 DIY(로션, 크림)이다.

티트리(Tea tree, *Melaleuca alternifolia*) 하이드로랫 다소 강한 약초향이 나는데, 산도(pH)는 3.9~4.1이며, 항균, 항박테리아 작용이 있다. 사용법과 적용은 스프레이(발 스프레이, 애프터 쉐이브, 벌레 물린 부위), 코튼볼(지성, 여드름, 상처 피부), 가글(구강염, 후두염, 편도선염, 구취), 화장품 DIY(핸드 워시, 세정제, 지성 두피 샴푸, 로션, 크림)이다.

발삼 퍼(Balsam fir. *Abies balsamea*, 발삼전나무) 하이드로랫 숙성된 소나무 향이 나는데,

산도(pH)는 3.8~4.0이며, 항균, 항진균, 항박테리아 작용이 있다. 사용법과 적용은 스프레이(풋 스프레이, 애프터 쉐이브, 벌레 물린 부위, 애견 탈취), 코튼볼(지성, 여드름, 상처 피부, 염증성 피부), 가글(구강염, 후두염, 편도선염, 구취, 후두염), 습포(관절 부위, 뭉친 근육), 화장품 DIY(핸드 워시, 세정제, 지성 두피 샴푸, 로션, 크림)이다.

페퍼민트(Peppermint, *Mentha piperita*) 하이드로랫 신선한 페퍼민트향이 나는데, 산도(pH)는 6.1~6.3이며, 순환 촉진과 기도 감염 완화작용이 있다. 사용법과 적용은 스프레이(침구, 옷상, 기문 고양, 풋 스프레이, 애프터 쉐이브), 코튼볼(지성, 여드름, 피부 건강, 순환 촉진), 가글(구강염, 후두염, 편도선염, 구취), 습포(뭉친 근육 부위), 증기흡입(환절기, 감기, 화농 피부), 화장품 DIY(페이셜 마스크, 핸드 워시, 세정제, 샴푸, 로션, 크림)이다.

1.9 에센셜 오일 사용법

에센셜 오일을 이용해서 전문적으로 사용하는 방법에는 여러 가지가 있다. 이 가운데 개인별로 선호하는 방법이나 치료의 효과는 서로 다를 수가 있다. 그러므로 전문가의 조언이나 본인의 치유 경험에 의해서 아로마 사용법을 선택할 수 있다. 또한, 사용하기 전에 피부 테스트를 해서 본인의 피부에 맞는지 여부를 확인해야 한다.

에센셜 오일 패치 테스트(첩포 테스트)는 캐리어 오일에 에센셜 오일을 3% 정도 희석한 오일을 팔목 안쪽 부위를 닦아준 후 소량 바르고 24시간 이내에 피부 반응이 나타나면 사용해서는 안 된다. 문제점이 발견되지 않은 오일에 대해 사용 방법을 설명하기로 한다.

(1) 발향법

공기 중에 에센셜 오일을 램프 등을 이용하여 향을 증발시켜서 사용하는 간단한 방법이며, 에센셜 오일의 항균작용에 의해 실내를 정화시키는 효과도 병행된다.

아로마 램프(Aroma lamp) 점토로 만든 램프 상부에 물을 붓고서, $16m^2$(5평) 정도 공간이면 8~10방울의 에센셜 오일을 떨어뜨리고 촛불을 램프 하단에 넣어 증발시킨다(**그림 1.15**a). $5\sim6m^2$(1~2평) 정도의 작은 공간에서는 3방울 정도면 충분하다. 그러나 촛불은 화재 위험성이 커서 최근에는 전기 아로마 램프의 사용이 증가한다(**그림 1.15**b). 발향 시간은 3~4시간 유지된다.

아로마 주머니(Aroma pouch) 가장 간단한 방법으로, 솜을 넣은 주머니나 건조된 허브를 넣은 주머니에 오일을 떨어뜨린 다음, 방이나 거실의 구석에 두거나 옷장 속에 매달아 놓아서 아로마가 휘발되도록 한다. 건조한 로즈메리, 라벤더를 담은 주머니에 동일 향을 첨가하면 지속효과가 크다.

(a) (b)

그림 1.15 (a) 아로마 램프(촛불용), (b) 전기용 램프(Foter).

분무제 에어로졸스프레이(Aerosol spray) 특수 플라스틱으로 만든 스프레이 용기에 알코올과 증류수(1 : 1)를 섞은 후 5% 정도의 에센셜 오일을 희석하여 실내에 분사하여 준다. 공기정화, 탈취, 해충박멸, 커튼, 침구류 등의 소독 및 정화에 효과적이다.

알코올이 없으면, 증류수 1컵에 몇 방울 오일을 희석한 후 흔들어서, 방, 작업장, 차 속에 뿌린다. 사용 가능 오일은 페퍼민트, 레몬, 유칼립투스 라이아타, 티트리, 프랑킨센스이다. 희석할 물 한 컵당 첨가 오일 양은 라벤더 20방울, 레몬 10방울, 버가못 6방울, 라임과 그레이프프룻 5방울이다. 사용 전에 플라스틱 기구가 오일에 의해서 손상되는지 확인한 후에 사용한다. 만약 알레르기가 발생하면 사용을 중지하며, 인공 오일은 어떤 경우에도 절대 사용을 금한다.

(2) 흡입법(Inhalation)

직접적인 흡입법은 전통적으로 코나 기관지 등의 호흡계에 도움 되는 목적으로 사용되어졌다. 단, 천식 증상이 있는 환자에게 사용 시 충격을 줄 수 있으므로 주의한다.

증기 흡입법 뜨거운 물을 담은 대야에 선택한 에센셜 오일 2~3방울을 떨어뜨리고서, 증기가 휘발되지 않도록 수건을 머리에 덮은 상태로 대야에 얼굴을 가까이 한다(**그림 1.16**a). 눈을 감고 증기를 깊게 들이마시며 호흡하는 방법으로 3회 정도한 후에 쉬며, 5분 정도 반복한다.

하루에 2~3회 가능하고, 좁은 실내에서도 효과적이다. 주의할 것은 천식 환자와 7세 이하 어린이에서는 금하고, 7~12세 어린이는 어른 사용량의 절반 이하를 사용한다.

최근에는 가습기나 diffuser를 구입한 후, 물을 담고서 오일을 3~6방울 떨어뜨려 나오는 증기를 흡입하기도 한다. 또는 유리병 디퓨저를 사용하면 매우 편리하다(**그림 1.16**b).

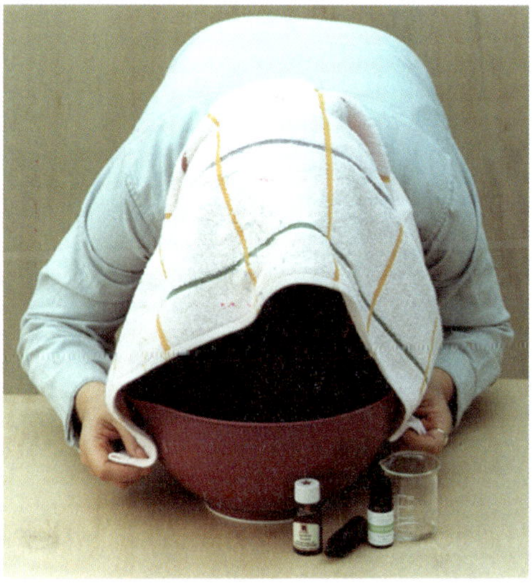

(a)

(b)

그림 1.16 (a) 증기 흡입법, (b) aroma diffuser. (출처: 메디컬허브센터)

건조 흡입법 손수건이나 티슈, 옷깃 등에 에센셜 오일 2~3방울을 떨어뜨려 수시로 향을 흡입한다. 치료적으로는 부정기적 증상이 나타날 때 사용 가능하며, 언제 어디서나 편리하게 사용할 수 있는 장점이 있다.

(3) 마사지법(Massage)

아로마테라피에서 가장 이상적 테라피 효과를 줄 수 있는 방법이지만, 에센셜 오일은 식물이 농축된 에센스이므로 마사지할 때는 3% 정도로 농도를 희석하여 사용해야 한다. 희석을 위해서 캐리어 오일에 에센셜 오일을 혼합하여 사용하는데, 희석 농도에 따른 희석 비율은 표 1.1과 같다.

표 1.1 희석 비율에 따른 에센셜 오일의 양.

희석 비율	에센셜 오일의 양(방울)		
	캐리어 오일 5ml	캐리어 오일 30ml	캐리어 오일 50ml
0.5%	0.5	3	5
1%	1	6	10
2%	2	12	15
2.5%	2.5	15	20

1ml = 20방울, 2ml(1 티스푼) = 40방울, 5ml(1 테이블스푼) = 100방울

피부에 민감도 테스트를 해서 이상이 없더라도 마사지법을 사용할 때는 주의해야 하며, 몇 가지 주의사항은 다음과 같다.

① 피부 염증 상태, 피부 열창 상태, 열성 상태, 수술 직후, 암 환자에게는 아로마테라피 마사지를 적용하지 않는다. 단, 최근 세계적으로 암 환자를 위한 마사지(oncology)가 시작되고 있으나 반드시 의료기관의 처방 후에 시행해야 한다.
② 정맥류, 월경 시, 임산부, 어린아이, 연약하고 민감한 피부 등의 마사지는 농도 오일의 1/2 이하로 희석해서, 터치감은 가볍게, 오일을 흡수하는 정도로만 할 것을 추천한다.
③ 희석 비율을 잘 적용해야 한다.

아로마테라피 마사지의 장점은, 첫째, 에센셜 오일을 피부로 쉽게 흡수시키고, 둘째, 긴장감, 정서적 안정 및 에너지 균형을 촉진하며, 셋째, 근육 이완, 근육통증 완화, 순환 촉진, 넷째, 피부에 쌓인 각종 노폐물을 용해해서 배출을 용이하게 한다.

증상별 마사지 오일의 간단한 처방 예는 **표 1.2**와 같다. 처방에 따라서 제조하여 사용하는데, 가급적 사용 전에 피부 적용 테스트를 충분하게 실시한 다음에 마사지 요법을 적용한다. 그래도 전신에 사용한 후에 부작용이 발생하면 사용을 중지하고서 전문가의 상담을 받아야 한다.

표 1.2 마사지 오일의 증상별 처방 예

증상	처방	사용법
불면증, 스트레스	호호바 오일 40ml + 이브닝 프라임로즈 오일 10ml에 로만 캐모마일 오일 10방울과 네롤리 오일 6방울을 혼합	목욕 후 땀이 난 후에 머리 근육과 어깨에 마사지한다.
견통, 요통, 근육통	호호바 오일 40ml + 윗점 오일 10ml에 라벤더 오일 12방울과 로즈메리 오일 6방울 혼합	목욕 후 땀이 난 후에 림프가 흐르는 방향으로 마사지를 한다.
월경 전 증후군	처방 A: 호호바 오일 24ml + 이브닝 프라임로즈 오일 6ml에 로만 캐모마일 오일 4방울과 클라리 세이지 오일 2방울 혼합 처방 B: 호호바 오일 24ml + 보리지 오일 6ml에 일랑일랑 오일 3방울과 제라늄 오일 3방울 혼합	월경 전 1주간 하복부에 시계 방향으로 마사지한다. 기분이 떨어지고 예민해지면 처방 B를 쓴다.
스포츠 전 워밍업	호호바 오일 24ml + 윗점 오일 6ml에 블랙페퍼 오일 2방울과 버가못 오일 4방울 혼합	운동 전 근육을 중심으로 마사지한다.
스포츠 후 쿨다운	호호바 오일 24ml + 윗점 오일 6ml에 페퍼민트 오일 2방울과 쥬니퍼 오일 4방울 혼합	운동 후 림프의 흐르는 방향으로 마사지한다.

(4) 입욕법(Bath)

오일 목욕할 때 사용하면 온열에 의해 몸이 따뜻해지면서, 혈관이 팽창되어 혈액순환이 촉진된다. 또한 향 흡입과 피부 흡수가 동시에 이루어져 효과적이다.

이와 같은 입욕법에는 전신욕, 손담굼[手浴], 발담굼[足浴], 좌욕(坐浴), 반신욕(半身浴), 냉수온탕욕(冷水溫湯浴) 등이 있다. 알맞은 수온은 38°C 정도이다.

① **전신욕(Bath)**은 전신의 근육을 완화시키기 위해서 몸을 어깨까지 담그고, 15~20분 정도 있는다. 전신욕 준비는 보통 한 숟가락의 꿀, 알코올 약간(소주, 청주 가능), 우유 등에 에센셜 오일 5~8방울을 떨어뜨려서 혼합시킨 후에 욕조에 넣는다. 어린이는 절반을, 아기는 로즈, 캐모마일 오일 1방울 또는 라벤더 오일 1방울을 사용한다.

② **반신욕(Lower body bath)**은 허리 아래 부분을 담그고서 상반신이 차지 않게 목에 수건을 걸고서 앉아있는 방법으로, 30~40분 앉아서 땀이 충분히 나게 한다. 저혈압과 찬 몸의 체질 개선을 위해서는 로즈메리 서너 방울을 떨어뜨리고 30~40분간 앉아 있는 것이 좋고, 흥분 상태를 진정시키려면 라벤더 반신욕이 효과적이다.

③ **손담굼(Hand bath)**은 로만 캐모마일과 일랑일랑을 각각 1방울 또는 증상에 따라 필요한 오일을 넣은 후에, 10~15분간 팔목 위 5~8cm를 담그는 법이다(**그림 1.17**a).

(a)

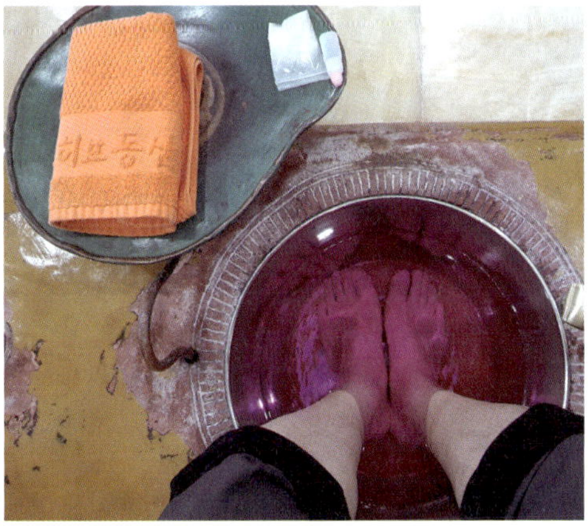

(b)

그림 1.17 (a) 손담굼, (b) 발담굼. (출처: 제주 허브동산)

④ **발담굼(Foot bath)**은 세숫대야나 특수 용기에 38°C 정도의 물을 붓고서 소금 4g, 선택한 에센셜 오일 5방울 정도 희석한 후에 10~15분 정도 담그는 방법이다(**그림 1.17**b).

⑤ **좌욕(Sitz bath)**은 큰 대야에 물을 담그서, 방광염, 치질 등에 따른 불쾌감 치료를 목적으로, 사이프러스 또는 제라늄 오일을 2방울 떨어뜨린 후에 5~10분 동안 담근다.

표 1.3 입욕 시 증상별 이용 오일(林眞, 1995)

증상	오일
심신의 긴장완화 떨어지는 기분을 명쾌하게 목욕 후 잠을 청할 때 목욕 후 일을 계속할 때	일랑일랑, 제라늄, 클라리 세이지, 로즈 워터(장미수) 버가못, 스윗오렌지, 클라리 세이지, 그레이프프룻 로만 캐모마일, 네롤리(광귤꽃잎), 라벤더, 버베나 로즈메리, 페퍼민트, 레몬, 레몬그래스
꽃가루병, 기침, 가래, 피로회복, 숙취, 수족에서 땀날 때	유칼립투스 2방울+로만 캐모마일 2방울 로즈메리 2방울+쥬니퍼 2방울 사이프러스 2방울+레몬 1방울

⑥ **냉온욕**(冷溫浴)은 냉수와 온수에 번갈아 가면서 발을 담그는 방법으로, 용기를 2개 준비해서 더운물(38~40°C)과 찬물(15~18°C)을 채운 후 오일을 첨가하여 약 10분씩 담근다.

참고로 입욕법에서는 에센셜 오일의 수화도와 피부 보습을 높이기 위해서, 꿀, 알코올, 우유에 오일을 희석한 후 사용하는 것을 추천한다.

(5) 습포법(Compress)

물에 희석된 에센셜 오일을 적셔서 피부에 직접 사용하는 방법이다. 작은 대야에 물을 담고, 에센셜 오일을 스포이드 등을 이용해서 몇 방울 떨어뜨려서 혼합한 후에 수건이나 거즈를 충분히 담근 후 짜서 아픈 부위에 올려놓는다. 그 위에 비닐 랩 등을 덮어서 살짝 묶어준다. 대체로 10~20분 정도 처리하는 것이 적당하다. 온습포법은 따뜻한 물을 이용해서 하고, 냉습포법은 얼음물을 이용한다. 주로 온습포는 만성통증, 생리통, 오래된 염증 부위에, 냉습포법은 삐거나 열이 나면서 아픈 급성 통증이나 두통, 열을 내리는 데에 효과적이다.

습포 추천 오일로는 열나고 부은 부위에는 캐모마일, 삐거나 멍든 부위에는 라벤더와 캐모마일, 류마티스, 관절 통증에는 마조람, 진저, 로즈메리, 생리통에는 마조람, 클라리 세이지, 두통 냉습포에는 라벤더, 페퍼민트를 추천한다.

이상에서 설명한 에센셜 오일의 기본적인 용량을 요약하면, 표 1.4와 같으므로 참고한다.

(6) 원액 오일의 외적 이용법(External use of essential oils)

순수한 원액 오일을 외적으로 피부에 바로 사용하는 경우는 매우 드물다. 상처, 화상, 곤충에 물렸을 때, 송곳 등에 찔렸을 때는 1~4방울의 라벤더, 티트리 에센셜 오일을 해당 부위에 떨어뜨리거나, 퍼지게 한 다음 스며들게 한다. 하루에 여러 차례 반복하여 사용한다. 그러나 반복해서 처리할 때에 피부에 직접 원액을 사용하는 만큼 피부 민감도를 고려해서 사용해야 한다. 그 외, 향수나 미스트, 로션, 크림, 젤, 연고 등으로 이용할 수가 있다.

표 1.4 에센셜 오일 사용 기본적인 용량

처리법	사용법	주의사항
바디 마사지	2.5~3% 희석로 희석하여 사용	
얼굴 마사지 성인 6~12세 3~6세 3살 이하	캐리어 오일 30 mls, 에센셜 오일 1~2방울 = (0.3%) 0.5~1% 희석 캐리어 오일 20 mls, 에센셜 오일 4방울 = (1%) 캐리어 오일 20 mls, 에센셜 오일 2 방울 = (0.5%) 캐리어 오일 50 mls, 에센셜 오일 1방울 = (0.1%)	주의: 영, 유아의 피부는 매우 얇고 민감해서 에센셜 오일의 침투력이 더 높기 때문에 각별한 주의를 기울여야 한다.
목욕	목욕물을 받은 후, 4~7방울을 떨어뜨려 잘 퍼지도록 한다. 우유, 꿀 등에 희석 후에 첨가해도 좋다.	
흡입	따뜻한 물에 에센셜 오일 2~5방울. 티슈나 손수건에 1~3 방울.	주의: 영, 유아나 어린이, 천식 환자에게 사용 않는다.
발향기	공간에 따라 맞춰 용량 적용. 세라믹 발향기 5~10 방울 정도, 전기 발향기 10방울 정도 혼합.	
습포	250ml의 물에 4~5방울 오일 혼합해서 거즈에 묻힌 후 환부에 붙인다.	
수/족욕	오일을 최대 5방울을 캐리어 오일이나 적당한 베이스에 혼합하여 작은 대야나 족욕 기기에 첨가한다.	

몇 가지 향수 만드는 방법을 예를 들면, 표 1.5와 같다. 향수는 알코올 또는 캐리어 오일에 선호하는 에센셜 오일을 몇 방울씩 떨어뜨린 후 잘 흔들어서 서늘한 곳에 1주일가량 두고서 숙성시킨 다음 사용한다. 이때 용기는 검은색 또는 유색 유리병을 사용한다.

하이드로졸을 그대로 피부에 이용하기도 하고, 에센셜 오일을 피마자 오일에서 추출한 솔루빌라이저(solubilizer) 등의 가용화제에 섞어서 두피 또는 피부에 안전하게 사용한다.

표 1.5 향수 만들기

종류	만드는 법	기타
Perfume(퍼퓸)	향 농도 20% 이상 알코올 50% + 에센셜 오일 20% + 증류수 또는 로즈, 네롤리 하이드로졸 30%	1주일간 숙성 후 사용한다.
Eau de Cologne (오데코롱)	향 농도 2~5% 알코올 50% + 에센셜 오일 5% + 증류수 또는 로즈, 네롤리 하이드로졸 45%	2주일간 숙성 후 사용한다.

얼굴 영양크림을 만들기 위해서는 먼저 순수 비즈왁스 10g, 아몬드 오일 10ml, 윗점 오일 2ml, 아카시아 꿀 5ml, 콩레시틴 1g을 중탕으로 서서히 녹인다. 한편, 20ml 로즈 워터 또는 네롤리 워터를 동일한 온도가 되도록 데운 후에 캐리어 오일과 같이 섞는다. 그리고 크림처럼 될 때까지 잘 저어 준 다음에 식힌다. 거의 식어갈 때 에센셜 오일 3방울을 떨어뜨린다. 그 후 용기에 담아 밀폐시킨 다음, 냉장고에 넣어두었다가 사용한다. 계속 사용하기 위해서는 냉장고에 보관하는 것이 좋다.

보습크림을 만드는 법은 호호바 오일 20ml, 아몬드 오일 20ml, 시어버터 15g, 비즈왁스 6g을 중탕으로 녹인다. 그런 다음, 20ml 알로에베라와 20ml 네롤리 워터를 데워서 혼합한 후, 온도를 차게 낮추고서 여기에 에센셜 오일 3방울을 떨어뜨린 후에 다시 한 번 잘 저어 준다. 병에 밀폐시켜서 냉장고에 보관했다가 사용한다.

(7) 원액 오일의 내적 이용법

일부 식용 등급의 순수 에센셜 오일은 일반적으로 음식에 첨가할 수가 있도록, 미국 FDA(FDA-approved food additive), GRAS(Generally Regarded As Safe)에서 허락하고 있다(Young, 2003). FDA와 GRAS 모두에서 용인한 음용 가능한 주요 오일은 anise, basil, bergamot, cederwood, Roman and German chamomile, citrus, clove, frankincense, ginger, grapefruit, hyssop, jasmine, juniper, lavender, lime, marjoram, coriander, dill, eucalyptus, ginger, oregano, peppermint, rosemary, rose, sage, sandalwood, spearmint, tarragon, thyme, valerian, vetiver, ylang ylang 등이다(Young, 2003).

보통 1방울을 agave oil(용설란 속 식물, 미국에서 많이 자람) 1티스푼, 올리브 오일 또는 120ml 물에 희석하여 마신다. 에센셜 오일 2~3방울을 물 1컵(약 400ml)에 떨어뜨려 혼합 후에, 4~8시간 간격으로 1일 3회 복용한다(Young, 2003). 음용은 세심한 주의가 필요하며 전문가의 지시를 반드시 받아야 한다.

1.10 에센셜 오일의 독성과 대처법

아로마테라피는 인간에게 유용한 대체의학 중의 하나이다. 모든 판매의약품이 과다 사용할 때에 독성이 있듯이, 에센셜 오일도 많이 사용하면 피부 문제를 가져오고, 임신부는 위험에 노출되며, 암을 유발시킬 수가 있고, 정신 질환이나 간질을 유발할 수가 있으며, 과다한 내적인 경구 투여는 독성으로 인해서, 구토와 복통을 유발하고, 심한 경우 생명에 위험을 초래할 수가 있다. 따라서 Tisserand와 Young(2014)은 Young(2014)은 오일 안전성(oil safety)에서 독성을 자세하게 논하고 있다. 그렇지만 오일은 독성의 위험성이 있음에도 불구하고, 의사나 아로마테리피스트의 지시에 따라 적당량을 사용하면 큰 문제가 없다.

오일의 안전성에서 가장 중요한 것은 최상품의 오일을 사용해야 한다는 점이다. 오일에는 다양한 등급이 있는데, 안전을 위해서는 100% 순수 오일로 유기농 인증품(certified organic) 같은 좋은 등급품만을 아로마테라피에 사용하고, 천연 혼합, 고급상업용 오일, 상업용 오일은 사용하지 않은 것이 좋다. 특히, 상업용 오일은 질이 낮으므로 향기치료에 사용하면 많은 문제점을 야기할 수가 있기에 주의해야 한다.

혈액응고 방지를 위해 아스피린과 헤파린(heparin)을 매일 복용하는 환자가 동시에 섭취해서는 안 되는 오일이 있다(Tisserrand and Balacs, 1995). 아스피린 복용 시는 월계수, 시나몬(계피) 잎, 정향, 마늘을 피하고, 헤파린을 복용 시에는 양파, 피망, 피망잎, African basil(*Ocimum gatissimum*)의 복용을 금한다.

고품질 오일을 사용하더라도 위험성을 감소하기 위해서는 사용자의 나이, 상태를 고려해야 하는데, 박 등(2009)은 임산부가 오일을 사용 시 주의할 점을 정리해서 제시하였다.

① **임신 중에 사용 금지 오일:** 페니로얄, 장뇌. 히숍, 쥬니퍼(*Juniperus pfitzeriana, Juniper sabina*), 세이지, 몰약(미국에서 장뇌는 1973년 약 500건의 중독사고 보고됨)

② **임신 전 기간 독성이 의심되니 주의할 오일:** 스페니쉬 라벤더(*Lavendula stoechas*), 루(rue), 스페니쉬 세이지(*Salvia lavandulifolia*)

③ **임신 중 외용 가능 오일**(경구 투여, 직장 내부와 질 투여는 피할 것)**:** 아니스, 펜넬, 로즈메리, 프렌치 라벤더, 넛맥, 스타아니스(star anis, 팔각회향), 톱풀(yarrow)

④ **임신 중 안전한 오일:** 카다멈, 캐모마일, 코리앤더(고수), 제라늄, 라벤더, 셀러리, 로즈, 패출리, 샌달우드

⑤ **출산 불안 완화와 분만 촉진 오일:** 로즈, 라벤더, 쟈스민, 클라리 세이지, 프랑킨센스, 페퍼민트, 레몬

오일을 이용한 치료를 하면서 가장 중요한 항목은 사용자가 구입한 오일을 경구 투여할 때에 치사량을 나이, 성별 등의 신체 조건에 따라 분명하게 알아야 하며, 사용 시에 원칙을 지켜야 한다. 오일의 독성에 대해서는 **표 1.6**에서 어린이(체중 15kg)와 어른(75kg)의 치사량을 제시했다.

반수치사량(letal dose 50) LD50은 동물 시험에서 체중 kg당 제시한 수치를 먹였을 때, 시험 동물 100마리 중 50마리가 치사한다는 의미이다. 예를 들어, 로만 캐모마일을 15kg 어린이가 143ml를 먹으면 음독한 어린이의 50%가 생명이 위독할 수가 있음을 의미한다. 그러나 개인 간의 차이가 있으며, 신선한 오일일수록 피해가 크다. 표에서는 유칼립투스의 경우에 15kg 아이가 83ml를 먹으면 위험하다고 했는데, 실제 10세 어린이가 10ml를 먹고서 사망한 예가 있었다(Patel and Wiggns, 1981).

표 1.6에서 LD 값이 낮은 것은 반대로 소량만 먹어도 위험하다는 의미로 수치상 바질이 가장 독성이 강하고, 다음 몰약, 티트리, 마조람, 세이지, 페퍼민트 순서이다. 수치가 높은 버가못, 쥬니퍼, 파인은 가장 독성이 낮은 군으로 볼 수가 있다. 이처럼 오일이 어린이나 어

표 1.6 정유의 동물 치사량(LD50) 대비 인간의 치사량

오일명	학명(추출 부위)	LD50 g/kg	어린이(15kg)	어른(75kg)
로만 캐모마일	*Chamaemelum nobile*(꽃)	8.56	143(ml)	666(ml)
저먼 캐모마일	*Matricaria chamomilla*(꽃)	>5.00	83	389
버가못	*Citrus bergamia*(과피)	>10.00	167	778
몰약	*Commphora myrrha*(수지)	1.65	28	128
코리앤더(고수)	*Coriander sativum*(종자)	4.13	69	321
레몬유칼립투스	*Corymbia citriodora*(잎)	>5.00	83	389
쥬니퍼	*Juniperus communis*(과실)	8.00	133	622
라벤더	*Lavandula angustifolia*(꽃)	>5.00	83	389
티트리	*Melaleuca alternifolia*(잎)	1.90	32	148
페퍼민트	*Mentha x piperita*(잎)	4.50	43	202
바질	*Ocimum basilicum*(잎)	1.40	23	109
마조람	*Origanum majorana*(잎)	2.24	37	109
제라늄	*Pelagonium graveolens*(잎)	>5.00	83	389
파인(소나무)	*Pinus sylvestris*(잎)	6.88	115	535
블랙페퍼	*Piper nigrum*(종자)	>5.00	83	389
패출리	*Pogostemon patcholi*(잎)	>5.00	83	389
로즈(향장미)	*Rosa damascena*(꽃잎)	>5.00	83	389
로즈메리	*Salvia rosmarinus*(잎)	>5.00	83	389
세이지	*Salvia officinalis*(잎)	2.52	42	196
클라리 세이지	*Salvia sclarea*(잎)	5.50	93	436
샌달우드(산달)	*Satalum album*(목부)	5.58	93	434
타임(백리향)	*Thymus vulgaris*(잎)	4.70	78	366
베티버	*Vetiveria zizanioides*(뿌리)	>5.00	83	389

(출처: Tisserand와 Young(2014)에서 발췌 후 재정리함)

른의 치료에 사용할 때에 본의 아니게 소량이라도 경구 투입되면 위험이 있음을 인지해야 한다. 그래서 냉장고에 저장한 오일을 어린이가 마시는 사고를 당할 수가 있으므로 주의하고, 사고가 발생하면 즉시 응급실로 가야한다. 표 1.6에서 제시하지 않았으나 겨자 오일(LD 50, 0.15g), wormseed 오일(0.25), pennyroyal mint 오일(0.37), tansy 오일(0.73), 아몬드 오일(0.96) 등도 독성이 높다.

끝으로, 대처법으로 중요한 것은 정유 소매상의 직원은 판매 정유의 성분, 사용법, 문제

점 등에 대하여 철저하게 이해하고, 사용설명서를 첨부하여 소비자에게 설명한 후에 판매하고, 이용자는 제공된 모든 정보를 완벽하게 학습해서 복용 가능성, 희석하는 법, 사용법을 잘 지켜야 한다. 문제가 발생 시 즉시 의사나 아로마테라피스트에게 문의해서 대처해야만 위험을 줄일 수가 있다(Tisserand와 Young, 2014).

좋은 약은 장점과 독성을 갖는 양면성이 있으므로, 소비자가 오일의 특성을 인지하고 주의해서 격리 보관한 후 정확하게 사용하는 것이 최선의 독성 발현 방지 대처법이다.

1.11 에센셜 오일의 생산, 이용 현황과 전망

(1) 에센셜 오일의 국외 생산과 유통

허브에서 추출하는 정유의 양은 수율이 극히 적은 0.01~1.0% 수준이고, 주로 따뜻한 온대나 열대지방에서 생산되므로, 지역의 한정성과 독특한 효능 때문에 국제적으로 상업가치가 매우 높다. 인조향 제주기술의 급속한 발전과, 세계적으로 상승되는 인건비와 자연재해 등에 따라 천연 오일의 생산이 어려운 실정이나 인도, 중국, 베트남, 태국 등 아시아권에서 생산량이 증가되어 전 세계의 생산량은 매년 증가하고 있다.

에센셜 오일 세계 생산량은 조사기관이나 분석한 학자에 따라 다소 차이가 있으나, Barbieri와 Borsotto(2018)에 의하면 1990년에 약 45,000톤이었던 오일이 2007년에는 약 100,000톤, 그리고 2017년에는 150,000톤이 생산돼서 약 60억 달러 정도의 시장을 형성하였다. 2020년대 후반에는 370,000톤, 금액으로 100억 달러 이상이 예상된다고 하였다(**그림 1.18**)

Lawrence(2009)가 주요 오일 20가지의 생산량을 추정했는데, 오렌지 오일이 약 51,000톤으로 가장 많았고, 콘민트(cornmint) 32,000톤, 레몬오일 9,200톤, 유칼립투스 4,000톤, 페

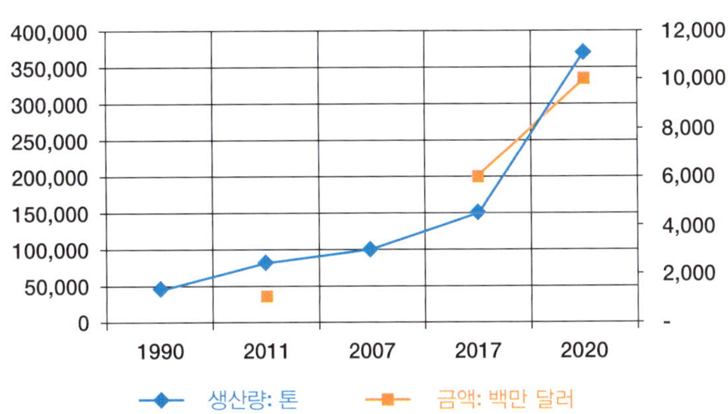

그림 1.18 에센셜 오일 생산량과 금액(Barbieri & Borsotto, 2018)

퍼민트 3,000톤, 정향, 스피어민트, 시트로넬라 오일이 각각 1,800톤이 생산되었다고 했다. 오렌지 오일은 주로 식품 가공에 사용되고, 콘민트는 식품과 약품에 사용된다. 주요 생산국은 인도(약 40,000톤), 브라질(35,000톤), 중국(15,000톤) 등이다.

Barbien & Borsotto(2017)는 1996년에서 2013년까지 18년간 세계시장에서의 에센셜 오일의 수출입을 분석한 결과, 교역 규모가 1996년 23억 달러에서 2013년 77억 달러에 달해 연간 6.9% 성장을 기록하였다고 보고하였다. 주요 수출국의 금액 점유 국가 순은 미국(17.5%), 인도(11.2%), 프랑스(10.5%), 영국(6.3%), 중국(5.7%), 브라질(5.6%), 아르헨티나(4.5%), 인도네시아(3.9%)였다. 이 기간에 가장 수출이 증가된 나라는 인도(15.2%), 아르헨티나(9.1%), 중국(7.7%), 인도네시아(7.6%)로, 앞으로도 이들 4개 국가 수출은 선진국보다 인건비가 싸고 재배 기후 조건이 좋아 더욱 증가되리라 본다.

오일의 주요 소비국은 미국(40%), 유럽(30%), 일본(7%) 순이었다. 유럽에서는 2016년 전체 수입물량의 점유율이 독일(29%), 네덜란드(20%), 영국(14%), 프랑스(12%), 스페인(9%), 아일랜드(6%), 이탈리아(4%), 기타로 나타났다. 기후가 좋은 이탈리아, 스페인은 수입이 적었다. 반면에, 겨울이 항상 흐리고 밤이 몹시 긴 북유럽에서 동계 우울증 같은 환경 스트레스가 많아서 독일, 영국, 네덜란드에서 수입이 많았다.

Ridder(2020)는 소비자가 천연오일 제품을 선호하여 에센셜 오일 시장은 매년 증가하는데, 2017년 약 170억 달러에서 2022년 이후에는 270억 달러로 증가하리라고 예상했다.

유럽에서는 2006년 1월1일부터 동물치료에 항생제 사용이 금지되면서 오일을 사료나 물에 타서 주는 것을 권장하며(Barbieri와 Borsotto, 2018), 아로마테라피가 반려동물 치료에 적용하는 사례가 유럽에서는 늘어나고 있다. 화학적 향수와는 다르게 천연화장품은 사람에게 단순한 향기 제공뿐만 아니라 스트레스 해소와 전인적인 치료를 해주는 특징을 갖기 때문에 시장이 큰 폭으로 증대되리라고 예측하고 있다(Medgadget. 2019)

(2) 에센셜 오일의 국내 생산과 유통

우리나라의 오일 생산 현황을 보면, 몇몇 허브 농장에서 재배하는 라벤더, 페퍼민트, 유자, 주변의 소나무 등에서 오일을 추출하여 자가소비 허브제품이나 체험 학습에 사용하고 있다. 따라서 확실한 생산량을 알 수 없다. 그 이외 소규모 회사에서 유채꽃, 감귤꽃, 옥잠화, 인진쑥, 솔잎, 섬백리향 등 재래종 허브에서 천연 오일을 추출해서 국산 향수원료로 사용한 것에 큰 의의를 두고 있다(박, 1999). 근래 산림청 등에서도 자생식물의 오일 추출에 관심을 가지고 노력하고 있지만, 국내에 대단위 재배지가 조성되지 않으면, 인도, 중국의 값싼 오일과의 경쟁력이 없다고 본다.

지난 10년간 정유의 수출입 물량을 조사한 결과는 **표 1.7**과 같다. 주로 식품이나 의약 등에 많이 쓰이는 오렌지 오일, 페퍼민트 오일, 레몬 오일, 계피 오일이 중심이 되고, 라벤더나 로즈메리 오일처럼 한국인이 선호하는 오일은 통계에 나타나지 않고 있다. 수입량은

표 1.7 정유 제품의 수출과 수입량(톤)과 금액(천 달러)(관세청, 2019)

정유명	2010		2015		2018	
	수출	수입	수출	수입	수출	수입
페퍼민트	0.0	64.6	0.0	62.0	0.0	65.2
기타 페퍼민트	0.0	90.0	0.2	15.9	0.0	23.1
레몬	0.0	35.0	0.0	97.5	0.0	71.3
오렌지	0.0	90.0	0.0	127.8	0.5	152.7
레지노이드	0.1	1.5	0.0	3.7	7.9	5.7
기타	163.3	836.6	186.2	1,001.3	115.9	1337.7
총계(톤)	163.4	1033.4	186.4	1,308.2	124.4	1,665.7
금액(천 달러)	3,404	26,655	5,341	37,135	4,654	52,172

2010년에 약 1천 톤이었고, 2018년에 약 1,700톤으로 70%가 늘었다. 수입액은 같은 기간 약 2,700만 달러에서 약 5,200만 달러로 약 90% 상승하였다. 앞으로 아로마테라피 산업이 발달되면 수입은 더욱 증가되리라 보지만 양이 미미해서 전체 정유 수입에는 영향이 크지 않다고 본다. 국내 에센셜 오일 생산 산업이 발전하려면, 소자본을 가지고는 곤란하며 대기업이 나서야 된다고 생각된다. 특히, 정유를 이용한 천연화장품 산업은 향기치유 분야보나 시장이 크므로, 프랑스의 화장품 업체처럼 이 분야에 대한 대기업의 투자와 연구가 필요하다고 본다. 앞으로 허브 생산의 대규모 생력적인 재배 추구와 여름철 고온다습 상태에서의 재배와 생산성 향상, 기술개발 등의 노력을 통해 외국과 경쟁력 확보가 중요하다.

(3) 에센셜 오일의 국내외 이용현황과 전망

에센셜 오일 산업은 미국, 영국, 독일, 프랑스, 일본을 중심으로 활발하게 발전되고 있다. 세계 아로마테라피 시장 규모는 2018년 18억 달러인데, 2025년에는 27억 달러로 연간 9.36% 증가할 것으로 예상했다(Medgadget, 2019). 그러나 GVR(2020)은 2020년 세계시장 규모는 18.62억 달러이고, 물량은 267,730톤이며, 2027년까지 매년 7.5% 증가할 것으로 예상했다. 아로마 치유가 신체, 마음, 정신에 고루 영향을 주고, 특히 COVI-19 이후 상당기간 동안 사람들은 많은 스트레스로 인해, 특히 선진국의 소비가 증가하리라 예상된다. 유럽에서 오일 사용은 식음료 산업 35%, 향수, 화장품, 아로마테라피 29%, 가정 이용 16%, 의약품 15%, 기타로 분류된다. 이 중 아로마테라피 분야는 피부에 바르는 마사지 같은 국소치료 관련 시장이 가장 크고, 다음으로 발향을 하는 디퓨저(diffuser)를 이용한 공기정화, 그리고 흡입하는 치료가 세 번째를 차지한다. 세계인의 오일 사용의 투자비용은 이완, 통증 치료, 피부와 머리 손질, 상처 치료, 수면 촉진, 건강과 웰빙 목적 순서로 나타났다.

국내 아로마테라피 역사는 매우 짧지만, 1990년대 후반부터 상당히 빠른 속도로 전개되고 있다. 이는 한국인의 스트레스가 다른 나라보다 높고, 건강 증진에 관심이 많아지면서 전통적인 자연치료, 즉 아로마테라피에 대한 관심도가 늘어나고 있기 때문이다.

한국인의 아로마 오일에 대한 인지도 조사에서 이(2012)는 48%가 잘 알고 있다고 했고, 에센셜 오일의 효과로는 심신 안정, 피부 미용, 건강 증진을 인정하였다. 에센셜 오일의 선호도에 대하여 신(1999)은 라벤더, 페퍼민트, 오렌지, 로즈메리, 유칼립투스, 캐모마일 순서였다고 했으나, 이(2012)는 라벤더, 로즈메리, 페퍼민트의 순서라고 하였다. 라벤더가 부동의 1위를 고수하는 것은 대표적인 허브로 향이 안정적이며 사용이 용이한 점이 이유이고, 페퍼민트향은 한국인이 많이 접한 향이기 때문이라 생각된다. 로즈메리는 국내 가장 많이 보급되는 허브 분화식물로서 소비자가 향을 친근하게 느끼기 때문에 선호도가 높다고 본다. 한국인의 아로마 치유 선호도는 마사지법 33%, 발향법 31%, 입욕법 17% 순으로 나타나서 유럽에서 많이 사용한 흡입법은 매우 낮았다(이, 2012).

아로마테라피와 관련한 연구를 보면, 2000년부터 지난 20년간 석·박사 논문 55편, 국내 학술논문이 67편이 발표되어(RISS, 2010), 연간 약 5~6편이 새로 나타나는데, 보다 많은 적용연구가 수행되어야 아로마테라피에 참여하는 사람들이 늘어나리라고 본다.

앞으로 국내 아로마테라피 산업이 발전하려면, 한국인에게 맞는 적용법을 세분화하여 표준화해 가면서 적용 환자의 신뢰를 쌓고, 다른 한편 정신신경과 의사의 적극적인 참여와 정부 자격증 체계 확립. 그리고 체계적으로 홍보를 한다면 전망이 밝다고 본다.

제2장 아로마테라피학 각론

이 장에서는 허브 중에서 에센셜 오일로 추출되는 식물을 대상으로 해서, 일상생활이나 테라피에서 중요하게 사용되는 특징과 효능에 대하여 각론적으로 설명한다.

2.1 바질

학 명:	*Ocimum basilicum*	**영 명**:	Basil, sweet basil
과 명:	Lamiaceae/Labiateae	**기 타 명**:	True basil
추출부위:	Plant(잎과 꽃대)	**휘 발 도**:	Top
원 산 지:	India, East Asia, Africa	**추 출 법**:	Steam distillation
대표성분:	바질 품종 A: methyl chavicol(23.79%), linalool(1.16%), citronellol(3.57%), eugenol(5.9%), limonene(2.04%), α-terpineol(1.9%) 바질 품종 B: linalool(45.55%), methyl chavicol(23.79%), eugenol(5.9%), limonene(4.73%), α-terpineol(1.09%)		

(1) 역사 및 유래

그리스어로 'basilcum'은 '왕'을 뜻하는데, 이는 왕의 주요한 의식에 사용되는 성스러운 허브에서 붙여진 이름이다. 요리에 주로 사용하거나, 뱀에 물렸을 때 독을 빼기 위해 사용하며, 감기나 두통을 없애기 위해 말린 바질을 주머니에 넣고 다니면서 향을 흡입하였다.

고대시대에는 근심, 걱정을 없애기 위해, 인도에서는 종교의식 영감을 얻기 위해 바질 잎을 씹어 먹기도 하였으며 신께 바치는 성스러운 식물로 가정을 보호하고 정화하기 위해 바질을 사용하였다.

(2) 식물 특징

많은 줄기가 분화하는 1년생 초본으로, 잎 색은 녹색, 적색, 오글거리는 것 등이 있고, 회색 또는 자색-백색 꽃이 핀다(허브 각론 2.13 참조).

(3) 효능 및 특징

정신적 피로감으로 인한 편두통, 불면, 신경성 우울감과 신경성 소화불량에 주로 사용된다. **근육 및 관절 부위**의 순환촉진과 통증 완화와 **호흡계통**의 기침, 기관지염 등에 도움이 된다. **심리적**으로는 뇌혈관 순환 촉진을 통해서 정확한 인식을 하게 됨으로써 자신감 증대와 합리적 판단을 유도한다.

블렌딩: 로즈메리, 라벤더, 클라리 세이지, 프랑킨센스, 펜넬, 블랙페퍼, 몰약과 어울린다.

주의사항: 피부 자극이 나타날 수 있으므로 민감성 피부 및 장기간 지속적으로 사용하지 않는다.

(4) 바질 활용분류

식용 허브, 생활용품, 아로마테라피

(5) 바질 에센셜 오일 사용법

세정용(지성피부, 비누, 샴푸, 바디클렌저, 페이스 클렌저, 0,5%), **목욕용**(입욕 솔트, 반신욕, 족욕, 5방울), **기초화장품**(지성피부: 스킨, 로션, 크림, 바디로션, 바디오일, 0.5%), **생활용품**(룸 스프레이, 모기퇴치 제품-스프레이, 연고, 3%), **발향용**(디퓨져, 캔들, 석고방향제 고체 및 액체 향수, 5%), **건강용품**(근육용: 연고, 스프레이, 오일, 밤; 두통용 아로마롤온. 2~3%), **가글**(구취, 구내염, 통증: 물 1컵에 1방울)에 적용한다.

2.2 버가못

학 명:	*Citrus aurantium* ssp. *bergamia*	**영 명:**	Bergamot
과 명:	Rutaceae	**기 타 명:**	Bergamot orange
추출부위:	Rind(껍질)	**휘 발 도:**	Top
원 산 지:	Italy, Morroco	**추 출 법:**	Cold pressed(냉압착법)
대표성분:	α-limonene 35~55%, linalyl acetate 30~35%, linalool 12~14%, β-pinene 4.5~7.0%, γ-terpinene 5.5~7.5%		

(1) 역사 및 유래

16세기 이탈리아 버가모(Bergamo)라는 도시에서 버가못 오일이 처음으로 생산되어 거래되었으며, 이탈리아인이 가장 선호하는 약제이다. 그 당시부터 항균제와 해열제로 사용되었다.

(2) 식물 특징

Lime과 유사한 귤나무로, 키는 10m 정도 자라며, 생육 최저온도는 7°C로서 종자번식이나 반숙지삽으로 번식한다(**그림 2.1**). 번식 특성은 이식이 잘 안 된다는 점이다. 열대 아시아가 원산지이지만, 지금은 이탈리아에서 많이 재배된다. 식재 후 7년째부터 열매를 수확할 수 있고, 50~60년간 재배할 수가 있다.

그림 2.1 버가못. (출처: Wikipedia)

(3) 효능 및 특징

신경계에서는 후각으로 인한 자율신경 조절로 긴장 완화, 감정 조절, 우울감, 불안, 걱정 등의 스트레스 관련한 심신 이완에 도움을 주고, **후각계**에서는 시상하부 조절로 인한 욕구 조절, 갱년기 감정 불안 감소에 효과가 있으며, **소화계**에서는 신경 안정으로 소화불량, 식욕부진, 헛배부름 등에 도움을 주고, **비뇨계**에서는 긴장 완화, 면역력 증대로 인한 외부 감염 방광염, 요도염, 구강염 등에 치유 효과가 있다. 그 외 항균, 방부, 진정작용, 호흡기적으로 공기정화, 피부 감염에도 효과적이며, 산업적으로는 화장품, 태닝 로션, 향수로 이용되고, 또한 Earl Grey tea에 첨가해서 이용된다.

블렌딩: 라벤더, 네롤리, 페티그레인, 쟈스민, 사이프러스. 제라늄, 레몬, 캐모마일, 쥬니퍼, 코리앤더(고수)와 어울린다.

주의사항: 감귤 오일 중 가장 광민감성이 크므로, 피부에 바른 후에는 햇빛이나 UV-lamp 노출을 금해야 한다.

(4) 활용 분류

식용 허브, 약용, 생활용품, 아로마테라피

(5) 버가못 에센셜 오일 사용법

세정용(지성피부, 비누, 샴푸, 바디클렌저, 페이스 클렌저, 0,5%), **목욕용**(입욕 솔트, 반신욕, 족욕, 5방울), **기초화장품**(지성피부: 스킨, 로션, 크림, 바디로션, 바디오일, 0.5%), **생활용품**(룸 스프레이, 모기퇴치 제품-스프레이와 연고, 3%), **발향용**(디퓨저, 캔들, 석고방향제 고체 및 액체 향수, 5%)에 적용한다.

2.3 벤조인

학 명:	*Styrax benzoin*	**영 명**:	Benzoin
과 명:	Styracaceae	**기타명**:	Gum benjamin
추출부위:	수지(resin)	**휘발도**:	Base
원 산 지:	South East Asia	**추출법**:	Solvent extraction
대표성분:	Benzoic acid, cinnamic acid, vanillin과 benzaldehyde		

(1) 역사 및 유래

때죽나무 속인 벤조인은 수천 년 전부터 아시아지역에서 향의 원료로 사용되어 왔으며, 악마를 쫒는 향으로 전해졌다. 바닐라 향과 비슷한 냄새를 내며 낮은 휘발도의 향을 가진다. 주로 Malaysia, Laos, Vietnam, Indonesia 지역에서 자생한다.

(2) 식물 특징

원산지는 최저온도 15~18°C 정도 되는 열대 아시아지역으로, 12~28m 정도의 키가 큰 교목이다.

수명은 70~100여 년 가량이다. 번식은 종자나 반숙지삽목으로 한다. 7년 이상 자란 나무의 줄기의 상처 부위에서 나오는 수액을 이용한다. 수액은 흘러나와 줄기 상에서 4~5개월이 되어야 굳는데, 3~4개월 동안 다시 정제해서 상품화가 이루어진다(**그림 2.2**).

(3) 효능 및 특징

달콤한 향이 신경을 안정, 이완시켜 주는 주요 효능을 갖는다.

신경계에서는 날카로운 신경, 예민한 긴장감 완화에 효과가 있다. **호흡계**에서는 항박테

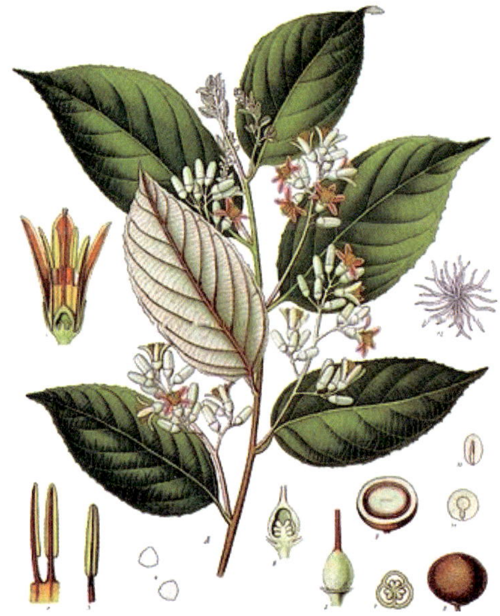
(a)

(b)

그림 2.2 (a) 벤조인 잎과 열매(출처: Wikipedia), (b) 수액받기(출처: Vietnam essential oil).

리아, 항진균 효과로 호흡기 감염 증상에 효과적이며, 인후염, 기관지염, 천식 치료에 사용한다. **피부계**에서는 상처 치유, 소식 재생, 건조한 피부, 갈라진 피부에 좋다. **근육계**에서는 근육이완, 가벼운 근육 통증을 치유한다.

블렌딩: 버가못, 사이프러스, 쥬니퍼, 라벤더, 몰약, 페티그레인, 샌달우드와 어울린다.

주의사항: 임신초기 및 2세 이하의 어린이에게 사용 시 주의한다.

(4) 활용분류

약용, 생활용품, 아로마테라피

(5) 벤조인 오일 사용방법

세정용(비누, 샴푸, 바디클렌저, 페이스 클렌저, 0.5%), **목욕용**(긴장 이완, 숙면: 입욕 솔트, 반신욕, 족욕, 5%). **기초화장품**(건조 및 노화 피부: 스킨, 바디로션 및 크림, 5%), **생활용품**(룸 스프레이, 모기퇴치 제품: 스프레이와 연고, 3%), **발향용**(호흡기에 도움: 디퓨져, 캔들, 석고방향제, 향수 제조, 5%), **건강**(호흡기, 갈라진 피부: 연고, 오일, 근육 밤, 통증 스프레이, 2~3%), **가글**(인후염, 편도선염, 구취, 구내염, 통증 시 벤조인 팅쳐: 잇몸 염증 치료제: 물 1컵에 1방울)용으로 적용한다.

2.4 블랙페퍼(후추)

학 명:	*Piper nigrum*	**영 명:**	Black pepper
과 명:	Piperaceae	**기타명:**	Piper, pepper, 黑胡椒
추출부위:	Berries	**휘발도:**	Top-Middle
원 산 지:	India, Indonesia, Malaysia	**추출법:**	Steam distillation
대표성분:	Monoterpenes(70~80%)과 sesquiterpenes(20~30%), 기타 산화물		

(1) 역사 및 유래

고대부터 향신료의 제왕으로 귀하게 여겼으며, 구하기가 어려워 중세 때 유럽에서는 권력과 부의 척도였다. 몸을 치료하고, 부정적 기운을 개선하는 데 사용되어 왔다.

(2) 식물 특징

원산지는 인도네시아로, 덩굴성 식물로 6m까지 자라며 기둥을 세워서 가꾼다. 최저 생육온도는 15~18°C이며, 번식은 여름철에 반숙지삽을 한다. 수증기 증류법으로 열매에서 무색의 물 같은 오일을 추출한다. 숙기에 따라 열매는 녹색에서 적색, 흑색으로 바뀐다.

(a)

(b)

그림 2.3 (a) 후추나무 재배, (b) 열매. (출처: kirehalli.com)

(3) 효능 및 특징

신경계에서는 뇌 순환 촉진으로 정신적 피로감을 줄여주고, 정신을 강화한다. **근육계**에서는 근육과 관절 부위를 따뜻하게 해줌으로써, 근육피로 통증, 근육 경직, 류마티스 관절염, 삐거나 타박상으로 뭉친 부위에 효과적이다. **소화계**에서는 신체를 따뜻하게 해주는 특징으로 소화불량, 복부팽만, 변비, 헛배부름을 치유한다.

산업적으로는 동양적 향수를 만들 때, 장미와 카네이션 향과 같이 혼합해서 사용한다. 특히, 후추 오일과 oleoresin은 식품첨가물로 이용되고, 그 외에 알코올 음료에도 이용된다.

블렌딩: 프랑킨센스, 샌달우드, 라벤더, 로즈메리, 마조람, 바질, 카주풋과 어울린다.

주의사항: 장기간 고농도로 사용 시 요붕증을 가져올 수 있고, 민감성 피부에는 매우 자극적일 수 있다. 그러므로 염증이 있는 피부나 상처가 난 피부에는 절대 사용해서는 안 된다.

(4) 활용 분류

식용 허브, 약용, 생활용품, 아로마테라피

(5) 블랙페퍼 에센셜 오일 사용방법

세정용(여드름성 피부: 샴푸, 바디클렌저 0.3%), **목욕용**(관절염증 시: 입욕 솔트, 반신욕, 족욕, 삐었을 때 냉습포, 3방울). **기초화장품**(여드름성 피부, 스킨, 로션, 크림, 바디로션 및 오일 3%), **생활용품**(룸 스프레이, 모기퇴치 제품: 스프레이와 연고, 3%), **발향용**(호흡기에 도움: 디퓨저, 캔들, 석고방향제, 향수 제조, 5%), **건강용품**(근관절연고, 근관절 스프레이, 통증 오일, 2~3%), **가글**(구취, 구내염, 통증 시 물 1컵에 1방울)에 적용한다.

2.5 카다멈

학 명:	*Elettaria cardamomum*	**영 명:**	Cardamom
과 명:	Zingiberaceae	**기타명:**	True cardamon
추출부위:	씨(Seed)	**휘발도:**	Middle
원 산 지:	India	**추출법:**	Steam distillation
대표성분:	Terpinyl acetate과 cineole이 50% 이상을 점유, 그 외 limonene, sabiene, linalool, linalyl acetate		

(1) 역사 및 유래

3,000년 전부터 오랫동안 요리, 치료, 향수에 사용되어 왔다.

산업적으로 구풍제, 소화제에 사용되고, 그 외에 향기를 내는 향기제품에 쓰인다. 식품에도 첨가되며, 커리의 향을 내는 데 중요하다.

(2) 식물 특징

원산지는 남인도이며, 4m 크기로 잎의 모양이 생강처럼 생긴 초본성 식물이다(그림 2.4). 18°C 이상 온도에서 종자번식을 하며 가을에 씨앗를 뿌린다. 수증기 증류법으로 종자

(a) (b)

그림 2.4 (a) 카다멈 식물, (b) 열매와 종자. (출처: Wikipedia)

에서 옅은 황색 오일을 추출한다.

(3) 효능 및 특징

진저와 연관성이 있으며, 신체를 따뜻하게 하고 시스템을 강화시키는 효능이 있다.

신경계에서는 tonic 효과로 머리 무거움, 두통, 스트레스 발산에 도움을 주고, **소화계**에서는 복부를 따뜻하게 해서 소화를 촉진시키는 효과로 소화불량, 식욕부진, 메스꺼움, 통증 완화에 도움을 주며, **근육계에서는** 몸을 따뜻하게 해서 근육 뭉침, 관절통증, 무거운 느낌의 신체 순환 촉진, 운동 전 후 마사지 오일, 로션으로 효과를 얻을 수 있다.

블렌딩: 프랑킨센스, 제라늄, 쥬니퍼, 오렌지, 네롤리, 로즈우드 오일과 어울린다.

주의사항: 어린이에게 사용 시 신경계 자극과 호흡에 영향을 미칠 수 있으므로 사용을 자제하거나, 주의하여 사용한다. 피부에 사용 시 피부민감도를 측정한 다음 사용한다. 흡입법으로 사용할 때에는 주의를 요한다.

(4) 활용 분류

식용 허브, 약용, 생활용품, 아로마테라피

(5) 카다멈 에센셜 오일 사용방법

세정용(두피 트러블 시: 샴푸, 바디클렌저, 0.3%), **목욕용**(근육통증 부종 시: 입욕 솔트, 반신욕, 족욕, 3방울), **기초화장품**(여드름성 피부, 과다피지와 화농성 피부에 단기 사용, 스킨, 로션, 크림, 바디로션 및 오일, 0.3%), **생활용품**(룸 스프레이, 모기 퇴치 제품: 스프레이와 연고, 3%), **발향용**(디퓨저, 캔들, 석고방향제, 고체 및 액체 향수 제조, 5%), **건강용품**(근관절 연고, 근관절 스프레이, 통증 오일, 2~3%), **가글**(구취, 구내염, 통증 시: 물 1컵에 1방울)에 적용한다.

2.6 카주풋

학 명:	*Melaleuca cajuputi*	**영 명**:	Cajeput, cajuput
과 명:	Myrtaceae	**기타명**:	White tea tree
추출부위:	Tree/Leaves and twigs	**휘발도**:	Top
원 산 지:	Australia, Malaysia	**추출법**:	Steam distillation
대표성분:	Cineole(50~80%), monoterpene(25%), monoterpenol(12%)		

(1) 역사 및 유래

17세기에 호주인이 카주풋 오일을 발견하여 유럽에 소개되었다. 티트리의 일종으로 원산지는 호주(퀸스랜드, 뉴사우드 웨일즈)와 New Caledonia 섬이다.

(2) 식물 특징

나무는 35m 정도 크기이며, 줄기는 희다. 잎은 길이 7~20, 폭 2~8cm로 둥글고, 향이 난다. 꽃은 10cm 정도 길이로, 크림색, 황색 또는 적색이다(**그림 2.5**). 오일은 잎과 가지에서

(a)

(b)

그림 2.5 (a) 카주풋 꽃, (b) 나무. (출처: Wikipedia)

수증기 증류법으로 추출하는데, 색깔은 황록색으로 1L 오일을 얻기 위해서는 100~125kg의 식물이 필요하다.

(3) 효능 및 특징

높은 항산화 효과와 점액 제거 효능이 강하다.

호흡기계에서는 기침, 감기, 코막힘 감기, 카타르, 부비강염, 인후염 등에 기관지 치료에 탁월하고, **근육계**에서는 류마티즘, 관절염증, 근육 통증에 사용한다. 그 외에 신경계를 강화시켜 주며, 신체적 피로와 바이러스성 염증과 통증 치유에 사용한다.

블렌딩: 니아울리, 티트리, 유칼립투스, 진저, 후추, 스파이크 라벤더(spike lavender), 캠퍼, 타임(백리향), 세이지, 로즈메리, 페퍼민트와 어울린다.

주의사항: 독성은 없으나 피부에 고농도로 과다 사용 시 피부 충혈이 될 수 있다.

(4) 활용 분류

식용 허브, 약용, 조경용, 공예, 생활용품, 아로마테라피

(5) 카주풋 에센셜 오일 사용방법

세정용(여드름성 피부: 샴푸, 바디클렌저, 페이셜 폼, 0.5%), **목욕용**(염증성 통증: 입욕 솔트, 반신욕, 족욕, 5방울), **기초화장품**(여드름성 피부: 스킨, 로션, 크림, 바디로션 및 오일 0.3%), **생활용품**(룸 스프레이, 모기퇴치 제품: 스프레이와 연고, 5%), **발향용**(호흡기에 도움: 디퓨저, 캔들, 석고방향제, 향수 제조, 5%), **건강용품**(근관절 연고, 근관절 스프레이, 통증 오일, 2~3%), **가글**(구취, 구내염, 통증 시: 물 1컵에 1방울)에 적용한다.

2.7 시더우드

학 명:	*Cedrus atlantica*	**영 명:**	Cedarwood
과 명:	Pinaceae	**기타명:**	백향목
추출부위:	leaves/Tree	**휘발도:**	Base
원 산 지:	France, Morroco, Egypt	**추출법:**	Steam distillation
대표성분:	Atlantone 20%, atlantol, cedrol, cedrene, caryophyllene, cadinene		

(1) 역사 및 유래

역사적으로 영적인 능력과 굳은 신앙을 상징하는 대표 허브로 'cedar'가 그 의미를 나타낸다. 시더우드의 강한 내구성과 침식에 강한 특징, 병해충에 손상되지 않는 수목으로 가치

를 인정받아 솔로몬 왕은 자신의 성전을 짓는 데 사용하였고, 파피루스와 미라를 만들 때에도 사용하였다. 시더우드 'Atlas' 종의 정유는 향수 원료로 많이 사용되었다.

(2) 식물 특징

모로코 아틀라스 산맥과 알제리의 Tell Atlas가 원산지인 삼나무로, 키는 30~35m(거의 40m)이고, 줄기 직경은 1.5~2m로 매우 큰 침엽상록수이다.

잎에서 추출하는 정유는 독특한 따뜻한 느낌을 주는 나무 냄새와 발사믹 향(balsamic aroma)을 내는 연한 황색이다.

(3) 효능 및 특징

살균, 항진균, 방부의 뛰어난 효능으로 **피부계**에서는 여드름, 습진, 전염성 피부염의 다양한 케어에 도움이 되고, **순환계**에서는 순환 조절과 신체 강화, 바디오일 또는 입욕 시 사용하면 류머티즘에 효과가 있으며, **호흡계**에서는 기관지염, 기관지 거담치료에 좋다. **신경계**에서는 경직되고, 완고하고, 오만한 고집 센 성향의 사람의 지나치게 흥분하는 신경을 완화한다.

블렌딩: 샌달우드, 쥬니퍼, 사이프러스, 베티버, 패출리, 벤조인, 로즈, 파인과 좋다.

주의사항: 오일을 과다하게 사용하지 말고, 서양측백(thuja, *Thuja occidentalis*) 또는 white cedar와 혼동하면 안 된다. Thuja oil 사용 시 발작 현상이 보고되었다.

(4) 활용 분류

약용, 조경용, 공예, 생활용품, 아로마테라피

(5) 시더우드 에센셜 오일 사용방법

세정용(여드름성 피부: 두피 강화, 샴푸, 바디클렌저, 페이셜 폼, 0.5%), **목욕용**(염증성 통증, 순환 촉진: 입욕 솔트, 반신욕, 족욕, 5방울). **기초화장품**(염증성 피부: 스킨, 로션, 크림, 바디로션 및 오일 0.3%), **생활용품**(룸 스프레이, 5%), **발향용**(기침, 가래, 기관지염: 디퓨저, 캔들, 석고 방향제, 향수 제조, 5%), **건강용품**(근관절 연고, 근관절 스프레이, 통증 오일, 피부 트러블, 2~3%), **가글**(구취, 구내염, 통증 시: 물 1컵에 1방울)에 적용한다.

2.8 캐모마일

학 명:	*Chamoemelum nobile* (Roman) *Matricaria chamomilla* (German)	영 명:	Roman chamomile German chamomile(Water of youth)
과 명:	Compositae	기타명:	Camomile
추출부위:	Flower	휘발도:	Middle
원 산 지:	France, Italy, Egypt	추출법:	Steam distillation
대표성분:	**Roman**: iso-butyl angelate(36.0~25.85%), iso-amyl iso-butyrate(23.7~10.9%), 2-methylbutyl angelate(20.3~13.0%), iso-amyl tiglate(9.9~11.7%), propyl tiglate(12%,) iso-amyl angelate(5.3~17.9%), iso-butyl iso-butyrate3.7~5.3% **German**: α-bisabolol oxides A(25.5~28.7%), α-bisabolol oxides B(12.2~30.9%, α-bisabolol(4.8~11.3%), chamazulene(2.3~10.9%), (E)-β-farnesene(4.9~8.1%)		

(1) 역사 및 유래

*Chamoemelum*의 이름은 'earth apple'의 그리스어에서 유래되었으며, 놀랍게도 사과 향처럼 리후레쉬한 향이 난다. 위 2종류의 캐모마일은 매우 비슷한 효능을 가진다. 로만 캐모마일은 황색이고, 저먼 캐모마일에 좀 더 많은 chamazulene 성분을 함유하고 정유의 색에 좀 더 짙은 블루 컬러를 나타낸다(**그림 2.6**). 산업적으로는 비누, 향수, 치약, 머리와 목욕용품에 이용되고 있다.

(a) (b)

그림 2.6 (a) 로만 케모마일, (b) 저먼 캐모마일의 정유 색깔 비교.

(2) 식물 특징

유럽 원산지인 로만 캐모마일은 키 작은 영년생 초본으로, 유럽에서는 잡초처럼 잘 자라며 종자번식을 한다(허브 각론 2.39 참조). 저먼 캐모마일은 1년생으로 종자번식성이 매우 강해서, 한 번 심으면 종자가 스스로 떨어져 코스모스처럼 다음해 봄에 발아한다.

(3) 효능 및 특징

대표적으로 항염 효능이 있으며, **신경계**에서는 긴장 이완, 불안감, 초조, 스트레스, 불면, 신경성 통증, 신경성 소화불량 치유에 좋다. **피부계**에서는 민감 피부, 열감, 붉음증, 따가움, 알러지성 피부에 연고, 크림 등에 사용된다. 아이들의 복통, 짜증, 침착하지 못한 아이들에게 목욕, 바디제품으로 사용한다.

블렌딩: 제라늄, 라벤더, 패출리, 로즈, 버가못, 네롤리와 어울린다.

주의사항: 임신 초기 및 과다 사용에 주의하고 복용을 금지한다.

(4) 활용 분류

식용 허브(허브차), 약용, 조경용, 아로마테라피

(5) 캐모마일 에센셜 오일 사용법

세정용(저먼 캐모마일: 민감성 피부: 비누, 샴푸, 바디클렌저, 페이셜 폼, 0.5%), **목욕용**(로민 캐모마일: 민감성 통증: 긴장완화, 불면: 입욕 솔트, 반신욕, 족욕, 5방울). **기초화장품**(저먼 캐모마일: 염증성, 붉은 피부: 스킨, 로션, 크림, 바디로션 및 오일. 0.3%), **생활용품**(로만 캐모마일: 숙면용 룸 스프레이, 5%), **발향용**(로만 캐모마일: 숙면, 스트레스 완화: 디퓨져, 캔들, 석고방향제, 향수 제조, 5%), **건강용품**(저먼 캐모마일, 캐모마일 하이드로졸: 피부 트러블 연고, 붉은 증상, 가려움 완화 스프레이, 2~3%), **가글**(하이드로졸: 발치 후 통증, 염증으로 부은 잇몸, 물 1컵에 1방울)에 적용한다.

2.9 시나몬

학 명:	*Cinnamomum verum*	**영 명:**	Cinnamon
과 명:	Lauraceae	**기타명:**	계피, 육계
추출부위:	bark, leaf	**휘발도:**	Middle
원 산 지:	Indonesia, Sri lanka	**추출법:**	Steam distillation
대표성분:	Eugenol, cinnamic aldehyde, linalool		

(1) 역사 및 유래

스리랑카가 원산지로, 수천 년 동안 치료제로 사용되었다. 츄잉 검처럼 씹어서 이용했으며, 신체 저항성을 높여 암을 예방했는데, cinnamic aldehyde 성분은 전립선, 폐, 유방암 종양 억제 효능이 입증되었다. 전 세계적으로 약 22만 톤(2017년)이 생산되며, 인도네시아, 중국, 베트남, 스리랑카가 주요 생산국이다.

(2) 식물 특징

시나몬은 녹나무 과 녹나무 속의 상록수이다. 나무의 크기는 10~15m이며, 잎은 길쭉한 달걀 모양으로, 7~18cm이다. 꽃은 녹색으로 독특한 향이 난다. 3년 이상된 나무껍질을 채취해서(그림 2.7a), 4~5일 건조한 후, 껍질 묶음, 분말, 정유를 추출하여 유통한다.

(3) 효능 및 특징

강력한 살균력과 항진균 작용이 있으며, 벌레 물림, 머릿니, 옴, 사마귀, 말벌의 침 등의 해독제로 사용한다. **바이러스성 질병**인 감기, 독감 치료에 좋다. **소화계**에서는 소화불량, 메스꺼움, 설사, 위액 분비 촉진, 식욕 촉진, 신경성 식욕부진, 가스 발생을 개선한다. 신체를 자극해서 순환 촉진, 월경주기 조절, 월경통, 류마티즘, 신경통, 소진된 컨디션에 도움을 준다. 라벤더, 시나몬 synergy에는 칸디다에 대한 저항의 특징이 있다.

블렌딩: 벤조인, 프랑킨센스, 진저, 그레이프프룻, 라벤더, 오렌지, 파인, 로즈메리, 타임, 일랑일랑과 어울린다.

주의 사항: 껍질 추출 오일은 0.05% 이하로 사용하고, 잎 추출 오일은 0.5 이하로 사용한다. 과다 용량을 사용하면 피부에 물집이 생기거나 따가울 수 있다. 임산부, 어린아이에게는 사용을 피한다. 희석하지 않은 원액을 피부에 사용하는 것은 절대로 금한다.

(4) 활용 분류

식용 허브, 약용, 조경용, 공예, 생활용품

(a) (b)

그림 2.7 (a) 시나몬(계피) 수피 채취(출처: Burlap & Barrel Inc), (b) 클라리 세이지.

(5) 시나몬 에센셜 오일 사용방법

세정용(벌레 물림, 머릿니, 사마귀 등 피부: 삼푸, 바디클렌저, 페이셜 폼, 0.05%), **습포법**(통증, 벌레 쏘임: 냉습포, 0.005%), **생활용품**(벌레퇴치용 에어 스프레이, 5%), **발향용**(지친 피로, 벌레 퇴치, 온기 부여: 디퓨져, 캔들, 석고방향제, 5%), **가글**(발치 후 통증, 염증으로 부은 잇몸: 물 1컵에 1방울)에 적용한다.

2.10 클라리 세이지

학 명:	*Salvia sclarea*	**영 명:**	Clary sage
과 명:	Lamiaceae(Labiatae)	**기타명:**	Clary, clary wort
추출부위:	Flowering tops, leaves	**휘발도:**	Middle
원 산 지:	France, Bulgaria	**추출법:**	Steam distillation
대표성분:	Linalool, linalyl acetate, caryophyllene, a-terpineol, geraniol, neryl acetate, sclareol, germacrene D.		

(1) 역사 및 유래

Clary는 라틴어로 '깨끗하다'라는 의미이며, sage는 '구원하다'라는 의미가 있다. 전통적으로 눈을 맑고 깨끗하세 하여 맑은 정신을 갖게 한다는 민간적 신념으로 사용되어 왔다. 독일에서는 클라리 세이지를 맥주에 첨가해서 향을 내고 숙성시키는 데 사용하였다.

산업적으로는 각종 생활용품의 향을 내는 데 쓰인다. 식품의 첨가향으로 많이 쓰이는데, 특히 포도주에서 '머스커트(Muscat)' 향을 내는 데 필요하다.

(2) 식물 특징

지중해 연안이 원산지로, 키는 1.2m까지 자라며, 잎은 30cm 정도로 일반 세이지 보다 크다(그림 2.7b). 재식 후 4~7년간 수확 가능하며, 그 다음 갱신한다. 내한성이 약해서 월동 시에는 얼지 않게 주의한다. 번식은 종자번식과 삽목으로도 가능하다.

(3) 효능 및 특징

강력한 이완 효과가 있으며, **신경계**에서는 우울, 나약, 편집증, 망상, 불안, 신경질, 고혈압, 스트레스 이완에 도움을 주며, 통증, 긴장완화, 경련, 쥐, 복통, 장꼬임, 생리 시 진통 치유에 좋으며, **피부계**에서는 두피 탈모, 비듬, 피부 염증을 개선한다.

블렌딩: 시더우드, 제라늄, 쥬니퍼, 라벤더, 샌달우드, 버가못과 어울린다.

주의사항: 임신 초기 사용은 피하고, 과다 사용 시 졸음을 유발하므로 사용 후에는 운전을 금한다.

(4) 활용 분류

식용 허브, 약용, 조경용, 공예, 생활용품, 아로마테라피

(5) 클라리 세이지 에센셜 오일 사용방법

세정용(염증과 각질 피부, 탈모와 비듬: 두피 강화 샴푸, 바디클렌저, 페이셜 폼, 1%), **목욕용**(염증성 노화 피부: 입욕 솔트, 반신욕, 족욕, 3방울). **기초화장품**(염증성, 노화피부: 스킨, 로션, 크림, 바디로션 및 바디오일 0.3%), **생활용품**(기분 전환 스프레이, 3%), **발향용**(숙면, 스트레스 완화, 긴장 완화: 디퓨저, 캔들, 석고방향제, 고체 및 액체 향수의 블렌딩, 5%), **습포**(복통, 장꼬임, 신경성 통증 부위: 온습포 2~3%)에 적용한다.

2.11 코리엔더(고수)

학 명:	*Coriandrum sativum*	**영 명:**	Coriander
과 명:	Apiaceae(Umbelliferae)	**기타명:**	고수, 빈대풀
추출부위:	Seeds	**휘발도:**	Middle
원 산 지:	France, China	**추출법:**	Steam distillation
대표성분:	Lonalool, gerany acetate, α-pinene, limonene		

(1) 역사 및 유래

원산지는 유럽으로, 빈대 냄새가 나며, 고대부터 향신료, 부향제품으로 사용되었다.

(2) 식물 특징

1~2년생 초본식물로, 3~5월, 9~10월에 직파한다(허브 각론 2.1 참조).

(3) 효능 및 특징

건위, 소화, 구풍의 효능이 있다. **소화계**에서는 소화촉진, 위경련, 복부 가스, 장 운동 촉진, 설사 치유에 도움을 주고, **순환계**에서는 체액 정체, 셀룰라이트, 관절염, 류마티즘, 근육통증, 진해에 효과가 있다.

블렌딩: 버가못, 라벤더, 레몬, 사이프러스와 잘 어울린다.

주의사항: 과다한 사용은 신경마비를 유발하므로 유의한다.

(4) 활용 분류

식용 허브, 약용, 생활용품, 아로마테라피

(5) 코리앤더 에센셜 오일 사용방법

세정용(건강 피부, 약지성 피부: 비누, 삼푸, 바디클렌저, 페이셜 폼, 0.5%), **목욕용**(순환촉진, 체액 정체: 입욕 솔트, 반신욕, 족욕, 5방울), **기초화장품**(건강 피부와 약지성 피부: 스킨, 로션, 크림, 바디로션 및 오일 0.3%), **생활용품**(룸 스프레이, 5%), **발향용**(탈취: 디퓨저, 캔들, 석고방향제, 고체 및 액체 향수 제조, 5%), **건강용품**(소화 촉진, 근육 뭉침: 마사지 오일, 연고, 2~3%), **가글**(구취, 구내염, 통증 시: 물 1컵에 1방울)에 적용한다.

2.12 사이프러스

학 명:	*Cupressus sempervirens*	**영 명**:	Cypress
과 명:	Cupressaceae	**기타명**:	Italian cypress
추출부위:	Needle	**휘발도**:	Middle
원 산 지:	France, Spain	**추출법**:	Steam distillation
대표성분:	α-pinene, camphene, sylvestrene, cymene, sabinol		

(1) 역사 및 유래

하명의 '*Cupressus*'는 키프로스 섬의 지명이며, '*sempervirens*'는 '영원한 산다'의 의미로 1,000년 이상 자라는 생명력이 강한 사이프러스 나무의 특성에서 유래하였다.

산업적으로는 Eau de Cologne 첨가제, 악취 제거제, 남성용 향수에 사용된다.

(2) 식물 특징

동지중해지역이 원산지인 상록성 식물로, 키는 35m이고, 원통형 또는 원추형으로 자란다. 열매는 향추출로 이용되며, 지중해 연안에서는 정원수로도 이용된다(그림 2.8).

(3) 효능 및 특징

순환계에서는 순환 촉진으로, 찬 손발, 류마티즘, 경련, 부종, 치질, 치주염, 정맥류, 다한증에 도움을 주고, **호흡기**에서는 만성 기관지염, 천식, 기침 치료에 좋으며, **생식기계**에서는 생리장애, 과다 출혈에 도움을 주며, **피부계**에서는 과다 피지분비 피부, 지성 피부, 약한 모세혈관 피부에 효과가 있고, **심리적**으로는 부담감, 긴장 이완에 좋다.

블렌딩: 로즈제라늄, 라벤더, 로즈, 샌달우드, 벤조인, 로즈메리, 파인 오일과 어울린다.

주의사항: 임신 중 사용과 과다 사용을 피한다.

(a)

(b)

그림 2.8 사이프러스. (a) 나무형태, (b) 열매. (출처: Wikipedia)

(4) 활용 분류

식용 허브, 약용, 조경용, 생활용품, 이로마테라피

(5) 사이프러스 에센셜 오일 사용방법

세정용(지성피부, 과다 피지 분비 피부: 비누, 샴푸, 바디클렌저, 페이셜 폼, 0.5%), **목욕용**(순환 촉진, 부종: 입욕 솔트, 반신욕, 족욕, 5방울), **기초화장품**(건강 피부와 약지성 피부: 스킨, 로션, 크림, 바디로션 및 오일 0.3%), **생활용품**(룸 스프레이, 5%), **발향용**(탈취: 디퓨저, 캔들, 석고방향제, 고체 및 액체 향수 제조, 5%), **건강용품**(근육 뭉침, 순환 촉진: 마사지 오일, 연고, 2~3%), **습포**(정맥류, 삔 데, 3~5%)에 적용.

2.13 유칼립투스

학 명:	*Eucalyptus globulus*	**영 명**:	Eucalyptus
과 명:	Myrtaceae	**기타명**:	Gum tree, blue gum
추출부위:	Leaf	**휘발도**:	Top
원 산 지:	Austalia, Portugal	**추출법**:	Steam distillation
대표성분:	1.8 cineol, α-pinene, limonene, cymene, terpinene		

(1) 역사 및 유래

Eucalyptus의 'Eu'는 'well(잘)', 'kalyptos'는 'cover(보호하다)'이며, '보호되어 잘 싸였다'라

는 의미를 가지는데, 꽃이 피기 전에 꽃받침이 꽃을 잘 보호하여 싸여 있는 모습에서 비롯된 이름이다. 호주 원주민은 옛날부터 상처 부위에 바르거나, 나무를 태워 훈증 또는 담뱃잎처럼 사용하여 기관지와 호흡기에 도움을 얻고자 했다.

산업적으로는 광범위하게 사용되는데, 사탕, 감기 시럽, 치약, 비누, 향수 및 의약품의 첨가향으로 사용된다. Cineole을 추출해서 식료품 가공에 많이 이용한다.

(2) 식물 특징

원산지는 호주이며, 타스마니아 블루 검(Tasmanian blue gum)으로 불리는 상록수로, −12°C까지 견디지만 −5°C 이하는 생존이 어렵다. 종자번식을 주로 한다. 키가 아주 큰 종은 60m 이상 되는 것까지 있으며, 싹이 나서 유년기에는 잎이 은색으로 둥글고, 4~5년 지나 성년기가 되면 잎이 녹색이 되고 가늘어진다(**그림 2.9**). 지구 상의 700여 종 중 500여 종의 잎과 줄기에서 수증기 증류법으로 오일이 추출되고, 색깔은 무색이다.

유칼립투스의 종류

① *Eucalyptus radiata*: blue gum보다 부드럽다.

② *Eucalyptus citriodora*(Lemon eucalyptus): lemon-scented gum
대략 80%의 알데하이드(citronellal) 함유로 안정, 천연소독제, 탈취제

③ *Eucalyptus dives*: peppermint gum. ketone, monoterpenes 함유. 호흡기에 사용, 근육통, 몽증세

④ *Eucalyptus smithii*: 1,8-cineol 함량 높음, 어린아이에게 사용하는 데 좀 더 안전하다.

⑤ *Eucalyptus staigeriana*: 다양한 성분 구성. 가벼운 레몬향. 스트레스 완화, 소염제, 충혈 완화, 여성 부인과에 효능이 있고, 노인과 유아에게 사용하기에 부드럽다.

(3) 효능 및 특징

방부, 항균효과가 있으며, 벌레물림, 상처, 헤르페스, 감염, 항박테리아에 유용하고, **호흡**

(a)

(b)

그림 2.9 (a) 유칼립투스 유년기잎, (b) 성년기(열매, 꽃, 잎). (출처: Wikipedia)

계에서는 감기, 코막힘, 기침, 후두염, 기관지염, 가래, 해열에 도움을 주고, **근육계**에서는 근육 뭉침, 류머티즘, 운동 전후에 좋고, **신경계**에서는 정신적 정화, 심리적으로 명확성, 집중력 강화에 도움을 주며, **피부계**에서는 곰팡이 감염 피부, 무좀에 효과가 있다.

블렌딩: 라벤더, 파인, 로즈메리, 레몬, 레몬그래스, 멜리사와 어울린다.

주의 사항: 사용 시 영유아나 동종요법을 병행해서 치료할 때는 특히 주의해야 한다. 외상에 이용 시는 독성이 없지만, 어른은 30ml, 어린이(10tp)는 10ml만 섭취해도 사망할 수 있으므로 주의한다(Patel과 Wiggins, 1980)

(4) 활용 분류

약용, 조경용, 공예, 생활용품, 아로마테라피

(5) 유칼립투스 에센셜 오일 사용방법

세정용(지성피부, 염증성 피부, 감염 피부: 비누, 샴푸, 바디클렌저, 페이셜 폼, 0.5%), **목욕용**(순환 촉진, 체액 정체, 부종: 입욕 솔트, 반신욕, 족욕, 5방울), **증기흡입법**(코막힘, 감기, 기침 등: 대야에 1L 기준, 1방울), **생활용품**(룸 스프레이, 3%), **발향용**(탈취: 디퓨저, 캔들, 석고방향제, 고체 및 액체 향수 제조, 5%), **건강용품**(근육 뭉침, 순환 촉진: 마사지 오일, 연고, 2%), **습포**(근육통, 뭉침: 온습포 3%), **가글**(구취, 구내염, 염증 시: 물 1컵에 1방울)에 적용한다.

2.14 펜넬

학 명:	*Foeniculum vulgare*	**영 명:**	Fennel
과 명:	Umbelliferae	**기타명:**	Sweet fennel, 회향
추출부위:	Seed	**휘발도:**	Top to middle
원 산 지:	France	**추출법:**	Steam distillation
대표성분:	종자:(I) methyl chavicol(54.9%), fenchone(24.6%) 잎: methyl chavicol(12.3~12.1%), α-phellandrene(9.4~27.2%), limonene(25.3~18%), fenchone(19.4~18.3%): 지역 품종 간 차이 있음		

(1) 역사 및 유래

지중해 원산으로 영년생이다. 학명의 '*Foeniculum*'은 마른 풀의 축소형이란 뜻이며, 잎, 줄기의 생김이 잘게 갈라진 마른 풀처럼 보여서 붙여진 이름이다. 요리에 사용하는 대표적인 허브로, 이집트 파피루스 의서에서도 확인되었는데, 장수, 강장의 효과로 사용되었다. 그리스에서는 '마라트론'이라 불렀는데, '마라노'라는 '여위다'라는 뜻에서 유래되었다. 또한, 로마제국 샤를마뉴대제는 왕실 가든에 필수적으로 심도록 법령으로 정하였다. 펜넬은 종자

(a) (b)

그림 2.10 펜넬 꽃과 오일(반드시 학명이 기재된 오일을 구입, PRANAROM).

용과 채소용이 있다(허브 각론 2.43 참조).

(2) 식물 특징

1.5~2m 정도 자라는 다년초로, 종자번식이나 분주(포기나누기)로 번식한다. 종자용은 6~8월 꽃대가 나와 가을에 열매를 맺는데, 여기에서 오일을 추출한다(**그림 2.10**).

채소용 Florence fennel은 잎줄기의 밑쪽이 양파처럼 구를 이루고, 30~60cm 정도의 작은 키로 둥근 아래쪽 엽병을 샐러드나 요리에 많이 이용한다. Bronze fennel은 관상용으로 기르며 잎이 적동(bronze)색이다.

(3) 효능 및 특징

소화계에서는 소화 촉진, 해독, 경련, 복통, 딸꾹질, 변비, 포만감에 도움을 주고, **생식계**에서는 에스트로겐과 유사한 효능으로 생리장애, PMS(월경 전 증후군) 시 부종, 갱년기, 모유 수유에 도움을 주며, **신경계**에서는 스트레스, 의욕증진, 우울감, 위로에 효과가 있다.

블렌딩: 프랑킨센스, 제라늄, 로즈, 로즈메리, 오렌지스윗, 클라리 세이지, 라벤더, 사이프러스와 어울린다.

주의사항: 간질환자, 임산부, 6세 이하 어린이에게는 사용을 금지한다.

(4) 활용 분류

식용 허브, 약용, 조경용, 공예, 생활용품, 아로마테라피

(5) 펜넬 에센셜 오일 사용방법

세정용(비누, 0.5%), **목욕용**(순환 촉진, 안정, 5방울), **증기흡입법**(코 막힘, 감기, 기침 등: 대야에

1L 기준, 1방울), **발향용**(탈취: 디퓨져, 캔들, 향수 제조, 5%), **건강용품**(근육 뭉침, 순환 촉진: 마사지 오일, 연고, 2%), **식품, 음료**(과자나 음료 등에 첨가 1000ppm)에 적용한다.

2.15 퍼

학 명:	*Abies alba*	**영 명:**	Siber fir, fir
과 명:	Pinaceae	**기타명:**	Fir, silver 전나무
추출부위:	Needles	**휘발도:**	Base
원 산 지:	Eastern Europe, Korea	**추출법:**	Steam distillation
대표성분:	β-pinene(32.8%), α-pinene(17.3%), camphene(16.7%), bornyl acetate(9.0%), limonene(6.1%), β-phellandrene(4.9%).		

(1) 역사 및 유래

유럽에서 자생하며, 북미에도 분포한다. 학명의 abies는 '상승하다'는 뜻으로 키 큰 나무를 뜻하고, alba는 '밝은' 또는 '죽은 흰색'으로 줄기 색을 뜻한다. 고대로부터 포도주를 저장하는 통으로 사용했고, 유럽에서 목재, 펄프, 크리스마스 트리용으로 식재되고 있다.

(2) 식물 특징

유럽종은 키가 40~50m, 폭 1.5m까지 자라는 전나무이다. 줄기는 희다. 전나무의 껍질과 나무는 산화 방지 폴리페놀을 많이 함유한다(**그림 2.11**).

(3) 효능 및 특징

신경계에서는 정신 안정, 두통, 긴장, 정신 고양 효과가 있고, **호흡계**에서는 감기, 전염성

그림 2.11 실버 퍼(silber fir). (출처: 모나코 자연 사전)

질환 치유에 도움을 주며, **근육계**에서는 통증, 류마티즘 치유에 효과가 있다.

블렌딩: 파인, 라벤더, 샌달우드, 스윗오렌지와 어울린다.

주의사항: 민감성 피부에서는 주의하여 사용한다.

(4) 활용 분류

약용, 조경용, 공예, 생활용품, 아로마테라피

(5) 퍼 에센셜 오일 사용방법

세정용(지성 및 전염성 피부, 두피 관리: 비누, 샴푸, 바디클렌저, 페이셜 폼 1%), **생활용품**(호흡에 도움, 정신 고양: 룸 스프레이, 5%), **증기흡입법**(코 막힘, 감기, 기침 등: 대야에 1L 기준, 1방울), **발향용**(명상, 숙면: 디퓨져, 캔들, 석고방향제, 향수 제조, 5%), **건강용품**(피부 상처, 연고, 방광염, 요도염, 1%)에 적용한다.

2.16 프랑킨센스

학　명:	*Boswellia carteri*	**영　명:**	Frankincense
과　명:	Burseracea	**기타명:**	Olibanum, gum thus
추출부위:	Resin	**휘발도:**	Base
원 산 지:	North Africa	**추출법:**	Steam distillation
대표성분:	Monoterpene, hydrocarbons, no-tably pinene, dipentene		

(1) 역사 및 유래

유향이라고도 하며, 'frank'는 '진짜'를, 'incense'는 '향'을 의미하므로, 프랑킨센스는 '진짜 향'을 뜻한다. 이집트에서는 제단에 프랑킨센스를 사용하여 신앙심을 대표했으며, 동방박사들이 예수에게 바친 선물 중에 하나이다. 유럽에서는 긴 겨울철 우울증 치료에 이용하며, 근심, 쇠약, 편집증, 불면증에도 사용된다.

(2) 식물 특징

북동 아프리카가 원산지로, 매우 건조한 오만과 예멘에서 생산이 많다. 생육 최저온도는 10~15°C이고, 여름철에 반숙지삽으로 번식한다. 관목 표피의 상처 부위에서 나온 수액을 건조하여 파우더로 만들어 인센스로 사용하거나, 증기증류법을 이용해서 에센셜 오일을 추출한다(**그림 2.12**).

(a) (b)

그림 2.12 (a) 프랑킨센스(유향: Be Kind Botanicals) 나무, (b) 수액 덩어리. (출처: Wikipedia)

(3) 효능 및 특징

신경계에서는 정신 안정, 명상, 긴장감, 스트레스, 현실자각, 근심에 도움을 주고, **피부계**에서는 상처 치유, 궤양, 노화 피부, 건성 피부에 효과가 있으며, **호흡계**에서는 천식, 후두염, 거친 호흡, 기관지염, 잔기침에 도움을 주고, **비뇨계**에서는 방광염, 요도염, 백대하(냉)치유에 효과가 있다.

블렌딩: 바질, 시트러스, 사이프러스, 라벤더, 패출리, 파인, 샌달우드와 어울린다.

주의사항: 임산부는 의사와 상의해서 사용해야 한다.

(4) 활용 분류

식용 허브, 약용, 생활용품, 아로마테라피

(5) 프랑킨센스 에센셜 오일 사용방법

세정용(건강 피부, 건성 및 노화 피부: 비누, 샴푸, 바디클렌저, 페이셜 폼, 1%), **목욕용**(긴장 이완, 숙면: 입욕 솔트, 반신욕, 족욕, 5방울), **기초화장품**(노화 피부, 민감성 피부: 스킨, 로션, 크림, 바디로션 및 오일, 0.5%), **생활용품**(호흡에 도움, 긴장 완화: 룸 스프레이, 5%), **발향용**(명상, 숙면: 디퓨저, 캔들, 석고방향제, 고체 및 액체 향수 제조, 5%), **건강용품**(피부 상처, 민감성 피부: 연고 사용, 방광염과 요도염: 마사지 오일, 임산부, 안정기 튼 살 예방 및 출산 후: 마사지 오일, 1%)에 적용한다.

2.17 제라늄(향제라늄)

학 명:	*Pelargonium graveolens*	영 명:	Geranium
과 명:	Geraniaceae	기타명:	Rose gerarium, pelargonium
추출부위:	Leaf, flower	휘발도:	Middle
원 산 지:	Egypt, Moroco, China, Madagascar	추출법:	Steam distillation
대표성분:	알코올류의 Citronellol, geraniol, linalool 3종류 64%, geranyl formate 15%, citral 5%, methone 7%, caryophyllene 4%, cis-rose oxide 2%		

(1) 역사 및 유래

제라늄 라틴 학명의 '*Pelargonium*'은 'Pelargos(황새)'를 뜻하며, 제라늄 씨가 황새의 부리와 닮아 붙여진 이름이다. '*graveolens*'는 'gravis(강한)'와 'olens(향기롭다)'의 합성어로 향이 강하다는 것을 의미한다.

산입직으로 모든 화상품의 점가제로 쓰이며, 향을 조화롭게 만드는 데 이용된다.

(2) 식물 특징

향기 나는 제라늄은 남아프리카가 원산지인 초본성 영년생 식물이다. 700여 종이 재배되는데, 주로 화훼용으로 종자번식이나 삽목번식을 한다(허브 각론 2.35 참조).

다른 종인 *P. capitatum, P. radense, P. odorantissimum* 등은 상업적인 오일 추출용으로 재배된다.

(3) 효능 및 특징

활력과 심리적 이완의 균형을 잡아준다. **신경계**에서는 긴장 이완, 나른하게 함, 정서 안정, 친밀감 형성한다. **피부계**에서는 울혈, 멍든 부위, 여드름, 상처, 피지분비 조절, 활력 부진한 지성 피부, 모세혈관 피부에 적용한다. **생식계**에서는 갱년기 열 오름, 생리 전후 증후군(PMS), 호르몬 영향으로 인한 체액 정체, 부종, 림프 순환에 좋다.

블렌딩: 라벤더, 버가못, 사이프러스, 샌달우드, 쟈스민, 로즈, 쥬니퍼, 패출리에 좋다.

주의사항: 알레르기가 나타나지 않아 부작용이 거의 없으며, 민감한 사람에서도 부작용이 적다.

(4) 활용 분류

약용, 조경용, 생활용품, 아로마테라피

(5) 제라늄 에센셜 오일 사용방법

세정용(지성 및 과다 피부 분비 피부: 비누, 샴푸, 바디클렌저, 페이셜 폼, 1%), **목욕용**(순환 촉진, 체액 정체, 부종, 염증: 입욕 솔트, 반신욕, 족욕, 좌욕, 5방울). **기초화장품**(건강 피부, 약지성 피부: 스킨, 로션, 크림, 바디로션, 바디오일 1%), **생활용품**(룸 스프레이, 5%), **발향용**(정서 안정: 디퓨져, 캔들, 석고방향제, 향수 제조, 5%), **건강용품**(순환 촉진, 호르몬 조절: 여성에게 추천, 마사지 오일, 연고, 2~3%), **가글**(신경 안정, 구취, 구내염, 통증 시: 물 1컵에 1방울)에 적용한다.

2.18 진저(생강)

학 명:	*Zingiber officinale*	**영 명:**	Ginger
과 명:	Zingiberaceae	**기타명:**	Common ginger. 생강
추출부위:	Rhizome	**휘발도:**	Middle
원 산 지:	Sri lanka, India, China	**추출법:**	Steam distillation
대표성분:	Sesquiphellandrene, zingiberene, ar-curcuminene 등 3가지가 55%, α-pinene, β-pinene, limonene 등 20%, citronellol과 linalool이 10%		

(1) 역사 및 유래

'Zingiber'(생강)는 인도의 '진기'라는 지방명에서 유래되었으며, 고대 그리스에서는 동방으로부터 수입되어 약용과 요리용으로 사용되었다. 중국에서는 약용, 인도에서는 아유르베다 치료에 이용하였다. 유럽에서는 아랍인의 정복으로 스페인에서 재배가 시작되었다.

(2) 식물 특징

남아시아, 남동아시아가 원산지인 생강은 현재 열대지역에서 많이 재배되는 초본성으로, 종강(種薑)을 절단하여 심는 영양번식법을 통해 번식된다. 5월에 종강을 심어서 서리가 내리기 전에 수확하여 수세 후에 착유한다. 어린 싹은 나물로 이용한다.

(3) 효능 및 특징

미국 암협회에서는 암환자에게 효과적이라는 연구보고가 많이 있으며, 전립선암, 폐암 세포 독성 효과의 연구결과를 보였으나, 유방암에는 효과가 나타나지 않았다.

소화계에서는 식욕 촉진, 소화 촉진, 장 경련 및 복통, 아침 구토증, 멀미에 도움을 주고, **근육계**에서는 류머티즘, 근육 통증 치유에 좋다. 기타 온열효과로 호흡기(하기도)에도 도움이 되고, 소진, 기진맥진 된 심신 강화에도 좋다.

블렌딩: 시나몬, 라벤더, 시더우드, 시트러스, 타임, 제라늄, 로즈메리, 버티버와 어울린다.
주의사항: 피부에 자극을 줄 수 있으므로, 반드시 희석해서 사용한다.

(4) 활용 분류

식용 허브, 약용, 생활용품, 아로마테라피

(5) 진저 에센셜 오일 사용방법

목욕용(순환 촉진, 손발 냉증: 입욕 솔트, 반신욕, 족욕, 5방울), **생활용품**(탈취, 벌레퇴치, 룸 스프레이, 5%), **발향용**(실내 정화 및 기분 전환: 디퓨저, 캔들, 석고방향제, 향수 제조, 5%), **건강용품**(근육 뭉침, 만성통증: 마사지 오일, 연고, 2~3%), **습포**(근육 뭉침, 만성통증: 온습포 1~1.5%), **가글**(구취, 구내염, 염증 시: 물 1컵에 1방울)에 적용한다.

2.19 그레이프프룻(자몽)

학 명:	*Citrus paradisi*	**영 명:**	Grapefruit
과 명:	Rutaceae	**기타명:**	Shaddock, 자몽
추출부위:	Rind	**휘발도:**	Top
원 산 지:	Tropical Asia	**추출법:**	Cold pressed
대표성분:	Limonene, cadinene, panadisol, neral, geraniol, citronellal, sinensal		

(1) 역사 및 유래

열대 아시아와 서인도섬이 원산지로, 영국의 세독(Shaddock) 선장이 이 과일을 서인도제도에서 가져와 유럽에 소개하였기에 '세독 과일'이라는 이름으로 알려졌다.

(2) 식물 특징

Sweet orange(*C. sinensis*)와 pomelo, aka, shaddock(*C. maxima*)의 교잡종이다. 키는 약 10m인 교목 상록성으로, 과피는 황색이고, 직경은 10~15cm, 과육은 백색, 황색, 적색종이 있다(그림 2.13). 그레이프프룻 주스를 200ml 이상을 마시고서 약을 먹으면 약의 효과가 없어지므로, 자몽 주스 음용 시에는 복용하는 약과의 관계를 약사와 반드시 상의해야 한다.

(3) 효능 및 특징

신경계에서는 신경 안정, 정서 안정, 기분 전환, 정신적 피로, 시차 적응에 좋고, **소화 및 순환계**에서는 담즙 분비 촉진, 림프 순환 촉진, 독소 배출의 효능이 있으며, **피부계**에서는

그림 2.13 그레이프프룻. (출처: Wikipedia)

여드름, 지성 피부 치료에 적용된다.

블렌딩: 바질, 버가못, 시더우드, 캐모마일, 프랑킨센스, 제라늄, 팔마로사, 로즈우드, 일랑일랑과 어울린다.

주의사항: 그레이프프룻 오일은 광민감성이 있으므로, 피부에 바르고서 24시간 내에 일광욕이나 UV-lamp를 사용하면 색소침착이 된다. 산화되므로 공기 및 햇빛의 접촉을 피한다.

(4) 활용 분류

식용 허브, 약용, 생활용품, 아로마테라피

(5) 그레이프프룻 에센셜 오일 사용방법

세정용(지성 및 과다 분비 피부: 비누, 샴푸, 바디클렌저, 페이셜 폼, 1%)
목욕용(기분 전환, 순환 촉진, 체액 정체, 부종: 입욕 솔트, 반신욕, 족욕, 5방울)
기초화장품(건강 피부, 약지성 피부: 스킨, 로션, 크림, 바디로션, 바디오일, 1%)
생활용품(룸 스프레이, 5%)
발향용(정서 안정, 시차 적응: 디퓨져, 캔들, 석고방향제, 향수 제조, 5%)
건강용품(순환 촉진, 호르몬 조절: 여성에게 추천, 마사지 오일, 연고, 2~3%)
가글(신경 안정, 구취, 구내염, 염증 시 물 1컵에 1방울)에 적용한다.

2.20 쟈스민

학 명:	*Jasminum officinale*	**영 명:**	Jasmine
과 명:	Oleaceae	**기타명:**	Poet's jasmine
추출부위:	Flower	**휘발도:**	Base
원 산 지:	Egypt, India, China	**추출법:**	Steam distillation
대표성분:	Benzyl acetate(22~27%), linalyl acetate, linalool, phytol(10~24%), jasmon		

(1) 역사 및 유래

원산지인 페르시아, 북서인도, 파키스탄에서는 기원전부터 사용했다. 16세기 유럽으로 전파되었다. '꽃 중의 왕'이라고 불리며, 사랑의 허브로 알려져 있다.

(2) 식물 특징

150종 이상이 존재하며, 덩굴성인 식물은 6m까지 자란다(**그림 2.14**). 꽃은 희고 황홀한 향을 내는데, 일몰 후에 향이 높아 중국에서는 야래향이라 칭한다. 5~7°C까지 견디고, 종자 번식을 하며, 여름에는 반숙지삽으로 번식할 수 있다.

(3) 효능 및 특징

신경계에서는 긴장 이완, 성 호르몬 촉진, 불안, 자신감 부족, 근심, 걱정, 불감, 무력증, 감정적 딜레마, 산후 우울증에 적용되고, **생식계**에서는 출산 후 자궁 수축, 경직, 생리통에 사용한다. **피부계**에서는 노화 피부, 피부 탄력, 건성 피부에 좋다.

그림 2.14 쟈스민.

블렌딩: 버가못, 로즈, 제라늄, 프랑킨센스, 오렌지스윗, 만다린, 네롤리, 로즈우드, 샌달우드와 시너지 효과가 있다.

주의사항: 임신 초기에는 사용을 금하고, 출산 후에는 마사지 오일로 사용한다. 과용량 사용 시 멀미나 울렁거림이 생길 수 있으므로 소량을 사용한다. 모유 수유 시 젖 분비를 억제할 수 있으므로 사용을 금한다.

(4) 활용분류

약용, 생활용품, 아로마테라피

(5) 쟈스민 에센셜 오일 사용방법

세정용(노화 건조피부: 비누, 샴푸, 바디클렌저, 페이셜 폼, 0.5%), **목욕용**(불안, 정서 안정: 입욕솔트, 반신욕, 족욕, 3방울). **기초화장품**(노화, 건조 피부: 스킨, 로션, 크림, 바디로션, 바디오일, 0.5%), **생활용품**(룸 스프레이, 2%), **발향용**(정서 안정: 디퓨저, 캔들, 석고방향제, 향수 제조, 2%), **건강용품**(분만 전후 호르몬 조절, 튼 살 예방: 마사지 오일, 연고, 0.5~1%), **가글**(불안, 우울, 구취: 물 1컵에 1방울)에 적용한다.

2.21 쥬니퍼

학 명:	*Juniperus communis*	**영 명:**	Juniper, common juniper
과 명:	Cupressaceae	**기타명:**	노간주 나무, 두송
추출부위:	Berry, needle, twigs	**휘발도:**	Middle
원 산 지:	France, Italy	**추출법:**	Steam distillation
대표성분:	Cadinene, cedrene, thujopsene, carprene 등 sesquiterpene 60%, cedrol, cedrenol, widdrol, eudesmol 등 알콜류 30%		

(1) 역사 및 유래

어원은 네덜란드어인 genever에서 유래되었는데, 원래는 라틴어로 쥬니퍼를 가리키는 말에서 유래되었다고 한다. 15~16세기에는 약초학자가 흑사병에 효과적으로 사용하였으며, 프랑스 병동에서는 로즈메리와 쥬니퍼를 태워서 병동 공기를 정화시켰다.

(2) 식물 특징

전 세계의 북반구에 분포하는 식물로, 우리나라에 자생하는 노간주나무(*Juniperus utilis*)와 유사한 침엽수이며, 녹색 열매는 익으면 검게 변한다(**그림 2.15**). 그러나 향을 추출하는

그림 2.15 쥬니퍼. (출처: Wikipedia)

쥬니퍼에는 다양한 종류가 있는데, 오일 색깔이 짙은 주황색인 Texas cedarwood(*Juniperus ashei*), 황갈색인 Cade(*Juniperus oxycedrus*; 유럽, 근동아시아 원산), 엷은 황색인 Savine(*Juniperus sabina*; 유럽, 러시아, 중동아시아 원산), 황색인 Virginian cedarwood(연필향나무, *Juniperus viriginiana*; 미국 원산) 등이 있으며, 각각에서 오일을 추출해서 이용한다. Juniper(*Juniperus communis*)의 색은 무색으로 진토닉의 주요 향이다.

(3) 효능 및 특징

해독, 정화의 대표 효능이 있다. **순환계**에서는 울혈 제거, 순환 촉진, 독소 배출, 체액 정체, 방광염, 요도염, 림프 순환을 촉진한다. **피부계**에서는 습진, 여드름, 지성피부에 좋다. **소화계**에서는 소화 촉진, 간 해독 작용을 촉진하고, **신경계**에서는 과다 업무로 인한 피로, 긴장, 정신적 독소의 배출에 도움을 준다.

블렌딩: 시트러스, 사이프러스, 라벤더, 파인과 어울린다.

주의사항: 임신 중이거나 신장 기능이 약한 사람은 주의하여 사용한다.

(4) 활용 분류

식용 허브, 약용, 조경용, 공예, 아로마테라피

(5) 쥬니퍼 에센셜 오일 사용방법

세정용(지성 및 피지 정체 피부: 비누, 샴푸, 바디클렌저, 페이셜 폼, 1%), **목욕용**(순환 촉진, 체액 정체, 부종: 입욕 솔트, 반신욕, 족욕, 5방울). **기초화장품**(건강 피부, 약지성 피부: 스킨, 로션, 크림, 바디로션, 바디오일 1%), **생활용품**(공기정화 및 소독: 룸 스프레이, 5%), **발향용**(정서 안정: 디퓨져, 캔들, 석고방향제, 고체 및 액체 향수 제조, 5%), **건강용품**(순환 촉진: 마사지 오일, 연고, 2~3%), **습포**(정맥류, 삔 데: 냉습포)에 적용한다.

2.22 라벤더

학 명:	*Lavandula angustifolia*	**영 명:**	Lavender
과 명:	Lamiaceae(Labiatae)	**기타명:**	Common lavender
추출부위:	Flowering top	**휘발도:**	Middle
원 산 지:	France	**추출법:**	Steam distillation
대표성분:	Linalyl acetate(35% 이상 함유된 것만 유통), linalool(25%), cineole(5%), camphor(5%), 기타 terpineol		

(1) 역사 및 유래

라벤더는 'Lavare'의 '씻다'가 어원이며, 어린아이부터 노인까지 안심하고 사용할 수 있는 대표적인 릴렉스 향이다. 라벤더는 효능이 다양해서 가정 내 상비약으로 사용할 수 있는 최고의 오일이다.

1920년대 화학자 르네 가테포세에 의해 상처 치유의 효과가 입증되어 아로마테라피로 정립되었다. 또한, 고대 산파들은 출산 시에 라벤더 오일을 사용하였다.

허브와 오일이 각종 비누, 목욕제, 향수제품, 잼, 식초를 만드는 데 사용되었다.

(2) 식물 특징

원산지는 지중해 연안으로, 키가 작은 상록성 식물이다. 종자와 반숙지삽으로 번식한다. 라벤더의 종류에 따라 적용이 다르다(허브 각론 2.4 참조).

① Spike lavender(*Lavandula latifolia*): 진통 억제, 방부, 근육 통증, 류마티즘
② Spanish lavender(*Lavandula stoechas*): 중추신경 강화, 정신적 피로, 고혈당
③ Lavandin(*Lavandula* X *intermedia*): *Lavandula angustifolia*와 *Lavandula latifolia*의 교배종으로, 주로 정유를 추출하기 위하여 재배된다.

(3) 효능 및 특징

신경계에서는 안정, 고요함과 평정, 긴장 완화, 항우울, 신경성 두통, 불면, 스트레스 완화, 조바심을 낮추는 데 도움을 주고, **피부계**에서는 민감한 피부, 알러지성 피부, 자외선 자

극 시 진정, 상처, 건선, 벌레 물린 곳, 뾰루지 타박상, 습진, 여드름 치료에 사용한다. 그 밖에 내분비 강화, 신체 강화, 근육 긴장의 완화 등에 적용된다.

블렌딩: 거의 모든 오일과 혼합이 가능하다. 제라늄, 마조람, 클로브(정향), 시더우드, 클라리 세이지, 소나무, 베티버, 패출리, 로즈메리, 쟈스민, 버가못과 어울린다.

주의사항: 안전하게 사용하는 무자극 오일이지만, 과다 사용은 주의한다.

(4) 활용 분류

식용 허브, 약용, 조경용, 공예, 생활용품, 아로마테라피

(5) 라벤더 에센셜 오일 사용방법

세정용(민감 피부, 붉은 피부: 비누, 삼푸, 바디클렌저, 페이셜 폼, 1%), **목욕용**(긴장, 숙면, 근육 긴장 완화: 입욕 솔트, 반신욕, 족욕, 5방울). **기초화장품**(건강 피부, 민감 피부: 스킨, 로션, 크림, 바디로션, 바디오일 1%), **생활용품**(기분 전환: 룸 스프레이, 5%), **발향용**(정서 안정, 숙면: 디퓨져, 캔들, 석고방향제, 향수 제조, 5%), **건강용품**(심신 이완, 문제성 피부: 마사지 오일, 연고, 2~3%), **가글**(신경 안정, 구취, 구내염, 치통: 물 1컵에 1방울)에 적용한다.

2.23 레몬

학　　명:	*Citrus limon*	**영　명:**	Lemon
과　　명:	Rutaceae	**기타명:**	Cedro oil
추출부위:	Rind	**휘발도:**	Top
원 산 지:	Italy, Argentina	**추출법:**	Cold pressed
대표성분:	Limonene, β-pinene, terpinene 등이 87%, citral과 citronellal 등 3%		

(1) 역사 및 유래

레몬은 아시아와 지중해지역이 원산지로, 감귤류의 과일을 가리키는 아랍어의 '라이문'과 페르시아어의 '리문'에서 명칭이 유래되었다.

(2) 식물 특징

키가 2~11m 되는 나무로서, 열매 크기는 15cm 정도이다. 생육 최저온도는 7°C이며, 번식은 종자번식이지만 여름에는 반숙지삽을 한다. 껍질 1톤에서 2.5kg의 오일을 얻을 수 있다.

(3) 효능 및 특징

백혈구 활성으로 혈관 정화, 항박테리아, 해열, 종양 억제, 집중력 강화, 피로, 권태감의 감소에 적용한다.

호흡계에서는 기침, 감기, 독감, 기관지염, 후두염 치료에 사용하고, **피부계**에서는 지성 피부, 칙칙한 피부의 미백효과, 벌이나 벌레에 물림에 사용하며, **소화계**에서는 소화 촉진, 췌장, 간과 담낭 기능 강화, 식욕 촉진에 도움을 준다.

블렌딩: 벤조인, 캐모마일, 유칼립투스, 프랑킨센스, 그레이프프룻, 라벤더, 오렌지, 로즈마리, 샌달우드, 일랑일랑, 네롤리와 어울린다.

주의사항: 레몬 오일도 다른 감귤계통 오일처럼 광민감성이 있으므로, 피부에 바른 후 24시간 내에 일광욕이나 UV-lamp를 조사하면 안 된다. 과민성 피부에서는 붉게 부을 수가 있으므로 주의한다.

(4) 활용 분류

식용 허브, 약용, 생활용품, 아로마테라피

(5) 레몬 에센셜 오일 사용방법

세정용(지성, 과다 피지 피부: 비누, 샴푸, 바디클렌저, 페이셜 폼, 1%), **목욕용**(해열: 입욕 솔트, 반신욕, 족욕, 5방울). **기초화장품**(건강 피부, 지성 피부: 스킨, 로션, 크림, 바디로션, 바디오일 1%), **생활용품**(기분 전환: 룸 스프레이, 5%), **발향용**(정서 안정: 디퓨져, 캔들, 석고방향제, 향수 제조, 5%), 습포(정맥류, 삔 데 3~5%), **가글**(코피, 지혈, 구취, 구내염, 염증 시: 물 1컵에 1방울)에 적용한다.

2.24 레몬그래스

학　명:	*Cymbopogon citratus*	**영　명:**	Lemongrass
과　명:	Geramineae(Poaceae)	**기타명:**	West Indian lemongrass
추출부위:	The grass leaf, stem	**휘발도:**	Middle
원 산 지:	India, Nepal, Ceylon	**추출법:**	Steam distillation
대표성분:	Citral 80%, mycrene과 dipentene 14%, linalool과 citronellol 등 1%		

(1) 역사 및 유래

레몬 향기가 나는 풀로 불리며, 속명의 '*Cymbopogon*'은 그리스어의 'cymbos', 즉 '속이 비어 있다'는 말과 'pogon', 즉 '수염'이라는 말의 합성어로, 줄기는 속이 비어 있고 잎은 수염처럼 가늘고 길기 때문에 붙여진 이름이다. 인도에서는 전통적으로 열을 내리고 감염된

병을 치료하는 데 사용해 왔다. 그 외에도 동남아시아에서는 줄기의 연한 부분을 음식재료로 널리 사용되어 왔다.

(2) 식물 특징

영년생의 초본으로, 초장은 1.5m이다. 포기가 벼처럼 분열을 한다. 주로 포기나누기로 번식한다(허브 각론 2.6 참조).

(3) 효능 및 특징

강력한 방부 효과와 항진균 효과가 있어, 무좀, 진드기, 옴 등의 퇴치에 사용한다.

소화계에서는 소화 촉진, 구풍, 장운동 촉진, 장염, 설사에 도움을 주고, **근육계**에서는 쑤시는 근육통, 젖산분비 촉진, 근육 뭉침에 좋으며, **신경계**에서는 소진된 정신 피로, 과잉된 스트레스 물질을 배출해서 진정 효과가 있다.

블렌딩: 시더우드, 제라늄, 쟈스민, 라벤더, 네롤리, 팔마로사, 로즈메리, 티트리, 레몬, 니아울리 등과 어울린다.

주의사항: 피부 자극과 따가움이 있을 수 있으므로, 패치 테스트 후에 사용한다.

(3) 활용 분류

식용 허브, 약용, 소성용, 공예, 생활용품, 아로마테라피

(4) 레몬그래스 에센셜 오일 사용방법

세정용(지성 및 과다 피지 분비 피부, 탈모: 비누, 삼푸, 바디클렌저, 페이셜 폼, 1%), **목욕용**(순환 촉진, 근육통, 체액 정체, 부종: 입욕 솔트, 족욕 솔트, 5방울). **생활용품**(냄새 제거: 룸 스프레이, 5%), **발향용**(스트레스 완화: 디퓨져, 캔들, 석고방향제, 향수 제조, 5%), **건강용품**(근육 뭉침: 마사지 오일, 연고, 2~3%), **습포**(뭉침, 삔 데: 냉습포-급성, 온습포-만성), **가글**(통증, 구취, 구내염, 염증 시: 물 1컵에 1방울)에 적용한다.

2.25 마누카

학 명:	*Leptospermum scoparium*	**영 명:**	Manuka
과 명:	Myrtaceae	**기타명:**	New Zealand tea tree
추출부위:	Leaves	**휘발도:**	Middle
원 산 지:	New Zealand	**추출법:**	Steam distillation
대표성분:	Trans-calamenene(12.5%), δ-cadinene(6.3%), cadina-3,5-diene(6.3%), α-copaene(5.3%), cadina-1,4-diene(4.7%)		

(1) 역사 및 유래

뉴질랜드에서 오랫동안 다양하게 사용되었으며, Cook 선장은 해안 탐험 시에 향기로운 마누카 잎을 차로 만들어 반드시 음용하였다. 벌이 마누카 꽃을 먹고서 만들어낸 마누카꿀은 높은 항생제 효능이 있어 전 세계적으로 많이 이용한다.

(2) 식물 특징

뉴질랜드가 원산지이지만, 호주의 서부지역, 타스마니아, 뉴기니아, 동남아시아 지역에 퍼져있다. 유럽에서는 관상식물로서 인기가 있다. 크기는 약 8m이며, 잎은 작고 부드러우며 뾰족하다(**그림 2.16**a). 오일은 잎과 가지를 손이나 기계를 이용해서 채취한다. 나무를 잘라도 다음 해에 재생하므로 계속 수확할 수 있다. 150kg의 재료로 약 1L의 오일을 얻을 수 있어 수율은 0.4~0.5%이다. 마누카꿀은 호주, 뉴질랜드 특산물이다(**그림 2.16**b)

(a)

(b)

그림 2.16 (a) 마누카 식물(출처: Wikipedia), (b) 꿀(출처: amazon).

(3) 효능 및 특징

강한 방부력, 항바이러스, 항진균이 있다.

호흡계에서 감기, 독감, 기침, 해열, 부비강염, 백일해, 편도선염, 치은염에 도움을 준다. 그 밖에 외음부 감염, 방광염, 질염, 칸디다, 아구창, 헤르페스 치료에 사용한다.

블렌딩: 시나몬, 클라리 세이지, 클로브(정향), 사이프러스, 유칼립투스, 제라늄, 진저, 라벤더, 레몬, 레몬그래스, 만다린, 마조람, 로즈메리, 백리향과 어울린다.

주의사항: 과다 사용 시 피부 자극에 유의한다.

(4) 활용 분류

식용 허브, 약용, 조경용, 생활용품, 아로마테라피

(5) 마누카 에센셜 오일 사용방법

세정용(전염성 피부 질환: 비누, 샴푸, 바디클렌저, 페이셜 폼, 1%), **목욕용**(가벼운 근육통: 입욕 솔트, 반신욕, 족욕, 5방울), **기초화장품**(피부 염증 시: 스킨, 로션, 크림, 바디로션, 바디오일, 1%), **생활용품**(항균: 룸 스프레이, 5%), **발향용**(디퓨저, 캔들, 석고방향제, 향수 제조, 5%), **건강용품**(감염 부위: 마사지 오일, 연고, 2~3%), 습포(정맥류, 삔 데: 냉습포), **가글**(편도선염, 치은염, 구취, 구내염: 물 1컵에 1방울)에 적용한다.

2.26 마조람

학　　명:	*Origanum majorana*	**영　명**:	Marjoram
과　　명:	Lamiaceae/Labiatae	**기타명**:	Sweet marjoram
추출부위:	The flowering stems	**휘발도**:	Middle
원 산 지:	Francc, Egypt, Spain	**추출법**:	Steam distillation
대표성분:	알코올류인 linalool, borneol, terpinen-4-ol 등 50%, pinen, terpinene, terpineol, cymen, myrcene 등 40%		

(1) 역사 및 유래

학명의 '*Origanum*'은 그리스어로 '산들의 기쁨'이라는 의미로 행복의 상징이며, '*majorana*'는 '보다 큰'이라는 의미로서 생명 연장의 뜻을 포함하고 있다. 고대 그리스인은 마조람을 소화제와 해독제로 널리 사용했다.

(2) 식물 특징

지중해 연안이 원산지인 초본성 식물로, 겨울에 얼지 않게 보온을 하면 영년생이며, 봄에는 종자번식, 여름에는 삽목번식을 한다. 개화 줄기 전체를 이용하여 증류법으로 오일을 추출하며, 색은 옅은 황색이다(허브 각론 2.12 참조).

(3) 효능 및 특징

강력한 면역 강화, 온열과 이완의 진통 억제제로 시용한다.

신경계에서는 긴장 이완, 신경과민, 고혈압, 슬픔과 비탄의 마음을 위로해 주고, 통증을 완화해서 류마티즘, 요통, 편두통, 두통, 경련을 감소시킨다. **소화계**에서는 장의 긴장을 이완시켜서, 변비, 복통, 설사, 구충, 독소 배출에 좋다.

블렌딩: 버가못, 블랙페퍼, 시더우드, 캐모마일, 클라리 세이지, 사이프러스, 쥬니퍼, 라벤더, 만다린, 넛맥, 패출리, 페티그레인, 로즈메리와 어울린다.

주의사항: 강력한 이완 효과로 인해 멍해지는 감각이 있을 수 있으므로 주의하여 사용한다.

(4) 활용 분류

식용 허브, 약용, 생활용품, 아로마테라피

(5) 마조람 에센셜 오일 사용방법

세정용(피부와 긴장 두피: 비누, 샴푸, 바디클렌저, 페이셜 폼, 1%), **목욕용**(긴장 이완, 숙면, 통증: 입욕 솔트, 반신욕, 족욕 5방울), **기초화장품**(모든 피부: 스킨, 로션, 크림, 바디로션, 바디오일 1%), **생활용품**(긴장 이완: 룸 스프레이, 5%), **발향용**(정서 안정: 디퓨져, 캔들, 석고방향제, 향수 제조, 5%), **습포**(통증, 경직: 온습포)에 적용한다.

2.27 멜리사

학 명:	*Melissa officinalis*	**영 명:**	Melissa, lemonbalm
과 명:	Labiatae	**기타명:**	Balm, common balm
추출부위:	Leaf	**휘발도:**	Middle
원 산 지:	France	**추출법:**	Steam distillation
대표성분:	Citral과 citronellal이 50%, β-caryophyllene, germacrene, copaene 등 20%, methyl heptenone 7%, 1,8-cineole과 caryophyllene 4%		

(1) 역사 및 유래

학명의 '*Melissa*'는 그리스어의 '꿀벌'에서 유래되었으며, 멜리사 꽃에 꿀벌이 많이 모이기 때문에 붙여진 이름이다. 스위스의 의사이자 연금술사인 파라켈수스(Paracelsus)는 멜리사를 '생명의 묘약'으로 불렀으며, 치료용으로 사용하였다(허브 각론의 레몬밤 참조).

(2) 식물 특징

다년생으로 중부지방에서 월동이 가능하며, 종자번식, 삽목, 포기나누기로 번식한다. 잎에서는 레몬향이 나고, 꽃은 백색으로 피었다가 황색으로 변한다(허브 각론 2.7 참조).

(3) 효능 및 특징

어린아이에게도 특별하게 사용이 가능하고, 당 흡수를 높이고 간의 지방질 분해를 촉진하여 대사촉진과 저혈당인 사람에게 도움이 된다.

신경계에서는 불안, 동요, 근심, 신경쇠약, 슬픔, 비탄, 인생의 영고성쇠에 보호하는 마음 치료에 도움을 주고, **피부계**에서는 면역저하 피부 질환, 통증, 반점, 습진, 바이러스성 피부 질환, 알레르기에 효과가 있다.

블렌딩: 바질, 프랑킨센스, 캐모마일, 제라늄, 진저, 라벤더, 페티그레인, 로즈메리, 일랑일랑과 어울린다.

주의사항: 과용량을 사용하면, 피부 자극이 나타나므로 주의한다.

(4) 활용 분류

식용 허브, 약용, 조경용, 생활용품, 아로마테라피

(5) 멜리사 에센셜 오일 사용방법

세정용(면역 저하 피부 질환: 비누, 삼푸, 바디클렌저, 페이셜 폼, 1%), **목욕용**(심신 이완, 면역력 강화: 입욕 솔트, 반신욕, 족욕 5방울), **기초화장품**(알레르기 피부: 스킨, 로션, 크림, 바디로션, 바디오일, 1%), **건강용품**(면역력 저하, 문제성 피부: 마사지 오일, 연고, 2~3%), **가글**(신경 안정, 구취, 구내염: 물 1컵에 1방울)에 적용한다.

2.28 멀(몰약)

학 명:	*Commiphora myrrha*	**영 명:**	Myrrh
과 명:	Burseraceae	**기타명:**	Bola, gum myrrh, common myrrh
추출부위:	Resin	**휘발도:**	Base
원 산 지:	Somalia, Ethiopia	**추출법:**	Steam distillation
대표성분:	Myrrh alcohol 40%, heerabolene, curzerene, lindestrene, limonene, pinene 등 39%, methyl isobutyl ketone과 curzerenone 6%, eugenol 3%		

(1) 역사 및 유래

고대 이집트인들은 멀(몰약)을 매일 정오에 태양 숭배 의식으로 피우기도 하고, 미라를 만드는 데에 방부제로 사용하였다. 또한, 파피루스, 성경, 코란에서도 멀은 명상이나 의식에 다수 사용되었음이 확인된다. 예멘, 소말리아에서 줄기에 상처를 내서 수액이 굳은 것을 채취하여 이용했다.

(2) 식물 특징

멀은 아라비아 반도(Oman, Yemen)에서부터 아프리카(Djibouti, Ethiopia, Somalia, Northeast

Kenya)가 원산지로, 5m 크기의 관목성 수목이며, 최저온도 10~15°C 이상 되는 곳에서 자란다. 봄에 종자번식을 하거나 생장기 후반에 숙지삽으로 번식한다. 줄기에 상처를 낸 후 수액을 말려서 사용한다(**그림 2.17**).

(a)

(b)

그림 2.17 (a) 멀(몰약) 나무(Aromaweb), (b) 수액 결정체인 resin. (출처: Amazon. UK)

(3) 효능 및 특징

피부계에서는 항염 효과로 습진, 종기, 궤양, 상처 치유, 노화 피부, 피부 재생, 거칠고 갈라진 피부 치료에 도움을 주고, **호흡계**에서는 천식, 기관지염, 기침, 후두염에 도움을 준다. **신경계**에서는 긴장 이완, 안정, 죽음으로 인한 슬픔과 괴로움을 감소시킨다.

블렌딩: 벤조인, 프랑킨센스, 갈바넘, 라벤더, 패출리, 샌달우드(백단향)와 어울린다.

주의사항: 고농도에서 독성이 있으므로, 임산부는 사용하면 안 된다.

(4) 활용 분류

약용, 생활용품, 아로마테라피

(5) 멀 에센셜 오일 사용방법

세정용(건성 및 노화 피부: 비누, 삼푸, 바디클렌저, 페이셜 폼, 1%), **목욕용**(긴장 완화, 정신 안정, 피부 진정: 입욕 솔트, 반신욕, 족욕, 5방울). **기초화장품**(노화, 건성, 문제성 피부: 스킨, 로션, 크림, 바디로션, 바디오일, 1%), **생활용품**(정서 안정: 룸 스프레이, 5%), **발향용**(정서 안정: 디퓨져, 캔들, 석고방향제, 향수 제조, 5%), **건강용품**(치질, 피부 갈라짐: 마사지 오일, 연고, 2~3%), **습포**(소화부진, 설사, 헛배부름, 냉대하: 온습포, 3~5%), **가글**(치통, 잇몸 통증 구취, 구내염, 아구창: 물 1컵에 1방울)에 적용한다.

2.29 머틀

학　명:	*Myrtus communis*	**영　명:**	Myrtle
과　명:	Myrtaceae	**기타명:**	True myrtle, Corsican pepper
추출부위:	Leaves, twigs	**휘발도:**	Middle
원 산 지:	North Africa, Mediterranean	**추출법:**	Steam distillation
대표성분:	Lynalyl acetate와 myrtenyl acetate 37%, 1,8-cineole 30%, pinene과 lemonene 16%		

(1) 역사 및 유래

원산지는 북아프리카로, 옛 페르시아인은 머틀을 성스러운 나무라 불렀다.

(2) 식물 특징

전 세계에는 100여 종의 같은 속 식물이 분포한다. 영년생인 상록성 관목으로, 초장은 1~5m이다. 포장에서 −10℃ 정도까지 월동이 된다. 봄에 종자번식을 하거나 여름에 반숙지 삽을 한다. 옅은 황색의 오일을 잎과 가지로부터 추출하는데, 함유량은 약 0.25~0.55%이다.

머틀은 3종류가 있으며, 정유 성분의 차이로 인해 아래처럼 적용법이 다르다(**그림 2.18**).

① **Anise myrtle(*Syzygium anisatum*)**: 강항 항균력, 항선염성, 항박테리아
② **Lemon myrtle(*Backhousia citriodora*)**: 진정, 기분 전환, 면역 향상
③ **Honey myrtle(*Melaleuca teretifolia*)**: 진정, 안정, 근육 이완

잎과 꽃에서 수증기 증류법으로 추출하면, 오일 수율은 0.61~0.30%(w/w)이며, 잎의 주성분은 α-pinene, 1,8-cineole and β-pinene이고, 꽃은 α-pinene and 1,8-cineole, limonene, eugenol, α-terpineol, linalool, methyl eugenol이며, 줄기는 1,8-cineole이고

그림 2.18 머틀나무와 꽃. (출처: Wikipedia)

α-pinene, E-β-ocimene, linalool을 함유한다.

(3) 효능 및 특징

항박테리아, 항염, 항진균, 항감염, 항경련 특성이 있다.

호흡계에서는 기관지염, 카타르, 기침, 감기, 천식 치료에 적용하며, 어린이 및 노약자에게도 사용이 가능하다. **비뇨계**에서는 방광염, 요도염, 이질, 전립선염 치료에 좋다.

블렌딩: 버가못, 시더우드, 클라리 세이지, 사이프러스, 히숍, 라벤더, 레몬, 라임, 파인, 로즈메리, 타임(백리향), 티트리와 어울린다.

주의사항: 고농도 사용은 피한다.

(4) 활용 분류

약용, 조경용, 생활용품, 아로마테라피

(5) 머틀 에센셜 오일 사용방법

세정용(지성 및 과다 피지 분비 피부: 비누, 삼푸, 바디클렌저, 페이셜 폼, 1%), **목욕용**(순환 촉진, 감염성 피부: 입욕 솔트, 반신욕, 족욕, 5방울). **기초화장품**(건성 및 약지성 피부: 스킨, 로션, 크림, 바디로션, 바디오일, 1%), **생활용품**(공기 정화 및 소독용: 룸 스프레이 5%), **발향용**(디퓨져, 캔들, 석고 방향제, 향수 제조, 5%), **건강용품**(전염성 피부 염증: 마사지 오일, 연고, 2~3%), **습포**(이질 등의 설사: 온습포, 3~5%), **가글**(구취, 구내염, 염증 시: 물 1컵에 1방울)에 적용한다.

2.30 네롤리

학 명:	*Citrus aurantium* var. *amara*	**영 명:**	Neroli, orange blossom
과 명:	Rutaceae	**기타명:**	Neroli bigarade, orange flower. 광귤꽃잎
추출부위:	Flower	**휘발도:**	Middle
원 산 지:	Tunisia, Morocco	**추출법:**	Steam distillation
대표성분:	Linalool, graniol, nerol, nerolidol, farnesol 등 알콜류 40%, limonen, pinene 등 35%, linalyl acetate, geranyl acetate, neryl acetate 14%		

(1) 역사 및 유래

네롤리라는 이름은 중세시대의 한 이탈리아 공주가 좋아했기 때문에 만들어 사용한 데서 유래되었다. 네롤리는 예로부터 신부 부케로 사용됐는데, 꽃 향이 긴장된 첫날밤을 안정시키는 데 크게 효과가 있었기 때문이라 한다. 네롤리 정유는 독일의 Köln에서 제조한 오데코롱의 중요한 구성요소이다.

(2) 식물 특징

키가 8m에 달하는 상록성 광귤나무로 잎은 길쭉하다. 접목 후에 3년째부터 개화하는 꽃은 희고, 5개의 꽃잎을 가지며, 향이 매우 풍부하다. 꽃은 5월에 피나 재배조건이 좋으면 9월에 다시 피기도 하는데, 5월 개화 꽃보다 향이 낮다(그림 2.19). 꽃의 수량은 성목한 그루에서 30kg 정도이며, 1톤의 꽃에서 1kg 오일을 얻을 수 있다. 광귤은 시재 후에 약 20년을 재배할 수가 있다.

고대로부터 중국에서는 광귤 껍질을 소화제로서 중요한 한약제였다. 광귤 과일 껍질 추출물을 bigarade, 잎과 어린 줄기의 추출 정유는 petitgrain이라고 한다.

그림 2.19 네롤리, 광귤꽃. (출처: Wikipedia)

(3) 효능 및 특징

신경계에서는 신경 안정, 무서움, 중압감, 긴장, 스트레스, 월경증후군, 감정 조절에 도움을 주고, **피부계**에서는 민감한 피부, 노화 피부, 주름 관리, 상처 회복에 효과적이며, **순환계**에서는 순환을 좋게 하고, **소화계**에서는 설사, 복통, 소화불량에 효과적이다. **정서적**으로는 낮은 자부심, 우울증, 히스테리에 효과적이다.

블렌딩: 감귤계 오일을 포함해서 샌달우드, 제라늄, 클라리 세이지 등 모든 오일과 어울린다.

주의사항: 안전한 오일이지만 과용량을 사용할 때는 주의해야 하며, 페티그레인향과 혼동하면 안 된다.

(4) 활용 분류

약용, 조경용, 생활용품, 아로마테라피

(5) 네롤리 에센셜 오일 사용방법

세정용(민감 및 노화 피부: 비누, 샴푸, 바디클렌저, 페이셜 폼, 1%), **목욕용**(이완, 스트레스 완화: 입욕 솔트, 반신욕, 족욕, 5방울), **기초화장품**(민감 및 노화 피부: 스킨, 로션, 크림, 바디로션, 바디오일, 1%), **생활용품**(행복감, 기분 전환: 룸 스프레이, 5%), **발향용**(정서 안정: 디퓨져, 캔들, 석고방향제, 향수 제조, 5%), **건강용품**(생리장애, 우울감, 민감성 피부: 마사지 오일, 연고, 2~3%)에 적용한다.

2.31 니아울리

학 명:	*Melaleuca quinquenervia*	**영 명**:	Niaouli
과 명:	Myrtaceae	**기타명**:	Broadleaves paperbark tree, Gomenol
추출부위:	Leaf, young twigs	**휘발도**:	Top & middle
원 산 지:	Tunisia, Morocco	**추출법**:	Steam distillation
대표성분:	Chemotype 차이: cineole type(46~60%), linalool type(50%), linalool+nerolidol type(30~70%), (E)-methyl isoeugenol type(88%), viridiflorol type(48%)		

(1) 역사 및 유래

호주에서는 예부터 가정 내 구급약과 다양한 민간요법으로서 니아울리를 사용하였다. 1770년 Cook의 항해 때 호주에서 유럽으로 처음 가져왔으며, 프랑스에서 많이 재배되었다. 프랑스인은 Goménol이라고 팔았는데, Goméne 지역에서 오일이 생산되었기 때문이다.

(2) 식물 특징

티트리의 일종으로, 원산지는 호주(퀸스랜드, 뉴사우드 웨일즈)와 New Caledonia 섬이다. 나무는 8~12m 정도이며, 큰 것은 24m 크기이고, 줄기는 스펀지 같고 회백색이다.

잎은 길쭉한데, 5줄의 잎맥을 가지며 향이 높다. 꽃은 브러시처럼 생겼는데, 황록이거나 흰색이다(**그림 2.20**). 티트리에는 5가지의 화학형(chemotype)이 있고, 정유 성분의 차이가 심하고 신선한 식물체의 오일 함량은 약 1~3%이다.

(3) 효능 및 특징

호흡계에서는 해열, 기침, 감기, 부비강염, 후두염, 독감 치료에 효과가 있고, **피부계**에서는 여드름, 종기, 덴 곳, 베인 곳, 곤충에 물린 곳, 상처 치료에 좋으며, **근육계**에서는 근육통증, 관절염에 효과가 있다.

블렌딩: 바질, 카주풋, 로즈메리, 마조람, 펜넬, 쥬니퍼, 타임(백리향), 시트러스, 민트류, 레몬밤과 어울린다.

그림 2.20 니아울리. (출처: Wikipedia)

주의사항: 비독성, 비자극성, 비민감성이지만, 어린아이에게는 사용을 금한다.

(4) 활용 분류

약용, 조경용, 생활용품, 아로마테라피

(5) 니아울리 에센셜 오일 사용방법

세정용(염증성 피부: 비누, 샴푸, 바디클렌저, 페이셜 폼, 0.5%), **목욕용**(순환 촉진, 체액 정체, 근육 통증: 입욕 솔트, 반신욕, 족욕, 5방울). **기초화장품**(염증 및 지성 피부: 스킨, 로션, 크림, 바디로션, 바디오일, 1%), **생활용품**(공기정화: 룸 스프레이 5%), **발향용**(기분 전환, 리후레쉬: 디퓨져, 캔들, 석고방향제, 향수 제조, 5%), **건강용품**(피부 질환, 목감기, 코 막힘: 마사지 오일, 연고, 2~3%), **습포**(염좌: 냉습포, 3~5%), **가글**(구취, 구내염, 염증, 독감, 치약원: 물 1컵에 1방울)에 적용한다.

2.32 오렌지

학　명:	*Citrus sinensis*	**영　명:**	Sweet orange
과　명:	Rutaceae	**기타명:**	Blood orange, navel orange가 포함됨
추출부위:	Aromatic rind	**휘발도:**	Top
원 산 지:	Italy, Argentina	**추출법:**	Cold expression
대표성분:	Limonene 85~90%, myrcene(0.5~3%), linalool		

(1) 역사 및 유래

원산지는 인도 및 중국 중남부의 아시아지역이다. 아랍이 스페인을 지배하면서 스페인에서 많이 재배되고, 북미 플로리다에서도 많이 생산한다. 국내 재래종은 제주도에서 삼국

시대부터 재배된 것으로 추정되는데, 개량종 귤은 1900년대 초 외국인 신부에 의해 전래되었다. 중국이나 아랍 의사는 예로부터 우울증 치료에 사용했다.

(2) 식물 특징

키는 6~10m 정도 되는 식물로서, 생육 최저온도는 7°C이다. 전 세계에 약 60여 종의 오렌지가 있다. 스페인 발렌시아지역에는 오렌지, 네이블 오렌지, 블러드 오렌지(속이 붉은 종) 등이 있다. 오일은 과실 껍질을 압착법으로 추출한다. 주로 스페인과 기니(Guinea)산의 품질이 좋다.

(3) 효능 및 특징

신경계에서는 기분 전환, 긴장 이완, 정서 안정에 도움을 주고, **소화기**에서는 변비, 소화 촉진을 한다.

블렌딩: 벤조인, 안젤리카, 시나몬, 사이프러스, 프랑킨센스, 라벤더, 네롤리, 넛맥, 페티그레인, 로즈, 로즈우드와 어울린다.

주의사항: 시트러스는 광민감성이므로, 사용 후 24시간 동안 햇빛이나 UV-lamp를 피한다. 단, 다른 시트러스 오일과는 다르게 오렌지 스윗에서는 광민감성이 나타나지 않는다.

(4) 활용 분류

약용, 식용(가공식품 첨가), 조경, 아로마테라피

(5) 오렌지 에센셜 오일 사용방법

세정용(지성 및 과다 피지 분비 피부: 비누, 삼푸, 바디클렌저, 페이셜 폼, 1%), **목욕용**(긴장 이완, 체액 정체, 부종: 입욕 솔트, 반신욕, 족욕, 5방울), **기초화장품**(지성 및 여드름 피부: 스킨, 로션, 크림, 바디로션, 바디오일, 1%), **생활용품**(기분 전환: 룸 스프레이, 5%), **발향용**(정서 안정: 디퓨져, 캔들, 석고방향제, 향수 제조, 5%), **습포**(소화 촉진, 복부 긴장, 복부 가스: 온습포, 3~5%)에 적용한다.

2.33 팔마로사

학 명:	*Cymbopogon martinii*	**영 명:**	Palmarosa
과 명:	Graminaceae	**기타명:**	Indian geranium, rosha
추출부위:	Whole plant	**휘발도:**	Middle
원 산 지:	India, Madagascar	**추출법:**	Steam distillation
대표성분:	Geraniol 70~85%, geranyl acetate 6~10%, linalool 7%, gamma-terpinene		

(1) 역사 및 유래

달콤한 향기로운 장미 꽃향기가 나서 팔마로사라는 이름이 붙었다. 인도의 전통의학에서 사용되었으며, 인디안 제라늄, 진저 그라스, 로샤라고도 부른다. 팔마로사 오일은 저장된 곡물과 콩의 방충제, 토양 선충 방제, 항진균제 및 모기 구충제로서 효과가 있다.

(2) 식물 특징

원산지는 네팔, 인도이며, 벼처럼 생긴 레몬그래스의 일종이다. 연한 녹색과 강한 얇은 줄기를 가진 높이가 1.3~3m까지 자란다(**그림 2.21**). 최저 생육온도는 9°C이며, 봄에 분주법으로 번식하는 영년생 초본식물이다. 생잎이나 건조 잎에서 오일을 추출한다.

그림 2.21 팔마로사. (출처: Wikipedia)

(3) 효능 및 특징

정신적 강화, 스트레스감소의 효능이 있다. **피부계**에서는 모든 피부에 적용, 거친 피부, 재생, 피지 조절, 습진, 건선에 좋고, **소화계**에서는 위염, 식욕부진 치료와 소화 촉진 효과가 있으며, **근육계**에서는 근육통, 류머티즘, 경련 치료에 도움을 준다.

블렌딩: 버가못, 시더우드, 시트로넬라, 제라늄, 쟈스민, 라벤더, 오렌지, 페티그레인, 샌달우드, 일랑일랑과 어울린다.

주의사항: 6% 이상 희석할 때는 피부 자극에 주의한다. 임산부는 의사와 상담한 후에 이용한다.

(4) 활용 분류

약용, 조경용, 생활용품, 아로마테라피

(5) 팔마로사 에센셜 오일 사용방법

세정용(지성피부, 과다 피지 분비 피부: 비누, 샴푸, 바디클렌저, 페이셜 폼, 1%), **목욕용**(순환 촉진, 부종, 근육 통증: 입욕 솔트, 반신욕, 족욕, 5방울). **기초화장품**(건강 및 지성 피부: 스킨, 로션, 크림, 바디로션, 바디오일, 1%), **생활용품**(벌레 퇴치, 탈취, 공기정화: 룸 스프레이 5%), **발향용**(기분 전환, 리후레쉬: 디퓨져, 캔들, 석고방향제, 향수 제조, 5%), **건강용품**(순환 촉진, 체액 정체: 마사지 오일, 연고, 2~3%), **습포**(근육통, 복부 팽만: 온습포, 3~5%), **가글**(구취, 구내염, 염증 시: 물 1컵에 1방울)에 적용한다.

2.34 패출리

학 명:	*Pogostemon cablin*	**영 명**:	Patchouli
과 명:	Lamiaceae	**기타명**:	Puchaput
추출부위:	Leaves	**휘발도**:	Base
원 산 지:	Indonesia, India	**추출법**:	Steam distillation
대표성분:	Patchouli-alcohol(patchoulol, norpatchoulenol) 23~55%		

(1) 역사 및 유래

'패출리'라는 이름은 인도에서 유래되었으며, 패출리 잎과 꽃을 옷장에 두어 해충을 쫒았고, 캐시미어 숄에서 풍기는 패출리의 독특한 향으로 인해 유럽에서 모방 제품에 사용되었다. 그 외에도 동양에서는 질병의 확산을 막는 예방제로 사용하였고, 벌레나 뱀에 물렸을 때 해독제로 사용하기도 했다. 향수산업에 중요한 역할을 하였다.

(2) 식물 특징

인도네시아가 원산지인 초본성으로, 종자 번식, 녹지삽이나 분주법으로 번식한다. 최저 생육온도는 16~18°C이며, 고온을 요구하는 열대식물이다. 꽃은 흰색 또는 자주색인데, 중국과 필리핀에서 가끔 볼 수가 있다(**그림 2.22**). 키는 1m이고, 2년간 2~3번 잎을 잘라서 건조 또는 발효시킨 후 수증기 증류법으로 추출하며, 오일 함량은 0.5~1.2%이다.

(3) 효능 및 특징

신경 안정, 감정 조절의 특징이 있다.

피부계에서는 건조 피부, 갈라지고 튼 피부, 탄력 저하 피부, 헤르페스, 충혈 완화, 셀룰라이트 피부에 좋고, **소화계**에서는 식욕부진, 신경성 식욕저하, 변비 치료에 도움을 주며, **신경계**에서는 안정, 이완, 가족 간의 친밀감 형성에 도움을 준다.

(a)

(b)

그림 2.22 (a) 패출리(출처: Wikipedia), (b) 인도네시아 재배 광경(출처: Dave's garden).

블렌딩: 버가못, 프랑킨센스, 제라늄, 진저, 라벤더, 멀, 네롤리, 로즈, 로즈우드, 샌달우드, 일랑일랑, 시트러스와 어울린다.

주의사항: 무자극이지만, 과도하게 사용하면 신경계의 발작을 유발하므로 주의한다.

(4) 활용 분류

식용 허브, 약용, 공예, 생활용품, 아로마테라피

(5) 패출리 에센셜 오일 사용방법

세정용(건성 및 탄력성 저하 피부: 비누, 삼푸, 바디클렌저, 페이셜 폼, 1%), **목욕용**(체액 정체, 부종, 수렴: 입욕 솔트, 반신욕, 족욕, 5방울), **기초화장품**(건성, 탄력 저하, 노화 피부: 스킨, 로션, 크림, 바디로션, 바디오일, 1%), **생활용품**(정서 안정, 집중력: 룸 스프레이, 5%), **발향용**(정서 안정: 디퓨져, 캔들, 석고방향제, 향수 제조, 5%), **건강용품**(정맥류, 치질, 모세관 강화: 마사지 오일, 연고, 2~3%)에 적용한다.

2.35 페퍼민트

학 명: *Mentha x piperita*
영 명: Peppermint
과 명: Labiatae/Lamiaceae
기타명: Mint, 薄荷(박하)
추출부위: Leaves, twigs
휘발도: Top
원 산 지: France, Italy, America
추출법: Steam distillation
대표성분: Menthol, neomenthol, isomenthol, linalool 등 알콜류 42%, menthone, isomenthone, pulegone 등 케톤류 30%

(1) 역사 및 유래

기원전 1,000~3,000년경의 이집트 무덤에서 발견될 정도로 오래 재배된 식물이다. '*Mentha*'는 로마 신화에 등장하는 요정의 이름에서 유래되었다고 한다.

(2) 식물 특징

원산지는 지중해이고 페퍼민트는 향기 나는 영년생 초본으로, 유럽에서는 페퍼민트가 17세기처음 기록이 나온다. 잎은 타원형으로 3~7.5cm의 녹색 또는 자주색(예, black peppermint)이고, 초장은 1m까지 자라며, 줄기의 단면은 정방형이고 부드럽다. 다육질의 줄기 뿌리가 넓게 퍼진다. 잎은 4~9cm의 길이이고, 1.5~4cm의 폭을 가진다. 꽃은 보라색으로, 6~8mm 길이의 꽃이 한여름에서 늦여름까지 뭉쳐서 핀다. 민트류는 10여 종이 있고, 향 수율은 3~4%이며, 연한 노란색이나 녹색을 띈다. 많이 유통되는 오일은 주로 페퍼민트와 스피어민트이고, 그 외에 애플민트, 골든민트도 있다(허브 각론 2.14 참조).

(3) 효능 및 특징

호흡계에서는 코 막힘, 감기, 독감, 기침, 후두염, 기관지염, 해열 치료에 도움을 주고, **소화계**에서는 소화 촉진, 가스, 변비, 헛배부름, 구토, 멀미, 메스꺼움 치료에 도움을 주며, **근육계**에서는 뭉침, 통증, 순환 저하, 부종, 류머티즘 치료와, 운동 전후에 사용하면 효과가 있다. **신경계**에서는 각성, 활력, 집중, 피로, 우울, 기분 전환, 스트레스, 두통, 부정적 사고에 도움을 준다.

블렌딩: 벤조인, 유칼립투스, 라벤더, 레몬, 마조람, 로즈메리와 어울린다.

주의사항: 페퍼민트류 오일은 특별한 독성이 없으므로, 누구나 이용할 수 있다.

(4) 활용 분류

식용 허브, 약용, 생활용품, 아로마테라피

(5) 페퍼민트 에센셜 오일 사용방법

세정용(지성피부, 과다 피지 분비 피부: 비누, 샴푸, 바디클렌저, 페이셜 폼, 1%), **스팀**(여드름, 화농성 피부: 페이셜 크림), **목욕용**(감기, 독감, 피로 회복: 입욕 솔트, 반신욕, 족욕, 5방울). **기초화장품**(건강 및 지성피부: 스킨, 로션, 크림, 바디로션, 바디오일, 1%), **생활용품**(기분 전환: 룸 스프레이 5%), **발향용**(디퓨져, 캔들, 석고방향제, 향수 제조, 5%), **건강용품**(순환 촉진, 통증 완화: 마사지 오일, 연고, 2~3%), **습포**(정맥류, 염좌: 냉습포, 3~5%), **가글**(후두염, 감기, 구취, 구내염, 염증, 졸음방지 시: 물 1컵에 1방울)에 적용한다.

2.36 페티그레인

학　명:	*Citrus aurantium* ssp. *auratium*	**영　명:**	Petitgrain
과　명:	Rutaceae	**기타명:**	Petitgrain bigarade, 광귤잎향
추출부위:	Leaves, twigs	**휘발도:**	Middle
원 산 지:	France	**추출법:**	Steam distillation
대표성분:	Linalyl acetate(45%), linalool(20%), β-pinene(<10%), α-terpineol(6%), geranyl acetate(<5%), cis-β-ocimene(<5%)		

(1) 역사 및 유래

Petitgrain이라는 말은 petit(small)와 grain(seed)의 합성어로 '작은 씨앗(little seed)'을 뜻하는 프랑스어에서 유래되었다. 오일은 광귤 잎과 어린 줄기를 채취해 수증기 증류법을 이용해서 빠르게 추출하며, 옅은 황색이다.

(2) 식물 특징

원산지는 근동지역과 지중해 연안으로 이탈리아에서 많이 자란다. 최저 7°C 이상에서 자라며, 귤나무처럼 생긴 상록성 관목이다.

(3) 효능 및 특징

신경계에서는 근심, 걱정, 공포, 쇼크, 우울, 긴장, 불면, 어린이 신경 안정, 자존감 향상에 도움을 주고, **소화계**에서는 소화불량, 신경성 위 자극, 긴장, 어린이 소화에 도움을 주며, **근육계**에서는 스트레스 관련 근육 질환, 경련 치료에 도움을 주고, **피부계**에서는 지성피부, 여드름, 악취, 두피 강화에 효과가 있다.

블렌딩: 벤조인, 버가못, 클라리 세이지, 제라늄, 라벤더, 네롤리, 팔마로사와 어울린다.

주의사항: 파라과이(Paraguay)산 오일은 성분 구성이 다르므로 확인하여 사용한다.

(4) 활용 분류

약용, 생활용품, 아로마테라피

(5) 페티그레인 에센셜 오일 사용방법

세정용(지성피부, 과다 피지 분비 피부: 비누, 샴푸, 바디클렌저, 페이셜 폼, 1%), **목욕용**(긴장 완화, 숙면. 정서 안정: 입욕 솔트, 반신욕, 족욕, 5방울). **기초화장품**(건성 및 지성 피부: 스킨, 로션, 크림, 바디로션, 바디오일, 1%), **생활용품**(기분 전환: 룸 스프레이 5%), **발향용**(정서 안정: 디퓨저, 캔들, 석고방향제, 향수 제조, 5%), **건강용품**(우울, 긴장, 경직된 심신: 마사지 오일, 연고, 2~3%)에 적용한다.

2.37 파인

학 명:	*Pinus sylvestris*	**영 명**:	Pine
과 명:	Pinaceae	**기타명**:	Scots pine, 소나무
추출부위:	Needles	**휘발도**:	Middle
원 산 지:	France, UK	**추출법**:	Steam distillation
대표성분:	α-pinene, β-pinene, limonene 등 테르펜류 70%, borneol, terpinen-4-ol, cidinol 등 알콜류 5%, bornyl acetate, terpinyl acetate 등 esters가 5%		

(1) 역사 및 유래

파인은 그리스 시대부터 치료요법에 많이 사용되었으며, 미국과 유럽에서는 소나무 잎과 껍질에서 나오는 수지를 상처 부위나 근육 완화제로 사용하였다.

아랍 의사였던 아비세나에 의해 폐렴에 효과적임이 증명되었다.

(2) 식물 특징

지구의 북반구가 원산지인 소나무는 키는 약 40m 정도 되며, 채취한 잎을 수증기 증류법으로 추출해서 무색의 오일을 얻는다.

(3) 효능 및 특징

강력한 폐 방부효과, 곰팡이 감염, 악취 제거, 해충 방지 효과가 있고, **호흡기**에서는 기침, 기관지염 천식에 도움을 주며, **근육계**에서는 류머티즘, 근육통, 근육피로, 운동 전후에 좋으며, **비뇨계**에서는 방광염, 요도염, 이뇨, 냉증에 도움을 주고, **신경계**에서는 자존감 향상, 내면 강화, 확고한 자기 정체성 등에 도움을 준다.

블렌딩: 시더우드, 클라리 세이지, 유칼립투스, 로즈메리, 티트리와 어울린다.

주의사항: 민감성 피부, 알레르기성 피부에 사용할 때 많이 사용하지 않도록 주의한다.

(4) 활용 분류

약용, 조경용, 공예, 생활용품, 아로마테라피

(5) 파인 에센셜 오일 사용방법

세정용(지성피부, 과다 피지 분비 피부, 두피염증: 비누, 샴푸, 바디클렌저, 페이셜 폼, 1%), **목욕용**

(순환 촉진, 근육 통증: 입욕 솔트, 반신욕, 족욕, 5방울). **기초화장품**(건성 및 약지성 피부: 스킨, 로션, 크림, 바디로션, 바디오일, 1%), **생활용품**(공기정화: 룸 스프레이 5%), **발향용**(정서 안정: 디퓨저, 캔들, 석고방향제, 향수 제조, 5%), **습포**(정맥류, 염좌: 냉습포, 3~5%), **가글**(구취, 구내염, 염증 시: 물 1컵에 1방울)에 적용한다.

2.38 로즈

학　명:	1) *Rosa damascena* 2) *Rosa centifolia*	**영　명:**	1) Rose otto 2) Rose absolute
과　명:	Rosaceae	**기타명:**	1) Damask rose, 2) Cabbage rose
추출부위:	Flower	**휘발도:**	Middle
원 산 지:	1) Bulgaria, Turkey, 2) Morocco	**추출법:**	Steam distillation
대표성분:	Citronellol, geraniol, linalool, nerol, 등 알코올류 60%, stearopten, camphene, myrcene, cymene, pinenes, ocimene 등 테르핀류 20%		

(1) 역사 및 유래

장미는 미의 여신(비너스)의 상징이며, 아름다움, 사랑, 젊음, 완전함 모든 미의 창조를 맡고 있는 '꽃의 여왕'으로 알려져 있다. 깊고 우아한 장미향은 감정에 깊은 영향을 미쳐서 마음 속 깊은 곳으로부터 감정을 진정시켜 주며 마음을 열어주는 역할을 한다.

(2) 식물 특징

장미는 전 세계적으로 10,000개 이상의 재배품종이 있는 관목성 화훼류로서 중앙아시아 또는 동양이 원산지이다. 주로 종자나 삽목번식을 하는데, 오일은 꽃잎에서 수증기 증류법이나 용매추출법으로 채취한다.

(a)

(b)

그림 2.23 (a) Damask rose(출처: Wikipedia), (b) Cabbage rose(Grow).

일반적으로 장미수(rose water)는 향이 풍부한 *Rosa damascena*(damask rose)에서 추출되며, 고품질 앱소루트(absolute)는 네덜란드에서 17세기 Damask rose를 기본으로 육종하여 만들어진 잡종 품종인 *Rosa centifolia*(cabbage rose, 수율을 높이기 위해 꽃잎이 100개 이상 되도록 육종)에서 추출된다.

(3) 효능 및 특징

피부계에서는 모든 피부, 노화 피부, 모세혈관이 약한 피부에 도움을 주고, **생식계**에서는 여성 자궁 강화, 생리주기 조절, 생리장애 관련 증상, 남성 정액 생성에 도움을 주며, **심리적**으로는 행복감, 불안, 긴장, 슬픔, 자존감 생성에 도움을 준다.

블렌딩: 버가못, 캐모마일 로먼, 클라리 세이지, 프랑킨센스, 제라늄, 쟈스민, 라벤더, 멜리사, 네롤리, 패출리, 팔마로사, 로즈우드, 샌달우드, 일랑일랑과 어울린다. 블렌딩을 통해 남성용 향의 약 46%, 여성용 향의 약 98%에 첨가될 정도로 이용도가 높다.

주의사항: 무독이고, 피부 트러블이 없어서 모든 사람의 아로마테라피에 사용되고, 향수 제조에 사용되지만, 임신 초기 3개월 동안은 사용을 자제하고 주의해야 한다.

(4) 활용 분류

식용 허브(꽃잎, 식품 향), 약용, 조경용, 공예, 생활용품, 아로마테라피

(5) 로즈 에센셜 오일 사용방법

세정용(노화 피부, 붉은 피부: 비누, 샴푸, 바디클렌저, 페이셜 폼, 1%), **목욕용**(긴장 완화 생식기계 기능 강화: 입욕 솔트, 반신욕, 족욕 5방울). **기초화장품**(건강 피부, 노화 피부: 스킨, 로션, 크림, 바디로션, 바디오일, 1%), **생활용품**(기분 전환: 룸 스프레이 5%), **발향용**(정서 안정: 디퓨져, 캔들, 석고방향제, 향수 제조, 5%), **건강용품**(순환 촉진, 호르몬 조절: 여성에게 추천, 마사지 오일, 연고, 2~3%), **습포**(생리통, 생리주기 조절: 온습포, 3~5%) 적용

2.39 로즈메리

학 명:	*Salvia rosmarinus*	**영 명:**	Rosemary
과 명:	Lamiaceae/Labiate	**기타명:**	Compass plant, incensier
추출부위:	Leaves	**휘발도:**	Middle
원 산 지:	Spain, Portugal	**추출법:**	Steam distillation
대표성분:	1,8-cineol 38~55%. α-pinene 9~14%, β-pinene 4~9%, camphor 5~15%, borneol 5%		

(1) 역사 및 유래

'*Rosemarinus*'는 '바다의 이슬'이라는 의미의 라틴어에서 유래되었다. 로즈메리는 지중해 지역의 바닷가에서 잘 자라는 식물로서 고대로부터 사용된 허브식물이다.

(2) 식물 특징

지중해 연안이 원산지로, 키가 2m 정도 되는 상록 관목성 식물이고, 꽃은 파란색으로 늦봄과 초여름에 핀다. 종자번식과 녹지삽, 반숙지삽을 하여 번식한다. 한국의 중부지역에서는 월동이 다소 어렵지만, 남부지역에서는 월동이 가능하다(허브 각론 2.9 참조).

(3) 효능 및 특징

활력, 자극 촉진, 신경을 강화하며, 재배지역의 chemotype에 따라 주성분이 다르다.

① Tunisia 로즈메리: 주성분은 cineole이며, 호흡계, 거담, 담즙 분비를 촉진한다.
② French 로즈메리: 주성분은 verbenone이며, 강장, 스킨케어, 끈끈한 점액, 호르몬의 균형에 도움을 준다.
③ Spanish 로즈메리: 주성분은 camphor이며, 순환 촉진, 근육통, 류머티즘, 감기, 생리통 완화에 도움을 준다.
④ 일반 로즈메리 : 주성분은 bornyl acetate이며, 통증에 가장 뛰어나다. 류마티즘, 항진균, 조직 재생, 호흡에 도움을 준다.

신경계에서는 신경 자극, 심계항진, 저혈압, 신경쇠약, 집중, 두통, 편두통, 명확한 사고력 등에 효과가 있다. **순환계**에서는 림프 순환 촉진, 근육 경직, 통증 완화를 한다. **피부계**에서는 여드름, 순환 저해 피부, 지성두피, 여드름, 모발 관리에 좋다. **호흡계**에서는 코막힘, 천식, 기침, 감기치료에 좋다.

블렌딩: 바질, 진저, 라벤더, 레몬그래스, 페퍼민트, 티트리, 타임(백리향)과 어울린다.

주의사항: 임신 초기, 영유아, 간질 환자에서는 주의하여 사용한다.

(4) 활용 분류

식용 허브, 약용, 조경용, 공예, 생활용품, 아로마테라피

(5) 로즈메리 에센셜 오일 사용방법

세정용(지성피부, 과다 피지 분비 피부, 두피, 모발: 비누, 삼푸, 바디클렌저, 페이셜 폼, 1%), **목욕용**(순환 촉진, 체액 정체, 부종: 입욕 솔트, 반신욕, 족욕, 5방울). **기초화장품**(건강 및 약지성 피부, 활력 강화: 스킨, 로션, 크림, 바디로션, 바디오일, 1%), **생활용품**(기분 전환: 룸 스프레이 5%), **발**

향용(디퓨저, 캔들, 석고방향제, 향수 제조, 5%), **건강용품**(순환 촉진, 통증 완화: 마사지 오일, 연고, 2~3%), **습포**(정맥류, 염좌: 냉습포, 3~5%), 흡입(코 막힘, 가래, 두통: 증기 흡입: 물 1컵에 1방울)에 적용한다.

2.40 로즈우드

학 명:	*Ania rosaedora*	**영 명**:	Rosewood
과 명:	Lauraceae	**기타명**:	bois de rose
추출부위:	Wood	**휘발도**:	Middle
원 산 지:	Brazil Amazon	**추출법**:	Steam distillation
대표성분:	Linalool, α-terpineol 두 가지 성분이 80% 이상, cineole 3%		

(1) 역사 및 유래

본래 브라질 아마존 유역에 자생하지만, 콜롬비아, 에콰도르, 가이아나, 페루, 수리남, 베네수엘라 및 프랑스령 기아나에서도 발견된다. 카누나 고가의 가구를 만드는 데 사용되었다. 현재는 수종을 보호하기 위해 어린 나무에서의 오일 생산은 철저히 금지해서 관리하며, 고목으로 자란 후에 허가를 받고서 에센셜 오일을 생산한다. 주로 상처를 치료하는 데 사용되어 왔는데, 아로마테라피에서는 최근에 사용되기 시작했다.

(2) 식물 특징

목련목, 녹나무과로 초장은 높이 30m, 줄기의 지름이 2m의 거대한 나무로 상록수이다. 나무 전체가 향기를 풍긴다. 꽃은 붉고 완전화이며, 과일은 자주색의 핵과(核果)로 큰 부리 새에 의해 종자가 밀림에 전파된다. 줄기의 중간은 장밋빛이며, 야생 개체군 간의 다양한 유전양식이 있어서 식물의 특징에 차이가 있다. 수목은 약 1%의 오일을 함유한다(**그림 2.24**).

(3) 효능 및 특징

피부계에서는 감염, 여드름, 건선, 상처, 재생에 도움을 주고, **면역계**에서는 만성피로, 독감, 면역저하에 효과가 있으며, **심리적**으로는 안정, 통증 완화, 스트레스 완화에 효과가 있다.

블렌딩: 모든 오일과 잘 어울리며, 조향의 균형을 맞춰준다.

주의사항: 무독성이나 과용량 사용에 주의한다. 식용은 불가하므로 섭취해서는 안 되고, 반드시 어린이의 손이 닿지 않는 곳에 보관한다. 임신, 수유 및 3세 미만의 어린이에게는 사

그림 2.24 로즈우드(성목). (출처: Wikipedia)

용을 금한다. 열과 빛에 변성되므로 이를 차단하여 보관한다.

(4) 활용분류

약용, 공예, 생활용품, 아로마테라피

(5) 로즈우드 에센셜 오일 사용방법

세정용(건조 피부, 노화 피부, 염증 피부: 비누, 샴푸, 바디클렌저, 페이셜 폼, 1%), **목욕용**(순환 촉진, 통증 완화: 입욕 솔트, 반신욕, 족욕, 5방울). **기초화장품**(노화 피부, 재생 피부: 스킨, 로션, 크림, 바디로션, 바디오일, 1%), **생활용품**(공기정화 : 룸 스프레이 5%), **발향용**(정서 안정: 디퓨저, 캔들, 석고 방향제, 향수 제조, 5%), **건강용품**(통증 부위, 상처 치유, 조직 재생용: 마사지 오일, 연고, 2~3%), **가글**(신경 안정, 구취, 구내염, 염증 시: 물 1컵에 1방울)에 적용한다.

2.41 샌달우드

학 명:	*Santalum album*	**영 명**:	Sandalwood
과 명:	Santalaceae	**기타명**:	White sandalwood, 백단(白檀)
추출부위:	Wood	**휘발도**:	Base
원 산 지:	India, Australia	**추출법**:	Steam distillation
대표성분:	Santalol 72~83%, santalyl acetate 4.5~6.5%, santalene 3.6~7.3%		

(1) 역사 및 유래

인도에서 약 4,000년 전부터 사용되어 왔으며, 샌달우드를 태워 신과 소통할 목적으로

자이나교, 힌두교, 불교 종교 의식에 쓰인다. 특히, 아유르베다에서는 항염, 해열, 항감염 효능으로 피타(pitta, 불)의 상태를 위한 치료법으로 사용되었다.

백단나무로 가구를 만들면 향기가 1년간 분출되므로 최고의 가구목이다.

(2) 식물 특징

인도, 인도네시아, 스리랑카 등 열대 아시아가 원산지이며 호주에서도 자란다. 10여 종이 분포하며, 키는 약 10m이고, 30~40년 수령을 갖는 상록수이다. 15°C 이상의 온도에서 자라고, 종자번식을 한다(**그림 2.25**). 종자를 10% 표백제액에 담갔다가 버미큘라이트에 심고서 15~21°C를 유지시킨 다음, 뿌리 길이가 4cm 정도될 때 정식한다. 샌달오일을 얻기 위해서는 최소 25년 이상된 나무를 벌채해서 나무 속을 수증기 추출법으로 추출하는데, 오일의 색은 황록색을 띤 갈색이다. 국가마다 자생나무 벌목을 금지하므로 오일 생산량이 감소하고 있다.

(3) 효능 및 특징

명상적인 편안함, 신경 진정에 효과가 있다.

신경계에서는 안정, 긴장, 불안, 우울, 내면에 집중할 수 있도록 편안함을 주고, **피부계**에서는 민감성 피부, 악건성, 아토피성 피부, 가려움, 피부 자극, 트고 갈라진 피부, 주름 완화에 도움을 주며, **호흡계**에서는 인후염. 천식, 기침, 카타르, 기관지염 치료에 효과가 있고, **비뇨계**에서는 방광염, 요도염 치료에 도움을 주며, **소화계**에서는 신경성 소화, 설사, 구역 치료에 도움을 준다.

블렌딩은 대부분의 오일과 잘 어울리며, 특히 벤조인, 프랑킨센스, 네롤리, 페티그레인, 로즈와 잘 어울린다.

(a)

(b)

그림 2.25 (a) 샌달우드(백단)(출처: Wikipedia), (b) 백단 분말 및 줄기 조각(출처: Kama Ayurveda).

주의사항은 무독, 비자극성, 비민감성이므로 다양하게 이용된다. 다만 서인도에서 생산되어 최음제와 향수료로 많이 사용하는 샌달우드인 *Amyris balsamifera*와 혼동하면 안 된다.

(4) 활용 분류

약용, 생활용품(최고품 가구), 아로마테라피

(5) 샌달우드 에센셜 오일 사용방법

세정용(문제성 피부, 아토피성 피부: 비누, 샴푸, 바디클렌저, 페이셜 폼, 1%), **목욕용**(정서 안정, 정신적 피로: 입욕 솔트, 반신욕, 족욕, 5방울). **기초화장품**(건조, 노화 피부, 주름 완화: 스킨, 로션, 크림, 바디로션, 바디오일, 1%), **생활용품**(정서 안정 : 룸 스프레이 5%), **발향용**(정서 안정, 긴장 완화: 디퓨져, 캔들, 석고방향제, 향수 제조, 5%), **건강용품**(피부치료제, 상처 치유: 마사지 오일, 연고, 2~3%), **가글**(신경 안정, 구취, 구내염, 염증 시: 물 1컵에 1방울)에 적용한다.

2.42 티트리

학 명:	*Melaleuca alternifolia*	**영 명:**	Tea tree
과 명:	Myrtaceae	**기타명:**	Narrow-leaved paperbark tea tree, ti-tree
추출부위:	Leaves	**휘발도:**	Top
원 산 지:	Australia	**추출법:**	Steam distillation
대표성분:	Terpinen-4-ol(35~48%%), terpinen류 20~40%, cineole 7~10%,		

(1) 역사 및 유래

호주 원주민들은 티트리를 이용해서, 카누, 오두막의 지붕을 만들거나, 치통 또는 호흡기 질환, 상처치료에 사용했고, 잎을 씹어 먹거나 담뱃잎에 싸서 담배로 사용하였다. 1923년 호주 과학자에 의해서 티트리가 석탄산보다 항박테리아 효능이 12배나 강함이 규명되었지만, 유럽에 소개된 것은 1980년대부터이다.

(2) 식물 특징

원산지는 호주이고, 키가 5~7m의 작은 관목성 목본 상록식물이며, 잎은 가늘고 뾰족하다(그림 2.26). 0°C 이하에서는 고사하고, 번식은 반숙지삽으로 여름에 실시한다. 오일은 카주풋(cajuput), 니아울리(niaouli)와 유사하지만, 두 종류보다 항균력이 더 강하다.

(a) (b)

그림 2.26 (a) 티트리 잎과 꽃, (b) 열매. (출처: Wikipedia)

(3) 효능 및 특징

강력한 항박테리아, 항감염 효과가 있다. **피부계**에서는 무좀, 치은염, 아구창, 기저귀 발진, 벌레 물린 곳, 전염성 상처, 옴, 진드기, 화상, 여드름, 뾰루지, 헤르페스, 수두, 사마귀, 곰팡이 감염 등 피부의 치료에 효과가 있고, **면역계**에서는 면역 강화, 해열에 도움을 주며, **호흡계**에서는 기관지염, 감기 독감, 부비강염, 가래, 헤르페스 치료에 효과가 있고, **신경계**에서는 신경 쇠약 치료에 도움을 준다.

블렌딩: 시나몬, 클라리 세이지, 클로브, 사이프러스, 유칼립투스, 제라늄, 진저, 라벤더, 레몬, 레몬그래스, 만다린, 마조람, 로즈메리와 어울린다.

주의사항: 섭취할 경우 독성이 있으므로, 어린이에게 사용하지 않는다.

(4) 활용 분류

약용, 생활용품, 아로마테라피

(5) 티트리 에센셜 오일 사용방법

세정용(지성피부, 염증성 피부: 비누, 샴푸, 바디클렌저, 페이셜 폼, 1%), **기초화장품**(지성 피부, 여드름 피부: 스킨, 로션, 크림, 바디로션, 바디오일, 1%), **생활용품**(공기정화 : 룸 스프레이 5%), **발향용**(정서 안정: 디퓨저, 캔들, 석고방향제, 5%), **건강용품**(피부 염증 부위, 상처 부위: 마사지 오일, 연고, 2~3%), **습포**(염좌: 냉습포, 3~5%), **가글**(구취, 구내염, 염증 시: 물 1컵에 1방울)에 적용한다.

2.43 타임(백리향)

학 명:	*Thymus vulgaris*	**영 명:**	Common thyme
과 명:	Labiatae/Lamiaceae	**기타명:**	백리향
추출부위:	Plant	**휘발도:**	Top
원 산 지:	France	**추출법:**	Steam distillation

대표성분: Thymol 화학형: thymol 37~55%, para-cymene 14~28%, gamma-terpenene 4~11%, linalool 3~6.5%, carvacrol 0.5~5.5%, myrcene 1~2.8%
Linalool 화학형: linalool+cis-4-thujanol 30~40%, terpinene-4-ol 6~12%, myrcene 4~8%, para cymene 4~8%, gamma terpinene 4~8%

(1) 역사 및 유래

'Thyme'은 그리스어의 'tymbra, thumon', 즉 '향기롭게 한다'에서 유래하였다. 고대 수메르인이 훈증 목적으로 태웠고, 이집트인은 미라를 만들거나 요리에 사용하였다. 중세시대에 전염병이 유행일 때에도, 타임 허브를 태움으로써 공기 중의 전염을 차단하는 데 사용해서 질병의 확산을 방지했다.

(2) 식물 특징

상록성으로, 향기가 나는 10~30cm 크기이고, 잎은 작으며, 꽃은 자주색 또는 흰색이다.

약 100여 종의 400여 품종이 있으며, 자세한 특징은 허브 각론 2.16을 참조하기 바란다.

Chemotype(화학형)에는 *Thymus vulgaris* ct. thymol(강력한 소독, 살균)과 *Thymus vulgaris* ct. linalool(thymol 보다 부드러운 향으로 향수로도 사용)가 있다.

(3) 효능 및 특징

뛰어난 살균, 면역 강화, 방부효과가 있다. **피부계**에서는 좌창, 습진, 곤충 물린 곳, 지성피부, 구강 감염, 탈모증, 외과 수술 시 드레싱에 좋고, **소화계**에서는 소화불량, 저조한 소화력, 입맛 저하, 헛배부름, 위경련, 설사 치료에 효과가 있으며, **호흡계**에서는 기침, 감기, 독감, 부비동염, 후두염 등 치료에 도움을 주고, **순환계**에서는 순환장애, 저혈압 치료에 쓰인다. **근육계**에서는 근좌상, 삠, 피로, 경련, 류마티스 통증, 통풍, 비만 치료에 도움을 주고, **신경계**에서는 연약함, 스트레스, 두통, 불면증 치료에 도움을 주며, **정서계**에서는 우울, 집중력 저하, 정식적인 피로, 활력 증상에 도움을 준다.

블렌딩: 버가못, 오렌지 오일, 오레가노, 로즈메리, 라벤더, 마조람, 소나무, 사이프러스, 클라리 세이지와 어울린다.

주의사항: 임산부와 고혈압 환자는 사용하면 안 된다. 알코올류가 많이 함유된 타임 오

일은 일반적으로 저독성이므로, 어린이, 민감자, 노인에서도 안전하다.

(4) 활용 분류

식용 허브, 약용, 조경용, 공예, 생활용품, 아로마테라피

(5) 타임 에센셜 오일 사용방법

생활용품(살균, 공기정화, 모기 퇴치: 룸 스프레이 3%), **발향용**(공기정화: 디퓨저, 캔들, 석고방향제, 3%), **건강용품**(모발 생장-라벤더, 로즈메리, 시더우드, 타임 오일 동량 혼합: 2컵 캐리어 오일에 3~5 방울, 피부 염증 부위: 마사지 오일, 2~3%), **가공식품**(과자나 빵의 향을 내기 위해 반죽용 물에 첨가, 1,000ppm)

2.44 베티버

학 명:	*Vetiveria zizanioides*	**영 명:**	Vetiver
과 명:	Poaceae(Gramineae)	**기타명:**	Khus khus, Cuscus
추출부위:	Root	**휘발도:**	Base
원 산 지:	South Asia	**추출법:**	Steam distillation
대표성분:	Vetiverol, vetiverol acetate, vetivone, vetivenes		

(1) 역사 및 유래

편안하고 안정된 향이 특징으로, '정적의 오일'이라 불리며, 전통적으로 매트를 짜는 데 이용하거나 악귀로부터 집을 보호한다고 믿어서 지붕을 제조하는 데 이용되었다.

(2) 식물 특징

인도네시아가 원산지인 영년생 벼과 식물로서, 최저온도가 15~18°C가 되는 지역에서만 자란다(**그림 2.27**). 생육적온은 25~35°C로 높은 편이다. 번식은 분주법을 사용한다.

오일은 뿌리에서 추출하며, 무게의 1% 미만이다. 세계적으로 연간 250톤이 생산된다.

(3) 효능 및 특징

신경계에서는 평온, 신경 진정, 보호, 안정, 산만함, 정신적 소진, 내적 중심에 도움을 주고, **근육계**에서는 발적제, 관절염, 류마티즘, 근육통에 도움을 주며, **피부계**에서는 좌창, 피부염, 습진, 노화 피부, 갈라지고 튼 살 부위, 상처, 벌레 물림, 피부 조직 재생에 효과가 있고, **심리적**으로는 억압, 혼란, 화를 진정시켜 주며, **면역계**에서는 고열, 감염, 심장마비 등에

(a)

(b)

그림 2.27 (a) 베티버 식물, (b) 뿌리. (출처: Wikipedia)

효과가 있다.

블렌딩: 장미, 네롤리, 쟈스민, 라벤더, 일랑일랑, 패출리, 벤조인, 제라늄과 어울린다.

주의사항: 무자극이지만, 과용량의 사용은 금한다.

(4) 활용 분류

약용, 공예, 생활용품, 아로마테라피

(5) 베티버 에센셜 오일 사용방법

목욕용(근육 뭉침, 피로회복: 입욕 솔트, 반신욕, 족욕, 5방울%, **기초화장품**(건성 피부, 노화 피부: 스킨, 로션, 크림, 바디로션, 바디오일, 1%), **생활용품**(긴장 완화 : 룸 스프레이 5%), **발향용**(정서 안정: 디퓨져, 캔들, 석고방향제, 5%), **건강용품**(근육 뭉침, 상처 부위: 마사지 오일, 연고, 2~3%), **습포**(통증 부위, 경직 부위: 온습포, 3~5%)에 적용한다.

2.45 일랑일랑

학 명: *Cananga odorata*
영 명: Ylang-ylang
과 명: Annonaceae
기타명: Flower of flowers
추출부위: Flower
휘발도: Base
원 산 지: Madagascar
추출법: Steam distillation
대표성분: Caryophyllene, cadinene, farnesene, germacrene, humulene등 sesquiterpenes 류 40%, farnesol, geraniol, linalool, benzyl acetate 등 알코올 20%, methyl benzonate, benzyl acetate, geranyl acetate등 에스테르 15%, eugenol, safrole 등 페놀 10%

(1) 역사 및 유래

일랑일랑은 'Flower of flowers(꽃중의 꽃)'이라는 뜻을 가진 말레이시아어의 'alang-ilang'에서 유래되었다. 인도네시아에서는 전통적으로 결혼 첫날 밤 침대에 장식하는 데 이용되었다. 쟈스민과 유사한 향취로 '서민의 쟈스민'이라 불린다.

(2) 식물 특징

일랑일랑은 향기로운 노랑꽃이 피는 20m 크기의 상록수이다(**그림 2.28**). 최저 생육온도가 15~18°C되는 필리핀 원산 식물로, 종자번식을 한다. 꽃잎이 6개 달린 길이가 약 5cm 정도 되는 꽃잎을 밤에만 채취한다. 향수는 꽃을 수증기 증류하여 만드는데, 120kg의 꽃에서 350g의 오일이 생산된다.

① YlangYlang Extra: 처음 추출된 에센셜 오일
② Ylang Ylang Complete: Extra, 1, 2, 3 추출된 것을 모두 혼합한 에센셜 오일

그림 2.28 (a) 일랑일랑 꽃(S. Marc), (b, c) 녹색 및 익은 열매(Project Noah).

(3) 효능 및 특징

신경계에서는 강한 스트레스와 긴장감, 우울, 불안과 초조, 트라우마, 쇼크 등의 치료에 도움을 주고, **내분비계**에서는 남녀의 강장, 난소와 고환 자극, 아드레날린 분비를 촉진하며, **생식계**에서는 불감증, 생리장애, 생리통, 냉증에 효과가 있다. **피부계**에서는 노화 피부, 건조나 지질 피부, 알레르기, 모발 생육 촉진 등에 효과가 있고, **소화계**에서는 식후 정신적인 소화 불량, 신경성 소화 장애를 치료하는 데 효과가 있다.

블렌딩: 버가못, 쟈스민, 라벤더, 레몬, 장미, 네롤리, 로즈, 로즈우드, 샌달우드, 시트러스 등과 어울린다.

주의사항: 독성은 없지만, 사람에 따라 고농도로 사용했을 때, 메스꺼움과 두통을 유발할 수 있으므로, 단시간 저농도로만 사용한다. 2세 이하 어린이에게는 사용을 금한다.

(4) 활용 분류

약용, 조경용(가로수), 공예, 생활용품, 아로마테라피

(5) 일랑일랑 에센셜 오일 사용방법

세정용(건성피부, 두피 관리: 비누, 샴푸, 바디클렌저, 페이셜 폼, 1%), **목욕용**(불안, 긴장 이완: 입욕 솔트, 반신욕, 족욕, 5방울), **기초화장품**(건성피부, 노화 피부: 스킨, 로션, 크림, 바디로션, 바디오일, 1%), **생활용품**(이국적 감성: 룸 스프레이 5%), **발향용**(정서 안정: 디퓨저, 캔들, 석고방향제, 향수 제조, 5%), **건강용품**(생리장애, 가슴 관리 여성에게 추천: 마사지 오일, 연고, 2~3%)에 적용한다.

2.46 기타 주요 오일

장뇌(Camphor, *Cinnamomum camphora*)는 base 오일로, 우울증, 불면증, 쇼크, 소화, 호흡계 문제, 지성피부, 여드름 등에 효과가 있으며, 프랑킨센스, 네롤리와 브랜딩이 잘 된다. 부은 곳에 냉습법 적용을 하면 효과가 좋다.

클로브(Clove, 정향, *Syzygium aromaticum*)은 인도네시아, 필리핀에 자생하며 중국인들이 음식에 사용하는 5향의 하나로 스파이스 많이 이용해온 향신료이다. Base 오일로 건강 쇠약, 신경통, 호흡계 문제, 치통, 피부 염증 등에 효과가 있으며, 바질, 감귤과 브랜딩이 좋다. 공기성화제로 많이 쓰인다.

히솝(Hyssop, *Hyssopus officinalis*)은 middle 오일로, 근심 걱정, 고혈압, 순환계, 소화, 호흡계 문제에 효과가 있으며, 클라리 세이지, 라벤더, 로즈메리, 세이지 오일과 브랜딩이 잘 된다. 간질 환자에게 사용하면 안 된다(허브 각론 2-46 참조).

넛맥(Nutmeg: 육두구, *Myristica fragrans*)은 인도네시아, 스리랑카가 원산지이다. Base 오일로 종자에서 추출한다. 내적으로는 소화, 메스꺼움, 구토, 설사 치료에 효과가 있고, 외적으로는 관절염, 류머티즘, 근육통 치료에 좋다. 안전한 오일이다.

라벤사라(Ravensara, *Ravensara aromatica*)는 마다가스카르 섬이 원산지이다. 잎에서 정유를 추출하며 top오일이다. 강력한 항바이러스 특징이 있어서 감기, 천식, 기관지염 치료에 좋다. 몸살, 오한 치료에도 사용되며, 심신의 피로회복, 대상포진에도 효과가 있다.

세이지(Sage, *Salvia officinalis*)는 top 오일로, 피로, 저혈압, 호흡계 질환에 효과가 있다. 버가못, 히솝, 레몬, 라벤더, 레몬밤, 박하, 로즈메리와 브랜딩이 잘 된다. 약간 독성이 있으므로 주의하고, 모유를 먹이면 아기에게 지장을 초래하므로 수유할 때는 이용하지 말아야 한다(허브 각론 2.26 참조).

밸러리안(Valerian, *Valeriana officinalis*)은 유럽의 영국, 서아시아, 북미에 자생하며 뿌리에서 주로 정유를 추출하는데 base오일로 어두운 초록색이다. 특징은 불면증 치료에 최고이며 신경성 소화불량, 편두통, 불안, 경련, 신경안정 등의 치료에 사용된다. 라벤더, 로만 캐모마

일, 베티버, 패출리, 스위트 오렌지 등과 잘 어울린다(허브 각론 2.17 참조).

톱풀(Yarrow, *Achillea millefolium*)은 주로 서양톱풀 오일이 유통된다. Mid 또는 base oil로 프랑스, 불가리아, 인도에서 주로 생산된다. 오일색은 독일 캐모마일처럼 파란색이다. 주로 상처, 화상, 여드름, 아토피, 발진, 탈모에 효과가 크다. 신경계에는 불면증, 스트레스, 긴장 완화 치유에 좋다. 클라리 세이지, 라반딘, 네롤리, 사이프러스, 레몬유칼립투스와 잘 어울린다(허브 각론 2.43 참조).

제3장
아로마테라피 활용

허브에서 추출한 에센셜 오일의 활용하는 방법은 너무나도 광범위하다.

또한, 생산지나 생산회사 그리고 보관 상태에 따라 다양한 농도 변화가 있으며, 적용 시 효과도 사람에 따라 개인 차이가 매우 많다.

이 책에서는 일상생활에서 보편적인 활용 방법에 대해 설명하며, 특히 에센셜 오일을 잘못 사용하면 부작용이 우려되므로, 장기간 사용 시에는 개인 건강 상태에 따라 전문의와 반드시 상담해야 한다.

3.1 아로마 생활용품

(1) 방향, 탈취

허브의 항균 효과는 식물 자체로도 실내 방향, 탈취 효과가 있어 실내 인테리어뿐만 아니라, 공기정화를 위해 장식하여 사용한다. 또한, 에센셜 오일을 이용하여 공기청정 및 기분전환으로 다양한 방법을 이용한다. 향균, 탈취에 좋은 오일은 유칼립투스, 페퍼민트, 파인, 로즈메리, 레몬, 레몬그래스, 카주풋 등이다.

스프레이 에탄올과 정제수 7 : 3 비율의 베이스에 탈취, 공기청정 효과가 뛰어난 에센셜 오일을 블렌딩한 후 5% 희석해서, 침구류, 커튼 등 실내에 수시로 뿌려준다. 항균, 탈취를 위해 사용할 수 있는 가장 빠른 방법이다.

디퓨져 정제수에 보습제, 산화방지제, 유화제를 희석한 베이스와 에탄올의 3 : 7 비율에 원하는 블렌딩 에센셜 오일 3% 정도 첨가해서 원하는 곳에 비치하여 실내에서 발향시킨다.

우드스틱과 프리저브드 꽃을 장식하여 인테리어 효과를 함께 한다.

캔들 허브가 장식된 캔들을 보며 실내 무드 효과를 더해 주는 향초는 공기정화와 함께 정신적 균형과 정서 안정을 유도한다.

컨테이너 캔들 만들기: 적정량의 왁스를 계량하여 녹이고서, 선택한 향료를 7% 정도 농도로 첨가한다. 향료가 섞인 캔들 왁스를 준비하고서 용기에 심지를 고정한 후, 용기에 왁스를 한 번에 부어준다. 왁스가 90% 정도 굳으면, 이중 붓기를 한다. 이후 왁스가 완전히 굳으면 심지를 정리한다.

석고방향제 다양한 공간과 실내 발향하며, 나만의 장식 효과를 줄 수 있어서 가장 많이 DIY하는 방법이다. 향료를 석고를 이용해서 발향시키므로, 나만의 방법대로 허브를 장식할 수 있는 장점이 있다.

석고방향제 만들기: 선택한 향료와 가용화제를 계량한 후 잘 섞어준다. 향료가 충분히 섞이면, 석고가루와 물을 넣고 분말이 없어질 때까지 재빠르게 섞어준 후 석고 몰드에 붓고서 굳혀준다. 석고액에 기포가 생기지 않도록 기포를 빼주면서 굳힌 후 몰드에서 빼내서 사용한다.

인센스 명상 및 실내 탈취, 모기 퇴치를 위해 활용되며, 식용 허브 외에도 다양한 허브 분말을 사용할 수 있는 장점이다.

허브인센스 만들기: 허브 분말을 섞은 톱밥 1 : 초석액 0.5 : 풀(밀가루 풀 또는 쌀풀) 1의 비율로 선택한 에센셜 오일과 함께 반죽해서, 모양을 만들어 잘 건조한 후에 고운 향을 피워본다. 추천 허브로는 라벤더, 제라늄, 레몬그래스, 세이지, 로즈메리 등이 있다.

(2) 세정

세정을 위한 제형으로는 고체 비누에서부터 액상의 겔 형태까지 다양하며, 건조한 피부일수록 거품 형성 계면활성제의 양이 적은 제형을 선택하는 것이 좋다. 세정을 위한 추천 오일에는 레몬, 오렌지, 라벤더, 로즈메리, 페퍼민트, 티트리, 쥬니퍼베리가 있다.

비누(조물락비누, 물비누) 상온 제조 물비누 100g 만들기에 대해 설명한다. 소독된 비커에 글리세린(보습제) 5g, 정제수(또는 하이드로졸) 36.5g, 내추럴베타인(보습) 2g, 코코베타인(양이온 계면활성제) 15g, LES(계면활성제) 15g을 순서대로 계량한 후 잘 저어준다. 마지막으로 방부 역할의 1.2HD 1g, 에센셜 오일 10방울을 떨어뜨려 충분히 저어준 후 소독된 용기에 넣고서 라벨(제조일, 제품명, 용량, 제조자)을 부착한다.

바로 사용 가능하지만, 3~4일 숙성시켜서 사용하면 사용감과 향취가 더 좋다.

바디워시(Body wash) 하이드로졸과 보습제 원료를 피부 타입에 따라 맞춰 선택하여 기능을 높일 수 있다.

민감한 피부용 바디워시 만들기: 소독된 비커에 캐모마일 하이드로졸 10%, 정제수 28%, 기능성 추출물인 감초추출물 2%, 점증제 폴리쿼터 0.5% 넣고서, 50°C까지 가온한다. 샴푸에 필요한 세정 계면활성제인 글루카메이트 1.5%를 넣고서 60°C까지 추가 가온한 후에 그 외 계면활성제(애플워시, 데실폴리글루코사이드, 코코베타인) 50%를 추가 계량, 첨가물 보습제(글리세린, 디엘판테놀, 베타글루칸, 세라마이드) 5%, 방부제(비타민 E, 1.2 헥신디올) 2.0g을 넣으면서 잘 저어준다. 추가로 점도 조절 계면활성제로 점도를 조절하여 완성한 후, 민감성 피부에 필요한 에센셜 오일을 첨가해서 충분히 섞어준 다음 소독된 용기에 담는다.

샴푸 허브를 이용한 샴푸는 두피 모공 세정의 효과로 인해 모공 내 모발 세포를 건강하게 만들 수 있는 장점이 있다. 이에 탈모 또는 트러블 두피에 도움을 줄 수 있다.

염증성 두피에 도움 줄 수 있는 하이드로졸에는 전나무 하이드로졸, 로즈메리 하이드로졸이 있고, 붉은 두피에 도움 줄 수 있는 하이드로졸에는 라벤더 하이드로졸, 캐모마일 하이드로졸이 있으며, 두피에 도움 줄 수 있는 에센셜 오일에는 라벤더, 로즈메리, 페퍼민트, 파인, 전나무, 캐모마일, 시더우드, 팔마로사, 티트리, 카주풋 등이 있다. 평상 시에 하이드로졸을 두피에 수시로 뿌려 준다.

건강한 두피용 샴푸 만들기: 소독된 비커에 선택한 하이드로졸 25%, 정제수 25%, 기능성 추출물 유카추출물 2%, 헤나 추출물 2%와 점증제 폴리쿼터 0.3% 넣고서 50°C까지 가온한다. 샴푸에 필요한 세정 계면활성제인 글루카메이트 1%를 넣고 60°C까지 추가 가온한 후 그 외 계면활성제(LES, 올리브계면활성제, 코코베타인) 40%를 추가 계량, 첨가물 보습제(글리세린, 디엘판테놀, 베타인) 8%, 컨디셔닝제 실크아미노산 0.3%를 넣으며 잘 저어준다. 추가로 점도 조절 계면활성제로 점도를 조절하여 완성한 후 두피에 필요한 에센셜 오일을 첨가하여 충분히 섞어준 다음 소독된 용기에 담는다.

바디스크럽 흑설탕 스크럽(50g)을 만들기 위해서는 소독된 내열 비커에 글리세린 27g과 올리브 유화 왁스(유화제) 1.5g을 계량한 후 핫플레이트에 녹인다. 올리브 유화 왁스가 용해된 비커에 흑설탕 21.5g과 선택한 에센셜 오일 10방울을 넣고서 잘 저어 혼합한 후 소독된 용기에 넣고 라벨을 부착한다.

(3) 기초화장품

피부가 건조해지면, 체내 수분과 유분, 전해질, 단백질 등이 소실되어 피부 장벽이 무너지면서 문제성 피부가 나타날 수 있다. 천연 화장품을 사용하여 건강한 피부 장벽으로 관리해서 피부가 건조해지지 않게 한다.

기초화장품의 분류로는 페이셜 클렌저, 스킨, 에센스, 로션, 크림 종류를 포함한다.

스킨토너 피부 세안 후 2차 세정 및 약산성의 건강 피부 pH 회복을 위한 목적으로 각질층의 유분과 수분 보습을 유지하도록 한다.

기능성 스킨 만들기(100g): 소독된 비커에 에센셜 오일 0.5(10방울), 올리브리퀴드(가용화제) 1g을 계량한 후 충분히 저어준 다음, 글리세린(보습제) 3g을 넣고서 잘 저어준다. 다음으로 정제수와 피부에 맞는 하이드로졸을 선택하여 89.3g 계량한 후 충분히 저어준다. 마지막으로, 기능성 원료인 알란토인(진정, 항염) 0.2g, 나이아신아마이드(보습, 미백) 2g, 히아루론산(보습) 2g, 1.2HD(방부제) 2g을 순서대로 계량하여 넣고서 충분히 저어준 다음, 소독된 용기에 담고서 라벨(제조일, 제품명, 용량, 제조자)을 부착한다.

페이스 오일 피부의 유분 및 수분 유지와 조직 보호를 위한 천연 에센스 역할로 불포화지방 성분 위주의 식물성 오일(캐리어 오일) 베이스에 조직 재생 기능의 에센셜 오일을 선택하여 1% 이하로 블렌딩한 후, 아침, 저녁에 세안 후 소량씩 바른다.

① **노화 피부 추천 식물성 오일:** 윗점 오일, 로즈 힙 오일, 헤이즐넛 오일, 호호바 오일
② **노화 피부 추천 에센셜 오일:** 프랑킨센스, 멀, 로즈우드, 샌달우드, 로즈, 쟈스민

크림 피부 표피층의 유수분 손실 방어와 피부 조직 재생 및 건강한 피부 기능을 돕는다.

기능성 크림 만들기: 수상(水狀) 원료 비커에는 정제수 및 하이드로졸, 글리세린(1~2%) 등의 수상에 희석되는 수상 원료를 65%, 유상(油狀) 원료 비커에는 유상 원료들 중 식물성 오일 20%, 계면활성제 역할의 유화제 5%를 내열 비커에 계량한 다음, 열판에 올려서 65~70°C까지 되면 열판에서 내려 서로 혼합하여 블랜더로 섞어준다. 50°C 정도까지 온도가 내려가면, 보습제(저분자 히아루론산, D 판테놀 등), 보존제(1.2 헥신디올) 등의 기능성 원료 9.7%을 첨가하여 충분히 섞어준다. 마지막으로, 에센셜 오일 0.3%을 첨가하여 섞어준 후 소독한 용기에 넣어준다. 햇빛과 공기 차단에 주의하며, 1년 이내로 사용한다.

(4) 주방

가정 내 가장 많은 물 사용이 있는 곳이기도 하며, 음식으로 인한 냄새를 중화가 필요한 장소이기도 하다. 항균, 소독의 역할뿐만 아니라, 주부들의 몸과 마음을 즐겁고 건강하게 도와줄 수 있다.

세정을 위한 추천 에센셜 오일: 레몬, 유칼립투스, 페퍼민트, 티트리, 카주풋, 파인, 레몬그래스 등

위에서 제시한 오일들을 활용하여 다목적 블렌딩 오일로 싱크대나 수세미 등에 1~2방울 떨어뜨려 항균 및 탈취 효과를 볼 수 있으며, 싱크대나 조리대를 닦아주거나 그 외 주방 세제를 만들어 쉽게 사용할 수 있다.

(5) 야외 활동

여름철 야외 활동 시에는 많은 곤충에게 피부가 노출되어 있다.

곤충 방어에 도움 되는 허브와 에센셜 오일: 라벤더, 티트리, 블루탄지, 바질, 로즈메리, 레몬그래스, 시트로넬라, 제라늄, 캐트닙, 레몬타임, 레몬밤, 시더우드.

모기퇴치 스프레이 모기퇴치 스프레이(30ml)를 만들기 위해서는 소독된 용기에 에센셜 오일 2%(12방울)을 계량한 후 가용화제인 솔루빌라이저를 넣고서 잘 흔들어 준다. 마지막으로, 증류수와 하이드로졸을 채우고서 잘 흔들어 준 후 라벨을 부착한다.

버물리 항히스타민제제가 아닌 천연 아로마 오일로 진정, 소염, 재생을 도와 가려움을 잊게 하고, 벌레 물린 자리가 덧나지 않게 도와주는 천연 버물리로, 모기, 개미, 벼룩, 빈대, 벌 등 각종 곤충이 깨문 자리에 즉시 사용한다.

천연 버물리 만들기(10ml): 소독된 비커에 무수에탄올 5ml에 크리스털 멘톨 0.5g을 녹인 후, 피부 보습과 열감을 내려주기 위해서 알로에베라 겔을 5ml 계량하고서 잘 섞어준다. 마지막으로, 블루탄지 1방울, 라벤더 4방울, 티트리 4방울을 넣어서 충분히 저어준 다음, 소독된 용기에 담고서 라벨을 부착한다.

3.2 아로마 건강 요법

(1) 가정 내 응급 119

화상 또는 썬번(Sunburn: 일소, 日燒) 화상의 정도에 따라 다르게 사용하며, 피부 외피의 열감 진정 후 조직 재생 단계로 사용을 추천한다.

화상 후 적용 1단계로는 라벤더 하이드로졸을 거즈에 충분히 적셔서 환부에 올려준 후 수시로 하이드로졸을 뿌려준다. 2단계로는 라벤더 오일 0.05%(10방울), 가용화제(솔루빌라이저) 1%를 섞어준 다음, 라벤더 하이드로졸 1L을 천천히 부어 희석한 후 소독한 스프레이 용기에 소분해서 환부에 수시로 뿌려준다. 그 외 식물성 오일에 블렌딩하거나 연고를 만들어 사용한다.

주의: 피부에 상처 또는 색소 침착이 될 수 있으므로, 허브를 빻아 환부에 직접 바르거나 라벤더 에센셜 오일을 화상 부위에 직접 도포하지 않는다.

상처 생활에서 겪는 가벼운 찰과상이나 칼에 베인 상처에 사용하며, 중증의 상처는 반드시 의료기관을 찾도록 한다.

상처 직후 1차적으로는 하이드로졸을 이용해서 상처 부위를 닦아준다. 상처 부위를 1차 소독한 후 라벤더 또는 티트리 오일을 상처용 밴드의 거즈 부위에 1~2방울 떨어뜨린 후 밴드를 상처 부위에 붙여준다. 1일 2회 정도 밴드를 교체한다.

상처에 사용되는 에센셜 오일: 라벤더, 티트리

감기 초기 생활 증상으로 언제 나타날지 모르는 감기의 초기 증상에 대처하며, 병원치료를 도와줄 수 있다. 오한이나, 불면, 코 막힘, 인후 통증 초기에 효과적이다. 사용 방법에는 충분한 허브 차로 즐기는 방법과 에센셜 오일을 사용하여 증기 흡입 및 가글 방법이 있다.

① **숙면에 도움이 되는 허브 차:** 라벤더, 캐모마일, 밸러리안, 계피차가 효과적이며, 가장 대중적인 캐모마일 허브 차를 우려 1L 이상 마신 후 충분한 숙면을 취한다.
② **목 염증 및 인후 통증 완화 허브 차:** 유칼립투스, 티트리, 월계수 잎, 타임 차 등
③ **목 염증 및 인후 통증 완화 에센셜 오일:** 유칼립투스, 티트리, 카주풋, 페퍼민트

위 오일 중 한 가지를 선택해서, 컵에 뜨거운 물을 담고 에센셜 오일 1방울을 떨어뜨린 후 증기를 흡입하거나, 250ml 물 컵에 유칼립투스 1방울을 떨어뜨린 후에 가글해서 뱉는다.

벌레 물린 곳, 아픈 곳 치료

① **에어로졸 스프레이:** 증류수 250ml에 몇 가지 에센셜 오일을 30~40방울 떨어뜨려서 사용한다. 이용할 수 있는 오일에는 제라늄, 라벤더, 유칼립투스, 몰약, 버가못, 로즈메리, 티트리, 사이프러스 오일 등이 있다.
② **습포법:** 증류수 250ml에 1방울의 제라늄이나 캐모마일을 넣고서, 1방울의 라벤더 오일을 첨가해서 섞는다. 여기에 거즈를 담가서 적신 후 아픈 부위에 대고 눌러준다.

(2) 통증

두피 등 국소 부위에 사용되는 롤온 타입, 마사지 오일로, 도포, 습포 등의 사용 방법에 따라 효과도 다르게 나타나므로, 통증 부위와 원인에 따라 알맞게 선택하여 사용한다.

① **만성통증(마사지 오일 추천)에 사용되는 에센셜 오일:** 진저, 블랙페퍼, 베티버, 쥬니퍼베리, 사이프러스, 파인 등
② **급성통증(마사지 또는 습포 추천) 사용 에센셜 오일:** 페퍼민트, 유칼립투스, 카주풋, 스피어민트, 로즈메리, 히솝 등
③ **신경성 통증(롤온 타입 추천) 사용 에센셜 오일:** 라벤더, 로만 캐모마일, 마조람 등

(3) 운동 전후

근육 스프레이, 근육 오일, 근육 로션, 근육 연고, 근육 밤 등 다양한 방법으로 사용 가능하다.

① **운동 전 warming 에센셜 오일:** 로즈메리, 라반딘, 파인, 사이프러스, 시나몬 등

② **운동 후 relaxing 에센셜 오일:** 쥬니퍼베리, 사이프러스, 로만 캐모마일 등

③ **스포츠 로션 만들기:** 수상 원료 비커에는 정제수 및 하이드로졸, 글리세린 등의 수상에 희석되는 수상 원료를 77% 넣고, 유상 원료 비커에는 유상 원료들 중 식물성 오일을 8% 넣고, 계면활성제 역할의 유화제 5%를 내열 비커에 계량한 다음, 열판에 올려서 65~70°C까지 되면 열판에서 내려 서로 혼합해서 블랜더로 섞어준다. 50°C 정도까지 온도가 내려가면, 보습제(저분자 히아루론산, D 판테놀 등), 보존제(1.2 헥신디올) 등의 기능성 원료들을 7% 첨가하여 충분히 섞어준다. 마지막으로, 선택한 에센셜 오일 3%를 첨가하여 섞어준 다음 소독한 용기에 담는다. 햇빛과 공기 차단에 주의하며, 1년 이내로 사용한다.

(4) 피부 트러블

약초 허브와 방향 허브를 사용하여 피부에 나타나는 염증, 상처, 갈라짐, 피부발진, 가려움, 아토피 피부 등의 광범위한 피부 트러블에 사용한다.

① **피부 부위와 약초 함유에 따른 연고 종류:** 자운고, 청비고, 립 밤, 페이스 밤, 풋 밤

② **민감한 피부에 도움 되는 약초 허브:** 자초, 당귀, 어성초, 민들레 뿌리, 칼렌둘라 등

③ **민감한 피부에 도움 되는 에센셜 오일:** 라벤더, 캐모마일, 샌달우드, 야로우 등

④ **여드름 피부에 도움 되는 에센셜 오일:** 티트리, 라벤더, 캐모마일

⑤ **민감 피부 연고 만들기:** 소독된 내열 비커에 약초를 온침한 블렌딩 식물성 오일 73%, 비즈 왁스 25%, 비타민 E 2%를 계량한 다음, 열판에 올려 왁스가 녹으면 열판에서 내려 에센셜 오일 0.5% 첨가한 후 소독된 용기에 담고 굳혀서 사용한다.

(5) 여성용

여성 청결 세정제 균에 대한 저항력이 약한 신체 부위이므로, 항균 효능의 허브 추출물과 피부 점막에 안전한 성분을 함께 사용하여 피부 건강 생활세정제로 사용할 수 있으며, 건강한 피부의 산도는 4.5~5.5pH이므로 피부 자극이 되지 않도록 산도에 맞춘 세정제를 만들어 사용할 수 있다는 장점이 있다.

① **여성용 추천 에센셜 오일:** 라벤더, 클라리 세이지, 티트리, 카주풋 등

② **세정제 만들기:** 소독된 비커에 정제수 50%, 허브 추출물(쑥 추출물, 당귀 추출물, 라벤더 추출물 등 추천) 50%, 계면활성제(코나코파, 애플워시 추천) 1.5%을 넣고서 거품이 나지 않도록 조심스럽게 잘 저어준다. 기능성 프로폴리스 추출물 2.5%, 보습제 글리세린 2%을 첨가한 후 구연산 용액을 넣으면서 산도를 맞춰 완성한다. 마지막으로, 에센셜 오일을 0.3% 용량으로 첨가하여 향기와 항균 기능을 더한다.

페미닌 스프레이 여성 청결 및 내추럴 허브 향 체취를 위해서, 평상 시 로즈 또는 네롤리 하이드롤졸을 사용하여 청결 부위에 수시로 뿌려주거나 속옷에 뿌려서 사용한다.

가려움증 및 생리 전후 사용 페미닌 미스트 만들기(100ml): 가용화제 1g에 라벤더 3방울, 티트리 3방울 에센셜 오일을 떨어뜨려 잘 저어준 다음, 보습제 저분자 히아루론산 1g, 라벤더 하이드로졸 40ml, 네롤리 하이드로졸 30ml, 정제수 27ml를 차례대로 넣고서 충분히 저어준 후 소독된 용기에 담고서 라벨을 부착한다. 이때, 편백 하이드로졸 또는 전나무 하이드로졸로 대체하여 사용해도 된다.

(6) 구강용

살균과 정화의 에센셜 오일과 페퍼민트 하이드로졸, 입 속 세균을 잡아주는 자일리톨 등을 이용하여 구강 내 염증 및 잇몸 질환, 목 질환에 도움이 되며 구취에도 효과적이다. 마스크를 장시간 착용할 때 발생할 수 있는 구취에도 효과가 있다.

구강청정제 만들기: 소독된 비커에 에센셜 오일, 프로폴리스 원액 1방울, 가용화제 1%를 넣고서 충분히 저어준 다음, 정제수와 페퍼민트 하이드로졸, 가루 재료인 자일리톨 10%, 알란토인 0.3%을 첨가하여 잘 섞어준 후 소독된 용기에 담고서 라벨을 부착한다.

3.3 아로마 힐링

(1) 스트레스와 기타

스트레스 요즘 현대인에게 불균형적인 생활 패턴은 스트레스의 연속으로 나타난다. 허브를 활용하여 심신이 스스로 충분히 이겨낼 수 있도록 나에게 맞는 허브를 찾아보자. 사용방법은 에센셜 오일을 발향시켜서 흡입한다.

우울감 치료에 도움이 되는 에센셜 오일: 클라리 세이지, 시더우드, 샌달우드, 마조람, 일랑일랑

불면치료 도움되는 에센셜 오일: 라벤더, 마조람, 샌달우드

향기 나는 편지지 만들기 컴퓨터를 통해 메일을 주고받는 세상이 되었으나, 독특한 향기가 나는 종이에 글을 써서 보낸다면, 받는 이에게 즐겁고 황홀한 추억을 줄 것이다. 방법은 편지지에 약간의 허브 오일을 묻혀서 주는 것이다. 이때 정유는 휘발되기 때문에 얼룩이 미미하다. 광귤 오일, 제라늄 오일, 라벤더 오일, 로즈메리 오일 등 상대방이나 자기가 좋아하는 정유를 한 방울 떨어뜨리면 향기가 나는 종이 편지지를 만들 수 있다.

(2) 쇼크 또는 기절

이 현상은 혈액이 뇌에 부족할 때 갑자기 나타난다. 환자의 발을 약간 높여서 눕히고, 옷을 느슨하게 한 후 페퍼민트향을 환자의 코밑에 대고서 향기를 흡입하게 함과 동시에, 119에 신고해서 의사를 신속히 부른다. 그러면서 의식이 돌아올 때까지 손을 주물러 주거나 살살 때려준다. 또한 손과 발을 마사지하는데, 심하면 병원으로 간다. 큰 문제가 없다는 확신이 들면 의식이 돌아온 다음 집에서 치료한다. 따뜻한 허브 목욕으로 긴장을 완화시키거나 복부를 마사지한 다음 침대로 옮겨준다.

① **흡입법:** 페퍼민트나 라벤더, 페티그레인(petitgrain) 향을 직접 코에 대고 맡게 한다.
② **목욕법:** 목욕물에 캐모마일 1방울, 페티그레인 오일 1방울, 라벤더 1방울을 잘 섞어서 목욕물을 만든 후에 목욕시킨다. 효과가 낮으면 다소 농도를 높여서 사용해도 괜찮다.
③ **마사지법:** 8ml의 아몬드 오일에 라벤더, 페티그레인 오일, 제라늄을 각각 1방울씩 떨어뜨려서 혼합한 다음 복부 마사지에 사용한다.

(3) 간단한 화상

화상 부위에 희석하지 않은 라벤더 오일을 거즈에 묻혀서 덮어준다. 상처가 난 부위가 다소 아물기 시작하면, 약간의 카렌듈라 연고에 캐모마일, 제라늄, 라벤더, 벤조인, 샌달우드, 로즈 오일 중 하나를 골라 1~2방울 잘 섞어서 발라준다.

(4) 염좌

염좌는 근육이 삐거나 과다한 운동 등으로 근육통이 오는 현상을 말한다. 심할 때는 통증이 오고 보통 붓게 된다. 부은 곳에 솜이나 타올을 올린 다음 얼음을 올려준다. 그리고는 1시간 간격으로 15분간 습포법을 한다. 그러나 어떤 경우도 아픈 곳을 너무 누르거나 조여서는 안 된다. 부은 곳은 어느 정도 지나면 가라앉는다. 다친 곳이 나으면, 매일 2~3회씩 수일간 마사지를 해주는 것이 좋다. 습포법은 250ml 찬물에 캐모마일과 제라늄오일을 각각 2방울씩 넣고서 잘 섞은 다음, 수건이나 거즈를 담갔다가 살짝 짜서 삔 부분에 올려놓는다.

마시지법은 10ml 아몬드 오일에 마조람, 블랙페퍼, 로즈메리, 라벤더 오일 등 4가지를 각각 1방울씩 떨어뜨린 후, 잘 흔들어서 아픈 부위에 떨어뜨리고 살살 문질러준다.

(5) 약간 베이거나 피부 껍질이 벗겨진 상처

다음 세 가지 방법 중 하나를 택한다.

① 흐르는 수돗물에 피를 닦고 끓여서 식힌 물(또는 증류수)에 각각 2방울의 라벤더 오일과 티트리 오일을 넣어 혼합한 물로 씻어준다.

② 원액 라벤더 오일이나 알로에 겔을 발라준다.

③ 거즈에 2방울의 제라늄 또는 라벤더 오일을 떨어뜨려서, 이것을 상처 부위에 덮어놓는다. 그리고 하루에 2~3회씩 갈아준다.

3.4 가정에서의 이용법

우리나라의 주거 환경 중 50% 이상이 아파트이다. 아파트는 겨울철에 밀폐되어 있으며, 여름철이라도 생선을 굽거나 찌개 등을 끓이고 나면 아무리 환풍기를 틀어도 냄새가 배이게 된다. 따라서 우리 주거 환경에서 정유의 사용은 냄새를 중화시킬 뿐만 아니라, 지친 주부의 몸과 마음을 부드럽게 해준다. 여기서는 가정에서 사용할 수 있는 방법을 장소별로 나눠서 설명하기로 한다.

(1) 주방

다목적용으로 다음과 같은 오일의 혼합액을 만들어 재활용 샴푸 용기에 담아 두었다가 3~4방울을 걸레에 묻혀서 싱크대나 조리대 등을 닦아준다. 또는 바닥이나 벽 등을 닦아줘도 스며든 냄새를 없앨 수 있다.

주방용 오일 주방용 오일의 비율은 레몬, 그레이프프룻(자몽), 페티그레인 오일, 티트리, 페퍼민트 오일 등 5가지 오일을 각각 10방울씩 혼합해서 만든다.

주방용 에어로졸 에어로졸 만들기는 레몬, 버가못, 사이프러스, 페티그레인, 몰약, 로즈메리, 샌달우드, 페퍼민트 또는 소나무향 중에서 자기가 좋아하는 것을 골라서 알코올 1~2ml에 30~40방울 떨어뜨려서 혼합한 후에 250ml 증류수에 넣어둔 다음 1주일 지나고서 이용한다. 그런 후에 냄새나는 그릇 등에 뿌려주면 냄새를 없앨 수 있다. 이때 소형 스프레이를 사용하면 좋다.

헹굼액 헹굼액을 만들어 부엌에서 사용하는 행주나 빨래, 속옷 등을 헹굴 때 사용하면 마른 후 향기가 나서 좋다. 사용하는 오일은 라벤더 3방울과 팔마로사(palmarosa) 3방울을 물과 잘 섞어서 사용한다. 물의 양에 따라 사용량을 조절하는 것이 좋다.

(2) 욕실용

목욕탕에는 많은 향을 사용할 수 있다. 가족이 선호하는 향을 뿌려서 악취 제거 및 방향제로 이용한다. 예를 들어, 소나무향 같은 것을 뿌려주면 삼림욕을 하는 것 같아 기분이 좋아진다. 또는 부부가 좋아하는 향을 골라서 뿌려주는 것도 필요하다.

향기 나는 비누 만들기 누구나 한번쯤 쉽게 도전할 수 있는 것이 허브 향기가 나는 비누를 만드는 것이다. 먼저 향기가 없는 비누 베이스를 구입해서 칼로 잘게 자른다. 이중냄비를 이용하여, 낮은 불로 비누를 녹인 다음 꺼낸다. 이때 차가워지면서 비누가 굳기 시작한다고 느낄 때 자기가 좋아하는 몇 가지 오일을 골라서 3~4방울씩 떨어뜨린 다음 잘 휘저어서 틀에 부어 향 비누를 만든다. 특별한 선호도가 없다면, 비누 한 개를 녹인 것에 샌달우드 오일 2방울, 레몬그래스 오일 4방울, 광귤 오일 1방울, 패출리(*Pogostemon cablin*) 오일 1방울, 레몬향 오일 1방울 등을 넣는다. 물론 이 가운데 자기가 싫어하는 향을 제거하고서 다른 향을 넣을 수 있는데, 피부의 민감도에 따라 선택을 한다.

면도용 스킨로션 만들기 사랑하는 사람에게 자기가 좋아하는 향으로 스킨로션을 만들어 주는 것도 특별할 것이다. 이때 몇 가지 기본 방법을 알아두는 것이 중요하다. 250ml의 증류수에 레몬그래스 오일 2방울, 사이프러스 또는 유칼립투스 오일 1방울을 넣고 흔들어 준 다음, 5ml의 사과식초를 넣으면 제품이 완성된다. 사용할 때는 잘 흔들어서 사용한다. 그 외 피부 민감도에 따라 좋아하는 향을 넣을 수 있다. 피부가 약해서 면도 후에 붉게 되는 피부는 티트리가 효과적으로 치료해준다.

목욕 후 얼굴용 크림 식물성 베이스 오일이나 오일이나 베이스 크림 50ml에 팔마로사 2방울, 마누카 또는 몰약 오일 1방울, 샌달우드(산달나무) 오일 1방울을 섞어서 바른다. 민감한 피부는 호호바 오일 50ml에 팔마로사 오일 2방울, 장미 오일 1방울, 마누카 또는 몰약 오일 1방울을 희석한다. 샌달우드 오일 1방울, 라벤더 오일 2방울, 마누카 또는 몰약 오일 1방울을 섞어 쓸 수 있다.

바디크림 바디크림은 마카다미아 오일 50ml에 팔마로사 오일 4방울, 마누카 또는 몰약 오일 2방울, 카주풋 오일 2방울, 샌달우드 오일 2방울, 레몬 오일 2방울을 섞어서 만들어서 마사지한다.

(3) 서재나 사무용 방

집안의 서재나 또는 사무용 방은 공기를 맑게 해주는 것이 좋다. 햇빛이 하루에 4시간 이상 쬐는 방이면 보통 로즈메리 같은 화분을 기르는 것이 좋다. 그렇지 않으면, 아로마 램프를 켜 두는 것도 한 가지 방법이다.

장기간 사용할 때 아로마 전용 램프에 자기가 좋아하는 향을 골라서 피운다. 일하기 전 아침 일찍 서재나 사무실에 피워 두면 좋다. 주로 사용하는 오일은 레몬 오일 2방울, 로즈우드 오일 2방울, 파인 오일 1방울, 광귤 오일 2방울 또는 로즈메리 오일 등 4가지를 섞어서 사용한다. 방법은 아로마 램프 상단에 물을 약간 담고, 거기에 좋아하는 오일을 떨어뜨린 후 촛불을 키면 된다.

(4) 거실

가족들이 함께 모여 시간을 보내는 거실에 자연의 향인 허브 오일을 사용하는 것이 실내 공기가 정화되어 건강에도 매우 좋다.

에어로졸 250ml 증류수를 비커에 담고서, 여기에 오렌지 오일, 그레이프프룻(자몽) 오일, 버가못 오일, 페티그레인 오일을 각각 5방울씩 넣은 후, 블랙페퍼 오일와 샌달우드 오일을 3방울씩 넣고서 유리 막대로 흔들어서 제조한다. 잘 혼합시킨 후에 스프레이 병에 담아 가끔씩 카펫, 커텐 등에 뿌려준다(**그림 3.1**). 향기도 오래가고 카펫에 기생하는 진드기도 막을 수 있다.

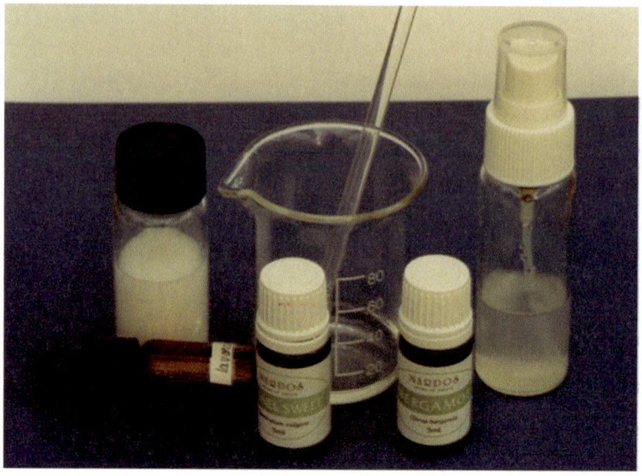

그림 3.1 크림과 에어로졸 만드는 데 필요한 오일과 도구.

향로 이용법 우리나라에서 쓰는 뚜껑 있는 향로(제사 때 쓰는 것)나 허브용 아로마 램프에 물을 약간 넣고서, 제라늄 오일, 페티그레인 오일, 레몬그래스 오일, 샌달우드 오일, 패출리 오일, 벤조인 오일, 일랑일랑 오일, 오렌지 오일 혹은 레몬 오일 중에서 자기가 좋아하는 것을 골라서, 서너 방울 떨어뜨려 놓으면 방 전체에서 향기가 난다.

(5) 침실

긴장을 완화시켜주는 오일을 사용한다면 로맨틱한 분위기와 둘만의 행복한 기분을 느낄 수 있을 것이다.

곰팡이 방제 여름에 이불이나 침대보 등을 옷장에 넣어두면 곰팡이가 생길 수 있다. 이 때 탈지면에 오일을 뿌린 다음, 둥글거나 사각형으로 향기볼(Ball)을 만들어 옷장에 넣어두면 곰팡이를 방제할 수 있다. 그리고 사용할 때도 좋은 냄새를 풍기게 한다. 사용할 수 있는 오일은 라벤더, 제라늄, 팔마로사, 패출리, 베티버(vetiver) 등이다.

침대보, 옷서랍 침대보, 베갯잇 또는 옷 서랍 등에도 곰팡이 방제 방법과 동일하게 처리하면 좋다.

3.5 직장 스트레스 해소법

(1) 어깨 풀기

오랜 시간 운전을 하거나, 컴퓨터에 오래 앉아 있는 직장인, 종일 강의를 듣는 학생이나 주부들은 피곤하면, 근육이 긴장하고 뭉쳐서 통증이 초래된다. 이런 증상은 처음에는 대수롭지 않다가도 계속되면 직업병이 되어버린다. 그러므로 일정 시간 일을 하고 나서는 스트레칭 등으로 근육을 풀어주고, 뜨거운 물로 목욕을 하거나 정기적인 운동과 마사지 등이 필요하다. 그런데도 목이 뻣뻣하고 어깨에 근육통이 생기면, 다음과 같은 대증요법을 써보는 것이 좋다.

이용할 수 있는 오일로는 페퍼민트, 마조람, 펜넬 등이 있다(**그림 3.2**). 이들 오일을 각각 10ml의 캐리어 오일에 1~2 방울씩 떨어뜨린 후 혼합시킨 다음, 불편한 부위에 부드럽게 마사지하거나 스프레이를 해준다.

그림 3.2 통증 치료에 좋은 오일(왼쪽으로부터 페퍼민트, 마조람, 펜넬 오일).

습포법 따뜻한 물 250ml에 마조람 오일 2방울과 세이지 오일 1방울을 떨어뜨린 후, 거즈에 묻혀서 통증을 느끼는 곳에 올려놓는 일을 반복한다. 이때 효과가 없으면, 각각 서너 방울을 더 혼합시켜서 실시하는 것이 좋다.

마사지법 마사지는 근육을 이완시키는 데 좋다. 10ml의 아몬드 오일에 마조람 오일 1방울, 라벤더 오일 1방울을 섞어서 흔든 다음, 통증 부위에 바르고서 마사지를 한다. 아픈 부위를 따뜻하게 하고 찬바람을 쐬지 않게 한다. 어깨가 아플 때는 무거운 가방을 매서는 안 된다.

(2) 서경(書痙)

글을 많이 쓰는 작가나, 도예가, 컴퓨터를 오래 사용하는 사무원은 손이나 손목에 심한 통증이 올 수 있는데, 이를 서경이라 한다. 이때 에센셜 오일을 이용해서 부분 마사지를 하면 증상을 완화시킬 수 있다. 그리고 비타민을 섭취하는 것도 도움이 된다.

마사지법 10ml 아몬드 오일에 사이프러스 오일 2방울, 제라늄 오일 1방울, 로즈메리 오일 1방울을 잘 혼합해서 흔든 후에 아픈 부위에 바르고서 마사지를 한다. 또는 따뜻한 물을 작은 대야에 넣고서 로즈메리 오일을 1~2방울 떨어뜨린 후에 휘저은 다음 손을 담그는 것도 좋다.

(3) 목 염증

감기에 걸리면, 편도선이 붓고 목에 염증이 생긴다. 또는 오염된 공기를 마셔도 같은 증상을 일으킬 수 있다. 그 외 강의를 많이 한다든지, 노래방에서 고성으로 노래하는 등 목을 오래 사용해도 나타날 수 있다. 그 결과 목소리가 탁해지고 침을 삼킬 수도 없는 경우도 생긴다. 이럴 때는 목을 쉬게 하는 것이 중요하며, 아로마테라피적으로는 습식흡입을 한다든지 가글 또는 목 부위 마사지 등이 좋다. 신선한 레몬과 꿀을 먹는 것도 좋은 민간요법이다.

습식흡입법 뜨거운 물을 대야에 담고서, 벤조인 오일이나 샌달우드 오일 1방울, 캐모마일 오일 1방울, 라벤더 오일 1방울을 각각 넣고 혼합한다. 수건으로 머리를 덮고 증기를 흡입한다.

마사지법 10ml 마카다미아 또는 세인트존스 워트(St John's Wort, *Hypericum perforatum*) 오일에 캐모마일 오일 1방울, 소나무 오일 또는 사이프러스 오일 1방울, 라벤더 오일 1방울을 각각 섞은 다음, 흔들어서 아픈 목 부위에 바르고 조심스럽게 마사지를 해준다.

가글법 250ml의 따뜻한 물에 약간의 소금을 넣고서, 샌달우드 오일 2~3방울을 떨어뜨린 후 가글을 한다.

(4) 무릎 통증

테니스나 골프를 하면, 관절에 엘보가 오고 또한 나이가 들어가면서 무릎 통증이 온다. 이때는 아픈 곳에 얼음찜질을 하고서 쉬는 것이 좋다. 때때로 냉온수 마사지를 번갈아 하면 효과가 있다. 그래도 차도가 없으면 오일 마사지를 정기적으로 한다. 무릎 등에는 밴드를 붙이고 다니는 것이 치료 효과를 증진시킨다. 오일 사용법은 다음과 같다.

습포법 깨끗한 물 250ml에 유칼립투스 오일 2방울, 캐모마일 오일 1방울, 민트 오일 1방울을 넣고 흔들어서 거즈에 묻힌 후에 통증 부위에 올려놓는다.

마사지법 10ml의 세인트존스 워트(*Hypericum perforatum*) 오일에 라벤더 오일 2방울, 로즈메리 오일 1방울, 유칼립투스 오일 1방울을 잘 섞어서 마사지를 한다. 또는 카주풋 용액을 아픈 부위에 1주일 가량 발라줘도 효과가 있다.

(5) 사무실 공기정화

밀폐된 공간인 사무실 안은, 컴퓨터 열기로 인한 기계 냄새와 사람들의 체취나 담배 냄새로 오염될 수 있다. 이럴 때 다음과 같은 방법을 사용해서 상쾌한 분위기로 바꾸어 보자.

땀 냄새 또는 담배 냄새 제거 250ml의 깨끗한 물에 30~40방울의 정유를 섞어서 사용한다. 한 가지 향보다는 다음 중 4~5가지를 골라서 섞는다. 주로 사용하는 향은 레몬, 그레이프프룻(자몽), 버가못, 소나무, 유칼립투스, 팔마로사, 제라늄, 주니퍼 등이다.

일반적 공기정화 250ml의 물에 다음 오일 중 4~5가지를 골라, 30~40방울을 섞어서 사용한다. 오렌지, 버가못, 로즈메리, 코리안더(고수), 유칼립투스, 제라늄, 팔마로사, 라벤더, 페티그레인 오일 등이 주로 이용된다.

3.6 운동 전후 이용법

(1) 운동 전의 이용

근육을 부드럽게 해서 운동 전이나 등산 시 혈액 순환을 좋게 하기 위해서 사용한다. 정상적 피부에는 10ml의 아몬드 오일에 로즈메리 오일 1방울, 파인 오일 2방울, 블랙페퍼 오일 1방울을 섞어서 흔든 후에, 수건에 묻혀서 종아리나 팔 등에 문질러준다. 그러나 민감성 피부에는 10ml의 아몬드 오일에 라벤더 오일 1방울, 사이프러스 오일 2방울, 팔마로사 오일 1방울을 넣어서 사용한다.

(2) 운동 후의 이용

갑자기 심한 운동이나 등산을 하면, 근육에 젖산이 많이 생겨서, 다음날 걸어 다닐 때 팔다리가 당기게 된다. 즉, 근육세포가 제자리에 오려면 며칠 동안 아프게 된다. 이때 근육을 시원하게 풀어줄 필요가 있다. 방법은, 10ml의 아몬드 오일에 사이프러스 오일 2방울, 유칼립투스 오일 1방울, 라벤더 오일 1방울, 코리앤더(고수) 오일나 레몬 오일 1방울을 넣고 잘 섞은 후 수건에 떨어뜨린 다음, 아픈 부위에 20분간 감아둔다. 목욕법은 욕조에 샌달우드 오일 1방울, 오렌지 오일 2방울, 세이지 오일 1방울을 떨어뜨린 다음, 목욕을 하면 근육이 쉽게 풀린다. 오일의 흡수 촉진을 위해 술, 알코올, 우유 등을 소량 욕조에 넣어 준다.

위의 처방 이외에 다른 오일 종류로는 라벤더, 레몬, 유칼립투스, 티트리, 몰약, 패출리 등이 있는데, 사용자의 기호도와 나타나는 효능에 따라서 선택하여 이용하면 좋은 효과를 볼 수가 있다.

(3) 근육통

가장 좋은 방법은 항상 꾸준히 운동을 하는 것으로, 등산이나 스키를 탄 후에도 근육통이 없다. 그러나 갑자기 과다한 운동 후 근육통이 생기면, 오일을 이용한 마사지를 한다. 그러나 스키를 탄 후에 강한 통증이 온다든지 발이 붓는다면, 빨리 정형외과를 찾아가야 한다. 마사지법은 아몬드 오일에 로즈메리 오일, 마조람 오일, 블랙페퍼 오일, 진저 오일을 2방울 정도 떨어뜨려 1~3%정도 되게 만든 다음에, 통증이 나는 부위에 마사지를 한다.

(4) 발 곰팡이(무좀 등)

발에 땀이 많이 나거나, 수영장 등에 장기간 있을 경우에 곰팡이가 생긴다. 이럴 때 가장 중요한 것은 발을 건조하게 하고 샌들을 신는 것이다. 그러나 곰팡이가 생기면, 소량의 알로에베라 겔에 티트리 오일 3방울, 라벤더 오일 1방울을 넣고서 혼합시킨 후에 곰팡이가 생긴 곳에 발라준다. 또는 몰약 오일 1방울, 레몬 오일 1방울, 라벤더 오일 1방울을 동시에 소량의 알로에베라 겔에 넣고서 혼합한 후 환부에 발라준다. 10ml 카렌듈라 오일에 티트리 오일 2방울, 제라늄 오일 2방울을 넣고 흔든 후, 정기적으로 발 마사지를 해준다.

(5) 테니스 엘보

테니스를 많이 치거나, 팔을 많이 사용하는 직업 등으로 인해 엘보에 손상을 입는다. 이 때는 쉬면서 얼음찜질을 하는 것이 효과적이다. 그러나 아로마 치료를 병행하면 빨리 완화시킬 수 있다. 250ml 물에 페퍼민트 오일 1방울, 유칼립투스 오일 1방울, 라벤더 오일 2방울을 섞은 다음 습포법을 실시한다. 팔이 부은 경우에는 유칼립투스 대신에 캐모마일 오일을 사용하는 것이 좋다.

다른 처방으로는 10ml의 식물성 오일에 로즈메리 오일 1방울, 사이프러스 오일 1방울, 블랙페퍼 오일 1방울, 라벤더 오일 1방울을 넣어서 흔든 후에 아픈 부위에 바르고 마사지를 해준다.

또는 5가지 오일(카주풋 오일 40방울, 티트리 오일 20방울, 마누카 오일 또는 파인 오일 20방울, 라벤더 오일 20방울)을 혼합한 다음, 혼합된 오일 20방울을 20ml 캐리어 오일에 넣고서 흔든 후에 아픈 부위에 1주일 정도 발라준다.

3.5 개인적 괴로움 해소법

(1) 체취

체취가 심한 것은 호르몬의 패턴이 깨진 경우이거나, 어떤 병이 시작될 때의 증상으로 나타나는 경우가 있다. 체취를 제거하는 데는 목욕, 마사지, 향수를 이용하는 방법이 있다.

목욕법 체취 제거 목욕법은 파인 오일 2방울, 라벤더 오일 2방울, 제라늄 오일 1방울, 레몬 오일 1방울을 욕조에 넣고 목욕한다. 여기에 장미 오일을 넣어도 좋다.

유럽인은 특이한 체취가 있어서, 여성들이 허브 목욕을 옛날부터 즐겨했으며, 일본의 허브 농장에서도 허브 욕탕을 볼 수가 있다.

피부용 목욕 후에 피부에 바르기 위해서는 20ml의 아몬드 오일에 샌달우드 오일 2방울, 사이프러스 오일 2방울, 페티그레인 오일 2방울, 라벤더 오일 2방울을 섞어 흔든 후에 발라준다.

향수 향수는 에센셜 오일, 알코올, 증류수의 알맞은 조합으로 만들어지지만, 개발하는 회사 에 따라 제품을 다양하게 생산한다.

향수를 만들 때는 여름날 땀 등으로 체취가 강하게 나타나는 사람은 지속기간이 길고 상한 오일을 선택해서 만들고 그러지 않은 사림은 약한 향을 고른다(3.8 향수 제조법 참조). 일반적으로 서양인은 체취가 강하여 동양인이 느끼기에 역겨울 정도로 강한 향수를 만들거나 구입하여 사용한다.

(2) 입냄새

스트레스, 위궤양, 치아 감염 또는 음식을 먹은 후에 입에서 냄새가 날 수 있다. 이때는 끓여서 식힌 250ml 물에 몰약 오일 1방울을 떨어뜨려서 가글을 한다. 이때 절대 삼키면 안 된다. 그 밖에 페퍼민트 잎이나 고수 종자 또는 카다멈 종자를 씹으면 냄새를 금방 없앨 수 있다. 위에서 냄새가 날 경우에는 8ml의 아몬드 오일에 카다멈 오일 1방울, 오렌지 오일 1방울, 네롤리(neroli) 오일 1방울을 섞은 다음, 배꼽 위쪽을 시계 방향으로 마사지해 준다.

(3) 숙취

현대인은 사업상 또는 친구와의 우정 때문에 많은 술을 마시고서, 다음날 아침에 숙취 때문에 고생을 한다. 이때 사람에 따라 드링크제를 선호하기도 하지만, 우선 물을 많이 마시거나 오렌지 주스를 마시는 것이 좋으며, 요구르트도 효과적이다. 그럼에도 숙취해소가 안 되면, 다음과 같은 아로마요법을 사용할 수가 있다.

목욕법 목욕을 통해 숙취를 해소하려면, 욕조에 로즈메리 오일 1방울, 레몬 오일 1방울, 그레이프프룻 오일 2방울, 샌달우드 오일 1방울을 떨어뜨린 후 목욕한다.

습포법 습포법을 사용할 때는 250ml의 물에 팔마로사 오일나 페티그레인 오일 2방울, 라벤더 오일 1방울, 페퍼민트 오일 1방울을 섞은 다음 수건에 적셔서 목덜미나 이마 등에 덮어준다.

가글법 250ml의 물을 끓여서 식힌 다음에, 제라늄 오일 2방울을 떨어뜨린 후 가글을 하며, 이때 삼켜서는 안 된다.

흡입법 진저(생강), 페퍼민트, 레몬 , 로즈메리, 그레이프프룻, 코리앤더(고수) 향을 사용한다.

(4) 가스 제거

가끔씩 아랫배에 가스가 차는 경우가 있다. 이것은 스트레스나 세균 감염에 의해 나타나는 것이다. 이때 아랫배에 오일 마사지를 하면 효과가 있다. 아랫배 마사지는 8ml의 아몬드 오일에 카다멈 오일 1방울, 페퍼민트 오일 혹은 블랙페퍼 오일 1방울, 오렌지 오일 1방울을 넣고 흔든 다음 사용한다. 또는 8ml의 아몬드 오일에 마조람 오일과 코리앤더 오일을 각각 2방울 섞은 후에 잘 흔들어서 마사지를 한다.

3.8 향수 제조법

사람은 누구나 자기가 좋아하는 향이 있기 마련이다. 원하는 향수를 만들 때는 우선 근본적으로 남성적인 오일과 여성적인 오일을 구분해서 볼 필요가 있다.

기본적 향수를 만드는 방법은 약 30ml의 알코올에 자기가 원하는 향을 10~15방울 떨어뜨린 다음 섞어서 유색병에 담아 시원한 곳에서 1주일간 후숙시킨 후에 사용하면 좋다. 이때 자기가 원하는 향은 5~6개를 골라서 쓴다.

남성적인 향은 프랑킨센스(frankincense), 샌달우드, 세이지, 코리앤더, 블랙페퍼, 쥬니퍼, 레몬, 그레이프프룻, 쟈스민, 페티그레인, 사이프러스 등이다.

여성적인 향은 벤조인, 몰약, 패출리, 일랑일랑, 네롤리(광귤꽃, neroli), 버가못, 오렌지, 캐모마일, 라벤더, 제라늄, 로즈 오일 등이다.

남성용 향수의 예를 들면, 샌달우드 오일 2방울, 프랑킨센스 오일 2방울, 페티그레인 오일 4방울, 그레이프프룻 오일 4방울, 사이프러스 오일 3방울, 세이지 오일 2방울, 블랙페퍼 오일 1방울, 로즈 워터(장미수) 1방울 또는 쟈스민 오일을 약 30ml의 캐리어 오일(호호바 오일 또는 포도씨 오일)에 넣은 후 흔들어 사용한다.

여성용 향수는 네롤리 오일 1방울, 로즈 오일 2방울, 라벤더 오일 4방울, 팔마로사 오일 4방울, 오렌지 오일이나 버가못 오일 4방울, 패출리 오일 1~2방울을 동일하게 희석해서 사용한다.

제조한 향수는 바로 사용하지 않고 1주일 이상을 냉장고 등에서 보관하면서 가끔 흔들어 향이 잘 혼합이 되도록 한 후에 사용하는 것이 좋다.

향수는 에센셜 오일, 알코올, 증류수의 알맞은 조합을 만들어서 제조하는데, 가장 고급 향수(perfume)는 에센셜 오일 15~30%와 알코올 70~85%만을 기본으로 하고 제품에 따라 증류수를 혼합하여 이용한다. 오드 트왈렛(Eau de Toilette)는 에센셜 오일 4~8%, 알코올 77~81%, 증류수 15%로 구성되어 있다. 오데코롱(Eau de Cologne)은 독일의 Köln에서 개발한 것을 말하는데, 에센셜 오일 3~5%, 알코올 77~82%, 증류수 15~18%로 구성되어 있다.

3.9 파티 준비 시 이용법

집에서 잔치를 하거나 특별한 파티를 할 때, 주인의 취향에 맞는 아로마 램프를 사용하는 것이 좋다. 디너에는 램프에 물을 적당하게 넣고서 3방울의 페티그레인 오일, 오렌지 스윗 오일 2방울, 샌달우드 오일 2방울, 코리앤더 또는 페퍼민트 오일 2방울 등을 떨어뜨리면 좋다. 친구를 초대해서 커피를 마실 때는 제라늄 오일 3방울, 장미 오일 1방울, 사이프러스 오일 3방울, 샌달우드 오일 2방울을 섞어 써도 좋다. 손님의 취향에 맞는 오일을 선택하는 것도 친근감을 주는 좋은 기회이다.

3.10 증상에 따른 적용법

(1) 불면증

불면증 치료를 하기 위해서 운동을 적당히 하거나 상추쌈을 먹으면 잠이 잘 온다. 가능하면 스트레스를 없애기 위해 스스로 노력하는 것이 필요하다. 몸이 나른하다고 홍차, 커피, 녹차를 많이 마시면 쉽게 잠을 이룰 수 없다. 따라서 불면증이 있는 사람은 카페인이 함유된 음료를 피하는 게 좋다.

아로마테라피적 치료의 예를 들면 다음과 같다. 목욕법은 물의 온도를 체온보다 2℃ 정도 높은 38~39℃로 조절하고, 일랑일랑 오일, 제라늄 오일, 로만 캐모마일 오일을 각각 4방울 떨어뜨린 후 목욕한다. 또는 사람에 따라 로만 캐모마일 오일과 제라늄 오일 두 가지만을 2방울씩 떨어뜨리거나, 일랑일랑 오일과 제라늄 오일을 각각 2방울씩을 혼합해서 욕조에 첨가해서 목욕해도 좋다. 몰약 오일이나 마누카 오일 1방울, 버가못 오일 1방울, 라벤더 오일 3방울을 꿀이나 우유 등에 섞어서 흔들어 준 다음 물에 넣고서 목욕한다. 이때 오일의 순도가 낮아 효과가 없을 경우에는 각각 몇 방울씩 더 넣어서 목욕하는 것이 효과적이다. 어린이는 팔마로사 오일 1방울, 또는 라벤더 오일 1방울을 첨가해서 목욕시키면 잘 잔다.

아로마 마사지는 호호바 오일 40ml에 이브닝 프라임로즈 오일 10ml를 섞어서 50ml로 만든 후, 여기에 로만 캐모마일 오일 10방울과 페티그레인 오일 3방울, 린덴(linden) 오일 3방울을 넣고서 섞는다. 목욕 후에 어깨, 목 등에 마사지를 한다. 그 외 수면을 촉진시키는 것으로 밸러리안 오일, 라벤더 오일, 마조람 오일 등이 있다.

그러나 개인적으로 알맞은 운동을 하고, 수면에 들기 전에 과식을 하지 않는 등 적당한 수면법을 취하는 것이 무엇보다 가장 중요하다.

(2) 월경전 증후군 처방

여성에 따라 호르몬의 균형이 변하면서 통증과 불쾌감을 가지는 경우가 많다. 물론, 스스로 스트레스를 해소시키려는 노력이 요구된다. 먼저 식이요법으로는 동물성 지방, 식물성 기름, 유제품, 카페인이 든 식품을 줄이고, 비타민이나 미네랄이 많은 채소나 과일을 먹는다. 그 외 비타민 C 타블렛(알약)을 먹는다. 통증을 진정시키는 데는 캐모마일 차를 마시는 것이 좋다.

복부를 시계 방향으로 마사지해 주는 것도 좋다. 호호바(jojoba) 40ml에 이브닝 프라임로즈 오일 10ml를 혼합한 다음, 여기에 제라늄 오일 8방울과 일랑일랑 오일 4방울을 넣고서 흔든 다음, 마사지 오일로 사용한다.

목욕법은 욕조에 샌달우드 오일 1방울, 제라늄 오일 2방울, 일랑일랑 오일 1방울을 넣은 후 목욕을 해도 좋다. 램프법으로는 버가못 오일 2방울, 레몬 오일 1방울, 페티그레인 오일 1방울, 로즈 오일 1방울, 민트(페퍼민트) 오일 1방울을 사용해도 좋다. 내복약으로는 이브닝 프라임로즈(달맞이꽃) 오일 캡슐(500mg)을 식후 1~2개를 복용하면 좋다고 한다. 그러나 중요한 것은 자신에게 알맞는 아로마요법을 찾는 것이다.

(3) 갱년기 처방

누구에게나 찾아오는 갱년기에는 심리적인 상태에 따라 고통의 정도가 다르게 나타난다. 따라서 스스로 갱년기의 문제를 해결하도록 여행이나 스포츠 등에 관심을 갖고 사람을 자주 만나는 것이 좋다.

아로마 마사지는 취침 전이나 입욕 후 땀을 흘린 다음에 어깨나 머리 쪽의 근육에 실시한다. 호호바 오일 40ml에 이브닝 프라임로즈 오일 10ml를 혼합한 다음, 여기에 제라늄 오일 8방울과 사이프러스 오일 6방울을 떨어뜨려서 혼합 후 사용한다.

목욕법은 적당한 양의 따뜻한 물에 사이프러스 오일 2방울, 제라늄 오일 2방울, 캐모마일 오일 1방울을 떨어뜨린 후 목욕한다. 동량의 오일을 10ml 살구씨 오일에 섞어서 마사지를 할 수도 있다. 또는 사이프러스 오일 2방울, 팔마로사 오일 2방울, 샌달우드 오일 2방울을 욕조에 넣고 목욕하거나, 10ml의 살구씨 오일에 섞어서 흔든 후 마사지를 해도 좋다. 허브티로 안젤리카 차를 먹으면 호르몬 분비가 원활해진다.

(4) 주부습진

대부분의 주부들은 합성세제를 많이 사용하거나, 물에 손을 오래 담그게 되므로 습진이 생기기 쉽다. 그런 경우에 건조시켜서 판매하는 저먼 캐모마일 10g과 금잔화(카렌듈라) 꽃

10g을 500ml 물에 넣고 끓여서 추출한 후에, 그것을 1.5L의 물에 희석(총 2L가 됨)시켜서 따뜻하게 한 후 10~15분간 손을 담근다. 증상이 심할 때는 매일 3회, 약하면 잠자기 전에 1회 실시한다. 허브 크림은 금잔화 오일 20g에 벤조인 오일 5방울을 떨어뜨려서 흔들어 사용한다.

(5) 햇볕에 탔을 때

해수욕장이나 스키장 또는 골프장에서 야간이 방심으로 햇빛에 심하게 노출되어 피부가 손상되는 경우가 있다. 수포가 생기는 등 증상이 심하면, 즉시 피부과 병원을 찾아가야 한다. 심하지 않은 경우에 목욕법은 라벤더 오일 2방울, 캐모마일 오일 2방울을 넣고 목욕한다. 에어로졸 법이 편리한데, 라벤더 하이드로졸에 0.1% 라벤더 오일을 넣고 흔들어서 탄 부분에 뿌려준다. 로션을 만들어 쓰고 싶은 사람은 15ml의 알로에벨라 겔과 15ml의 세인트존스 워트를 혼합하고, 여기에 캐모마일 오일 4방울, 라벤더 오일 8방울, 제라늄 오일 4방울을 떨어뜨려서 흔든 후에 사용한다.

(6) 동계 우울증

우울증은, 마치 긴 겨울에 동면을 하는 것 같다고 해서 유럽에서는 동계 우울증이라 한다. 특히, 북유럽은 11월부터 3월까지 한 달에 2~3일도 햇빛 보기가 어렵기 때문에 우울증이 더 심한 것 같다. 그래서 방에 불을 밝힌 후 빛요법(light therapy)을 하면서 에센셜 오일을 사용하면 효과가 있다. 한국에는 겨울에도 햇빛이 많지만, 밝은 날 좋아하는 음악을 크게 틀고서 향기요법을 하면 좋으리라 본다.

목욕법은 로즈 오일 1방울, 오렌지 오일 1방울, 그레이프프룻 오일 1방울, 제라늄 오일이나 소나무 오일 2방울을 욕조에 넣고서 느긋하게 목욕을 한다. 목욕 후에 전신에 오일을 바를 수 있는데, 20ml의 살구씨 오일에 페티그레인 오일 2방울, 일랑일랑 오일 2방울, 오렌지 오일 2방울, 샌달우드 오일 2방울, 프랑킨센스 오일 1방울을 넣고서 섞어준 후 전신에 바른다.

아로마 램프요법으로는 오렌지 오일, 레몬 오일, 그레이프프룻 오일, 버가못 오일, 팔마로사 오일, 파인 오일, 사이프러스 오일, 몰약 오일, 프랑킨센스 오일, 진저 오일 중에서 자기가 선호하는 것을 몇 가지 골라 사용한다. 그 외 쟈스민 오일 1~2방울을 귀 뒤에 발라줘도 기분이 좋아진다(**그림 3.3**).

일랑일랑과 쟈스민은 모든 우울증과 기분 전환에 널리 쓰이는 오일이다.

(7) 꽃가루병

식물의 수분(꽃가루받이)은 매개체에 따라서, 바람에 의하여 수분이 되는 풍매화, 벌나비에 의해서 전파되는 충매화, 그리고 새에 의해서 수분이 이루어지는 조매화로 나눈다. 꽃가

(a) (b)

그림 3.3 (a) 일랑일랑, (b) 쟈스민 오일. (출처: ECO aroma)

루병은 주로 공기 중에 날라다니는 풍매화의 꽃가루에 의해서 나타난다. 우리는 꽃가루병을 건초열이라고 부르는데, 이는 풍매화인 벼과식물의 건초를 말릴 때 생성되는 꽃가루에 의해서 많이 나타나기 때문이다.

개화 시기가 계절에 따라 달라서 서로 다른 꽃가루를 날리기에 사람에 따라 꽃가루병이 나타나는 시기도 다르다. 그래서 꽃가루병으로 심한 재채기를 하고 콧물이 많이 나서 코가 헐 정도로 몹시 고생하는 사람이 있다. 어떤 사람은 봄에 꽃가루병을 앓지만, 다른 이는 가을 환절기에 고생을 하기도 한다. 꽃가루병은 목욕법, 습포법, 흡입법 등으로 치료를 할 수 있으나, 개인차가 심하므로 각각 알맞은 오일을 선택하는 것도 필요하다.

일반적인 처방을 보면, 목욕법은 라벤더 오일 2방울, 캐모마일 오일 1방울, 레몬 또는 제라늄 오일 1방울을 욕조에 떨어뜨린 후 목욕을 한다. 코의 윗부분에 습포법을 이용하거나 귀 뒤쪽, 목 부분에 마사지를 할 수 있다. 처방은 250ml의 찬물에 라벤더 오일 2방울, 캐모마일 또는 민트 오일 1방울을 넣고서 흔든 후에 거즈에 묻혀서 사용한다. 흡입법으로는 대야에 끓는 물을 담고서 1방울의 사이프러스 오일이나 파인 오일, 몰약 오일 1방울, 페퍼민트 오일 1방울을 넣고서 수건으로 대야를 덮은 후에 증기를 한쪽에서 마신다. 이때 손수건에 물을 적셔서 코로 냄새를 맡아도 좋다.

(8) 여드름

젊은 날에 얼굴에 나는 여드름 때문에 고민하는 사람이 많다. 여드름을 치료하기 위해서는 샌달우드 오일 1방울, 팔마로사 오일 2방울, 레몬 오일 1방울, 라벤더 또는 캐모마일 오일 1방울 등 4가지를 15ml의 헤이즐넛 오일이나 살구씨 오일에 희석해서 아침, 저녁으로 발라준다. 먼저 따뜻한 습포법으로 피부를 보호하면서 흡수되게 한 다음, 다시 한 번 더 발라준다. 얼굴 사우나는 라벤더 오일 1방울과 레몬 또는 쥬니퍼 오일 1방울을 뜨거운 물에 첨가하고서 발생하는 증기로 얼굴 사우나를 한다. 보통 1주일에 3~4회 실시한다.

(9) 탈모 방지

나이가 들면 탈모가 일어날 수 있다. 이를 방지하기 위해서는 티트리 하이드로랫 50ml, 티트리 오일 2방울, 라벤더 오일 6방울, 팔마로사 오일 8방울, 레몬 오일 4방울을 넣고 흔들어서 준비한다. 이것을 머리를 감고 난 다음에 몇 방울을 두피에 뿌려 잘 마사지해 준다.

또는, 머리를 감을 때에 사용하는 1회용 분량의 샴푸 베이스에 세이지, 로즈메리, 히솝, 시더우드 오일을 각각 1~2방울씩 동일한 비율로 혼합하여 사용한 후 잘 헹군다.

(10) 코고는 현상

유럽에서는 코고는 것을 방지하는 오일이 공급되고 있다. 그러나 국내에는 없기 때문에 만일 이용하고 싶다면, 다음과 같은 에센셜 오일로 처방을 할 수 있다. 자기 전에 따뜻한 한 잔의 물에 레몬 오일, 유칼립투스 오일, 라벤더 오일, 민트 오일을 각각 1~2방울씩 떨어뜨린 다음에 가글한다.

(11) 주름살 피부와 얼굴기미 관리

화장품은 화학적인 반응만 하므로 얼굴을 근본적으로 치료하지는 못하고, 문자 그대로 'make up'의 역할만을 한다. 그러나 에센셜 오일은 피부 세포를 자극하여 재생을 시킬 뿐만 아니라 림프액을 촉진시켜 독성 물질의 축적을 막고, 기름샘을 조절해서 피부를 건강하게 하며 피부에 기생하는 박테리아를 살균한다. 그 외 캐리어 오일에 들어있는 식물성 성분이 노화를 억제하고 영양보습 역할을 한다.

얼굴 마사지는 100% 순수한 최상급 오일을 사용하며, 캐리어 오일 : 에센셜 오일을 98:2의 비율로 섞어서 사용하며, 과민성 피부는 99:1의 비율을 택한다. 즉, 캐리어 오일 98ml에 아로마테라피 오일 40방울(2ml)을 넣으면 2%가 되고, 20방울(1ml)을 넣으면 대략 1%가 된다.

건성 피부와 일반 피부에 따라 처방을 달리하는 것이 원칙이다.

① 눈가 주름을 없애는 법(오, 1999)은 25세 미만은 저먼 캐모마일 오일 1방울, 캐롯(당근) 오일 1방울, 보리지 오일 2방울을 헤이즐넛 오일 10ml에 섞어서 사용한다.
② 40세 미만은 라벤더 오일 2방울, 레몬 오일 1방울, 비타민 E 캡슐 1개(250I.U.), 캐롯 오일 2방울을 헤이즐넛 오일 10ml에 섞는다.
③ 45세 미만은 팔마로사 오일 2방울, 라벤더 오일 1방울, 비타민 E 캡슐 1개, 헤이즐넛 오일 10ml에 타서 사용한다.
④ 45세 이상은 라벤더 오일 1방울, 레몬 오일 1방울, 로즈 오일 1방울, 비타민 E 캡슐 2개, 호호바 오일 5ml를 헤이즐넛 오일 10ml에 섞어서 마사지한다.

⑤ 주름살을 없애 주기 위한 마사지 오일은 40대는 네롤리 오일 10방울, 라벤더 오일 10방울, 프랑킨센스 오일 10방울, 로즈메리 오일 2방울, 샌달우드 오일 10방울, 레몬 오일 3방울, 이브닝 프라임로즈(이브닝 프라임로즈) 오일, 헤이즐넛 오일, 아몬드 오일, 윗점 오일 가운데 하나를 혼합해서 30ml를 만들어서 마사지한다.

⑥ Messing(1998)에 의하면, 호호바 오일(또는 아보가도 오일)과 윗점 오일을 3:1로 섞은 후 프랑킨센스 오일과 네롤리 오일을 각각 서너 방울 떨어뜨린 후 사용하면, 주름이 생기는 것을 방지할 수 있다고 한다.

⑦ 얼굴의 기미 제거는 이브닝 프라임로즈(달맞이꽃), 로즈힙, 하이퍼리쿰(세인트존스 워트) 등의 캐리어 오일에 클라리 세이지 2방울, 페티그래인 3방울, 프랑킨센스 3방울, 로만 캐모마일 오일 각 3방울을 혼합하여 바른다. 얼굴에 사용하기 전에 손목에 발라 봐서 알레르기 반응이 없으면 사용한다. 기미 제거를 위한 다양한 방법은 김 등 (2016)의 문헌을 참고하기 바란다.

참고문헌

Al-Snafi, AE. 2015. The chemical constituents and pharmacological effects of *Calendula officinalis*-A review. Indian J. Phar. Sci. & Res. 5(3):172-185

Ashwand, C. 2013. A simple recepe for fertilizer tea. Permaculture Research Institut.

Barbieri, C and P Borsotto. 2017. Essential oils: Market and regislation. In Potential of essential oils. DOI.10.5772/intechopen.77725

Becker-Dillingen, J. 1956. Handbuch des gesamten Gemüsebau. Paul Parey.

Biggs, M, J. McVicar, B. Flowerdew. 2002. The complete book of vegetables herbs & fruit. Kyle Cathie Lim.

Boros, G. 1966. Unsere Küchen- und Gewürzkräuter. Verlag Eugen Ulmer, Stuttgart.

Bown, D. 1996. Encylopedia of herbs & their uses. Dorling Kindersley

Braun, H. and D. Frohne. 1994. Heilpflanzenlexikon, 6. Auflage, Gustav-Fischer-Verlag, Stuttgart.

Bremness, L. 1988. The complete book of herbs. Dorling Kindersley, London.

Buckle, J. 2003. Clinical aromatherapy. Elsavier Sci.

CBI. 2009. The spices and herbs market in the EU. https://www.cbi.eu › market-information

CBI. 2015. Trade statistics spices and herbs www.ceintelligence.com › files › documents › Herbs a...

CBI. 2016. Product factsheet: Fresh herb in Europa. https://www.cbi.eu › market_information › researches

Duke, JA. 2008. Dukes handbook of medicinal plants of the bible. CRC

Ebrahimi, F. et al. 2019. Application of herbal rectal suppositories beyond intestinal disorders in Persian medicine. Traditional Medicine Research 4(3): 160-172

FAO. 2019. www.fao.org › faostat

FAO. 2017. Spices, others, production quantity (tons) – for all countries. www. factfish. com. spices

Farrell, K. F. 1985. Spices condiments and seasonings. AVI Book.

FDA. 2013. Commodity specific food safety guidelines for the production, harvest, post-harvest, and processing unit operations off fresh culinary herbs. https://www.fda.gov › media › download

Fritz, D., W. Stolz, F. Venter, J. Weichmann, C. Wonnerberger. 1989. Handbuch des erwerbsgärtners Gemüsebau. Ulmer Verlag

GVR(Grand View Rersearch). 2020. Essential oils market size, share & trends analysis report 2020-2027 ID: 978-1-68038-549-

Heath, HB. 1978. Flavor technology: Profile, products, application. AVI Pub.

Hoffmann, D. 2013. Holistic herbal. Thorsons.

Kreuter, M. L. 1979. Kräuter Gewürze aus dem eigenen Garten. BLV Gartenbauberater.

Kwon, MH. 2016. Status and education program of public children's garden in the United Sate. Ph Dissertation, Korea Uni.

Laber, H. and G. Lauttauschke. 2014. Gemüsebau. Ulmer.

Lawless, J. 1995. Essential oils. Barnes & Noble.

Lawrence, BM. 2009. A preliminary report on the world production of some selected essential oils and countries. Perfumer & Flavorist 34: 38-44

Lee. M. J. 2001. Production of functional Korean-mint (*Agastache rugosa*) by selenium in hydroponic culture. Dissertation, Korea Uni.

Lim, SS et al. 2013. Chemical composition of essential oils from flower and leaf of Korean Mint, *Agastache rugosa*. Asian J. Chem. 25(8):4361-4363

Medgadget. 2019. Aromatherapy market – Global industry analysis, size, share, trends, segmentation and forecast 2019 .www.medgadget.com>2019/08>aromatherapy

Melchior, H. and H. Kastner. 1974. Gewürze. Verlag Paul Parey.

Moneret-Vautrin, D., A. Morisset, M. Lemerdy, P. Croizier, A. Kanny. 2002. Food allergy and IgE sensitization caused by spices: CICBAA data (based on 589 cases of food allergy). Allergie et Immunologie. 34 (4): 135–40. PMID 12078423

Moreira, DDeL, SS. Teixeira, MHD. Monteiro, ACAX. De-Oliveira, FJR. Paumgartten. 2014. Traditional use and safety of herbal medicines. Rev Bras Farmacogn; 24: 248-257

Morris, S. and L. Mackley. 2003. Spices. Lorenz Books, London

Müller, E. 1999. 100 Heilpflanzen selbst gezogen. Leopold Stocker.

Narayansamy, N. 2013. Biological management of disease of crops. Springer.

Nasri, H. and H. Shirzad. 2013. Toxicity and safety of medicinal plants. J. Herb Med Pharma. 2(2):21-22

Osman, YAH et al. 2006. Response of some marjoram cultivars to fertilization on the sand soil(Part 1). The Third Conf. of Role of Biochem. Environ. and Agri.

Patel, S. and J. Wiggins. 1980. Eucalyptus oil poissoning. Archives of Disease in Childhood 5:405-406

Patel, V. & R. Patel. 2016. The active constituents of herbs and their plant chemistry, extraction and identification methods. J. Chem. Pharmatceut. Res. 8(4):1423-1443

Perice, LC. 1987. Vegetables. John Wiley and Sons

Pitman, V. 2004. Aromatherapy. Nelsson Thomas Ltd.

Price, S. and L. Price.1995. Aromatherapy for health professionals. Person Professional Ltd.

Ridder, M. 2020. Essential oil market worldwide statistics & facts. Statista 2020

RISS. 2010. 국내 학위 논문 http://riss.k

Schimid, K. et al. 2012. Traditional use of herbal remedies in livestock bay farmers in 3 Swiss Cantons (Aarau, Zurich, Schaffhausen), Forsch Komplementmed 19:125-136.

Seitz, P. 1994. Kräutergarten. Kosmos

Seitz, P. 2001. Kräutergarten. Franckh-Kosmos Verlag

Shojai, AD. 2017. New choices in natural healing for dogs & cats. Furry Muse Pub.

Singh, R, SK Kotwal, AK Srivastava. 2019. Research in veterinary herbal drugs. www.hillagric.ac.in › edu › covas › vpharma › lectures

Simon, JE, MR Morales, WB Phippen, Z Hao. 1999. Basil: A source of aroma compounds and a popular culinary and ornamental herb. In J. Janick (ed.). Perspectives on new crops and new uses. ASHS Press, Alexandria, VA

Smith, EC. 2009. The vegetable gardener's bible, Storey Pub.

Svoboda, K. and T. Svoboda. 2000. Secretory structures of aromatic and medicinal plants: A review and atlas of micrographs. Microscopix Publications

Swiader, JM, GW Ware and JP McCollum. 1992. Producing vegetable crops. Interstate Pub. Inc.

Tilford, GL and ML Mulff. 2009. The natural way to enhance your pet's life. Trore.

Tisserand, R. and R. Young. 2014. Essential oil safety. Pearson Professional Lmt.

Turyk, Z., M. Osek, B. Olkowski, A. Janocha. 2014. Pig feeding under the potato-green forage base system with or without addition of herbs versus a concentrate based system : Effect on post-slaughter performance and pork characteristics. Asian-Australias J Anim. Sci. 27(5): 683-689

Von Braunschweig, R. 1996. Teebaum-Öle. Gräfe und Unzer Verlag

WHO. 2004. WHO guidelines on safety monitoring of herbal medicines in pharmacovigilance systems, WHO, Geneva

Wilson, R. 1980. Aromatherapy for vibrant health and beauty. Avery Pub.

Wonnerberger, C., F. Keller, H. Bahnmlüler, H. Boettcher, B. Geyer, J. Meyer. 2004. Gemüsebau. Ulmer.

Wynn, SG and BJ Fougère. 2007. Veterinary herbal medicine: A systems-based approach. Veterinary Herbal Medicine, 01 Jan 291-409 PMCID. PMC7151902

Young, DG. 2003. Essential oils. Essential Science Pub.

伊東正. 1987. 野菜の 栽培技術. 誠文堂

西正夫. 1983. 野菜園藝 ヘンドゥブクグ. 養賢堂

陽川昌範. 1998. ハーブの科學. 養賢堂.

鳥居鎭夫. 2002.アロマテラピーの科學. 朝倉書店

고혜정, 하명희, 김연주, 김수경, 이은진. 2011.아로마테라피. 청구문화사

김동이. 2008. 민트류의 정유가 병원미생물의 증식에 미치는 영향. 고려대학교 석사논문

김봉인 등. 2004. 아로마테라피 마사지. 광문각

김수경 등. 2016. 아로마테라피. 도서출판 박애플

김충호, 박권우. 2001. 국내 주요호텔의 서양채소 및 허브의 연간 수요도 변화. 원과지. 19(1):85

박권우. 2003. 허브및 아로마테라피. 선진문화사

박권우 등. 2019. 원예번식학. 선진문화사

박권우, 권민형, 김준홍. 2019. 국내허브정원 현황과 아동 및 시각장애인용 허브정원. 생명자원 연구. 27:1-20

박권우, 김영식. 1984. 품종, 뇨소엽면시비 그리고 식물부위가 채소 및 조미료식물의 질산염 함량에 미치는 영향. 고려대학교 농림농집. 24:87-91

박권우, 김영식. 2017. 수경재배이론과 실제. 월드사이언스

박권우, 김준홍, 이상용, 권민형. 2009. 에센셜 오일의 안정성. 허브 아로테라피 학회지. 5(1):13-19

박권우, 김준홍, 이상용, 권민형. 2016. 도시텃밭의 재배환경과 안전성. 생명자원연구. 24:1-20

박권우, 박성옥. 2001. 레몬밤의 발아력 증진과 최적 발근조건 구명을 통한 번식체계 개발. 원과지. 19

(1):53
박권우. 1986. 서양채소론. 고려대학교 출판부
박권우. 1996. 향신채의 재배 및 이용론. 고려대학교 출판부
박성옥. 2006. 쑥의 품질에 미치는 생육 단계, 시비, 건조방법의 영향과 정유의 지질대사효과. 고려대학교 박사논문
백기엽 등. 2001. 신고 식물조직배양기술. 향문사
백준필, 오홍근, 문형수, 박권우. 2006. 인공광이 3가지 품종의 생장과 바질 품질요인에 미치는 영향. 허브아로마테라피학회지 2(1): 26-33
백준필. 2006. 생강나무의 정유성분에 미치는 식물기관, 수확시기, 채취지역의 영향. 고려대학교 박사논문
백혜원. 2002. Sweet basil의 생육과 정유 함량에 미치는 배지의 종류, 배양액 농도 및 수분 스트레스의 영향. 고려대학교 석사논문
서은주. 1998. 수경 바질의 생육과 정유함량에 미치는 무기성분 및 생육조건의 영향. 고려대학교 박사논문
성은수, 김수경, 이진원, 최승혁, 유지혜, 임정대, 라종국, 유창연. 2018. 전나무 부산물 추출물의 항산화 및 항박테리아 활성. 한약잡지. 26(2):134-140
송성환, 최지애. 2010. 세계전통의학 동향과 주요 한의원 R&D 분야에 관한연구. 한국한의약연구원 논문집. 16(1): 101-109
신애자. 2000. 국내허브산업 및 아로마테라피의 현황과 발전방향. 고려대학교 석사논문. pp 1-53
안재경. 2015. 절화용 허브에 대한 전문가와 소비자의 인식비교와 유통, 고려대학교 석사논문
오홍근. 1997. 아로마건강법. 도솔
윤평섭. 2006. Herbs. 교학사
이상용. 2012. 도깨비 바늘의 정유성분에 미치는 부위별, 수확시기 및 양액농도의 영향. 고려대학교 박사논문
이정명 외. 2015. 채소학 각론. 향문사
이종노. 1999. 몇가지 허브의 발근에 미치는 삽수 및 상토의 영향. 고려대학교 석사논문
이철희. 2012. 국내 허브및 에센셜오일 수출입과 소비패턴. 고려대학교 석사논문
임지안. 2015. 스피어민트, 페퍼민트, 및 캐트민트의 발근에 미치는 배지 및 루톤의 영향. 고려대학교 석사논문
조강희. 2008. 국내 허브 분화시장의 현황과 발전 방향. 고려대학교 석사논문
한청택. 2001. 로즈매리의 발근에 미치는 상토의 종류, 발근제 및 관수방법의 영향. 고려대학교 석사논문
황판금. 2005. 라벤더 종자의 발아에 미치는 온도, 광, priming처리의 영향. 고려대학교 석사논문

찾아보기

공기정화 331
광민감성 225
근육통 330, 332
꽃가루병 337
난형유법 31
냉동건조 39
동계 우울증 337
동반식물 31
림 오일 32
마사지법 239
마이크로웨이브 건조 39
맹인용허브정원 60
메디칼테라피 209
바디워시 318
바디크림 327
버뮬리 321
부케 53
불면증 335
블렌딩 227
삽목 35
소진작용 227
수경재배 28
숙취 334
스킨로션 327
스킨토너 320
스토리텔링 61
스트레스 324
스파이스 4
스프레이 317
습포법 242
식용 허브 3, 5
썬번 321
안전성 모니터링 66
앱소루트 222
약용 허브 3, 5
에어로솔 328
여드름 339
여성 청결세정제 323
영양번식 35
오시멜 43
월경증후군 336
월동관리 29
인센스 318
인센스테라피 209
입냄새 333
입욕법 241
자연건조 38
잡초차 27
조직배양 36
종자번식 32
좌약 45
주름살 피부관리 339
주부 습진 336
찜질 45
체취 332
탈모 방지 335
테니스 엘보 332
팅크제 43
페미닌스프레이 323
플러그트레이 육묘 33
피트블럭 육묘 33
향낭 51
향수 333, 334
허브 꽃꽂이 50
허브 식초 40
허브 오일 41
허브재배 키트 34
홀리스틱테라피 209
화관 54

acid substance 19
alcohol 214
alkaloid 18
anthraquinones 18
aroma ball 328
aroma lamp 237
aroma pouch 237
Ayurveda 6, 7
base note 210
bitter substance 19
blending 227
bouquet 53
carbon dioxide extraction 222
chemical theory 217
CNV 22
companion plant 29
compress 242
coumarin 17
culinary herb 3, 5
decoction 42
diffuser 238
DIY 54
enfleurage 223
enzymical theory 214
ester 25
ether 216
flavonoids 18
flora water 221
garland 53
GRAS 244
hand bath 241
herb growing kit 34
herb oil 41
herb vinegar 40
herbal tea 42
herbal bath 50
holstic therapy 209
hydrolat 221, 234
hydrosol 234
incence therapy 209
infusion 42
ketones 215
lactones 216
LED 24
massage 239
medicinal herb 3, 5
melatonin 97
middle note 210
neti pot 235
oncology 240
oxide 215
oxymel 43
phenols 215
photosensitive 225
quenching effect 22
room spray 235
Rooton 95
safety oil 244
saponin 16
sensinoid 223
solubilizer 242
spice 4
surface thearapy 45
synergy effect 227
table decoration 54
tannin 17
terpene 214
terpenoid 15
tincture 43
toilet water 234
top note 210
veterinary herbal therapy 62
vibration theory 214
water therapy 45
weed tea 27
wreath 53